# Numerische Strömungsmechanik

# Eckart Laurien · Herbert Oertel jr.

# Numerische Strömungsmechanik

## Grundgleichungen und Modelle – Lösungsmethoden – Qualität und Genauigkeit

6., überarbeitete und erweiterte Auflage

Mit 229 Abbildungen und über 530 Wiederholungs- und Verständnisfragen

Eckart Laurien
Universität Stuttgart
Stuttgart, Deutschland

Herbert Oertel jr.
Baden-Baden, Deutschland

ISBN 978-3-658-21059-5                    ISBN 978-3-658-21060-1 (eBook)
https://doi.org/10.1007/978-3-658-21060-1

Die Deutsche Nationalbibliothek verzeichnet diese Publikation in der Deutschen Nationalbibliografie; detaillierte bibliografische Daten sind im Internet über http://dnb.d-nb.de abrufbar.

Springer Vieweg


Verantwortlich im Verlag: Thomas Zipsner

Gedruckt auf säurefreiem und chlorfrei gebleichtem Papier

Springer Vieweg ist ein Imprint der eingetragenen Gesellschaft Springer Fachmedien Wiesbaden GmbH und ist ein Teil von Springer Nature.
Die Anschrift der Gesellschaft ist: Abraham-Lincoln-Str. 46, 65189 Wiesbaden, Germany

# Vorwort zur 6. Auflage

Das Buch wendet sich an Studierende des Maschinenbaus, der Verfahrenstechnik und verwandter Fachgebiete des Ingenieurwesens sowie an technische orientierte Naturwissenschaftler, z. B. Biologen. Es bietet eine Einführung in die Vorgehensweise, die Grundgleichungen, die numerischen Methoden, die Modelle (insbesondere Turbulenz- und Zweiphasenmodelle) und die Möglichkeiten zur Fehlerkontrolle der Numerischen Strömungssimulation. Es ist gleichermaßen für die Ausbildung an Hochschulen wie für die Einarbeitung in das Fachgebiet für Ingenieure in der industriellen Praxis sowie für Naturwissenschaftler, unabhängig von Softwaredokumentationen, geeignet. Das Ziel ist die Vermittlung fundierten Wissens über die Vorgehensweise der numerischen Strömungssimulation (CFD, Computational Fluid Dynamics) einschließlich der Auswahl der Turbulenzmodelle, als Grundlage für die fachgerechte Verifikation und Validierung problemangepasster Simulationsrechnungen.

Die Numerische Strömungssimulation hat sich in den letzten drei Jahrzehnten zu einem Standardwerkzeug für Ingenieure entwickelt, welches häufig versuchsbegleitend in der Entwicklung und Analyse technischer Systeme angewendet wird. Kommerzielle Softwaresysteme sind heute benutzerfreundlich aufgebaut und gut dokumentiert. Auch Open-Source-Software mit fast gleichwertigen Eigenschaften wie die kommerzielle Software ist heute verfügbar. Weiterhin ist es im Rahmen einer Ausbildung notwendig und sinnvoll, sich die Grundlagen der Methoden und Modelle zu vergegenwärtigen, um ihre Auswahl gezielt und fundiert betreiben zu können.

Das vorliegende Buch soll auch in der 6. Auflage dazu einen Beitrag leisten. Dem Wunsch vieler Leser, zusätzliche illustrierende Beispiele zu zeigen, sind wir durch Einbeziehung von eigenen Forschungsergebnissen sowie zahlreicher studentischer Arbeiten nachgekommen. Wir danken unseren Studenten B. Yildirim, S. Braun, M. Jelinewski, S. Eser für ihre Beiträge. Die Beschreibung von Simulationsprogrammen (früher Abschn. 2.6) haben wir entfernt, da inzwischen geeignete Literatur hierfür verfügbar ist.

Da das Buch mit seinen Grundlagenkapiteln 1–3 von vielen Dozenten zum Aufbau eigener Lehrveranstaltungen mit daraus ausgewählten Inhalten seit Jahren genutzt wird, haben wir auch in der 6. Auflage auf Änderungen in den vorhandenen Formelnummern verzichtet. Durch die Überarbeitung der Bilder und Tabellen haben sich jedoch die Seitenzahlen sowie Bild- und Tabellennummern geändert. Das Literaturverzeichnis wurde erweitert und kapitelweise zusammengestellt.

Dem Springer-Vieweg Verlag danken wir für die weiterhin erfreuliche Zusammenarbeit.

Leonberg und Baden-Baden,                                        Eckart Laurien
Deutschland                                                   Herbert Oertel jr.
Dezember 2017

# Inhaltsverzeichnis

# Einführung 1

Die numerische Modellierung und Simulation hat sich in den letzten Jahren zu einem unverzichtbaren Analysewerkzeug der technisch-wissenschaftlichen Fachdisziplinen entwickelt. Das vorliegende Lehrbuch, wie auch andere deutschsprachige Lehrbücher [1–5], führen in die Methoden und Vorgehensweisen ein, welche erforderlich sind, um Strömungsvorgänge mit Hilfe von Digitalcomputern zu simulieren. Diese Methoden werden allgemein unter dem Begriff „Numerische Strömungsmechanik" (engl.: Computational Fluid Dynamics, CFD) zusammengefasst. Anwendungen findet man in vielfältiger Weise innerhalb des Ingenieurwesens [6–8] (z. B. als technische Analyse- oder Optimierungsmethoden), der Fahrzeugtechnik [9], der Verfahrenstechnik [10] (Apparate- und Prozessoptimierung), der Umweltwissenschaften (Strömungen in der Atmosphäre oder in Gewässern), der Physik (mehrskalige Vorgänge der Geologie, Meteorologie [11] oder Astrophysik) sowie der Bioströmungsmechanik [12].

Das vorliegende Buch konzentriert sich auf die Aspekte des Ingenieurwesens und verwendet Beispiele zur Darstellung grundlegender Zusammenhänge insbesondere aus den Bereichen der Energietechnik, der Kraftfahrzeugtechnik, der der Luft- und Raumfahrttechnik sowie der Bioströmungsmechanik. Jedoch beruhen die meisten der dargestellten Modelle und Methoden auf allgemeingültigen Prinzipien, so dass der Erweiterbarkeit und der Anwendbarkeit auf neue Fragestellungen kaum Grenzen gesetzt sind. Heute stellen die Grundlagen der Numerischen Strömungssimulation einen unverzichtbaren Wissensbaustein eines technisch-wissenschaftlich arbeitenden Ingenieurs dar und es ist zu erwarten, dass sich die Methode in weiteren Anwendungsfeldern, wie z. B. der medizinischen und biologischen Forschung, etablieren wird.

In diesem Kapitel werden die übergeordneten Zusammenhänge, die Begriffe sowie Voraussetzungen zum Verständnis dieses Buches festgelegt. Der Leser erkennt anhand von Beispielen die Vielfalt der Möglichkeiten und wird dazu angeregt, neuen Fragestellungen durch Anwendung der Numerischen Strömungssimulation nachzugehen.

© Springer Fachmedien Wiesbaden GmbH, ein Teil von Springer Nature 2018     1
E. Laurien, H. Oertel jr., *Numerische Strömungsmechanik*,
https://doi.org/10.1007/978-3-658-21060-1_1

## 1.1   Beispiele und Definitionen

Die Möglichkeiten sowie die Vorgehensweise der Numerischen Strömungsmechanik werden zunächst anschaulich anhand von ausgewählten, einfachen Beispiel-Simulationen aus dem Anwendungsbereich des vorliegenden Buches erläutert. Einige Vorkenntnisse über Strömungsphysik und technische Strömungslehre sowie die üblichen Notationen sollten zum Verständnis bereits vorhanden sein.

### 1.1.1   Einführende Demonstration

Um in die Vorgehensweise der Numerischen Strömungssimulation einzuführen, wird zunächst ein einfaches Berechnungsbeispiel diskutiert: die Strömung durch einen 90°-Rohrkrümmer. Die Geometrie des Strömungsfeldes ist in Abb. 1.1 gezeigt.

Das strömende Medium sei Wasser, beispielsweise im Kühlkreislauf eines Kraftwerks. Eine Durchströmung dieses Rohrkrümmers (Rohr-Innendurchmesser 0,7 m) erfolgt aufgrund eines Druckunterschieds, welcher zwischen dem Einströmquerschnitt links oben und dem Ausströmquerschnitt rechts unten angelegt wird, z. B. durch eine Pumpe.

Wir werten ein Simulationsergebnis z. B. auf einem Laptop-PC interaktiv graphisch aus. Das Ziel ist, die Details der Strömungsvorgänge zu verstehen und quantitative Ergebnisse abzuleiten, z. B. welche Durchflussmenge sich ergibt, wenn ein bestimmter Druckunterschied angelegt wird. Die Durchflussmenge kann nach Berechnung der Strömung ermittelt werden. Sie hängt von den geometrischen Gegebenheiten, den Fluideigenschaften sowie von dem aufgeprägten Druckunterschied ab. Das verwendete Rechenverfahren ist Ansys-CFX.

Zunächst wird in Abb. 1.2 das verwendete numerische Rechennetz gezeigt. Das Rechennetz besteht aus denjenigen Punkten im Raum, an denen die Strömungsgrößen wie z. B. die einzelnen Geschwindigkeitskomponenten und der Druck berechnet wurden. Diese sind als Kreuzungspunkte der Netzlinien zu erkennen. In der Abbildung links sind die

**Abb. 1.1** Geometrie eines
Rohrkrümmers

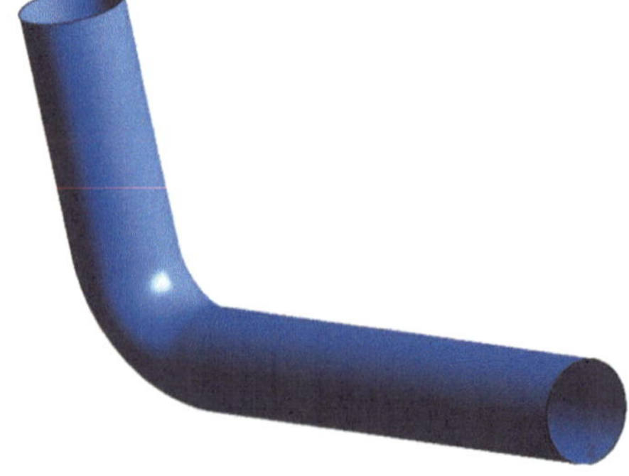

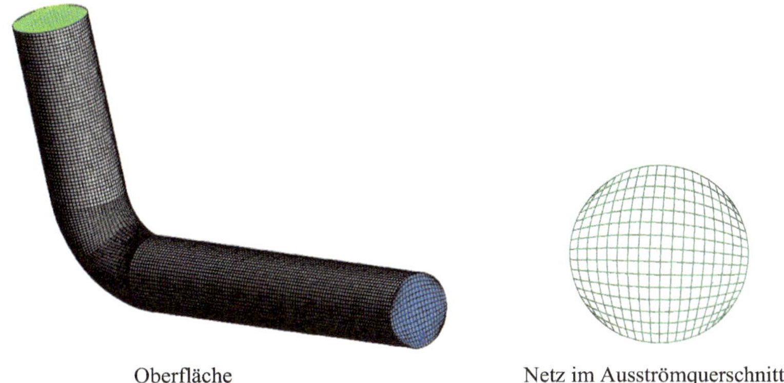



**Abb. 1.2** Numerisches Netz für den Rohrkrümmer auf der inneren Oberfläche des Rohres und im Ausströmquerschnitt

Netzlinien und Kreuzungspunkte an der Oberfläche gezeigt. Im Detailausschnitt rechts sieht man das Netz im Ausströmquerschnitt.

Die berechnete Druckverteilung in der Symmetrieebene ist in Abb. 1.3 gezeigt.

Das Geschwindigkeitsfeld kann auf unterschiedliche Weise ausgewertet werden. Eine Möglichkeit sind Geschwindigkeitspfeile, siehe Abb. 1.4 in der Symmetrieebene. Die Strömungsgeschwindigkeit wird lokal nach Richtung und Betrag angezeigt. Eine andere Möglichkeit sind Stromlinien, also Integralkurven des Geschwindigkeitsfeldes. Diese verlaufen tangential zur Geschwindigkeit. Ausgehend von Anfangspositionen im Einströmquerschnitt sind Stromlinien in Abb. 1.5 dargestellt.

Es ist zu erkennen, dass die Stromlinien nicht im gesamten Rohrkrümmer parallel zueinander verlaufen. Stromab des Krümmers bildet sich eine wirbelartige Bewegung aus, welche man als Sekundärströmung bezeichnet. Sie kann durch Darstellung von Geschwindigkeitspfeilen des auf Schnittebenen projizierten Geschwindigkeitsvektors sichtbar gemacht werden, Abb. 1.6.

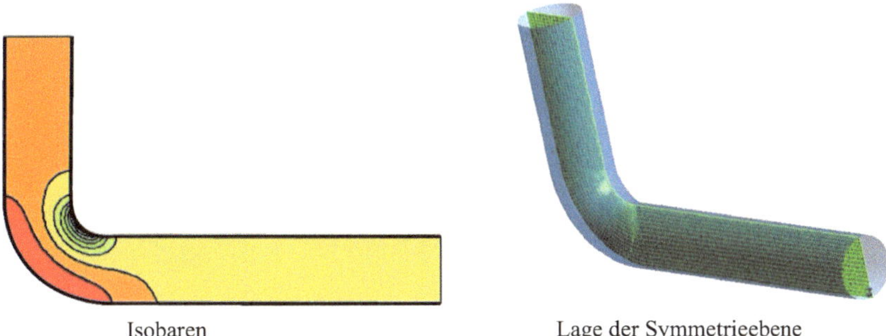



**Abb. 1.3** Druckverteilung in der Symmetrieebene, Linien gleichen Druckes (Isobaren) und Lage der Symmetrieebene

**Abb. 1.4** Geschwindigkeitspfeile in der Symmetrieebene

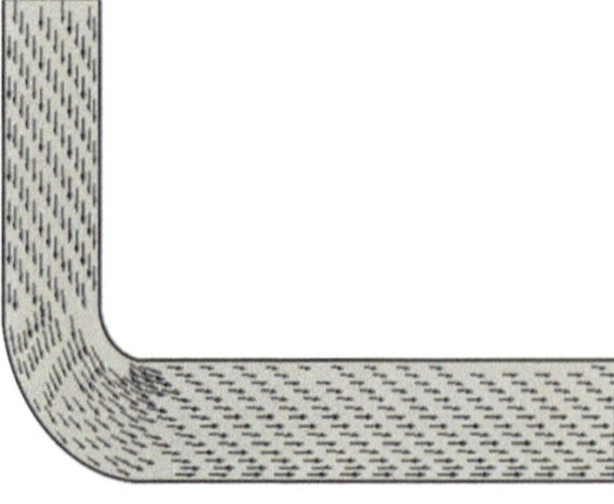

**Abb. 1.5**  Stromlinien

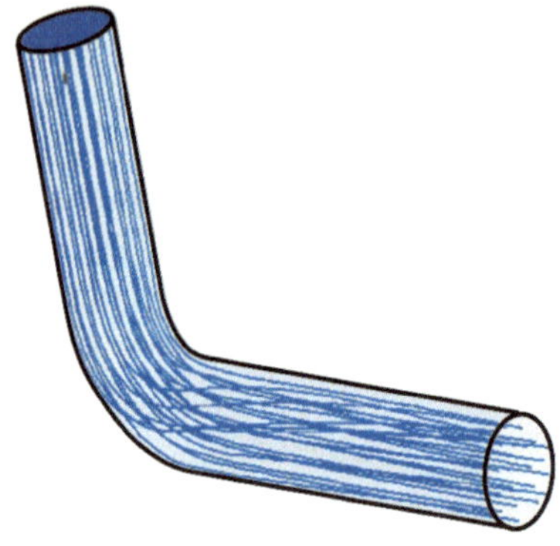

Die Demonstration vermittelt einen Eindruck über das Thema des vorliegenden Buches: Strömungsvorgänge sollen bis zu einem gewissen Grade detailgetreu nachgebildet
werden. Das Ziel ist neben einem Verständnis der Strömungsvorgänge auch die quantitative Auswertung des Geschwindigkeitsfeldes und der Druckverteilung, wie sie mit den
vorliegenden Daten jetzt vorgenommen werden kann.

**Abb. 1.6** Visualisierung der
Sekundärströmung

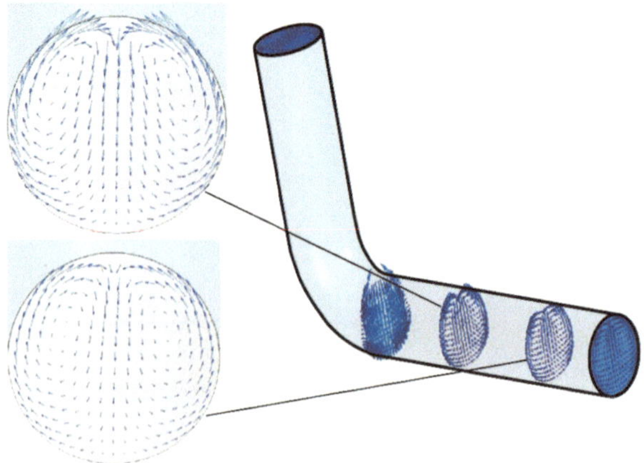

Leistungsfähige Hardware und Software sind für die Vorbereitung, Durchführung und Auswertung von Simulationsrechnungen unerlässlich. Die Bedienung von Simulationsprogrammen kann heute aufgrund komfortabler Benutzeroberflächen schnell erlernt werden. Für das Verständnis der numerischen Algorithmen und Modelle ist jedoch Fachwissen erforderlich, in welches das vorliegende Buch eine Einführung bereitstellt.

### 1.1.2  Modellierung und Simulation in der Strömungsmechanik

Wie andere Fachdisziplinen auch, bedient sich die Strömungsmechanik unterschiedlicher Untersuchungsmethoden. Hierzu gehören die

- experimentelle Modellierung im Experimentallabor,
- mathematische Modellierung mit Hilfe vereinfachter Modellgleichungen, die analytisch gelöst werden,
- numerische Modellierung, welche Gegenstand des vorliegenden Buches ist.

Alle drei Methoden werden heute im Ingenieurwesen eingesetzt, um ingenieurtechnische Fragestellungen zu lösen.

Typische Fragestellungen eines Industriezweigs (im Studium repräsentiert durch ein Spezialisierungsfach) erstrecken sich über die Herstellung, Funktion, Sicherheit, Wirtschaftlichkeit, den Betrieb, die Wartung bis hin zur Entsorgung. Die Entwicklung und Optimierung von Maschinen, z. B. eines Kraftfahrzeug-Verbrennungsmotors, eines Kraftwerks zur Stromerzeugung oder eines künstlichen Herzens, wird nur selten anhand der Originalausführung durchgeführt. Um bestimmte, ingenieurtechnische Fragestellungen lösen zu können, arbeiten Ingenieure stattdessen mit Modellen. Ein Modell besitzt die gleichen oder ähnliche interessierende Eigenschaften wie das Original, ist aber einfacher, kostengünstiger und/oder risikoärmer zu handhaben. Nur so können Variationen der Konstruktions- und Betriebsparameter systematisch und zielgerichtet durchgeführt werden, um konstruktive Verbesserungen, Betriebshinweise oder Vorhersagen für die Lebensdauer zu gewinnen.

Bei der *experimentellen Modellierung* wird die reale Maschine bzw. die reale Strömung, die untersucht werden soll, im Experimentallabor durch Versuche nachgestellt. Dazu wird ein Labormodell oder Prototyp, meist im verkleinerten oder vergrößerten Maßstab, angefertigt, welches der verwendeten Messtechnik besser zugänglich ist als die reale Maschine. Natürlich ist darauf zu achten, dass gerade die interessierenden Eigenschaften denjenigen der Originalausführung entsprechen. Die Betriebsgrenzen des Versuchsstandes und der Messtechnik sind einzuhalten und die erzielbare räumliche und zeitliche Auflösung der Betriebsparameter und der Messtechnik sind begrenzt. Von allen Untersuchungsmethoden kommt die experimentelle der Realität am nächsten.

Bei der *mathematischen Modellierung* wird die reale Strömung oder die reale Maschine auf theoretische Weise untersucht. Physikalische Gesetzmäßigkeiten der Strömungsmechanik, z. B. Erhaltungssätze (Masse, Impuls und Energie) oder Materialeigenschaften werden zu Hilfe genommen, um ein mathematisches Modell der Strömung aufzustellen. Die Anzahl der unbekannten Variablen und die Anzahl der Gleichungen müssen übereinstimmen, damit das mathematische System geschlossen, d. h. lösbar ist. Anschließend wird versucht, mathematisch exakte Lösungen oder Näherungslösungen zu finden, welche die Variablen untereinander in Beziehung setzen. Oft sind noch Parameter eines Modellansatzes experimentell zu bestimmen. Diese Methode hat zu nützlichen Hilfsmitteln des Ingenieurs geführt, welche in Formelsammlungen oder Handbüchern (z. B. VDI-Wärmeatlas) zusammengefasst sind. Die Methode hat in den letzten Jahrzehnten zu immer komplexeren Modellgleichungen geführt, für welche eine analytische Lösung in geschlossener Form selbst näherungsweise nicht immer möglich ist. Werden Differentialgleichungen behandelt, so spricht man von einer Integration.

Bei der *numerischen Modellierung* wird eine numerische Integration anstelle einer analytischen Integration der Modellgleichung angestrebt. Dabei wird die numerische Mathematik (Numerik) als Zahlenmathematik sowie ein Digitalrechner herangezogen. Dies führt zur numerischen Modellierung, bzw. zur Numerischen Strömungssimulation, welche Gegenstand dieses Buches ist. Die Numerische Strömungssimulation besteht nach Abb. 1.7 aus zwei Teilaufgaben:

- Die erste besteht in der *Modellierung* der realen Strömung bzw. der realen Maschine durch ein mathematisch/physikalisches Modell, welches aus Differentialgleichungen, Rand- und Anfangsbedingungen besteht. Dieses Gleichungssystem ist so komplex, dass eine analytische Lösung nicht mehr möglich ist. Bei diesem Schritt entsteht ein Modellfehler.
- Die zweite Teilaufgabe besteht in der näherungsweisen *numerischen Integration* des Gleichungssystems mit Hilfe eines auf einem Digitalrechner ablaufenden Simulationsprogramms. Man erhält eine numerische Näherungslösung. Bei diesem Schritt entsteht ein numerischer Fehler.

**Abb. 1.7** Bei der Numerischen Strömungssimulation bilden die Teilschritte Modellierung und Numerische Integration ein Numerisches Modell

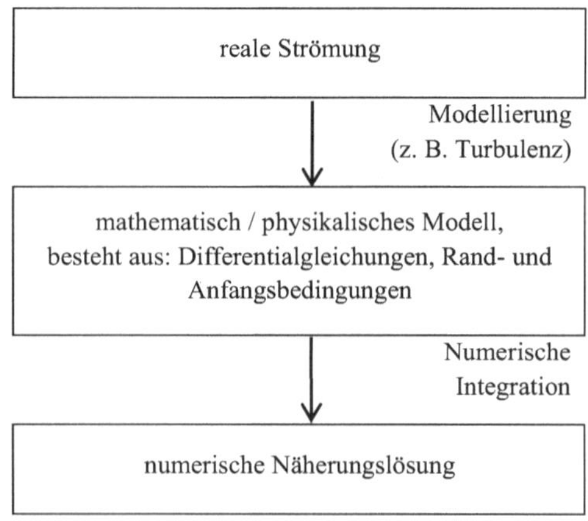

Das so erhaltene *Numerische Modell* besitzt näherungsweise die gleichen interessierenden Eigenschaften wie die reale Strömung, ist aber einfacher zu handhaben. Die Durchführung dieser Schritte erfordert Fachwissen aus unterschiedlichen Disziplinen, nämlich der Strömungsphysik und der numerischen Mathematik.

Es versteht sich, dass die Numerische Strömungssimulation aufgrund ihrer Komplexität neben den Vorteilen auch eine Fülle von möglichen Fehlerquellen besitzt und ihre Anwendung daher auch umfangreiches Fachwissen über Methoden zur Eingrenzung dieser Fehler erfordert. Die Fehlerkontrolle dieser Schritte erfordert grundsätzlich unterschiedliche Methoden.

### 1.1.3  Strömungsphänomene in Rohrkrümmern

In der Technik werden Rohrleitungselemente zur 90°-Strömungsumlenkung in unterschiedlichen Bauarten verwendet. Man unterscheidet Rohrbogen, Krümmer mit Umlenkschaufeln, das Rohrknie und Segmentbögen. Die Strömung in diesen Elementen ist dreidimensional.

In zwei Querschnitten vor und hinter dem jeweiligen Bauelement kann der Druck jeweils als konstant angenommen werden. Im Bereich dazwischen ist die Umlenkung aber auch mit einem dreidimensionalen Druckfeld verbunden, das in der Mittelebene in Abb. 1.8 skizziert ist. Grundsätzlich stehen in einer Strömung unterschiedliche Kräfte im Gleichgewicht. Aufgrund der Umlenkung entlang einer Stromlinie mit dem Krümmungsradius $r$ entsteht eine Zentrifugalkraft pro Volumen

$$F_Z = \rho \frac{u^2}{r}, \tag{1.1}$$

worin $u$ die Strömungsgeschwindigkeit entlang der Stromlinie ist. Fernab von Wänden steht diese unter Vernachlässigung der Reibung lokal im Gleichgewicht mit einer Druckkraft pro Volumen

$$F_{pr} = \frac{\partial p}{\partial r}. \tag{1.2}$$

**Abb. 1.8** Geschwindigkeit, Kräfte entlang einer Stromlinie und Druckerhöhungsfaktor im Mittelschnitt (Symmetrieebene) eines durchströmten Rohrbogens

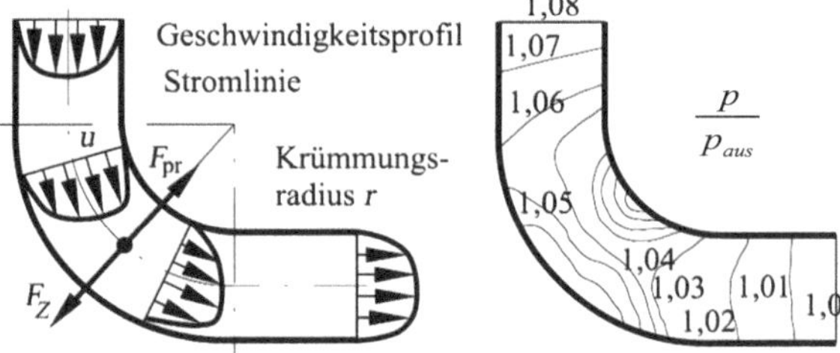

**Abb. 1.9**  Sekundärströmung

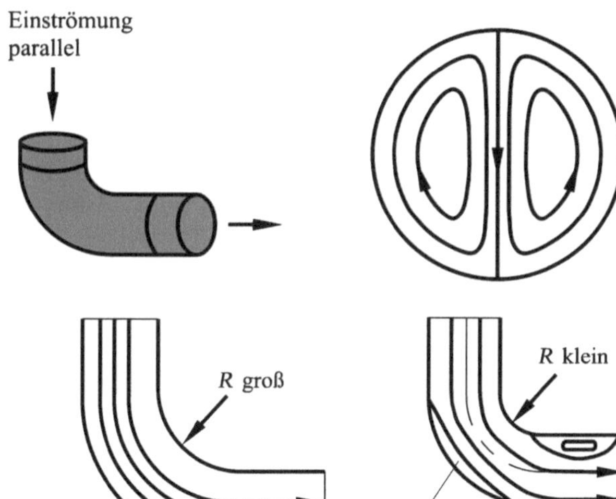


**Abb. 1.10**  Strömungsablösung
und Ablöseblase

Die partielle Ableitung hierin bedeutet die Änderung des Druckes in radialer Richtung. Somit sinkt der Druck in Richtung des Innenradius ab und steigt nach außen hin an. Dies führt zu der in Abb. 1.9 schematisch gezeigten Druckverteilung.

In der Nähe der Wände wird die Strömung durch die reibungsbedingt geringere Strömungsgeschwindigkeit beeinflusst, während der Druck dieser wandnahen Schicht aufgeprägt wird. Als Folge entsteht eine Sekundärströmung, welche in Ebenen senkrecht zur Mittelachse des Rohrbogens in Abb. 1.9 skizziert ist.

Die Sekundärströmung ist in Wandnähe zum Druckminimum im jeweiligen Querschnitt hin gerichtet, da die Zentrifugalkraft hier lokal nicht ausreicht, um die Druckkraft auszugleichen. Im Innern des Rohres entsteht eine Ausgleichsbewegung.

Ein weiteres Phänomen, Abb. 1.10, welches mit der langsameren wandnahen Schicht zusammenhängt, ist die Strömungsablösung. Entlang einer solchen wandnahen Stromlinie sinkt ausgehend von einer Position stromauf des Rohrkrümmers der Druck ab. Die Geschwindigkeit nimmt entsprechend zu. Stromab des Druckminimums verläuft die Strömung in Richtung erhöhten Druckes, so dass die Strömung die stromauf erhaltene Bewegungsenergie wieder in potentielle Energie umwandelt. Allerdings erhöht sich im Bereich der hohen wandnahen Geschwindigkeit auch die Reibung. Dies führt zu zusätzlichen Verlusten, die dazu führen können, dass die wandnahe Schicht die Druckerhöhung nicht mehr überwinden kann. Sie kommt an einem Punkt zum Stillstand. Hier löst sich eine Stromlinie von der Wand ab und weiter stromab kommt es zur Rückströmung.

Das Rückströmgebiet kann weiter stromab durch ein Wiederanlegen geschlossen sein. Man spricht dann von einer Ablöseblase. Dieses Gebiet ist dreidimensional. Es bildet einen von der restlichen Strömung getrennten Bereich. Die damit verbundene Verdrängung und Reduzierung des für die Durchströmung zur Verfügung stehenden Querschnitts ist meist unerwünscht, da damit erhöhte Reibungsverluste verbunden sind.

Es wird deutlich, dass eine genaue Vorhersage oder Untersuchung dieser Phänomene eine dreidimensionale und auf einer lokalen Beschreibung basierende Untersuchungsmethode wie unsere numerische Strömungsmechanik erfordert. Diese Methode stellt unterschiedliche Mathematisch/physikalische Modelle bereit, welche sich bezüglich ihrer Komplexität und ihrer Fähigkeit, physikalische Phänomene abzubilden, unterscheiden. Am vorliegenden Beispiel des Rohrkrümmers kann dies gezeigt werden.

Die beiden physikalischen Phänomene der Sekundarströmung sowie der Strömungsablösung können auf der Grundlage einer Wechselwirkung zwischen drei in der Strömung wirkenden Kräften erklärt werden. Diese Kräfte sind

- die Zentrifugalkraft, welche einen Anteil der sog. Trägheitskraft darstellt,
- die Druckkraft und
- die Reibungskraft.

Das mathematisch/physikalische Modell, welche diese drei Kräfte enthält, sind die Erhaltungsgleichungen von Masse und Impuls. Der Impuls ist das Produkt aus Masse und dem Geschwindigkeitsvektor, er ist somit ebenfalls ein Vektor mit drei Komponenten. Dieses Gleichungssystem bezeichnet man als die *Navier-Stokes-Gleichungen*. Da im vorliegenden Beispiel die Strömung turbulent ist, verwenden wir dieses Modell in einer zeitlich gemittelten Form (*Reynolds-Gleichungen*) zusammen mit einem Turbulenzmodell. Als Beispiel ist in Abb. 1.11 eine Variation des Krümmungsradius gezeigt. Man erkennt, dass

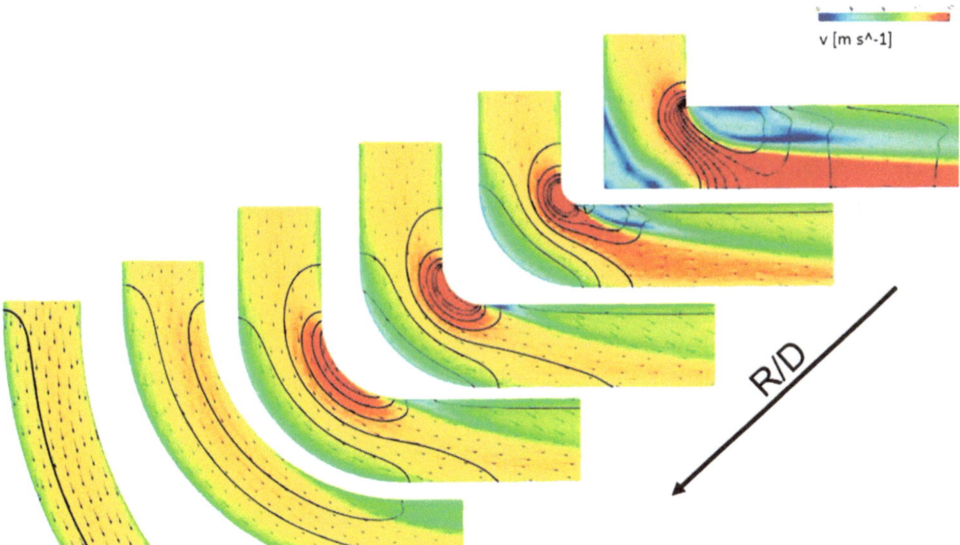


**Abb. 1.11** Variation des Krümmungsradius R eines durchströmten Rohrbogens mit dem Rohrdurchmesser D: bei kleinem Radienverhältnis R/D zeigt sich eine Strömungsablösung, die mit einer Einschnürung des effektiven Rohrquerschnitts verbunden ist. Gezeigt sind Geschwindigkeitspfeile und Isolinien des Geschwindigkeitsbetrags $v$ in [m/s], siehe Farbskala

**Abb. 1.12** Dampfentstehung
und Transport in einem Rohrkrümmer

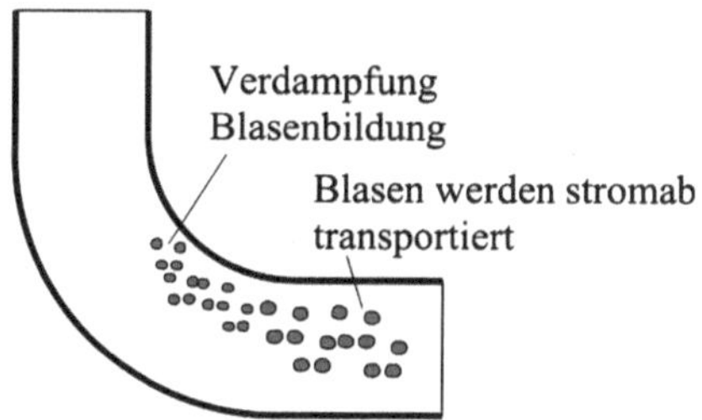


die Strömungsablösung nur bei kleinen Krümmungsradien auftritt. Die berechnete Sekundärströmung wurde bereits gezeigt.

Bei hohen Temperaturen ist es möglich, dass im Druckminimum entlang der Innenkontur des Rohrkrümmers lokal der Sättigungsdruck (Dampfdruck) der durch den Rohrkrümmer strömenden Flüssigkeit unterschritten wird. Dieser Druck hängt natürlich vom absoluten Temperaturniveau, auf dem sich die Strömung befindet, ab. Bei Umgebungstemperatur (Wasserkraftmaschinen) beträgt der Sättigungsdruck nur einige Zehntel bar und wird in einem Rohrkrümmer sicher nicht unterschritten, wohl aber im Innern von Turbinen oder Pumpen. Man spricht von thermischer *Kavitation*. Bei höheren Temperaturen (Kühlkreislauf eines Kraftwerks) ist die Unterschreitung des Sättigungsdrucks aber auch in einem Rohrkrümmer möglich. Dann entstehen Dampfblasen, welche mit der Strömung transportiert werden, Abb. 1.12.

Die Blasenströmung kann mit dem zuvor eingeführten mathematisch/physikalischen Modell der Navier-Stokes- oder Reynoldsgleichungen nicht simuliert werden. Anhand des minimalen Druckes und mit Kenntnis des Sättigungsdruckes kann mit diesem Modell allenfalls bestätigt werden, dass unter vorgegebenen Betriebsbedingungen Kavitation nicht auftritt. Sie kann nur auftreten, wenn der minimale Druck in der Strömung den Sättigungsdruck unterschreitet.

Wenn Kavitation auftritt, muss zur Berechnung der Strömung ein anderes mathematisch/physikalisches Modell ausgewählt werden. Es handelt sich um eine Zweiphasenströmung, wobei das flüssige Wasser und der in den Blasen enthaltene Wasserdampf die beiden Phasen darstellen. Im vorliegenden Fall ist dafür das *Zwei-Fluid-Modell* geeignet.

Bei diesem mathematisch/physikalischen Modell werden beide Phasen als unterschiedliche Fluide modelliert. Als Fluid bezeichnet man ein strömendes Medium, welches wie beim Wasser kontinuierlich oder wie bei den Dampfblasen in diskontinuierlicher Form vorliegen darf. Die Dampfblasen werden nicht einzeln sondern an jedem Ort gemittelt betrachtet. Dadurch ist es möglich, auch eine sehr große Anzahl von Blasen mit vergleichsweise geringem Aufwand zu berücksichtigen. Die Grundgleichungen des Zwei-Fluid Modells berücksichtigen die Massen- und Impulsbilanz für beide Fluide getrennt voneinander. Damit wird auch der Transport der Blasen durch die Strömung (Konvektion) beschrieben. Die Verdampfung und Blasenbildung werden zusätzlich über ein *Phasenwechselwirkungsmodell*, welche noch die *Energiegleichung* der flüssigen Phase erfordert, berücksichtigt.

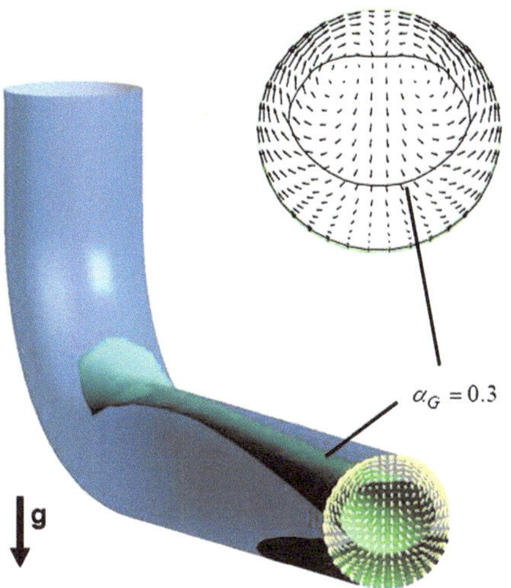

**Abb. 1.13** Simulation der thermischen Kavitation im Rohrkrümmer mit dem Zwei-Fluid-Modell



Ein Berechnungsbeispiel, das auf der Anwendung des Zwei-Fluid Modells beruht, ist in Abb. 1.13 gezeigt. Die Einströmung von Wasser erfolgt einphasig mit einer Temperatur von 98 °C bei einem Druck von 1 bar. Der Sättigungsdruck beträgt 0,94 bar. Im Bereich des Krümmers wird der Sättigungsdruck unterschritten, dort erfolgt Verdampfung. Der Bereich, in dem der volumetrische Dampfgehalt (Blasengehalt) $\alpha_G$ den Wert 0,3 übersteigt, ist umrandet. Die Blasen werden in der Nähe der stärksten Umlenkung gebildet, da hier der Druck am kleinsten ist. Von dort werden sie mit der Strömung des flüssigen Wassers stromab transportiert. Aufgrund ihres Auftriebs hält sich der Dampf im oberen Bereich des horizontalen Rohrabschnitts auf, jedoch bewirkt die Sekundärströmung auch einen Transport abwärts.

Diese Phänomene können nur mit einer dreidimensionalen Methode wie der Numerischen Strömungssimulation berechnet werden.

## 1.1.4  Vorbereitung und Durchführung

Die Vorbereitung und Durchführung einer Numerischen Simulationsrechnung besteht aus vier Schritten, die wir mit A-D bezeichnen wollen, siehe Abb. 1.14. Als Beispiel wurde die Strömung durch den Rohrkrümmer bereits eingeführt.

Am Anfang steht eine technische Aufgabenstellung, welche aus der Nachrechnung einer Strömung bestehen muss. Bei einer Nachrechnungsaufgabe ist die Geometrie (Kontur, Berandung) gegeben und die Strömungseigenschaften sind gesucht. Oft erscheinen Fragestellungen im Ingenieurwesen aber auch als *Entwurfsaufgabe*, bei der gewünschte Strömungseigenschaften (z. B. ein minimaler Strömungswiderstand) gegeben und die dazugehörige Geometrie gesucht sind.

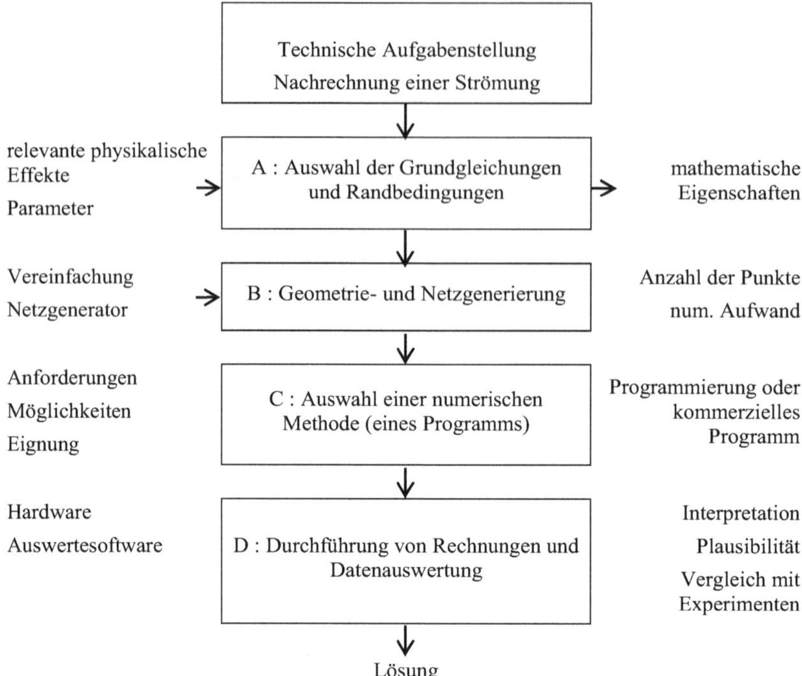

**Abb. 1.14**  Vier Schritte A, B, C, D zur Vorbereitung und Durchführung einer Numerischen Strömungssimulation

### Schritt A: Auswahl der Grundgleichungen und Randbedingungen

Auf der Grundlage der für die Aufgabenstellung relevanten physikalischen Effekte wird eine mathematische Formulierung ausgewählt. Zum Beispiel muss entschieden werden, ob die Strömung als kompressibel oder als inkompressible behandelt werden soll. Das erhaltene Gleichungssystem besitzt jeweils bestimmte mathematische Eigenschaften, die sich auf die Auswahl geeigneter Lösungsmethoden auswirken können.

Dies bedeutet, dass das Fluid das Strömungsgebiet kontinuierlich ausfüllt und die Strömung „makroskopisch" (nicht auf mikroskopischer Molekülebene) mittels Zustandsgrößen charakterisiert wird. Alle relevanten physikalischen Effekte werden durch die Erhaltungssätze im infinitesimal kleinen Volumenelement formuliert. Dies ergibt ein System von partiellen *Differentialgleichungen* (z. B. die Navier-Stokes-Gleichungen). Am Rand des Berechnungsgebietes sind bestimmte Zustände oder deren Ableitungen und damit die *Randbedingungen* definiert.

In der Numerischen Strömungsmechanik werden diese Erhaltungssätze kontinuumsmechanisch anhand eines infinitesimal kleinen Kontrollvolumens im Strömungsfeld formuliert, siehe Abb. 1.15 am Beispiel des Rohrkrümmers.

Das Kontrollvolumen ist ortsfest an einer beliebigen Position innerhalb des Strömungsfeldes angebracht und wird daher durchströmt. Diese Beschreibungsweise wird in der

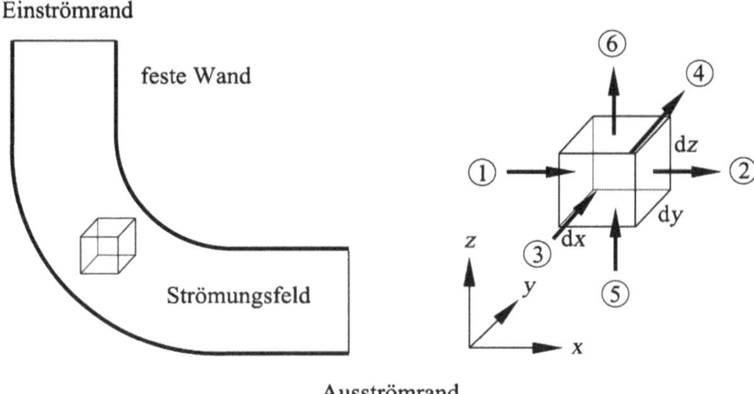



**Abb. 1.15** Infinitesimal kleines Kontrollvolumen im Rohrkrümmer

Strömungsmechanik als die Euler'sche Beschreibungsweise bezeichnet. Alternativ gibt es die Lagrange'sche Beschreibungsweise, bei der das Kontrollvolumen mit dem Fluid mitbewegt und daher nicht durchströmt wird. Meistens wird die Euler'sche Beschreibung verwendet, da die Erfüllung von Randbedingungen an den meist feststehenden Rändern einfacher ist.

### Schritt B: Geometrie- und Netzgenerierung

Die umströmte oder durchströmte Geometrie wird definiert, ggf. vereinfacht oder als CAD-Modell (Computer Aided Design) in den Netzgenerator importiert. Das numerische Netz teilt das Berechnungsbiet in diskrete Zellen ein und definiert diejenigen Punkte im Raum, an denen die Strömungsvariablen berechnet werden sollen. Der numerische Lösungsaufwand sowie der numerische Fehler werden wesentlich von der Anzahl der Punkte bestimmt.

### Schritt C: Auswahl einer Numerischen Methode (eines Programms)

Eine für die ausgewählten Gleichungen und das generierte Netz geeignete numerische Lösungsmethode muss ausgewählt werden. Heute stehen hierfür frei verfügbare Programme oder kommerzielle Programme hoher Qualität zur Verfügung, so dass meist auf die eigene Programmierung eines Lösungsalgorithmus verzichtet werden kann.

### Schritt D: Durchführung von Rechnungen und Datenauswertung

Die Bedienung von Programmsystemen, Hardware und Auswertesoftware muss erlernt werden. Jetzt besteht die Aufgabe aus der Interpretation der Ergebnisse hinsichtlich Plausibilität. Vergleiche mit Experimenten sind stets durchzuführen.

Die Entwurfsaufgabe wird in der Numerischen Strömungsmechanik meist iterativ gelöst, indem ausgehend von einer angenommenen Anfangsgeometrie, z. B. das Vorgängermodell, wiederholte Nachrechnungen von sinnvollen Geometrievarianten solange durch-

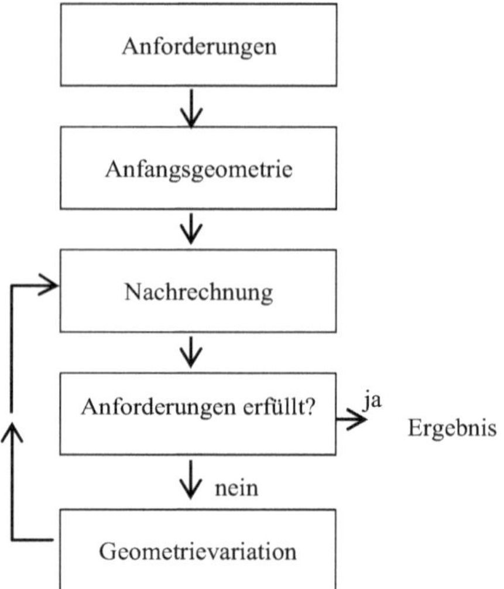



**Abb. 1.16** Lösung der Entwurfsaufgabe (Geometrie gesucht) durch sinnvolle Geometrievariation und wiederholte Durchführung von Nachrechnungen (Strömung gesucht)

geführt werden, bis die Anforderungen erfüllt sind, siehe Abb. 1.16. Weder die Entwurfsaufgabe noch die Nachrechnungsaufgabe lassen sich in der Numerischen Strömungsmechanik vollständig durch Software automatisieren, da technisches Verständnis erforderlich ist. Ihre Durchführung wird noch für absehbare Zeit die Aufgabe von Ingenieuren sein.

Ein Beispiel ist der Entwurf des Heckflügels für einen Formel-1-Rennwagen. Auch hier wurden als mathematisch/physikalisches Modell den die Reynolds-Gleichungen mit dem K-$\varepsilon$-Turbulenzmodell verwendet. Es besteht die Anforderung, dass der Heckflügel eine mindestens geforderte Abtriebskraft erbringt. Dies kann durch Formgebung, z. B. die Kontur der Klappennase, die Dicke des Hauptflügels und den Einstellwinkel der Klappe beeinflusst werden. In Abb. 1.17 sind die Ergebnisse mehrerer Nachrechnungen mit unterschiedlichem Einstellwinkeln relativ zur Anfangsgeometrie gezeigt.

Das Gleichungssystem des mathematisch/physikalischen Modells kann nicht analytisch sondern muss numerisch mit Hilfe von Digitalrechnern gelöst werden. Um dies zu ermöglichen erfolgt eine Diskretisierung des Strömungsgebiets, in dem die kontinuierliche Beschreibung in eine diskontinuierliche (diskrete) Beschreibung überführt wird. Somit sind die Strömungsvariablen nur noch an den Gitterpunkten bzw. in den diskreten Zellen zu bestimmen. Einen Eindruck der dafür erforderlichen Netzgenerierung gibt Abb. 1.18. Gezeigt ist ein unstrukturiertes Tetraedernetz in der Symmetrieebene und im Ausströmquerschnitt, das in der Nähe fester Wände verfeinert wurde.

Die numerische Mathematik stellt dafür Näherungsverfahren zur Verfügung, u. a. Finite-Differenzen-Methoden (FDM), Finite-Volumen-Methoden (FVM) und Finite-Elemente-Methoden (FEM), Spektralmethoden (SM), Spektral-Elemente Methoden (SEM), Lattice-Boltzmann-Methoden (LBM) und Partikelmethoden (PM). Diese Verfahren besitzen nach Tab. 1.1 unterschiedliche numerische Eigenschaften bezüglich Flexibilität und Genauigkeit.

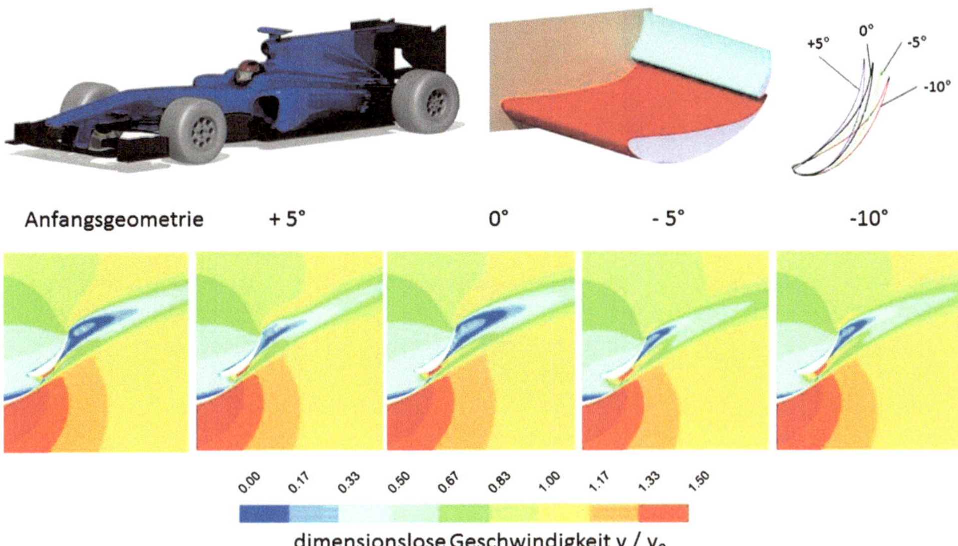


**Abb. 1.17**  Entwurf des Heckflügels zur Erzeugung einer geforderten Abtriebskraft für einen Formel-1-Rennwagen durch Variation des Klappenwinkels

**Abb. 1.18**  Für die Simulation der Heckflügel-Umströmung verwendetes Netz

Finite-Differenzen-Methoden (FDM) beruhen auf der Annäherung der Differentiale durch Differenzen. Dies kann bei Bedarf mit hoher Genauigkeit durchgeführt werden. Jedoch sind diese Methoden auf bestimmte Netztypen (strukturierte) beschränkt und sie stellen hohe Anforderung an die Netzqualität (Glattheit), da eine Koordinatentransformation erforderlich ist.

Finite-Volumen Methoden (FVM) beruhen auf einer integralen Formulierung der Grundgleichungen. Die Zustandsgrößen werden innerhalb eines Finiten Volumens (Zelle)

**Tab. 1.1** Einstufung numerischer Lösungsmethoden bezüglich Flexibilität und Genauigkeit

|  | Flexibilität | Genauigkeit |
| --- | --- | --- |
| Finite-Differenzen-Methode FDM | Relativ unflexibel, da Transformation in den Rechenraum erforderlich (kompliziert) | Gut |
| Finite-Volumen-Methode FVM | Flexibel, da im physikalischen Raum formuliert | Genauigkeitsverlust durch numerische Vereinfachungen |
| Finite-Elemente-Methode FEM | Sehr flexibel durch unstrukturierte Netze | Genauigkeitsverlust durch ungleichmäßige Netze |
| Spektralmethoden SM | Nur für regelmäßige Geometrien, z. B. Quader, Zylinder | Sehr genau |
| Spektral-Elemente-Methoden SEM | Vereinigt hohe Genauigkeit der SM mit Flexibilität der FEM | Sehr genau |
| Lattice-Boltzmann-Methode LBM | Sehr flexibel, da Netze nicht körperangepasst sein müssen | Genau bei sehr feinen Netzen |
| Partikelmethoden PM | Lagrange'sche Beschreibungsweise, nur geeignet, wenn Randbedingungen erfüllt werden können | Genau über lange Zeitintervalle der Partikelbewegung |

und die Flüsse am Rand der Zelle als konstant angenommen. Die Formulierung erfolgt direkt im physikalischen Koordinatensystem und benötigt daher keine Transformation.

Finite-Elemente-Methoden (FEM) beruhen ebenfalls auf einer integralen Problemformulierung, welche mittels Ansatzfunktionen näherungsweise erfüllt wird. Diese Methoden besitzen bezüglich der Flexibilität den großen Vorteil, dass sie auf unstrukturierten Netzen, z. B. Dreiecks- oder Tetraedernetzen, anwendbar sind.

Spektralmethoden (SM) verwenden Funktionensysteme, z. B. trigonometrische Funktionen oder Polynome, die im gesamten Berechnungsgebiet gelten. Die Koeffizienten dieser Funktionen werden als Spektrum bezeichnet. Dies führt zu einer sehr hohen Genauigkeit.

Spektral-Elemente-Methoden (SEM) vereinigen die gute Flexibilität der FEM mit der Genauigkeit der SM.

Lattice-Boltzmann-Methoden (LBM) verwenden zellbasierte Algorithmen, in denen Modellpartikel zwischen benachbarten Zellen ausgetauscht werden. Die Zustände der Zellen werden auf Zustandsgrößen umgerechnet. Die Menge der möglichen Lösungen approximiert die Lösungen der Navier-Stokes-Gleichungen. Die Methode wird auf sehr feinen Netzen durchgeführt, welche nicht körperangepasst sein müssen sondern gekrümmte Geometrien „Treppenartig" approximiert.

Partikelmethoden (PM) verwenden die Lagrange'sche Beschreibungsweise, in der Modellpartikel über lange Zeitintervalle verfolgt werden. Die Erfüllung von Randbedingungen an festen Wänden kann schwierig sein.

Im vorliegenden Buch werden nur FVM und FEM behandelt, da diese Methoden in der industriellen Anwendung hauptsächlich verwendet werden.

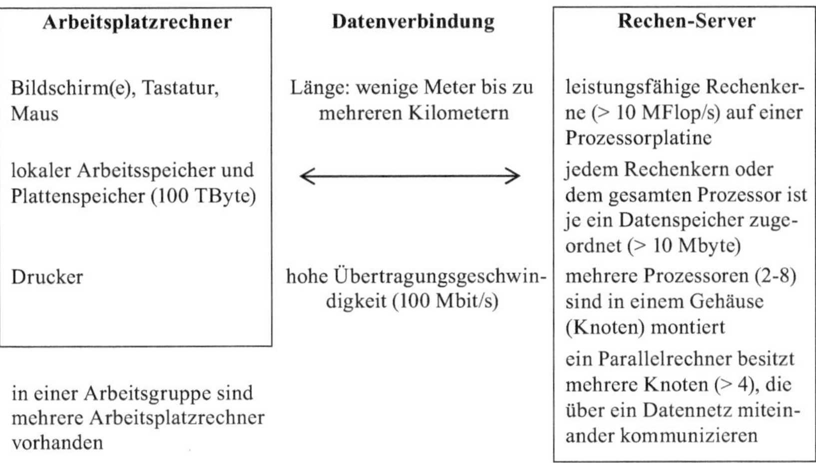



**Abb. 1.19**  Zur Durchführung einer Numerischen Strömungssimulation erforderliche Hardware

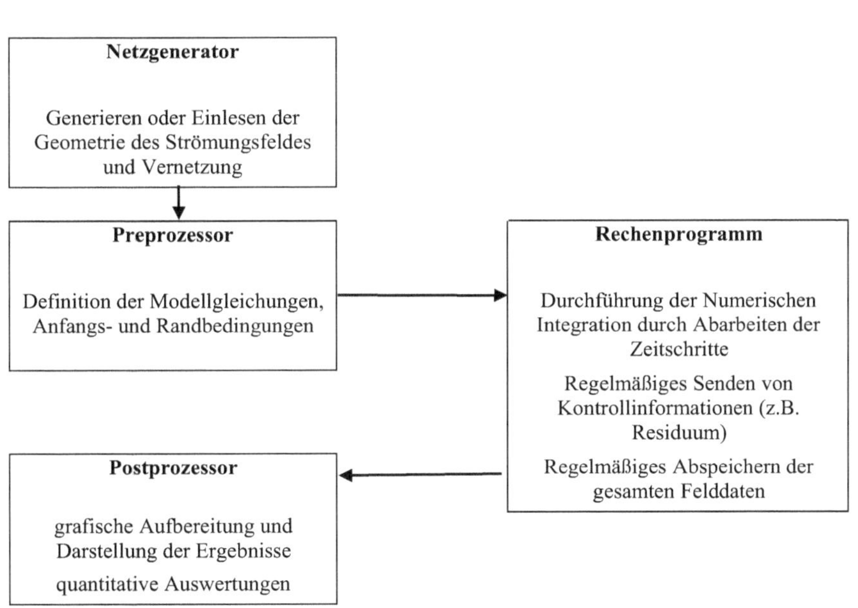



**Abb. 1.20**  Zur Durchführung einer Numerischen Strömungssimulation erforderliche Software

Zur Durchführung einer Numerischen Strömungssimulation sind Hardware, siehe Abb. 1.19, und Software, siehe Abb. 1.20, erforderlich. Die Berechnung wird typischerweise auf einem Arbeitsplatzrechner vorbereitet, indem das Netz generiert und die für die Auswahl der Grundgleichungen erforderlichen Parameter festgelegt werden. Dies erfolgt interaktiv durch ein Editor-Programm, dem Preprozessor. Der erzeugte Datensatz wird auf einen leistungsfähigen Rechen-Server übertragen. Hier erfolgt die numerische Integration. Die Ergebnisse werden danach wieder auf den Arbeitsplatzrechner übertragen und dort interaktiv ausgewertet.

### 1.1.5 Geschichte

Die Numerische Strömungsmechanik ist im Vergleich zu anderen Methoden der Strömungslehre wie den experimentellen Methoden und den analytischen Methoden eine junge Disziplin, welche erst in den 80er-Jahren des vorigen Jahrhunderts industrielle Bedeutung erlangte. Sie war stets eng an die

- Entwicklung effizienter numerischer Integrationsmethoden für partielle Differentialgleichungen (Tab. 1.2),
- Aufstellung mathematisch-physikalischer Modelle für zunehmend komplexe, turbulente Strömungsvorgänge sowie an die (Abb. 1.21)
- rasante Entwicklung leistungsfähiger digitaler Rechenanlagen (Abb. 1.22)

**Tab. 1.2** Zur Geschichte der Methoden für die Numerische Strömungssimulation

| Jahr | Autor(en) | Numerische Methode |
|---|---|---|
| 1969 | MacCormack [13] | Erste 2D FDM für Über- und Unterschallströmungen |
| 1972 | Roache [14] | FDM für die Numerische Strömungssimulation |
| 1972 | Patankar & Spalding [15] | FDM und FVM, 3D-Simulation, inkompressible Strömungen (SIMPLE FDM), versetztes Gitter |
| 1973 | Baker [16] | FEM für inkompressible Strömungen |
| 1974 | Argyris & Mareczek [17] | FEM für kleine Geschwindigkeiten |
| 1978 | Beam & Warming [18] | 2D implizite, hochoptimierte FDM auf krummlinigen Gittern, kompressible Strömung |
| 1979 | Zienkiewicz & Heinrich [19] | FEM für die Navier-Stokes Gleichungen |
| 1981 | Jameson, Schmidt and Turkel [20] | FVM für die Euler Gleichungen mit Konvergenzbeschleunigung |
| 1980 | Moin & Kim [21] | 3D Direkte Numerische Simulation der turbulenten Kanalströmung mit einer SM |
| 1984 | Patera [22] | SEM für laminare Strömungen |
| 1985 | Verschiedene | 3D Simulation der reibungsbehafteten Strömung um ein gesamtes Flugzeug, FVM, Mehrgittertechnik |
| 1987 | Hussaini & Zhang [23] | SM für Transitions- und Turbulenzsimulationen |
| 1987 | Löhner [24] | FEM mit adaptiven Netzen |
| 1998 | Chen & Doolen [25] | LB für Ein- und Mehrphasenströmungen |

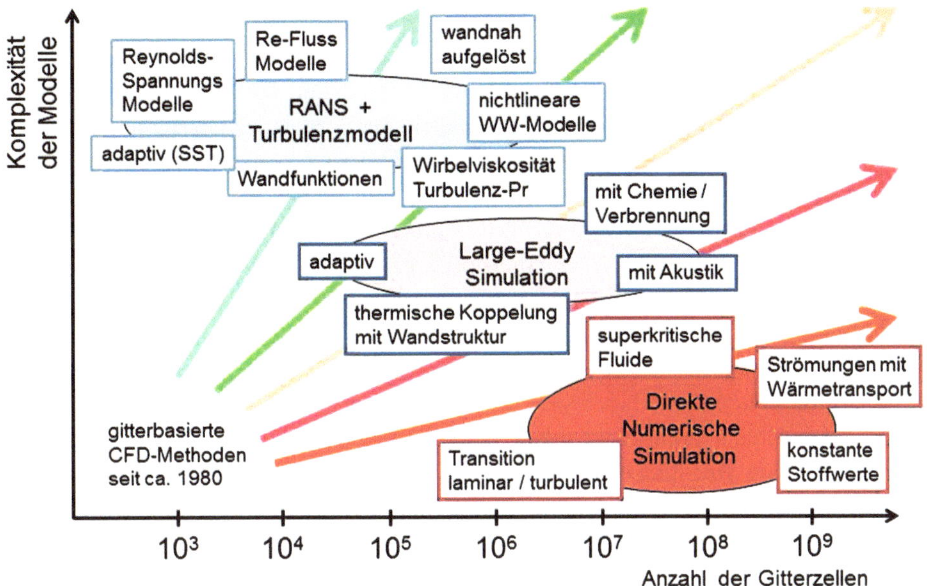


**Abb. 1.21** Entwicklung der Komplexität von Modellen für turbulente Strömungen über der stetig steigenden Anzahl der Gitterzellen seit ca. 1980

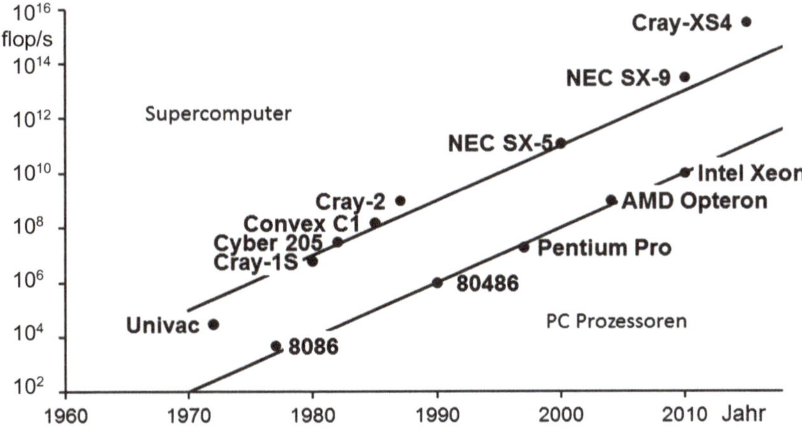


**Abb. 1.22** Entwicklung der Rechenleistung von Supercomputern und PC-Prozessoren

geknüpft. Noch heute entwickelt sich die Numerische Strömungsmechanik stetig weiter und die Komplexität numerisch behandelbarer Aufgabenstellungen wird weiter zunehmen. Um die Entwicklung der Methode einschätzen zu können, ist es sinnvoll, die Geschichte und die Meilensteine ihrer Entwicklung kurz zusammenzufassen.

Die ersten brauchbaren Verfahren zur numerischen Integration der Bewegungsgleichungen waren Differenzenverfahren auf orthogonalen, kartesischen Gittern. Diese wurden Anfang der 70er-Jahre in den USA für kompressible Strömungen sowie in Großbritannien für inkompressible Strömungen entwickelt. Neben diesen expliziten oder halbimpliziten Verfahren wurden zunehmend auch implizite Methoden, welche auch auf stark gestreckten, körperangepassten Gittern anwendbar sind, entwickelt. Dabei war allerdings mit der Transformation der Navier-Stokes-Gleichungen sowie zugehöriger Turbulenzmodelle ein erheblicher mathematischer Aufwand erforderlich, welche mit den Anforderungen an die Rechenprogramme bezüglich Effizienz und Genauigkeit stetig anstieg.

Die Anforderungen in der Luftfahrtforschung, auch komplexe Geometrien, etwa eine Flügel-Rumpf-Konfiguration eines Transportflugzeugs, effizient berechnen zu können, führte in den 80er-Jahren zur Entwicklung der Finite-Volumen-Verfahren. Diese besitzen gegenüber den mathematisch anspruchsvolleren Differenzenverfahren die Vorteile der Einfachheit und Robustheit ohne bedeutsamen Verlust an Genauigkeit. Diese Verfahren werden auch heute noch auf blockstrukturierten Gittern eingesetzt, wobei die entstehenden Gleichungssysteme oft mittels Mehrgittertechnik und anderen Beschleunigungsmethoden wie lokalen Zeitschritten und Residuenglättung gelöst werden. Die Finite-Elemente-Methoden, welche in der Festkörpermechanik, fast ausschließlich angewendet werden, erlangte in der Strömungsmechanik erst in den 90er-Jahren wesentliche Bedeutung, da ihre auf indirekter Adressierung beruhende Speichertechnik bis dahin zu aufwändig erschien. Diese Methode ermöglicht insbesondere die Verwendung unstrukturierter Netze, wie sie heute vielfach erforderlich sind. Die Entwicklung zu flexibleren Methoden hat sich damit fortgesetzt. Eine andersartige Methode beruht anstelle von kontinuumsmechanischen Ansätzen auf der Betrachtung einzelner Strömungspartikel, die miteinander in Wechselwirkung treten. Diese Lattice-Boltzmann-Methode (LBM) kann insbesondere dann eingesetzt werden, wenn hohe Flexibilität erforderlich ist, z. B. bei Geometriestudien in der Kraftfahrzeugtechnik, da die Generierung körperangepasster Netze nicht erforderlich ist. Spektralverfahren sind hochgenau aber wenig flexibel und daher eher für spezielle Anwendungen (z. B. Direkte Numerische Simulation) interessant.

Die Weiterentwicklung der Methoden wurde stets von der Weiterentwicklung der Modelle für zunehmend komplexere Strömungsvorgänge begleitet. Für einen Tragflügel, konnten zunächst nur die Potenzial-Gleichungen, danach die Euler- und Grenzschicht-Gleichungen und später die Reynolds-Gleichungen für turbulente Strömungen integriert werden. Die wichtigste Voraussetzung für die industrielle Anwendung der Numerischen Strömungssimulation sind Turbulenzmodelle. Das bereits 1972 entwickelte $K$-$\varepsilon$-Turbulenzmodell besitzt neben neuen Turbulenzmodellen und der Grobstruktursimulation auch heute eine wesentliche Bedeutung. Hinzu kamen Realgasmodelle, die chemische Modellierung, Verbrennungsmodellierung, rheologische Modelle, die Strömungsakustik sowie Zweiphasenmodelle. Heute bildet die stetige Erweiterung der bestehenden mathematisch-physikalischen Modelle das wichtigste Arbeitsfeld von Ingenieuren.

Die Numerische Strömungssimulation wurde stets von der Entwicklung und Weiterentwicklung der leistungsfähigsten elektronischen Rechenanlagen, siehe Abb. 1.21, maßgeblich beeinflusst. Nach den Mainframe-Computern (IBM, Cyber) der 80er Jahre wurde auf den ersten Vektorrechnern (Cray-1) bahnbrechende Strömungssimulationen durchgeführt. Ein Vektorrechner nutzt die Aufteilung von Rechenoperationen in Teilschritte, welche für eine große Anzahl von Elementen (Vektorelemente) reihenweise nacheinander durchgeführt werden, ähnlich der Fließbandfertigung in einer Fabrik. Durch die Vektorarchitektur wurden explizite Verfahren auf strukturierten Netzen, die sich effizient umprogrammieren (vektorisieren) ließen, bevorzugt. Während Hochleistungs-Parallelrechner und Vektor-Parallelrechner in den 90er-Jahren die Arbeitsplattformen waren, so haben heute Arbeitsplatzrechner (Workstations) eine Leistungsfähigkeit erreicht, die bereits Simulationen industrieller Strömungsprobleme ermöglichen. Cluster-Architekturen und Mehrprozessor-Arbeitsplatzrechner haben die Vektorrechner heute weitgehend verdrängt. Heute werden Höchstleistungsrechner (Supercomputer) hauptsächlich für spezielle Untersuchungen in Forschung und Entwicklung eingesetzt.

Praxisorientierte Berechnungen in Industrie und Entwicklung werden heute auf Multiprozessorrechnern (Parallelrechner) durchgeführt. Bei diesen Computern sind bis zu 8 Rechenkerne zu Prozessoren zusammengefasst und auf einer Platine (Knoten) angeordnet, welche untereinander und mit anderen Knoten sehr effizient kommunizieren können. Die Leistungssteigerung gegenüber Einprozessorrechnern wird heute vornehmlich durch Parallelverarbeitung anstatt durch Vektorverarbeitung erreicht. Die Leistung wird in Fließkommaoperationen (Floating-Point Operations, Flop) pro Sekunde gemessen.

## 1.2 Einführende Beispiele

Der im ersten Unterkapitel besprochene Rohrkrümmer ist ein Beispiel für eine Einphasenströmung eines Newton'schen Fluids unter den Bedingungen erzwungener Konvektion. Wir haben erkannt, dass die Strömung aus der Wechselwirkung der lokal wirkenden Trägheits-, Druck- und Reibungskräften resultiert. Die Strömung wird durch den angelegten Druckgradienten zwischen Ein- und Ausströmquerschnitt des Rohrabschnittes erzwungen (erzwungene Konvektion).

In zahlreichen Anwendungen der Numerischen Strömungsmechanik sind jedoch noch andere physikalische Effekte von Bedeutung, beispielsweise besitzt bei der natürlichen Konvektion der Auftrieb infolge der innerhalb des Strömungsgebiets vorhandenen Temperatur- und Dichteunterschieden eine wichtige Bedeutung. Um die Vielfalt der Möglichkeiten zu verdeutlichen, werden in diesem Unterkapitel daher weitere einführende Beispiele besprochen, welche auch die Naturkonvektion und die Zweiphasenströmungen (flüssig, gasförmig) umfassen. Wir hoffen damit, interessierten Lesern eine Motivation zu geben, Strömungen aus dem eigenen Interessensgebiet mit Hilfe der Numerischen Strömungsmechanik zu behandeln.

### 1.2.1 Naturkonvektionsströmung in einem Behälter

Strömungen, die als eine Folge von Dichteunterschieden im Strömungsfeld entstehen, bezeichnet man als Naturkonvektion oder freie Konvektion. Es liegt also weder ein äußerer Druckgradient an noch gibt es eine Anströmung von außen. Dichteunterschiede, die in

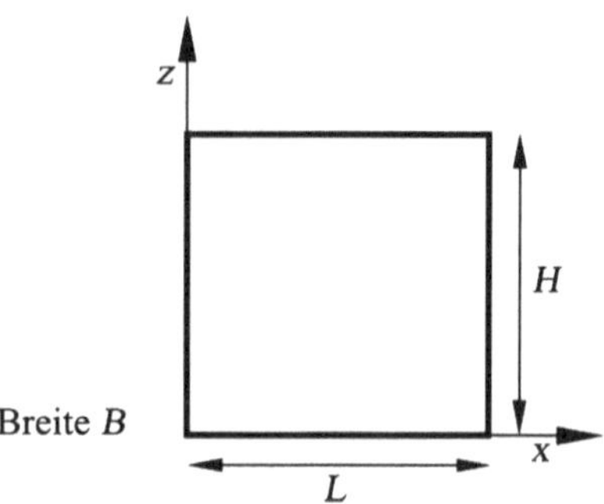

**Abb. 1.23** Geometrie und Koordinatensystem des seitlich beheizten Behälters



dem vorliegenden Beispiel eine Folge der Wärmeausdehnung bei ungleichförmiger Temperaturverteilung sind, führen zu Unterschieden in der Gewichtskraft. Leichtes, wärmeres Fluid erfährt gegenüber dichterem, kälterem Fluid einen hydrostatischen Auftrieb. Dies soll am Beispiel eines seitlich beheizten, rechteckigen Behälters der Höhe $H$, Länge $L$ und Breite $B$ verdeutlicht werden. Ein zweidimensionales Koordinatensystem $x$, $z$ ist in Abb. 1.23 angegeben.

Die Aufgabe besteht in der Berechnung des Wärmedurchgangskoeffizienten $\alpha$, welcher sich aus dem durchgeleiteten Wärmestrom $\dot{Q}$ unabhängig von der Größe des Behälters berechnen lässt.

$$\alpha = \frac{q}{\Delta T}, \quad q = \frac{\dot{Q}}{H \cdot B}. \tag{1.3}$$

Darin ist $B$ die Breite senkrecht zur Zeichenebene, von der die Aufgabenstellung aber unabhängig ist. Es handelt sich also um eine zweidimensionale Strömung.

Neben dem Seitenverhältnis $H/L$, welches die Geometrie repräsentiert, sind die folgenden physikalischen Parameter für die Aufgabenstellung bestimmend:

$$L, g, \beta, \rho, \mu, \lambda, \Delta T, c, \alpha. \tag{1.4}$$

Nach unserer Notation ist $g$ die Erdbeschleunigung, $\beta$ der isobare Expansionskoeffizient, $\rho$ die Dichte, $\mu$ die dynamische Zähigkeit, $\lambda$ die Wärmeleitfähigkeit, $\Delta T$ die Temperaturdifferenz zwischen linker und rechter Wand, $c_p$ die Wärmekapazität und $\alpha$ der Wärmedurchgangskoeffizient. Der Wärmestrom durch die linke und die rechte Wand kann nach Berechnung der Temperaturverteilung $T(x, z)$ ermittelt werden, wobei beide in positive Koordinatenrichtung gerichtet sind:

$$\dot{Q} = -\lambda \cdot B \int_0^H \frac{\partial T(0, z)}{\partial x} dz = -\lambda \cdot B \int_0^H \frac{\partial T(L, z)}{\partial x} dz. \tag{1.5}$$

Beide Wärmeströme sollten gleiche Werte annehmen, da im stationären Zustand der zugeführte und der abgeführte Wärmestrom gleich sein müssen. Natürlich hängt die Temperaturverteilung auch von der Geschwindigkeitsverteilung ab. Die Wärme wird sowohl durch Wärmeleitung als auch mittels Konvektion (mit der Strömung) transportiert. Als Folge des Auftriebs entwickelt sich eine Zirkulationsbewegung.

Die Schritte zur Durchführung einer Numerischen Strömungssimulation wurden bereits in Abschn. 1.1.4 erläutert und diesem Schema soll auch hier gefolgt werden.

Schritt A: Die Grundgleichungen müssen neben der Massen- und Impulserhaltung auch die Energieerhaltung berücksichtigen. Ein Schwerkraft- oder Auftriebsterm berücksichtigt die Wärmeausdehnung, so dass sie eine natürliche Konvektionsströmung entwickeln kann. Wir werden die zugrundeliegenden Gleichungen in Abschn. 3.2 behandeln.

In dieser Strömung treten an den seitlichen Wänden unter bestimmten Bedingungen dünne Grenzschichten auf, innerhalb derer die Geschwindigkeit und die Temperatur auf ihre jeweiligen Wandwerte abfallen oder, im Falle der Temperatur der linken Wand, ansteigen. Für die nun folgende Netzgenerierung (Schritt B) ist es durchaus von Bedeutung ob diese Grenzschichten vorhanden sind oder nicht, da in diesem Bereich ggf. ein sehr feines Netz notwendig wird. Daher sind in diesem Beispiel, wie bei zahlreichen anderen Strömungen auch, bereits vor einer Simulation Kenntnisse über die zu erwartende Strömung erforderlich!

Für die Durchführung der Simulationsrechnungen wird das Programm Ansys-CFX gewählt (Schritt C).

Die Strömung in diesem Beispiel erhält ihre Komplexität nicht durch ihre Geometrie, sondern durch ihre acht bestimmenden Parameter. Hier ist es wichtig, zu erkennen, dass eine Vereinfachung und somit eine Reduzierung der Anzahl der Parameter möglich ist. Dies geschieht mit Hilfe der Dimensionsanalyse. Diese lehrt, dass die in (1.2) genannten Parameter nicht unabhängig voneinander sind, siehe Abschn. 2.1.6. Vielmehr wird die Aufgabenstellung neben der Geometrie nur durch vier dimensionslose Parameter beschrieben. Diese sind neben dem Geometrieparameter die Rayleigh-Zahl, die Prandtl-Zahl und die Nusselt-Zahl.

$$\frac{H}{L}, \quad Ra_L = \frac{g \cdot L^3}{a \cdot v}\beta \Delta T, \quad Pr = \frac{v}{a}, \quad Nu_L = \frac{\alpha \cdot L}{\lambda}. \tag{1.6}$$

Das Seitenverhältnis wird über die Geometriedefinition festgelegt. Über die Wahl des Fluids, der Behältergröße $L$ und die Temperaturdifferenz erfolgt die Festlegung der Rayleigh-Zahl, welche für die Stärke der Konvektionsströmung bestimmend ist. Die Prandtl-Zahl ist eine reine Stoffgröße und beschreibt das Verhältnis von molekularem Impuls- zu Wärmetransport und die Nusselt-Zahl stellt den dimensionslosen Wärmeübergangskoeffizienten dar, welcher ansteigt, desto stärker die Konvektion ist.

Wir führen die Simulationen für Luft ($Pr = 0{,}72$) bei unterschiedlichen Rayleigh-Zahlen auf einem jeweils geeigneten numerischen Netz aus (Schritt D). Dabei werden folgende Randbedingungen gesetzt:

An allen Wänden gilt die Haftbedingung

$$u(0, z) = u(L, z) = u(x, 0) = u(x, H) = 0,$$
$$w(0, z) = w(L, z) = w(x, 0) = w(x, H) = 0. \tag{1.7}$$

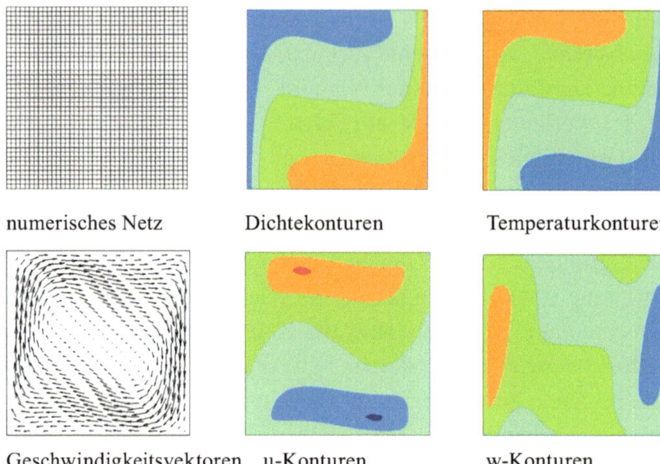



**Abb. 1.24** Ergebnis der Berechnung einer Konvektionsströmung für $Ra = 10^5$

Für die linke und die rechte Wand wird jeweils eine Temperatur vorgeschrieben:

$$T(0, z) = T_{\text{links}}, \quad T(L, z) = T_{\text{rechts}}, \tag{1.8}$$

wobei entsprechende Zahlenwerte, z. B. 10 K und 20 K, zu wählen sind. Die obere und untere Wand ist jeweils wärmeisoliert, d. h.

$$\left.\frac{dT}{dz}\right|_{z=0} = \left.\frac{dT}{dz}\right|_{z=H} = 0. \tag{1.9}$$

Das Ergebnis für $Ra = 10^5$ ist in Abb. 1.24 gezeigt.

Aus der Auswertung ergibt sich eine Nusselt-Zahl von $Nu = 10,2$. Dies bedeutet, dass der Wärmedurchgang ein Vielfaches des Wärmedurchgangs bei reiner Wärmeleitung (entspricht $Nu = 1$) beträgt. Ursache dafür ist die mit den Geschwindigkeitsvektoren dargestellte Zirkulationsströmung, welche am stärksten in der Nähe der Wände ist. Im Innern ist das Fluid weitgehend in Ruhe. Insbesondere an den Seitenwänden haben sich die oben erwähnten Geschwindigkeits- und Temperaturgrenzschichten ausgebildet. Um diese numerisch aufzulösen war eine Netzpunktanzahl von mindestens 50 Punkten in horizontaler Richtung notwendig. In vertikaler Richtung wurde dieselbe Anzahl gewählt.

Die Strömung wird weiter bei konstanter Prandtl-Zahl für unterschiedliche Rayleigh-Zahlen untersucht, welche leicht durch Variation der Behältergröße (diese geht in der dritten Potenz ein) über Größenordnungen variiert werden kann. Weitere Ergebnisse sind in Abb. 1.25 gezeigt.

An den Temperaturverläufen ist zu erkennen, wie die Strömung physikalisch ihren Charakter ändert, wenn die Rayleigh-Zahl erhöht wird. Bei $Ra = 10^3$ ist die Zirkulation nur

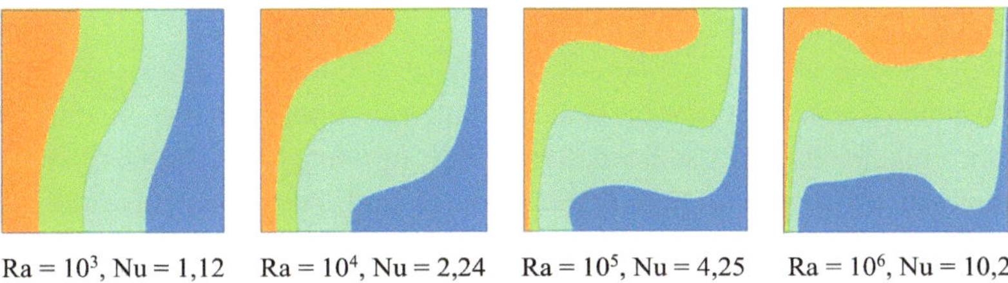



**Abb. 1.25**  Temperaturverläufe für unterschiedliche Rayleighzahlen

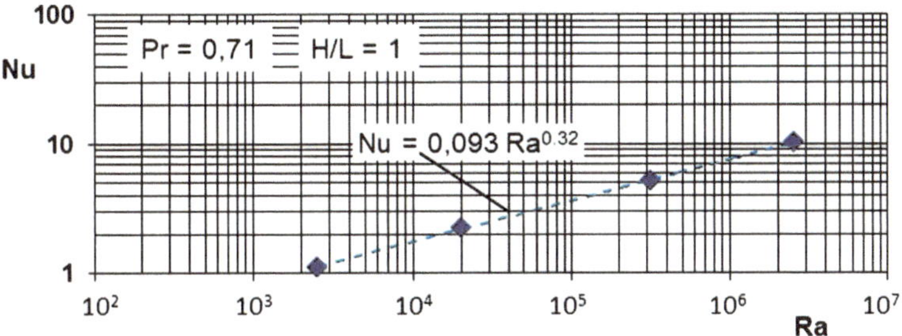



**Abb. 1.26**  Ergebnisse im doppelt-logarithmischen Diagramm, Nusselt-Zahl über der Rayleigh-Zahl bei konstanter Prandtl-Zahl

gering und die Isothermen weichen nicht wesentlich von der Vertikalen ab, d. h. der Wärmetransport wird durch Leitung bestimmt. Die Nusselt-Zahl liegt mit 1,12 nahe an dem für reine Wärmeleitung gültigen Wert eins. Bei $10^4$ ist der zusätzliche Transport durch die stärker werdende Zirkulation zu erkennen. Für noch größere Werte $10^5$ und $10^6$ bilden sich Grenzschichten aus, die mit steigender Rayleigh-Zahl dünner werden und demzufolge für einen größeren Wärmedurchgang verantwortlich sind. Der Bereich im Innern des Behälters ist vertikal geschichtet.

Bei noch höheren Rayleigh-Zahlen wird die Strömung turbulent, was hier nicht simuliert werden soll. Es ist ergibt sich, dass die laminare Naturkonvektion im Strömungsbereich mit Grenzschicht bei konstanter Prandtl-Zahl einem Potenzgesetz

$$Nu = 0{,}093 Ra^{0{,}32} \tag{1.10}$$

folgt, wobei der Vorfaktor und der Exponent von der Geometrie abhängen. Um diese zu bestimmen, haben wir die Ergebnisse in Abb. 1.26 doppelt-logarithmisch aufgetragen. Die Punkte liegen auf einer Geraden.

Natürlich wäre es interessant zu wissen, wie die Ergebnisse von der Anzahl der Netzpunkte in den beiden Koordinatenrichtungen abhängen. Eine Abhängigkeit liegt in der Tat vor, diese Problematik werden wir in Kap. 4 behandeln. In dem Beispiel wurden die Netze so gewählt, dass das Ergebnis für jede Rayleigh-Zahl nur noch schwach von der Anzahl der Punkte abhängt. Die Abhängigkeit kann hier also vernachlässigt werden.

## 1.2.2 Die Blasenfahne

Diese Strömung entsteht, wenn ein Gas von unten in einen Behälter mit sonst ruhender Flüssigkeit eingeleitet wird. Es handelt sich also um eine Zweiphasenströmung, an der sowohl ein Gas als auch eine Flüssigkeit beteiligt sind. Der Gasstrahl zerfällt in Blasen, welche oberhalb der Einspeisestelle aufsteigen. Das Gasblasengebiet weitet sich von unten nach oben auf und kann sich wie eine Fahne seitlich hin und her bewegen. Daher bezeichnet man diese Strömung als Blasenfahne (bubble plume). Die Strömung ist schematisch in Abb. 1.27 gezeigt. In der Ausbildungszone erfolgt der Strahlzerfall. Darüber reißen im voll entwickelten Bereich aufsteigende Blasen Flüssigkeit mit sich, welche seitlich in diesen Bereich eintreten und sich aufwärts bewegen. An der Oberfläche kann sich eine Überhöhung (fountain) ausbilden, an dem die aufsteigende Flüssigkeit seitlich abgelenkt wird.

Zweiphasenströmungen mit aufsteigenden Blasen in einer sonst ruhenden Flüssigkeit sind in vielen Bereichen der Technik von Bedeutung, z. B. in der Verfahrenstechnik, der Sicherheitstechnik und der Kraftwerkstechnik. Häufig tritt dabei noch ein Massenübergang zwischen den Phasen auf, wenn z. B. die gasförmige Phase in der flüssigen gelöst oder kondensiert wird.

Im vorliegenden Berechnungsbeispiel beschränken wir uns auf die Wechselwirkung bezüglich der Impulsübertragung (Kräfte) zwischen den Phasen. Ein Experiment, in dem die Verteilung und Geschwindigkeit der Blasen gemessen wurde, soll nachgerechnet werden.

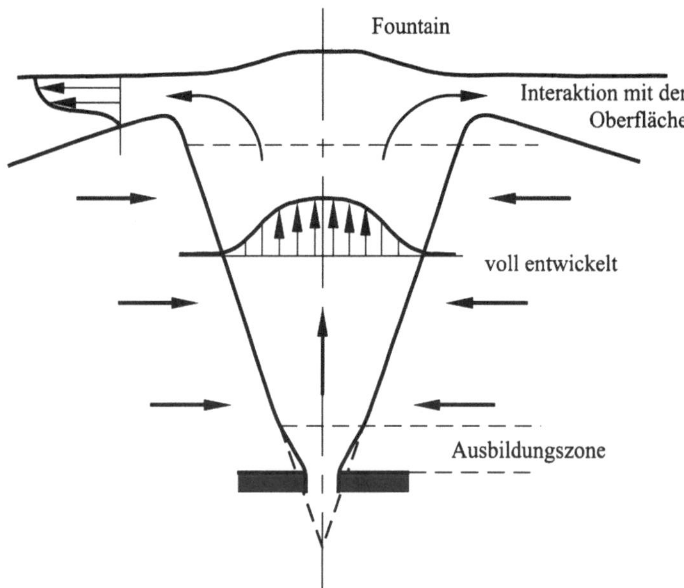


**Abb. 1.27** Blasenfahne

**Abb. 1.28** Behältergeometrie und Integrationsgebiet

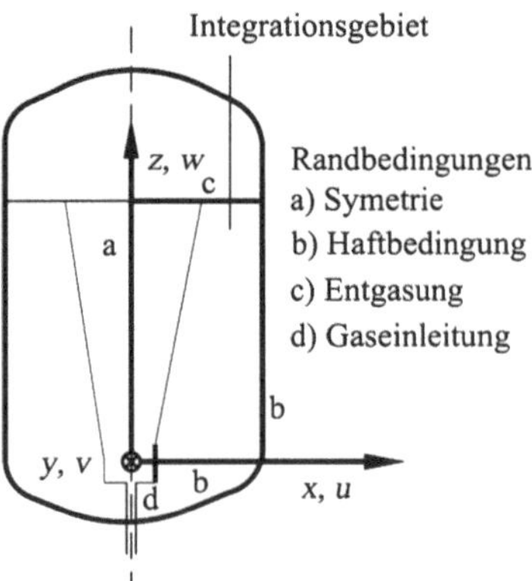


Es handelt sich um einen zylinderförmigen Behälter mit Abrundungen oben und unten, siehe Abb. 1.28.

Die Blasen definierter Größe (Durchmesser ca. 3 mm) werden über eine zentral angebrachte runde Platte, die mit einer Vielzahl kleiner Röhrchen besetzt ist, eingeleitet. Daher kann die Aufgabenstellung wieder zweidimensional behandelt werden. Das Integrationsgebiet mit den Randbedingungen ist ebenfalls eingetragen. Rand a ist die Symmetrieachse, b die feste Wand, auch die Grenze zum unteren Freiraum kann vereinfachend als feste Wand aufgefasst werden. Über den Rand d werden die Blasen eingeleitet und c bedeutet eine freie Oberfläche, durch die zwar das Gas aber nicht die Flüssigkeit hindurchtreten kann (Entgasungs-Randbedingung). Eine Überhöhung der freien Oberfläche kann vernachlässigt werden, so dass die freie Oberfläche als ortsfest angenommen werden kann.

Als Grundgleichungssystem wird das isotherme Zwei-Fluid-Modell gewählt. Bei diesem Ansatz wird jede Phase, auch die eigentlich diskontinuierliche Blasenphase, als eigenes Fluid kontinuumsmechanisch beschrieben. Die beiden Fluide durchdringen einander und werden jeweils durch getrennte unabhängige Geschwindigkeitsfelder aber mit einem gemeinsamen Druckfeld beschrieben. Die zu berechnenden Zustandsgrößen sind also

$$\overline{\vec{u}}^{L}, \quad \overline{\vec{u}}^{G}, \quad \overline{p}, \quad \alpha_{G}. \tag{1.11}$$

Dabei bedeutet der Querstrich, dass es sich um lokal zeitlich gemittelte Zustände handelt. Als weitere Zustandsgröße tritt der lokale Gasgehalt $\alpha_G$ auf, welcher für jede Stelle im Strömungsfeld angibt, mit welcher Wahrscheinlichkeit zu einem Zeitpunkt Gas oder Flüssigkeit anzutreffen ist. Man bezeichnet diese Größe auch als den volumetrischen Gasgehalt. Die zugrundeliegenden Gleichungen werden erst später behandelt.

Da die meisten heute gebräuchlichen Rechenverfahren nur für kartesischen Koordinaten programmiert sind, berücksichtigen wir die Rotationssymmetrie durch eine häufig angewendete Vorgehensweise: Das Integrationsgebiet wird als Kreissegment mit einem beliebigen, kleinen Winkel (hier 5°) im Raum definiert. Das Netz ist in Abb. 1.29 gezeigt.

**Abb. 1.29**  Netz für die Simulation der Blasenfahne

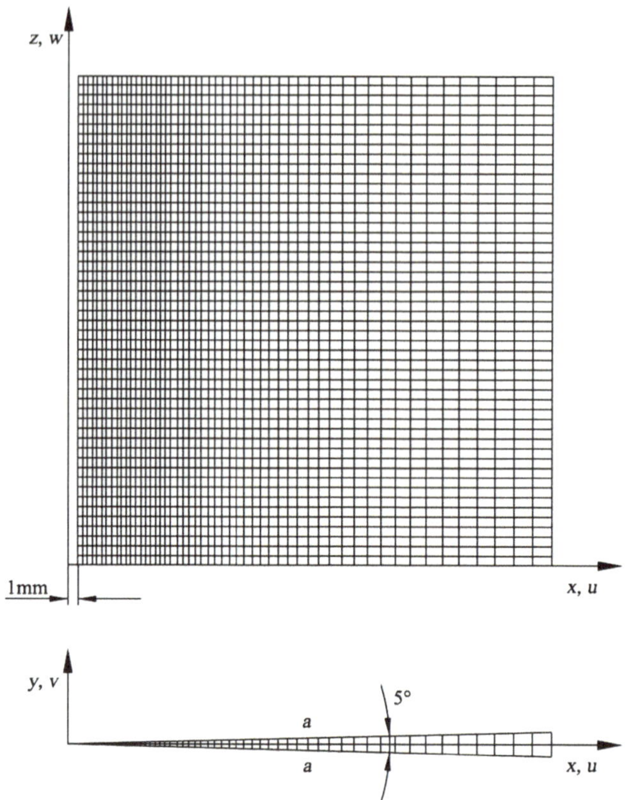

Der linke Rand ist von der Mittelachse um 1 mm versetzt, um Entartungen der Hexaederzellen zu vermeiden. Da der Bereich der Blasen hauptsächlich in der linken Hälfte zu erwarten ist, werden hier die vertikalen Netzlinien verdichtet.

Ein Ergebnis ist in Abb. 1.30 gezeigt. Der Bereich der Blasen beginnt am Einspeisequerschnitt und weitet sich nach oben hin auf. Das Wasser wird durch die aufsteigenden

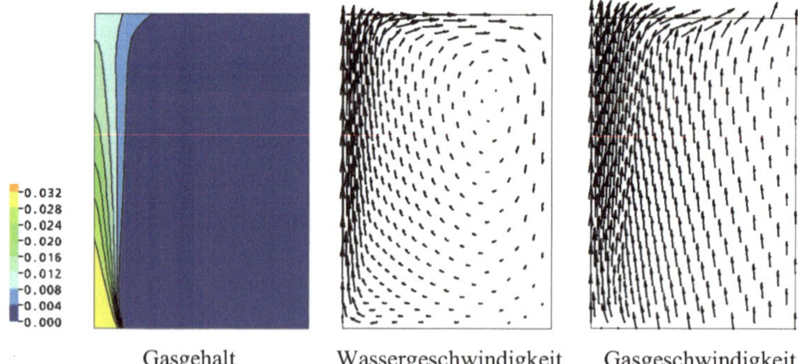


**Abb. 1.30**  Simulationsergebnis für die Blasenfahne nach dem Zwei-Fluid-Modell

Blasen nach oben mitgerissen und führt im Außenbereich des Behälters eine Ausgleichsbewegung nach unten aus. Die Luftgeschwindigkeit ist ausschließlich nach oben gerichtet.
Aus Gründen der Rechentechnik wird sie auch dort berechnet, wo kein Gas vorhanden ist.
Sie kann dort ignoriert werden.

### 1.2.3  Thermische Vermischung stromab eines Rohrleitungs-T-Stücks

Beim Zusammenfluss zweier Rohrströmungen mit unterschiedlicher Temperatur innerhalb eines so genannten T-Stücks vermischen sich die beiden Ströme je nach Einströmbedingungen und wegen des Auftriebs auch je nach Orientierung der Zuflüsse unterschiedlich. Wenn beide Zuflüsse turbulent sind, wie dies in der Kraftwerkstechnik fast immer
der Fall ist, können sich während des Mischungsvorgangs lokal Gebiete mit hoher oder
niedrigen Temperatur der beiden Zuflüsse bilden. Deren Temperaturen gleichen sich nur
sehr langsam durch turbulente Diffusion einander an. Treffen diese Gebiete auf die Wand,
so kommt es zu einer thermischen Wechselbelastung des Wandwerkstoffs, die aufgrund
von Materialermüdung die Lebensdauer des Rohrleitungssystems stark herabsetzen kann.
Die auftretenden Frequenzen liegen im Bereich von 3–5 Hz, die Amplituden betragen je
nach Zuströmbedingungen bis zu 260 K (z. B. wenn kaltes Wasser in einen Kühlkreislauf
mit 280 °C eingespeist wird). Um die besonders gefährdeten Stellen in der Nähe eines
T-Stücks zu lokalisieren, wird eine numerische Strömungssimulation durchgeführt.

Da hier die niedrigen Frequenzen der Turbulenz eine herausragende Rolle spielen,
kommt für die Berechnung eine Grobstruktursimulation der Turbulenz in Frage. Bei einer Grobstruktursimulation wird das instationäre Verhalten großräumiger Strukturen der
Turbulenz, welche die oben erwähnten lokalen Gebiete hoher oder niedriger Temperatur
darstellen, simuliert.

Dagegen werden die kleinräumigen Strukturen der Turbulenz mithilfe eines Feinstruktur-Turbulenzmodells modelliert.

Abb. 1.31 zeigt die Geometrie der Teststrecke eines Rohrleitungs-Versuchsstandes,
welcher für die Untersuchung dieser thermischen Ermüdungsvorgänge verwendet wird.
Das verwendete Netz enthält ca. 6 Mio. Zellen. In den geradlinig verlaufenden horizontalen Hauptstrang mit ca. 80 mm Innendurchmesser mündet der Nebenstrang mit ca. 40 mm
Innendurchmesser. Da die thermischen Auswirkungen auf den Wandwerkstoff (Metall)
untersucht werden sollen, wird dieser ebenfalls modelliert (oben). Es handelt sich also um
eine gekoppelte Simulation der Strömung und der Temperaturverteilung im Fluid sowie
der Wärmeleitung im Wandmaterial. Die Innenseite des Wandwerkstoffs ist mit der Außenseite des Strömungsgebiets (unten) identisch. Das Vermischungsgebiet liegt rechts von
der Zusammenflussstelle.

Beide Teilgebiete werden vernetzt. Ein Ausschnitt des strukturierten Netzes auf der Außenseite des Strömungsgebiets ist in Abb. 1.32 gezeigt. Das Netz ist in der Nähe der Wand
verdichtet, da die hier vorhandenen dünnen Grenzschichten aufgelöst werden sollen.

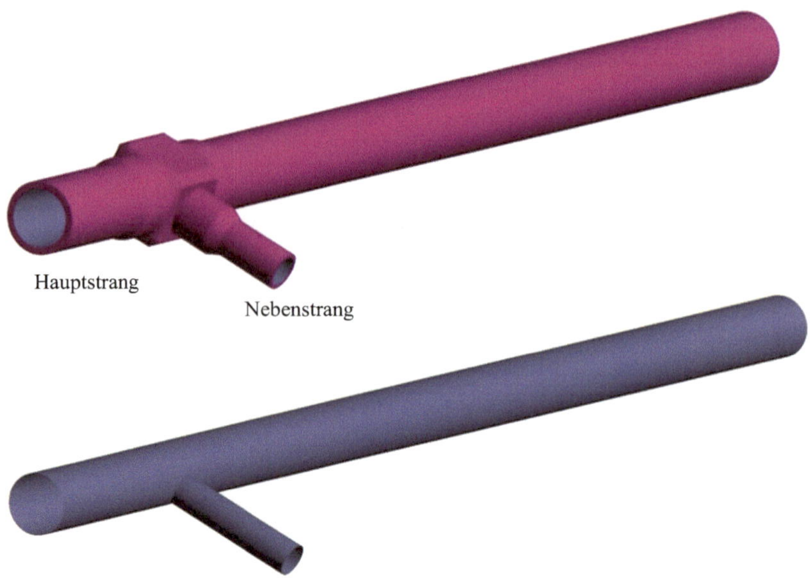



**Abb. 1.31** Geometrie eins Rohrleitungs-T-Stücks: *oben*: Außenseite, *unten*: Innenseite und Berandung des Strömungsgebiets

**Abb. 1.32** Netz auf der Außenseite des Strömungsgebiets

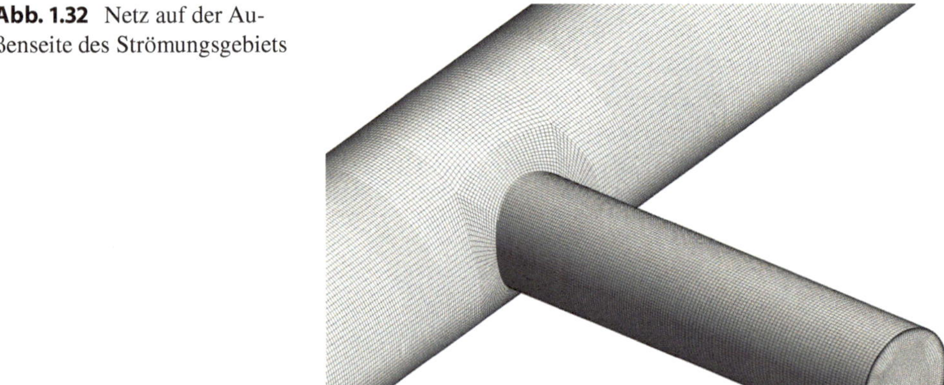

Bei der Definition der instationären Einström-Randbedingungen in die beiden Stränge müssen besondere Maßnahmen getroffen werden: Vorab werden für beide Zuflüsse die in-stationären Einströmbedingungen der turbulenten Strömung durch separate Rechnungen mit periodischen Randbedingungen erzeugt. Dies entspricht näherungsweise einer vollausgebildeten turbulenten Strömung, wie sie auch im korrespondierenden Experiment vorliegt.

**Abb. 1.33** Stromlinien der zeitlich gemittelten Strömung

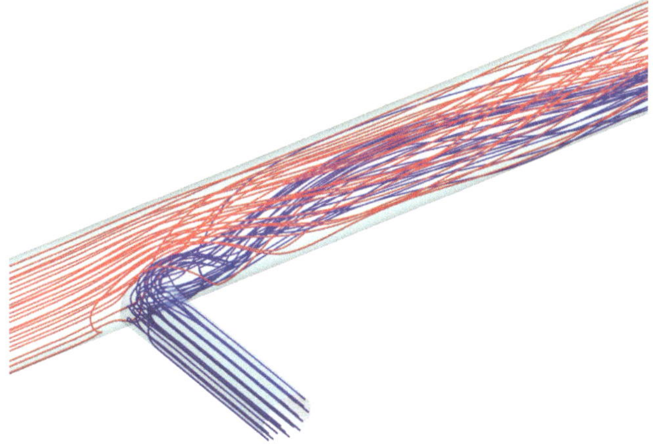

Die numerische Strömungssimulation erfolgt in-stationär durch Integration der gefilterten Navier-Stokes-Gleichungen, gekoppelt mit einem Feinstruktur-Turbulenzmodell. Die großräumigen, sich relativ langsam bewegenden Strukturen (Wirbel, Wellen) der Turbulenz werden somit simuliert, d. h. zeitlich und räumlich aufgelöst. Dagegen werden die kleinräumigen Strukturen der Turbulenz nicht aufgelöst. Ihr Einfluss auf die Grobstruktur-Turbulenz wird modelliert. Diese Vorgehensweise bezeichnet man als Grobstruktur-Simulation (engl.: Large-Eddy Simulation, LES). Sie ist hier sinnvoll, da nur die Grobstruktur-Turbulenz für die Materialermüdung im Wandwerkstoff verantwortlich sein kann. Der für Materialermüdung relevante Bereich der Temperaturfluktuationen liegt bei 1–10 Hz. Höherfrequente Temperaturänderungen dringen nicht tief genug in den Wandwerkstoff ein. Die Auswertung der Berechnungen kann entsprechend auf unterschiedliche Weise erfolgen:

Wir betrachten zunächst die zeitlich gemittelte Strömung. Um diese zu berechnen, wird die numerische Integration über ein Zeitintervall von ca. 30 s durchgeführt. Anschließend (oder ggf. auch bereits während der Simulation) erfolgt die zeitliche Mittelung in jeder Zelle. Die Stromlinien dieser mittleren Strömung sind in Abb. 1.33 gezeigt. Sie sind entsprechend der Temperatur der beiden Ströme (blau: kalt, rot: warm) eingefärbt. Es ist zu erkennen, dass das kalte Fluid im Vermischungsbereich unterhalb des leichteren warmen Fluids fließt.

Für die Beurteilung der thermischen Materialermüdung sind jedoch auch die großräumigen und niederfrequenten Temperaturschwankungen, welche die Strömung auf das Wandmaterial überträgt, von Bedeutung. Die Temperatur-Isofläche der über ein Zeitintervall gemittelten Temperatur und der momentanen Temperatur sind in Abb. 1.34 gezeigt.

Die Temperaturschwankungen der Grobstruktur-Turbulenz sind in der Darstellung der momentanen Temperatur als wellenförmige Unregelmäßigkeiten zu erkennen. Diese Turbulenzstrukturen bewegen sich ähnlich wie die Strömung. Da es sich bei der hier gezeigten Simulationsmethode um eine Grobstruktursimulation handelt, in der die Feinstruktur der

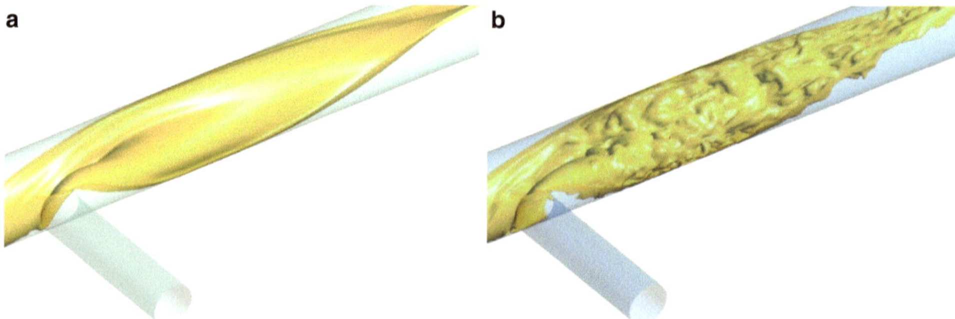

**Abb. 1.34**  Iso-Fläche 350 K der **a** zeitlich gemittelten Temperatur und **b** der momentanen Temperatur zum Simulationszeitpunk $t = 10$ s. Unterhalb dieser Fläche befindet sich kälteres, oberhalb wärmeres Fluid

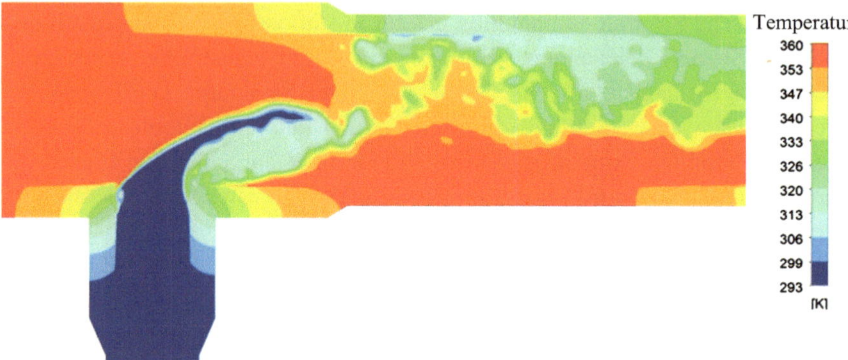

**Abb. 1.35**  Momentane Temperatur in einer horizontalen Ebene durch die Strömung und gemittelte Temperatur des Wandmaterials, dargestellt mit einer gemeinsamen Farbskala, *rechts*

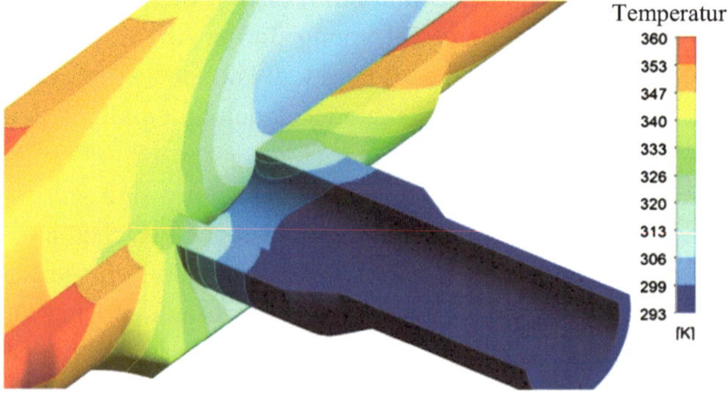

**Abb. 1.36**  Durch die Strömung induzierte zeitlich gemittelte Temperatur in der unteren Hälfte des Wandmaterials

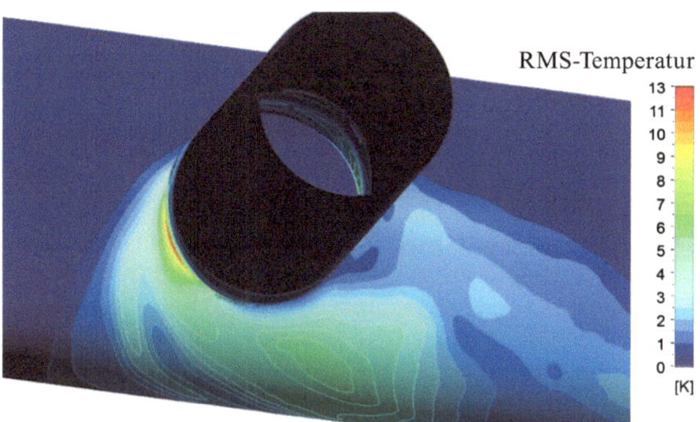


**Abb. 1.37** RMS (root-mean-square)-Verteilung der Materialtemperatur

Turbulenz modelliert und nicht simuliert wird, können wir die Feinstruktur der Turbulenz in der Abbildung nicht erkennen. Ihre Auswirkung auf die Grobstruktur, nämlich die zusätzliche turbulente Vermischung auf den kleinen Skalen, ist jedoch in der Berechnung über das Feinstrukturmodell berücksichtigt.

Die Wechselwirkung der Strömung mit dem Wandmaterial ist in Abb. 1.35 zu erkennen. An der Oberfläche gilt die Gleichheit der momentanen Temperatur als gemeinsame Randbedingung. Die gemittelte Temperatur für das Wandmaterial alleine ist in Abb. 1.36 als dreidimensionale Darstellung gegeben. Das Bild vermittelt einen Überblick über die stationäre (zeitunabhängige) Komponente der Materialbelastung.

Dagegen zeigt Abb. 1.37 die zeitabhängige Komponente der Materialbelastung. Der RMS-Wert ist ein Maß für die Größe der Temperaturschwankungen. Es ist zu sehen, dass im Bereich der Kante, welche durch die beiden Rohrleitungsstränge des T-Stücks gebildet wird, diese Fluktuation am größten ist. An dieser Stelle unterliegt das Material somit der größten thermischen Belastung.

Das Beispiel zeigt den Nutzen der Numerischen Strömungsmechanik auch für technische Fragestellungen der Materialseite. Es vermittelt außerdem einen Eindruck über die Turbulenz in Strömungen, insbesondere ihren instationären Charakter sowie die Aspekte der Strukturbildung, denn nur die großräumigen Strukturen führen zu den für das Material schädlichen Temperaturfluktuationen. Die meisten in der Praxis relevanten Strömungen sind turbulent. Daher stellt die Behandlung turbulenter Strömungen einen Schwerpunkt des vorliegenden Buches dar.

## Literatur

**Deutschsprachige Bücher zur Einführung in die numerische Strömungsmechanik bzw. Strömungssimulation**

1. Schönung, B.E.: Numerische Strömungsmechanik. Springer (1990)
2. Noll, B.: Numerische Strömungsmechanik. Springer, Berlin, Heidelberg (1993)

3. Griebel, A.M., Dornseifer, T., Neunhöffer, T.: Numerische Simulation in der Strömungsmechanik. Vieweg, Braunschweig Wiesbaden (1995)
4. Schäfer, M.: Numerik im Maschinenbau. Springer, Berlin Heidelberg (1999)
5. Lecheler, S.: Numerische Strömungsberechnung. Vieweg+Teubner, Wiesbaden (2009)

**Deutschsprachige Bücher über Strömungsmechanik und deren Anwendung, die Ausführungen oder Kapitel zur numerischen Strömungsmechanik enthalten**

6. Herwig, H.: Strömungsmechanik – Eine Einführung in die Physik und die mathematische Modellierung von Strömungen. Springer, Berlin, Heidelberg (2002)
7. Durst, F.: Grundlagen der Strömungsmechanik – Eine Einführung in die Theorie der Strömungen von Fluiden. Springer, Berlin, Heidelberg (2006)
8. Oertel jr., H., Böhle, M., Reviol, T.: Strömungsmechanik. Vieweg+Teubner, Wiesbaden (2011)
9. Hucho, W.-H.: Aerodynamik der stumpfen Körper – Physikalische Grundlagen und Anwendungen in der Praxis. Vieweg, Braunschweig, Wiesbaden (2002)
10. Paschedag, A.R.: CFD in der Verfahrenstechnik – Allgemeine Grundlagen und mehrphasige Anwendungen. Wiley-VCH, Weinheim (2004)
11. Etling, D.: Theoretische Meteorologie – eine Einführung, 2. Aufl. Springer, Berlin, Heidelberg (2008)
12. Oertel jr., H.: Bioströmungsmechanik – Grundlagen, Methoden und Phänomene. Vieweg+Teubner, Wiesbaden (2008)

**Zur Geschichte der Numerischen Strömungsmechanik**

13. MacCormack, R.W.: The effect of viscosity in hypervelocity impact cratering. AIAA paper, Cincinnatty, 31.04.–2.05. American Institute of Aeronautics and Astronautics, Reston, USA, S. 69–354 (1969)
14. Roache, P.M.: Computational fluid dynamics. Hermosa Publishers, Albuquerque (1972)
15. Patankar, S.V., Spalding, D.B.: A calculation procedure for heat and momentum transfer in three-dimensional parabolic flows. Int. J. Heat Mass Transf. **15**, 1787–1806 (1972)
16. Baker, A.J.: Finite-element solution algorithm for viscous incompressible fluid dynamics. Int. J. Num. Meth. Eng. **6**, 89–101 (1973)
17. Argyris, J.H., Mareczek, G.: Finite-element analysis of slow incompressible fluid moition. Ingenieur-Archiv **43**, 92–109 (1974)
18. Beam, R.M., Warming, R.F.: An implicit factored scheme for the compressible navier-stokes equations. AIAA J. **16**, 393–402 (1978)
19. Zienkiewicz, O.C., Heinrich, J.C.: A unified treatment of steady-state shallow water and two-dimensional navier-stokes equations – finite element penalty function approach. Comp. Meth. Appl. Mech. Eng. **17/18**, 673–698 (1979)
20. Jameson, A., Schmidt, W., Turkel, E.: Numerical solutions of the euler equations by finite volume methods using Runge-Kutta time-stepping. AIAA., S. 81–1259 (1981)
21. Moin, P., Kim, J.: On the solution of time-dependent viscous incompressible fluid flows involving solid boundaries. J. Comp. Phys. **35**, 381–392 (1980)
22. Patera, A.T.: A spectral element method for fluid dynamics – laminar flow in a channel expansion. J. Comput. Phys. **54**, 468–488 (1984)
23. Hussaini, M.Y., Zhang, T.A.: Spectral methods in fluid dynamics. Ann. Rev Fluid Mech. **19**, 339–367 (1987)
24. Löhner, R.: An adaptive finite-element scheme for transient problems in CFD. Comp. Meth. Appl. Mech. Eng. **61**, 323–338 (1987)

25. Chen, S., Doolen, G.D.: Lattice Boltzmann method for fluid flows. Ann. Rev. Fluid Mech. **30**, 329–364 (1998)

Nachdem im ersten Kapitel die einzelnen Arbeitsschritte, welche zur Durchführung einer Numerischen Strömungssimulation notwendig sind, anhand von Beispielen eingeführt worden sind, sollen die Grundkenntnisse zu deren konkreter Umsetzung nun vertieft werden. Die Darstellung ist weitgehend unabhängig von konkreten Strömungsberechnungen, jedoch wird auf die bereits eingeführten Anwendungen zur Erklärung des Stoffes zurückgegriffen.

## 2.1 Physikalische Beschreibung

Als Ausgangspunkt für eine mathematische Formulierung ist es erforderlich, die in Fluiden bedeutsamen physikalischen Vorgänge zu identifizieren und mittels physikalischer Gesetzmäßigkeiten zu beschreiben. Dazu zählen die molekularen Transportvorgänge wie Reibung und Wärmeleitung, die Kompressibilität sowie strömungsmechanische Instabilitäten und Turbulenz. Das Ziel ist, die spätere Auswahl der für eine bestimmte Strömung geeigneten strömungsmechanischen Grundgleichungen, Anfangs- und Randbedingungen.

### 2.1.1 Kontinuumsmechanik

Die Numerische Strömungsmechanik gründet sich auf die kontinuumsmechanische Beschreibungsweise strömender Medien, welche im Gegensatz zu der molekulardynamischen Beschreibung steht. Als Kontinuum bezeichnen wir ein lückenlos zusammenhängendes Fluid, welches das Integrationsgebiet vollständig ausfüllt. Die molekulare Struktur geht nur über die molekularen Transportvorgänge (Diffusionsvorgänge) wie Reibung und Wärmeleitung in die Beschreibung ein. Die Strömung wird durch makroskopische Größen beschrieben, welche den Bewegungszustand und ggf. auch den thermodynamischen Zustand beschreiben.

© Springer Fachmedien Wiesbaden GmbH, ein Teil von Springer Nature 2018     37
E. Laurien, H. Oertel jr., *Numerische Strömungsmechanik*,
https://doi.org/10.1007/978-3-658-21060-1_2

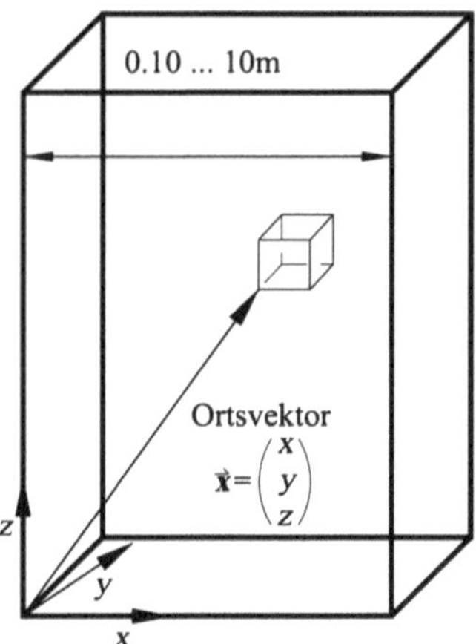

**Abb. 2.1** Integrationsgebiet und Kontrollvolumen bei der kontinuumsmechanischen Beschreibung nach Euler



Die räumlichen Koordinaten bezeichnen wir mit $x$, $y$ und $z$, die Zeit mit $t$. In diesen Koordinaten ist die Geometrie des Strömungsfeldes bzw. die Berandungen des Integrationsgebiets definiert. Die Definition der abhängigen Variablen (Zustandsgrößen, Lösungsvariablen), z. B. die Geschwindigkeitskomponenten und der Druck, kann unterschiedlich erfolgen. Man unterscheidet zwischen der Euler'schen und der Lagrange'schen Beschreibungsweise.

Bei der Beschreibung nach Euler, Abb. 2.1, sind die Variablen jeweils an festen Positionen im Raum definiert. Sie sind Funktionen der räumlichen Koordinaten sowie der Zeit, z. B. der Geschwindigkeitsvektor und der Druck

$$\vec{u} = \vec{u}(x, y, z, t), \quad p = p(x, y, z, t). \tag{2.1}$$

Jedes zu einem Ortsvektor zugehörige Kontrollvolumen ist ebenfalls ortsfest und wird durchströmt. Bei der Lagrange'schen Darstellung ist die Beschreibung dagegen an ein Fluidelement, das sich mit der Strömung bewegt, gebunden. Das zugehörige Kontrollvolumen wird nicht durchströmt. In der Numerischen Strömungsmechanik hat sich die Euler'sche Beschreibung weitgehend durchgesetzt. Lediglich bei Strömungen, in denen Partikel mitbewegt werden, wird die Lagrange'sche Methode angewendet.

Ein wichtiges Grundprinzip der Numerischen Strömungsmechanik besteht darin, dass allgemein gültige Gleichungen abgeleitet werden, welche für eine Vielzahl von Strömungen gelten. Die konkret zu berechnende Strömung wird dann durch die Anfangs- und Randbedingungen definiert. Die allgemeinen Grundgleichungen sollen daher so wenige Informationen wie möglich über die Strömung enthalten. Dazu eignen sich die volumenbezogenen Erhaltungssätze von Masse, Impuls und Energie. Andererseits müssen diejenigen physikalischen Mechanismen enthalten sein, die innerhalb der Strömung eine wesentliche Rolle spielen. Die Erhaltungssätze müssen, falls erforderlich, noch für turbulente Strömungen, inkompressible Strömungen oder Zweiphasenströmung modifiziert werden.

## 2.1.2  Fluide und ihre Eigenschaften

Ein strömendes Medium (Gas oder Flüssigkeit) bezeichnen wir mit dem Oberbergriff *Fluid*. Im Gegensatz zu einem Festkörper besitzt ein Fluid keine feste Gestalt, sondern füllt den zur Verfügung gestellten Raum ganz (Gas) oder teilweise (Flüssigkeit) aus. Wir wollen in diesem Unterkapitel einige Eigenschaften zusammenfassen, die für die Numerische Strömungsmechanik von Bedeutung sind.

Eine wichtige Eigenschaft eines Fluids ist die Kompressibilität. Bringt man eine Masse $M$ eines Fluids in einen Behälter mit dem Volumen $V$ ein, so füllt ein kompressibles Fluid das Behältervolumen vollkommen aus und seine Dichte wird

$$\rho = \frac{M}{V}. \tag{2.2}$$

In einem kleinen Kontrollvolumen (lokal) betrachtet, ist die Dichte bei einem kompressiblen Fluid eine Lösungsvariable (in der Thermodynamik wird meist ihr Kehrwert, das spezifische Volumen, verwendet). Dagegen wird bei einem inkompressiblen Fluid die Dichte als eine vorgegebene Stoffeigenschaft angesehen, welche allenfalls noch von der Temperatur abhängig sein kann. In Tab. 2.1 ist die Dichte für einige ausgewählte Fluide angegeben.

Die Frage ob die Dichte eine Lösungsvariable (Zustandsgröße) oder Stoffeigenschaft ist, wirkt sich wesentlich auf die mathematische Struktur der Grundgleichungen aus. Daher ist es sinnvoll, die Kompressibilität und nicht den Aggregatzustand als Unterscheidungskriterium für unterschiedliche Fluide heranzuziehen. Um die Kompressibilität zu beschreiben und zu quantifizieren, wird im Folgenden ein ruhendes Fluid betrachtet.

Die Betrachtung wird zunächst isotherm angestellt. Dazu führen wir ein Gedankenexperiment nach Abb. 2.2 durch. Die Masse M eines Fluids befinde sich in einem Behälter mit dem Volumen $V$, auf den ein Kolben der Querschnittsfläche $A$ mit einer Kraft $F$ senkrecht zur Querschnittsfläche drückt. Die Zustandsgrößen im Ausgangszustand sind dann die Dichte $\rho$ und der Druck $p$:

$$p = \frac{F}{A}. \tag{2.3}$$

**Tab. 2.1**  Dichte ausgewählter Fluide, wenn diese als Stoffeigenschaft vorgegeben werden kann

| Fluid | Dichte $\rho$ [kg/m$^3$] |
| --- | --- |
| Stahlschmelze | 7900 |
| Wasser | 1000 |
| Blut | 1060 |
| Maschinenöl | 790–890 |
| Luft | 1,28 |
| Wasserstoff | 0,08 |

**Abb. 2.2** Zur Kompressibilität eines ruhenden Fluids
bezüglich Druckänderungen
bei konstanter Temperatur

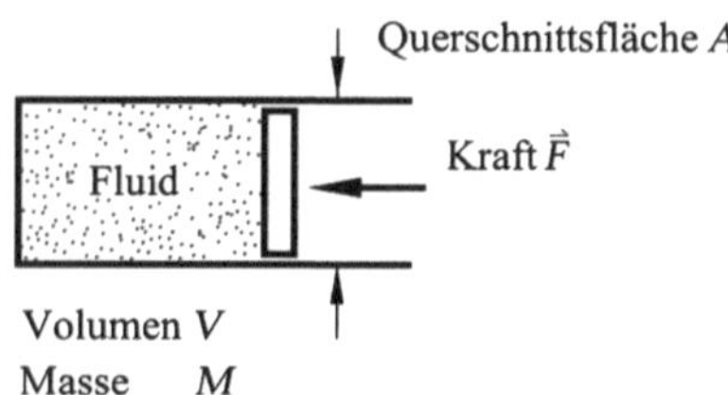


**Tab. 2.2** Isothermer Kompressionskoeffizient ausgewählter Fluide

| Fluid | $p$ [bar] | $T$ [°C] | $\gamma_T$ |
| --- | --- | --- | --- |
| Wasser | 1 | 25 | $45{,}4 \cdot 10^{-6}$ |
| Methanol | 1 | 0 | $106 \cdot 10^{-6}$ |
| Kältemittel R134a | 10 | 0 | $2{,}976 \cdot 10^{-3}$ |
| Kohlendioxid | 80 | 15 | $0{,}014$ |
| Ideales Gas | | | 1 |

Das Experiment findet bei einer Umgebungstemperatur $T$ statt. Erhöht man nun die Kraft um $dF$, so steigt der Druck um $dp$, das Volumen verändert sich um $dV < 0$ und die Dichte um $d\rho$.

Da sich das Fluid beim Zusammendrücken erwärmen kann, muss solange gewartet werden, bis ein Temperaturausgleich mit der Umgebung hergestellt ist. Anschließend wird das Volumen bzw. die Dichte gemessen und mit Hilfe des isothermen Kompressionskoeffizienten $\gamma_T$ quantifiziert

$$\frac{d\rho}{\rho} = \gamma_T \frac{dp}{p}. \tag{2.4}$$

Für Wasser gilt $\gamma_T = 45{,}4 \cdot 10^{-6}$ und für ein ideales Gas mit der Gaskonstanten $R$ gilt $\gamma_T = 1$ wegen

$$T = \text{const.} \rightarrow \frac{p}{\rho} = RT = \text{const.} = \frac{dp}{d\rho}. \tag{2.5}$$

Dies bestätigt die allgemeine Vorstellung, dass eine Flüssigkeit inkompressibel und ein Gas kompressibel ist, denn durch die Strömung verursachte Druckänderungen wirken sich entsprechend dem Zahlenwert von $\gamma_T$ unterschiedlich auf Dichteänderungen aus. Zahlenwerte des isothermen Kompressionskoeffizienten sind für ausgewählte Fluide und Bedingungen in Tab. 2.2 angegeben.

Des Weiteren soll die Kompressibilität isobar, aber als Funktion der Temperatur untersucht werden. Dann werden die Kraft $F$ und der Druck $p$ konstant gehalten, die Umgebungstemperatur ändert sich von $T$ nach $T + dT$. Die Dichteänderung als Funktion der Temperaturänderung wird üblicherweise mit dem Wärmeausdehnungskoeffizienten $\beta$ nach der Definition

$$\frac{d\rho}{\rho} = -\beta \cdot dT \tag{2.6}$$

**Tab. 2.3** Wärmeausdehnungs-koeffizient ausgewählter Fluide

| Fluid | $p$ [bar] | $T$ [°C] | $\beta$ |
|---|---|---|---|
| Wasser, kalt | 1 | 10 | 0,000087 |
| Stahlschmelze | 1 | 2300 | 0,00012 |
| Quecksilber | 1 | 0 | 0,00018 |
| Wasser, warm | 90 | 280 | 0,00026 |
| Maschinenöl | 1 | 30 | 0,0007 |
| Automobilkraftstoff | 1 | 15 | 0,00095 |
| Flugzeugtreibstoff (Jet) | 1 | 15 | 0,00099 |
| Wasser (superkritisch) | 250 | 280 | 0,0020 |
| Wasserdampf | 200 | 300 | 0,0026 |
| Kohlendioxid | 5 | 50 | 0,0030 |
| Wasserstoff | 1 | 15 | 0,0033 |
| Luft | 1 | 15 | 0,0034 |
| ideales Gas | | 15 | 0,0035 |
| Propan | 1 | 15 | 0,0036 |

beschrieben. Er besitzt für Wasser bei 25 °C den Wert $0,26 \cdot 10^{-3}/K$. Für ein ideales Gas ist wegen $\rho \cdot T = \text{const.}$ die Änderung

$$d(\rho \cdot T) = d\rho \cdot T + \rho \cdot dT = 0 \tag{2.7}$$

und damit $\beta = 1/T$. Er besitzt für Wasser bei 25 °C einen ähnlichen Wert wie für ein Gas, nämlich $3,41 \cdot 10^{-3}/\text{K}$. Da diese Zahlenwerte sich nicht stark voneinander unterscheiden, ist zu erkennen, dass bezüglich der Wärmeausdehnung Flüssigkeiten und Gase vergleichbare Eigenschaften besitzen. Beispiele für einige ausgewählte Fluide sind in Tab. 2.3 angegeben.

Nachfolgend werden die Transporteigenschaften von Fluiden betrachtet. Bei einem Fluid in Ruhe findet keine Konvektion (Transport mit der Strömung) statt, jedoch können durch molekulare Diffusion Masse, Impuls und thermische Energie transportiert werden. Ursache hierfür sind die mikroskopischen Bewegungen der Moleküle.

Wenn zwei unterschiedliche Gase, die zunächst getrennt sind, zusammengebracht werden, z. B. indem eine Trennwand zwischen zwei Gasräumen momentan entfernt wird, so werden sich die Gase aufgrund der Molekularbewegung vermischen. Diesen Vorgang bezeichnet man als Massendiffusion. Anfangs vorhandene Konzentrationsunterschiede der beiden Gase gleichen sich aus, bis überall eine einheitliche Gaskonzentration vorliegt. In diesem Buch werden nur vollständig durchmischte Fluide behandelt, beispielsweise Luft als ein Gemisch aus Stickstoff und Sauerstoff. Wenn zwei Stoffe nicht mischbar sind, z. B. Wasser und Öl, werden sie als unterschiedliche Fluide (Phasen) angesehen und es liegt eine Zweiphasenströmung vor, siehe Abschn. 3.4.

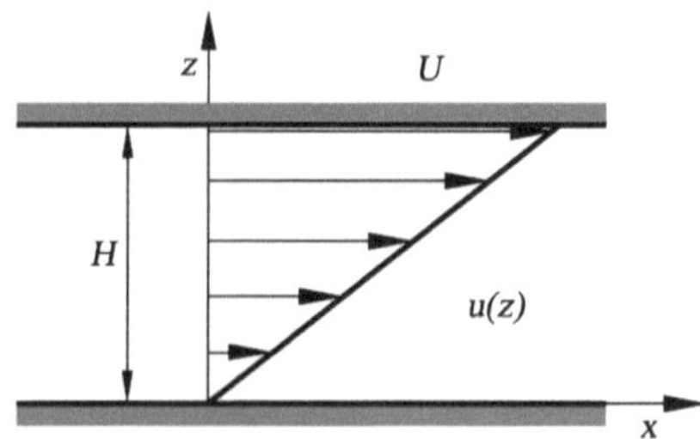

**Abb. 2.3** Wirkung der Zähigkeit eines Newton'schen Fluids

Entsprechendes gilt für Impulsunterschiede, wie sie beispielsweise in einer Scherschicht vorliegen. Fluid-Schichten mit unterschiedlichem Impuls $\rho \cdot u$, also bei gleicher Dichte unterschiedlicher Geschwindigkeit $u$ teilen sich in Folge der Molekularbewegung gegenseitig ihren Impuls mit. Dies wird durch das Newton'sche Reibungsgesetz mit Hilfe der dynamischen Zähigkeit $\mu$ ausgedrückt:

$$\tau = \mu \frac{du}{dz} = \mu \frac{U}{H}, \tag{2.8}$$

welches den Zusammenhang zwischen der Schubspannung $\tau\,(\mathrm{N/m^2})$ und dem Geschwindigkeitsgradienten für ein Newton'sches Fluid angibt. Das zugehörige Experiment, welches z. B. zur Messung der Zähigkeit herangezogen werden kann, ist in Abb. 2.3 skizziert.

Dabei befindet sich ein Fluid zwischen zwei parallelen Platten der Fläche $A$ im Abstand $H$, von denen die untere ruht und die obere mit der Kraft $\vec{F}$ oder $\tau = |\vec{F}/A|$ und der Geschwindigkeit $U$ gezogen wird. Für zahlreiche (Newton'sche) Fluide bildet sich das Geschwindigkeitsprofil $u(z)$ zwischen den beiden Platten linear aus. Dazu zählen alle Gase und die meisten Flüssigkeiten wie Wasser, Metallschmelze und Maschinenöl, jedoch nicht Kunststoffe, Zahnpasta oder Blut.

Die Molekularbewegung ist auch Ursache von Wärmeleitung, da diese in direktem Zusammenhang mit der inneren Energie bzw. der Geschwindigkeit der Moleküle steht. Dies wird durch das Fourier'sche Wärmeleitungsgesetz ausgedrückt:

$$q_x = -\lambda \frac{dT}{dx}. \tag{2.9}$$

Darin ist $q_x\,(\mathrm{W/m^2})$ die Wärmestromdichte in $x$-Richtung und $\lambda\,(\mathrm{W/(m\cdot K)})$ die Wärmeleitfähigkeit des Fluids. Das negative Vorzeichen trägt der Tatsache Rechnung, dass sich ein Wärmestrom immer in Richtung des negativen Temperaturgradienten, d. h. von der höheren zur niedrigeren Temperatur, ausbildet. Die Zähigkeit und Wärmeleitfähigkeit ausgewählter Fluide sind in Tab. 2.4 angegeben. Die Angabe ist nur sinnvoll, wenn es sich um Newton'sche Fluide handelt oder, wie bei Blut, das Fluid bei kleinen Scherraten näherungswiese als solches betrachtet werden kann.

**Tab. 2.4** Dynamische Zähigkeit und Wärmeleitfähigkeit ausgewählter Newton'scher Fluide

| Fluid | $\mu$ [Pa s] | $\lambda$ [W/mK] |
|---|---|---|
| Maschinenöl | $3,5 \cdot 10^{-3}$–30 | 0,1–0,6 |
| Wasser (Umgebungsbed.) | $1,14 \cdot 10^{-3}$ | 0,589 |
| Quecksilber | $1,54 \cdot 10^{-3}$ | 8,7 |
| Wasserdampf (200 bar, 300 °C) | $1,09 \cdot 10^{-3}$ | 0,571 |
| Wasser (250 bar, 280 °C) | $0,1 \cdot 10^{-3}$ | 0,61 |
| Wasser (250 bar, 500 °C) | $0,03 \cdot 10^{-3}$ | 0,1 |
| Luft | $0,018 \cdot 10^{-3}$ | 0,015 |
| Wasserstoff | $0,0087 \cdot 10^{-3}$ | 0,180 |
| Blut (wenn näherungsweise Newton'sches Fluid) | $1,2 \cdot 10^{-2}$ | |

### 2.1.3 Kompressibilität einer Gasströmung

Wir haben gesehen, dass es wichtig ist, ob die Dichte eines Fluids als Zustandsgröße (Transportgröße) oder als Stoffeigenschaft behandelt werden muss. Während eine Flüssigkeit fast immer als inkompressibel angesehen werden kann, kann ein Gas kompressibel sein, wenn die durch die Strömung verursachten Druck- oder Temperaturunterschiede ausreichen, um signifikante Dichteänderungen hervorzurufen.

Wir wollen dies für den Fall des Aufstaus vor einem stumpfen Körper untersuchen, siehe Abb. 2.4. Dabei wird abgeschätzt, ob der größte im Strömungsfeld auftretende Druck, also der Druck im Staupunkt, hierfür ausreicht. Die Geschwindigkeit ändert sich entlang der Staustromlinie von ihrem Anfangswert $u$ auf den Wert Null im Staupunkt. Der Druck ändert sich um $dp$, die Dichte um $d\rho$. Der Zusammenhang zwischen Druck und Temperatur wird eindimensional durch die Bernoulli-Gleichung ausgedrückt:

$$p + \frac{1}{2}\rho \ u^2 = \text{const. oder } d\left(p + \frac{1}{2}\rho u^2\right) = 0 \tag{2.10}$$

und umgeformt

$$\frac{d\rho}{\rho} = -\frac{1}{2}\frac{d\left(u^2\right)}{\frac{dp}{d\rho} + \frac{u^2}{2}}. \tag{2.11}$$

Darin ist $dp/d\rho = a_s^2$ das Quadrat der Schallgeschwindigkeit $a_s$. Mit der Definition der Mach-Zahl

$$M = \frac{u}{a_s} \tag{2.12}$$

ergibt sich

$$\frac{d\rho}{\rho} = -\frac{1}{2}\frac{d\left(M^2\right)}{1 + \frac{1}{2}M^2} \tag{2.13}$$

**Abb. 2.4** Zur Kompressibilität einer Strömung beim Aufstau vor einem stumpfen Körper

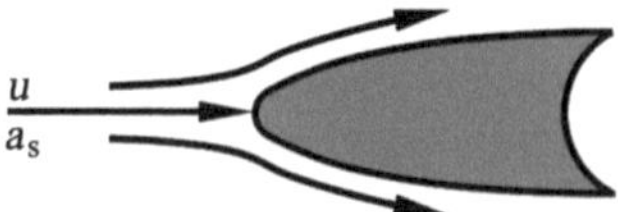


**Tab. 2.5** Beispiele für Strömungen mit unterschiedlicher Machzahl und relative Dichtedifferenz beim Aufstau vor einem stumpfen Körper. Diese Strömungen müssen inkompressibel behandelt werden

| Beispiel | Fluid | $u$ [m/s] | $a_s$ [m/s] | $M$ | $\Delta\rho/\rho$ [%] |
|---|---|---|---|---|---|
| Betankung mit Wasserstoff | Wasserstoff | 5 | 1326 | 0,00 | 0,001 |
| Kryogentechnik, $-100\,°C$ | Argon | 1 | 184 | 0,01 | 0,001 |
| Lüftungsrohr | Luft | 8 | 343 | 0,02 | 0,027 |
| Kondensator, $5\,°C/0{,}001$ bar | Wasserdampf | 5 | 413 | 0,01 | 0,007 |
| Wasserturbine | Wasser | 53 | 1465 | 0,04 | 0,064 |
| Kraftfahrzeug, 200 km/h | Luft | 56 | 319 | 0,17 | 1,49 |
| Windrotor, $R = 100$ m, 5 U/min | Luft | 53 | 319 | 0,16 | 1,34 |
| Kompressibilitätsgrenze | | | | 0,3 | 4,31 |

**Tab. 2.6** Beispiele für Strömungen, die kompressibel behandelt werden müssen

| Beispiel | Fluid | $u$ [m/s] | $a_s$ [m/s] | $M$ | $\Delta\rho/\rho$ [%] |
|---|---|---|---|---|---|
| Windrotor, 200 m, 10 U/min | Luft | 210 | 319 | 0,66 | 17,8 |
| Dampfturbine, 1500 U/min | Wasserdampf | 945 | 1327 | 0,7 | 20,2 |
| Gasturbine, 3000 U/min | Methan | 788 | 878 | 0,9 | 28,6 |
| Schallwelle | Luft | 343 | 343 | 1,0 | 33,3 |
| Detonationswelle | Wasser | 3000 | 1426 | 2,1 | 53 |
| Detonationswelle | Luft | 2000 | 343 | 5,8 | 94 |
| Spaceshuttle, Wiedereintritt | Luft | 8000 | 299 | 27 | 99 |

für die relative Dichteänderung. Diese ist klein, wenn die Mach-Zahl klein ist, etwa kleiner als 0,3. Unsere Bedingung für Inkompressibilität lautet somit

$$M < 0{,}3. \tag{2.14}$$

Unter dieser Bedingung können Strömungen also als inkompressibel behandelt werden, selbst wenn es sich um ein Medium handelt, bei dem Kompressibilität möglich ist. Beispiele für inkompressible Strömungen sind in Tab. 2.5 und für kompressible Strömungen in Tab. 2.6 zusammengestellt. Die Kompressibilitätsgrenze ist so gewählt ist, dass die Dichteunterschiede beim Aufstau entweder vernachlässigbar sind oder berücksichtigt werden müssen.

Für die Auswahl numerischer Methoden ist es von großer Bedeutung, ob eine Strömung kompressibel oder inkompressibel ist. Dies ist darin begründet, dass Kompressibilität nicht nur mit Detonations- oder Verdichtungswellen verbunden ist, sondern auch mit

Schall. Bei kompressiblen Strömungen spielt daher die Schallgeschwindigkeit eine Rolle, bei inkompressiblen dagegen nicht. Bei der Auswahl einer Methode, muss die Entscheidung getroffen werden, ob Kompressibilität und Schall durch das Zulassen einer variablen Dichte berücksichtigt werden sollen. Dies erhöht den numerischen Aufwand erheblich und sollte daher, wenn möglich, vermieden werden. Methoden für kompressible Strömungen sind nur dann erforderlich, wenn die Kompressibilität physikalisch auch tatsächlich eine Rolle spielt.

### 2.1.4  Thermische Instabilität der horizontalen Fluidschicht

Strömungsmechanische Instabilitäten sind häufig auftretende fluiddynamische Erscheinungen, insbesondere bei Naturkonvektionsströmungen. Diese Instabilitäten sind physikalisch und es ist notwendig sie von unphysikalischen numerischen Instabilitäten zu unterscheiden. Daher wollen wir am Beispiel einer von unten beheizten Fluidschicht die für eine Instabilität verantwortlichen physikalischen Mechanismen erklären.

Eine zweidimensionale unendlich ausgedehnte horizontale Fluidschicht, etwa zwischen zwei Platten, wird von unten beheizt und von oben gekühlt, in dem die beiden Berandungen oben und unten auf unterschiedlichen Temperaturen $T_{un}$ und $T_{ob} < T_{un}$ gehalten werden. Da die Schicht zunächst in Ruhe ist, bildet sich infolge der Wärmeleitung eine lineare Temperaturverteilung aus, siehe Abb. 2.5.

Diese Temperaturverteilung hat wegen der Wärmeausdehnung eine Dichteverteilung zur Folge, bei der sich leichtes Fluid mit geringerer Dichte unterhalb von schwererem Fluid mit größerer Dichte befindet. Diese Situation kann instabil sein, denn das leichtere Fluid ist im Schwerefeld bestrebt, sich nach oben zu bewegen. Das schwerere Fluid bewegt sich entsprechend nach unten. Wir betrachten in Abb. 2.5 ein Fluidelement in beliebiger Anfangsposition mit der Dichte $\rho_0$ und der Temperatur $T_0$. Wird dieses Fluidelement aufgrund einer beliebigen, zufälligen Störung nach oben ausgelenkt, so behält

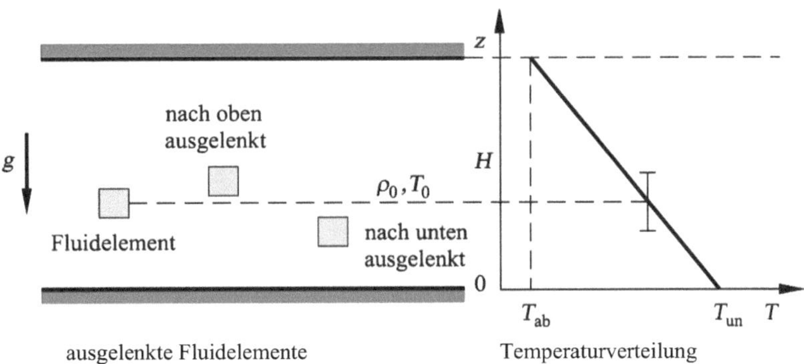


**Abb. 2.5**  Horizontale von unten geheizte Fluidschicht

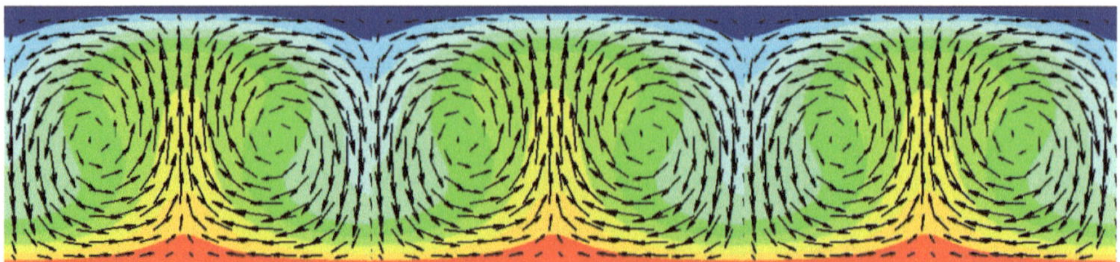

**Abb. 2.6**  Geschwindigkeit und Temperaturverteilung der Konvektionsrollen

es zunächst seine Temperatur und Dichte. Es ist daher leichter als seine Umgebung und erfährt einen hydrostatischen Auftrieb, der die Auslenkung vergrößert. Entsprechendes gilt für ein nach unten ausgelenktes Fluidelement. Wärmeleitung und Reibung wirken der Instabilität allerdings entgegen, da sie für einen Temperaturausgleich sorgen bzw. die Bewegung hemmen. Der für das Einsetzten der Instabilität maßgebliche Parameter ist die Rayleigh-Zahl

$$Ra = \frac{\rho^2 \cdot g \cdot H^3}{\mu \cdot \lambda} \beta \cdot (T_{\mathrm{un}} - T_{\mathrm{ob}}) \,, \tag{2.15}$$

deren kritischer Wert bei 1708 liegt. Wird dieser Wert überschritten, so setzt die Instabilität ein. Eine Simulation der entstehenden Strömungsstrukturen (Konvektionsrollen) bei $Ra = 3000$ ist in Abb. 2.6 gezeigt.

Das Strömungsfeld ist räumlich periodisch, die Periodenlänge wurde bei der Simulation vorgegeben. In der Simulation war es nicht notwendig, eine Anfangsstörung vorzugeben, da aufgrund von Unregelmäßigkeiten im numerischen Netz oder aufgrund von Rundungsfehlern auch in der Numerik stets Störungen vorhanden sind, die in diesem Berechnungsbeispiel die Instabilität eingeleitet haben.

Anwendungsbeispiele und die damit verbundene Rayleigh-Zahl sind in Tab. 2.7 angegeben. Die meisten in Natur und Technik auftretenden Konvektionsströmungen sind turbulent, da die Rayleigh-Zahl die kritische Rayleigh-Zahl von 1700 deutlich überschreitet. Für ihre numerische Simulation muss daher ein Turbulenzmodell angewendet werden. Liegt die Rayleigh-Zahl in der Nähe des kritischen Wertes, so befindet sich die Strömung im laminar-turbulenten Übergangsbereich (Transitionsbereich). Diese Strömungen sind

**Tab. 2.7**  Beispiele für Naturkonvektionsströmungen mit Angabe der Rayleigh-Zahl. Diese Strömungen sind turbulent, wenn $Ra$ deutlich oberhalb der Stabilitätsgrenze liegt

| Beispiel | Fluid | $Ra$ |
|---|---|---|
| Dünne Schicht, Trocknung | Wasser | 100 |
| Stabilitätsgrenze |  | 1708 |
| Elektronikkühlung | Luft | $3,4 \cdot 10^3$ |
| Trinkwasserspeicher | Wasser | $2,3 \cdot 10^{10}$ |
| See im Winter | Wasser | $7,1 \cdot 10^{11}$ |
| Fußbodenheizung | Luft | $2,7 \cdot 10^{10}$ |
| Wolkenkonvektion | Luft | $1,2 \cdot 10^{18}$ |

schwieriger zu berechnen als eindeutig laminare oder turbulente Strömungen, da thermische Instabilitäten simuliert werden müssen.

### 2.1.5  Turbulenz

Strömungen kommen in zwei grundsätzlich unterschiedlichen Erscheinungsformen vor, welche z. B. im Reynolds'schen Farbfadenversuch sichtbar gemacht werden können, siehe Abb. 2.7. Dabei wird in eine Rohrströmung (Wasser, mittlere Geschwindigkeit $U$) in einem transparenten Rohr mit dem Durchmesser $D$ mittels einer Sonde Farbe eingeleitet. Wenn sich ein zusammenhängender Farbfaden bildet, ist die Strömung laminar: die Fluidelemente bewegen sich auf parallelen Bahnen nebeneinander stromab. Wenn die Strömung turbulent ist, wird der Farbfaden ausgelenkt und zerrissen: die Fluidelemente bewegen sich auf ineinander verschlungenen Bahnen, die Strömung ist instationär und dreidimensional. Dazwischen gibt es einen transitionellen Zustand, in dem sich die Turbulenz ausbildet.

Der für die Strömungsform maßgebliche Parameter ist die Reynolds-Zahl

$$Re = \frac{\rho \cdot U \cdot D}{\mu} = \frac{\rho \cdot U^2}{\mu \frac{U}{D}} = \frac{\text{Trägheitskraft}}{\text{Reibungskraft}}, \tag{2.16}$$

welche als das Verhältnis von Trägheitskräften zu Reibungskräften aufgefasst werden kann. Die Turbulenz entsteht aus einer dreidimensionalen Instabilität heraus. Ist in dieser Strömung $Re$ größer als der kritische Wert für das Einsetzten von Turbulenz $Re_{\text{krit}} \approx 2300$, so überwiegen die destabilisierenden Trägheitskräfte über die stabilisierenden Reibungskräfte und die Turbulenz setzt ein.

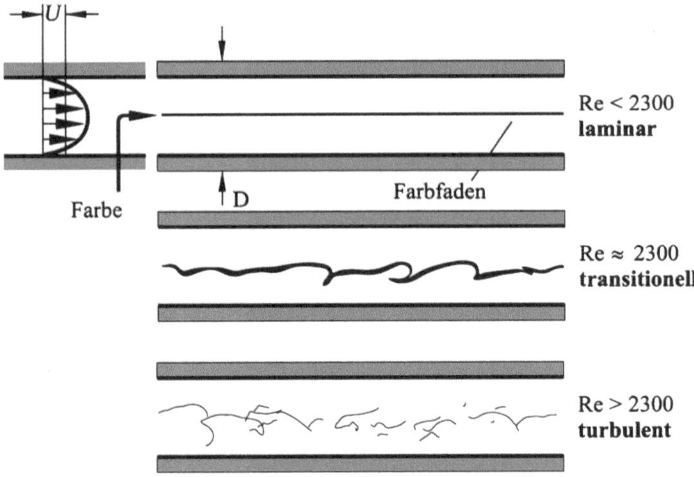


**Abb. 2.7**  Reynolds'scher Farbfadenversuch

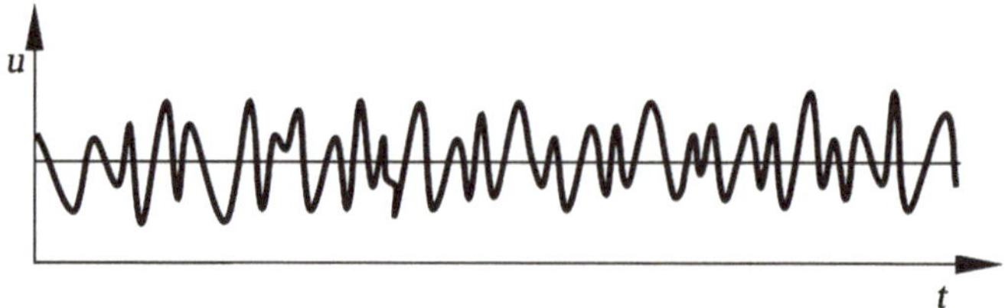

**Abb. 2.8** Zeitsignal in einer turbulenten Strömung am festen Ort

Turbulente Strömungen sind sehr komplex. Misst man eine Strömungsgröße, z. B. eine Geschwindigkeitskomponente, als Funktion der Zeit an einem festen Ort in einer turbulenten Strömung, so erhält man ein Zeitsignal, wie es schematisch in Abb. 2.8 skizziert ist. Es besteht aus Schwankungen unterschiedlicher Frequenz oder Wellenlänge, welche scheinbar zufällig bzw. „chaotisch" überlagert sind.

Turbulente Strömungen sind immer instationär, dreidimensional und nichtperiodisch. Es gibt jedoch immer einen klar definierten Mittelwert (gezeigte Linie in Abb. 2.8), um den das Signal nach oben und unten fluktuiert. Ein räumliches Bild der Turbulenz besteht darin, dass einer mittleren Strömung sich bewegende Wellen oder Wirbel unterschiedlicher Größe und Form überlagert sind, welche die Fluktuationen verursachen.

Ein Foto einer turbulenten Strömung in einem Rohrleitungs-T-Stück zu zwei aufeinanderfolgenden Zeitpunkten zeigt Abb. 2.9. Eine Momentaufnahme der Direkten Numerische Simulation (DNS) einer turbulenten Rohrströmung ist in Abb. 2.10 in drei Schnitten gezeigt.

Um in der Praxis zu entscheiden, ob laminare oder turbulente Strömung zu erwarten ist, vergleicht man die Reynolds-Zahl der zu untersuchenden Strömung mit der kritischen Reynolds-Zahl einer Vergleichsströmung, welche ähnliche Eigenschaften besitzt. Die kritische Reynolds-Zahl besitzt, wie bereits erwähnt, nur für eine Rohrströmung den Wert 2300. Ihr Zahlenwert kann für andere Vergleichsströmungen von unterschiedlicher Größenordnung sein. Die kritische Reynolds-Zahl muss für jede Strömung individuell durch

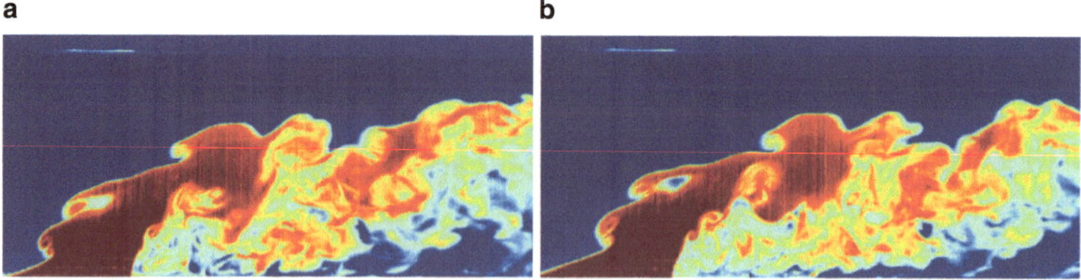

**Abb. 2.9** Visualisierung der turbulenten Strömung durch ein Rohrleitungs-T-Stück. Das Wasser im seitlichen Nebenstrang wurde eingefärbt und die Farbstoffkonzentration farbskaliert dargestellt. Das Zeitintervall zwischen **a** und **b** beträgt 10 ms

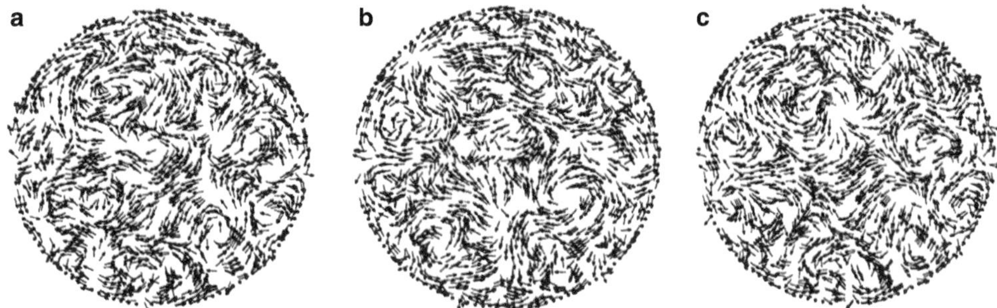


**Abb. 2.10** Momentanbild einer Direkten Numerischen Simulation (DNS) der turbulenten Rohrströmung (Rohrradius $R$): Geschwindigkeitspfeile in Schnittebenen senkrecht zur Rohrachse bei **a** $x = 0$, **b** $x = 5R$, **c** $x = 10R$

**Tab. 2.8** Strömungsbeispiele mit Angabe der Reynolds-Zahl $Re$. Diese Strömungen sind turbulent, wenn $Re$ deutlich oberhalb der kritischen Reynolds-Zahl $Re_c$ einer Vergleichsströmung liegt, z. B. $Re_c = 2300$ für die Rohrströmung

| Beispiel | Fluid | $Re$ |
|---|---|---|
| Hydraulikleitung | Hydrauliköl | $1{,}8 \cdot 10^{03}$ |
| Klimatechnik, Luftkanal | Luft | $3{,}3 \cdot 10^{04}$ |
| Wärmeübertrager, Klimaanlage | Kältemittel R134a | $1{,}3 \cdot 10^{05}$ |
| Tragflügel im Windkanal | Luft | $1{,}6 \cdot 10^{06}$ |
| Kernkraftwerk Primärkreislauf | Wasser | $6{,}9 \cdot 10^{07}$ |
| Kraftfahrzeug Außenströmung | Luft | $1{,}7 \cdot 10^{07}$ |
| Wasserturbine | Wasser | $1{,}6 \cdot 10^{07}$ |
| Windkraftanlage | Luft | $2{,}7 \cdot 10^{07}$ |
| Transportflugzeug, Reiseflug | Luft | $9{,}6 \cdot 10^{07}$ |
| Tankschiff | Wasser | $1{,}1 \cdot 10^{10}$ |

Experimente im Labor ermittelt werden. Anwendungsbeispiele und die damit verbundenen Reynolds-Zahlen und Vergleichsströmungen sind in Tab. 2.8 angegeben.

Die meisten in Natur und Technik auftretenden erzwungenen Strömungen sind turbulent, da die Reynolds-Zahl die kritische Reynolds-Zahl überschreitet. Für ihre numerische Simulation muss daher ein Turbulenzmodell angewendet werden. Liegt die Reynolds-Zahl in der Nähe des kritischen Wertes, so befindet sich die Strömung im laminar-turbulenten Übergangsbereich (Transitionsbereich). Diese Strömungen sind schwieriger zu berechnen als eindeutig laminare oder turbulente Strömungen, da ein Transitionsmodell angewendet werden muss.

## 2.1.6  Dimensionsanalyse

Ein wichtiges analytisches Hilfsmittel der Strömungsmechanik ist die Dimensionsanalyse. Sie dient dazu, die Anzahl der für eine Aufgabenstellung bestimmenden Parameter und somit den erforderlichen Rechenaufwand für eine systematische Untersuchung von Strömungsvorgängen zu reduzieren. Wir wollen die Dimensionsanalyse an zwei Beispielen durchführen: für erzwungene Konvektion und für Naturkonvektion.

**Erzwungene Konvektion**

Als Beispiel für eine erzwungene Konvektion dient die Strömung durch einen Rohrabschnitt der Länge $L$, siehe Abb. 2.11. Das Rohr hat den Durchmesser $2R$. Das Fluid der Dichte $\rho$ und Zähigkeit $\mu$ strömt mit der mittleren Geschwindigkeit $u_{zm}$. Die Rohrwand erfährt dabei eine Widerstandskraft $D$ in Stromabrichtung, welche proportional zur Rohrlänge ist. Die Rohrlänge $L$ kommt daher in der Analyse selbst nicht mehr vor.

Es handelt sich um eine Aufgabenstellung mit fünf gleichberechtigten dimensionsbehafteten Parametern, die wir als „Funktion" $F$ darstellen:

$$F(D, u_{zm}, R, \rho, \mu) = 0. \tag{2.17}$$

Diese Funktion könnte durch eine Vielzahl von Numerischen Simulationen oder Experiment bestimmt werden. Eine solche „Katalogisierung" wäre allerdings sehr aufwändig, denn sie muss im fünfdimensionalen Parameterraum durchgeführt werden.

Schon die Intuition sagt aber, dass bei einer Veränderung der Dichte oder der Zähigkeit sich auch die Widerstandskraft proportional verändern wird. Eine unabhängige Variation dieser Parameter wäre also überflüssig. Aufgrund dieser inneren Zusammenhänge kann tatsächlich die Anzahl der wirklich voneinander unabhängigen Parameter reduziert werden. Die Dimensionsanalyse beantwortet zunächst die Frage durch wie viele voneinander unabhängige Parameter die Aufgabenstellung tatsächlich beschrieben wird. Diese Parameter sind dimensionslos.

Das Theorem von Buckingham (pi-Theorem) lautet: Eine Funktion $F$ mit $m$ dimensionsbehafteten Parametern, die mit $n$ Basisdimensionen gemessen werden, besitzt $m - n$ voneinander unabhängige dimensionslose Kennzahlen. Die Dimensionen (Kraft $F$, Länge $L$, Zeit $Z$, Masse $M$) sind den Einheiten (z. B. Newton, Meter, Sekunde, Kilogramm) zugeordnete charakteristische Größen.

**Abb. 2.11** Rohrabschnitt mit seinen bestimmenden dimensionsbehafteten Parametern

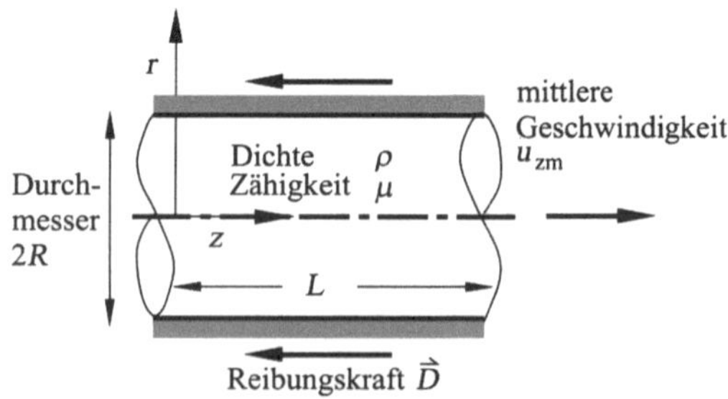

Für die Rohrströmung gilt $m = 5$. Diese Parameter besitzen folgende Dimensionen:

$$[D] = F = M \cdot L/Z^2,$$
$$[u_{zm}] = L/Z = L/Z,$$
$$[R] = L = L,$$
$$[\rho] = F \times Z^2/L^4 = M/L^3,$$
$$[\mu] = F \times Z/L^2 = M/L \cdot Z,$$

wobei als System der Basisgrößen (voneinander unabhängig) entweder das technische System $[F, L, Z]$ oder das physikalische System $[M, L, Z]$ gewählt werden kann. Es gilt also $n = 3$ und das Problem kann somit durch nur ($m - n = 5 - 3 = 2$) zwei unabhängige Parameter beschrieben werden. Dies vereinfacht eine systematische Untersuchung und Katalogisierung erheblich!

Nachfolgend sollen diese Parameter $P_{1,2}$ bestimmt, d. h. durch die dimensionsbehafteten Parameter ausgedrückt werden. Sinnvoll ist ein Ansatz in Form von Potenzfunktionen

$$P_{1,2} = D^{x_1} \cdot u_{zm}^{x_2} \cdot R^{x_3} \cdot \rho^{x_4} \cdot \mu^{x_5}, \tag{2.18}$$

wobei die Exponenten $x_1 \ldots x_5$ noch unbekannt sind.

Da $P_{1,2}$ dimensionslos sein sollen, gilt:

$$1 = F^{x_1} \cdot \left(\frac{L}{Z}\right)^{x_2} \cdot L^{x_3} \cdot \left(\frac{F \cdot Z^2}{L^4}\right)^{x_4} \cdot \left(\frac{F \cdot Z}{L^2}\right)^{x_5}. \tag{2.19}$$

Da die Dimensionen unabhängig voneinander sind, müssen sie sich einzeln herauskürzen. Für jede der drei Dimensionen folgt somit eine Bedingung für die fünf Exponenten

$$\begin{array}{lrrrrl}
F: & x_1 & & +x_4 & +x_5 & = 0, \\
L: & x_2 & +x_3 & -4x_4 & -2x_5 & = 0, \\
Z: & -x_2 & & +2x_4 & +x_5 & = 0.
\end{array} \tag{2.20}$$

Dieses Gleichungssystem ist unterbestimmt, da es mehr Unbekannte als Gleichungen besitzt. Wir können somit für jeden unserer beiden gesuchten Parameter $P_{1,2}$ zwei Exponenten frei wählen. Mit $x_1 = 0$ und $x_5 = -1$ folgt

$$\begin{array}{ll}
F: & 0 + x_4 - 1 = 0 \Rightarrow x_4 = 1, \\
Z: & -x_2 + 2 - 1 = 0 \Rightarrow x_2 = 1, \\
L: & 1 + x_3 - 4 + 2 = 0 \Rightarrow x_3 = 1,
\end{array} \tag{2.21}$$

und aus (2.18)

$$P_1 = \frac{u_{zm} \cdot 2R \cdot \rho}{\mu} = Re \tag{2.22}$$

die Reynolds-Zahl.

Die zweite Wahl mit $x_1 = 1$ und $x_5 = 0$ liefert

$$
\begin{aligned}
F: &\quad 1 + x_4 = 0 \Rightarrow x_4 = -1, \\
Z: &\quad -x_2 - 2 = 0 \Rightarrow x_2 = -2, \\
L: &\quad -2 + x_3 + 4 = 0 \Rightarrow x_3 = -2,
\end{aligned}
\tag{2.23}
$$

und mit

$$
P_2 = \frac{D}{\frac{1}{2}\rho \cdot u_{zm}^2 \cdot \pi R^2} = \frac{\Delta p}{\frac{1}{2}\rho \cdot u_{zm}^2} = \zeta = c_D
\tag{2.24}
$$

den Verlustbeiwert $\zeta$ oder Widerstandsbeiwert $c_D$. Erzwungene Konvektion wird, auch in anderen Geometrien, durch diese beiden dimensionslosen Parameter Reynolds-Zahl und Verlustbeiwert beschrieben. Zusätzlich sind die jeweiligen Geometrieparameter, hier $L/R$, zu beachten.

**Naturkonvektion**

Als Beispiel für natürliche Konvektion dient das bereits eingeführte Beispiel des seitlich beheizten Behälters mit dem festen Seitenverhältnis $H/L$. In diesem Fall ist die Funktion

$$
F(L, g \cdot \beta, \rho, \mu, \lambda, \Delta T, c, \alpha) = 0
\tag{2.25}
$$

von acht dimensionsbehafteten Parametern abhängig, siehe Abschn. 1.2.1. Darin ist intuitiv bereits berücksichtigt, dass die „Auftriebsbeschleunigung" $g \cdot \beta$ einen einzigen und nicht zwei unabhängige Parameter darstellt.

Wir wählen das physikalische Basissystem Länge ($L$), Masse ($M$), Zeit ($Z$) und Temperatur ($T$). Nach dem Theorem von Buckingham ist $m = 8$ und $n = 4$. Naturkonvektion wird somit durch vier dimensionslose Parameter $P_{1,2,3,4}$ beschrieben.

Für diese folgt der Ansatz

$$
P = L^{x_1} \cdot (g\beta)^{x_2} \cdot \rho^{x_3} \cdot \mu^{x_4} \cdot \lambda^{x_5} \cdot \Delta T^{x_6} \cdot c^{x_7} \cdot \alpha^{x_8}
\tag{2.26}
$$

und wie oben in Dimensionen

$$
1 = (L)^{x_1} \cdot \left(\frac{L}{Z^2 \cdot T}\right)^{x_2} \left(\frac{M}{L^3}\right)^{x_3} \left(\frac{M}{L \cdot Z}\right)^{x_4} \left(\frac{M \cdot L}{Z^3 \cdot T}\right)^{x_5} (T)^{x_6} \left(\frac{L^2}{Z^2 \cdot T}\right)^{x_7} \left(\frac{M}{Z^3 \cdot T}\right)^{x_8}.
\tag{2.27}
$$

Aus der Unabhängigkeit der Dimensionen folgt

$$
\begin{aligned}
L: &\quad x_1 + x_2 - 3x_3 - x_4 + x_5 \phantom{xxxx} - 2x_7 \phantom{xxxx} = 0, \\
M: &\quad \phantom{x_1 + x_2 } x_3 - x_4 - x_5 \phantom{xxxxxxxx} - x_8 = 0, \\
Z: &\quad \phantom{x_1 } -2x_2 \phantom{xxxx} - x_4 - 3x_5 \phantom{xxx} - 2x_7 - 3x_8 = 0, \\
T: &\quad \phantom{x_1 } -x_2 \phantom{xxxxxxxx} - x_5 - x_6 - x_7 - x_8 = 0
\end{aligned}
\tag{2.28}
$$

und mit jeweils freier Wahl der letzten vier Exponenten

$x_5 = 0;$       $x_6 = 1,$   $x_7 = 0,$    $x_8 = 0 \Rightarrow P_1 = L^3 \cdot g\beta \cdot \rho^2 \cdot \Delta T \cdot \mu^{-2}$
Grashof-Zahl,

$x_5 = -1;$     $x_6 = 0,$   $x_7 = 1,$    $x_8 = 0 \Rightarrow P_2 = \mu \cdot c \cdot \lambda^{-1}$
Prandtl-Zahl,

$x_5 = 1;$       $x_6 = 0,$   $x_7 = 0,$    $x_8 = 1 \Rightarrow P_3 = \alpha \cdot L \cdot \lambda^{-1}$
Nußelt-Zahl,

$x_5 = 0;$       $x_6 = 0,$   $x_7 = -1,$   $x_8 = 0 \Rightarrow P_4 = L \cdot g\beta \cdot c^{-1}$
Eckert-Zahl.

Die Parameter können physikalisch interpretiert werden. Die Grashof-Zahl

$$Gr_L = \frac{g \cdot L^3}{\nu^2}\beta \cdot \Delta T = \frac{\rho \cdot g\beta \cdot \Delta T}{\mu \frac{\nu}{L^2} \cdot \frac{1}{L}} \tag{2.29}$$

stellt das Verhältnis von volumenbezogenen Auftriebs- zu Reibungskräften dar und ist somit ein Maß für die Stärke der Naturkonvektion.

Die Prandtl-Zahl

$$Pr = \frac{\nu}{a} \tag{2.30}$$

beschreibt eine reine Fluideigenschaft. Sie stellt das Verhältnis zwischen Zähigkeit und Wärmeleitfähigkeit dar. Diese können bei verschiedenen Fluiden sehr unterschiedlich sein, z. B. $Pr \ll 1$ für flüssige Metalle, $Pr \approx 1$ für Gase und einige Flüssigkeiten (Wasser: $Pr = 2\ldots 7$) oder $Pr \gg 1$ für Öl.

Weitere Beispiele sind in Tab. 2.9 angegeben. Numerische oder experimentelle Ergebnisse, die für ein bestimmtes Fluid erzielt worden sind, können mit Hilfe der dimensionslosen Kennzahlen auf Fluide mit Prandtl-Zahlen derselben Größenordnung näherungsweise übertragen werden, z. B. zwischen Gasen und Wasser. Dagegen ist die Übertragung von Ergebnissen zwischen Fluiden, die Prandtl-Zahlen unterschiedlicher Größenordnung besitzen, z. B. zwischen Wasser und Flüssigmetall oder Öl, nicht möglich.

Die Nusselt-Zahl

$$Nu_L = \frac{\alpha \cdot L}{\lambda} \tag{2.31}$$

ist der dimensionslose Wärmeübergangskoeffizient. Der Index gibt an, mit welchem Geometrieparameter sie gebildet wird, da unterschiedliche Definitionen möglich sind. Sie kann als das Verhältnis zwischen tatsächlichem Wärmeübergang und dem Wärmeübergang bei reiner Wärmeleitung (bei der $Nu = 1$ gilt) aufgefasst werden.

Die Eckert-Zahl stellt das Verhältnis von kinetischer Energie der Auftriebskräfte und Enthalpiedifferenz als Folge der Temperaturerhöhung dar. Sie kann als Maß dafür angesehen werden, ob die Umwandlung von Bewegungsenergie in Wärme (Dissipation) bei einer numerischen Simulation berücksichtigt werden muss.

**Tab. 2.9** Beispiele für Fluide mit unterschiedlicher Prandtl-Zahl

| Flüssige Metalle | | | Gase, Wasser | | | Öl | | |
|---|---|---|---|---|---|---|---|---|
| Fluid | $T$ [°C] | $Pr$ | Fluid | $T$ [°C] | $Pr$ | Fluid | $T$ [°C] | $Pr$ |
| Quecksilber | 0 | 0,03 | Helium | 0 | 0,65 | HT250 | 0 | 257 |
| | 100 | 0,019 | Luft | 15 | 0,72 | | 50 | 392 |
| Natrium | 100 | 0,011 | $CO_2$ | 0 | 0,74 | Heizöl | 80 | 1155 |
| | 200 | 0,007 | Argon | 0 | 0,61 | | 180 | 102 |
| | 300 | 0,0059 | Dampf | 100 | 0,97 | Transformatoröl | 20 | 481 |
| | 700 | 0,0039 | Wasser | 20 | 7,01 | | 100 | 60,3 |
| Kalium | 100 | 0,0081 | | 30 | 4,35 | | | |
| | | | | 100 | 1,75 | | | |

Durch Kombination von dimensionslosen Kennzahlen können neue Kennzahlen gebildet werden, z. B. die Rayleigh-Zahl

$$Ra = Gr \cdot Pr = \frac{g \cdot L^3}{a \cdot v} \beta \cdot \Delta T, \tag{2.32}$$

welche in der Literatur häufig anstelle der Grashof-Zahl für freie Konvektionsströmungen verwendet wird.

Wegen ihrer physikalischen Bedeutung werden dimensionslose Kennzahlen zur Charakterisierung von Strömungen herangezogen, schon bevor eine Strömungssimulation tatsächlich durchgeführt wird. Dies ist erforderlich, um bereits bei der Generierung eines Netzes den Charakter der Strömung lokal zu berücksichtigen.

## 2.2 Mathematische Formulierung

Die mathematische Grundlage der kontinuierlichen Beschreibung von stationären oder instationären Strömungsvorgängen bilden die dreidimensionalen Erhaltungssätze von Masse, Impuls und Energie, welche an einem ortsfesten, infinitesimal kleinen Kontrollvolumen formuliert worden sind (H. Oertel jr. et al.: Strömungsmechanik, 2011). Es ist daher nicht erforderlich, die Gleichungen hier ausführlich abzuleiten. Mittels einer vereinfachten Ableitung soll lediglich das Verständnis einer kontinuumsmechanischen Formulierung gefördert, die partielle Ableitung im Unterschied zum gewöhnlichen Differential erläutert und die allgemeinen Gleichungen angegeben werden. Die mathematischen Transporteigenschaften werden anhand der eindimensionalen Stoßausbreitung analysiert und damit ein Bezug zu vereinfachten Modellgleichungen, welche häufig zur mathematischen Analyse numerischer Methoden herangezogen werden, hergestellt.

### 2.2.1  Eigenschaften von Differentialgleichungen

Die Auswahl geeigneter numerischer Methoden hängt unter anderem von den mathematischen Eigenschaften des Systems der zu lösenden strömungsmechanischen Grundgleichungen ab. Um diese einordnen zu können, ist zunächst sinnvoll, die möglichen mathematischen Eigenschaften von Differentialgleichungen zusammenzustellen.

Grundsätzlich unterscheidet man zwischen den unabhängigen Variablen, d. h. den Koordinaten $x$, $y$, $z$, und/oder $t$, und den abhängigen Variablen, z. B. den Geschwindigkeitskomponenten und dem Druck, welche die zu berechnenden unbekannten strömungsmechanischen und thermodynamischen Zustandsgrößen darstellen. Für die mathematische Klassifikation ist die physikalische Bedeutung der unabhängigen oder abhängigen Variablen jedoch ohne Bedeutung. Damit ein mathematisches Problem lösbar ist, müssen die Anzahl der Variablen und die Anzahl der Differentialgleichungen übereinstimmen und die Randbedingungen sinnvoll angegeben werden.

Wenn die Variable nur von einer einzigen Koordinate abhängt, spricht man von gewöhnlichen Differentialgleichungen und als Ableitungssymbol wird das Symbol $d$ verwendet. Aus der Schwingungslehre ist mit der Zeit $t$ als unabhängige Variable die Gleichung

$$\frac{d^2u}{dt^2} + 2\delta\frac{du}{dt} + \nu^2 u = f(t) \tag{2.33}$$

für eine zeitabhängige Auslenkung $u(t)$, z. B. eines Pendels, bekannt. Dabei stellt die rechte Seite $f(t)$ eine Anregung durch eine instationäre äußere Kraft dar. Eine ebenfalls gewöhnliche Differentialgleichung 2. Ordnung in der räumlichen Koordinate $x$ stellt die eindimensionale Wärmeleitungsgleichung mit der inneren Wärmequelle $q'(x)$ dar:

$$\lambda\frac{d^2T}{dx^2} = q'(x). \tag{2.34}$$

Wenn mehrere abhängige Variablen auftreten, spricht man von einem System von Differentialgleichungen, z. B. die Koppelschwingung zweier punktförmiger Massen $m_1$ und $m_2$, welche durch Federn miteinander verbunden sind (Mehrkörpersystem), siehe Abb. 2.12.

**Abb. 2.12**  Mehrkörpersystem

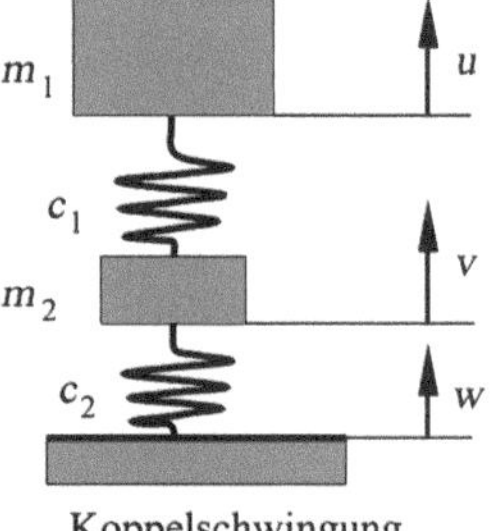

Koppelschwingung

**Abb. 2.13** Gebiet und Rand
für eine zweidimensionale
partielle Differentialgleichung

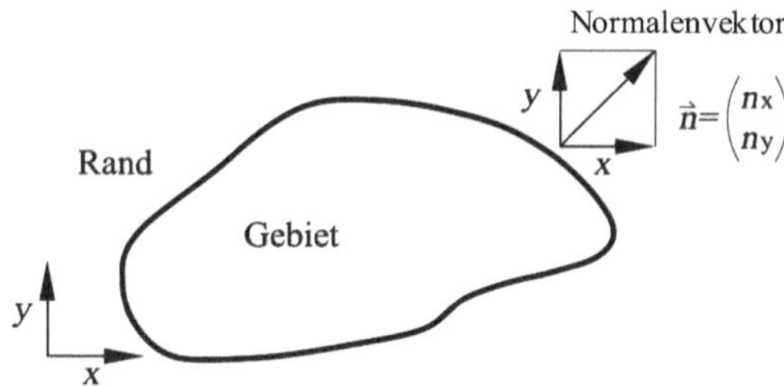


Das zugehörige System gewöhnlicher Differentialgleichungen für die Auslenkungen
der beiden Massen lautet

$$m_1 \frac{d^2 u}{dt^2} + c_1 u - c_1 v = 0, \quad m_2 \frac{d^2 v}{dt^2} + (c_1 + c_2)v - c_1 u = c_2 w, \tag{2.35}$$

worin $c_1$ und $c_2$ jeweils Federkonstanten und $w$ eine Anregung darstellt.

Eine partielle Differentialgleichung liegt vor, wenn die Lösungsvariable von mindestens zwei Koordinaten abhängt, z. B. bei der zweidimensionalen instationären Wärmeleitungsgleichung.

Hier ist als Ableitungssymbol das „partielle" $\partial$ zu verwenden. Es deutet an, dass die
Ableitung nur bezüglich der angegebenen Koordinaten durchgeführt wird, während die
anderen Koordinaten konstant gehalten werden:

$$\rho \cdot c \frac{\partial T}{\partial t} - \lambda \left( \frac{\partial^2 T}{\partial x^2} + \frac{\partial^2 T}{\partial y^2} \right) = q''', \tag{2.36}$$

mit der verteilten Wärmequelle $q'''$. Die Differentialgleichung ist z. B. in dem in Abb. 2.13
skizzierten Gebiet gültig, welches im Koordinatensystem $x, y$ definiert ist.

Eine Differentialgleichung besitzt unendlich viele Lösungen, von denen die tatsächlich
zu berechnende durch die Randbedingungen und bei instationären Problemen auch durch
die Anfangsbedingung bestimmt wird. Eine allgemeine Randbedingung für zweidimensionale Probleme lautet

$$\alpha \cdot T + \beta \frac{\partial T}{\partial \vec{n}} = \gamma \quad \text{mit} \quad \frac{\partial T}{\partial \vec{n}} = n_x \frac{\partial T}{\partial x} + n_y \frac{\partial T}{\partial y}, \tag{2.37}$$

worin $\vec{n} = [n_x n_y]^T$ der nach außen weisende Randnormalenvektor ist. Diese Randbedingung wird mit $\beta = 0$, also wenn der Funktionswert am Rand vorgeschrieben ist,
mathematisch als „Dirichlet-Randbedingung" bezeichnet und mit $\alpha = 0$, also wenn die
Ableitung der Lösungsvariablen normal zum Rand vorgeschrieben ist, als „Neumann-
Randbedingung". Für das Wärmeleitungsproblem ist in diesen Fällen entweder die Wandtemperatur vorgeschrieben (isotherme Wand) oder der Wandwärmestrom. Ist $\gamma = 0$ so
heißt die Randbedingung „homogen", andernfalls „inhomogen".

In der Analyse numerischer Methoden werden oft Modellgleichungen verwendet, welche mathematisch ähnliche oder dieselben Eigenschaften wie die vollständigen strömungsmechanischen Gleichungen besitzen. Ein Beispiel hierfür ist die eindimensionale Wellengleichung für irgendeine Strömungsvariable $u$

$$\frac{\partial u}{\partial t} + a \frac{\partial u}{\partial x} = 0. \tag{2.38}$$

Darin ist $a$ die Ausbreitungs- oder Konvektionsgeschwindigkeit. Es handelt sich um eine Differentialgleichung erster Ordnung, da die höchste Ableitung eine erste Ableitung ist. Sie repräsentiert vereinfacht (linearisiert) die Konvektionsterme der Navier-Stokes-Gleichungen.

Eine Differentialgleichung zweiter Ordnung ist die Diffusionsgleichung

$$\frac{\partial u}{\partial t} - D \frac{\partial^2 u}{\partial x^2} = 0 \tag{2.39}$$

mit dem Diffusionskoeffizienten $D$. Sie repräsentiert vereinfacht (eindimensional) die Reibungs- und Wärmeleitungsterme der Navier-Stokes-Gleichungen. Kombiniert man diese beiden Gleichungen, so kommt man zur linearen Burgers-Gleichung, welche häufig zum Testen numerischer Verfahren herangezogen wird:

$$\frac{\partial u}{\partial t} + a \frac{\partial u}{\partial x} - D \frac{\partial^2 u}{\partial x^2} = 0. \tag{2.40}$$

Durch Ersetzen der konstanten Konvektionsgeschwindigkeit durch die Variable $u$ erhält man die nichtlineare Burgers-Gleichung

$$\frac{\partial u}{\partial t} + u \frac{\partial u}{\partial x} - D \frac{\partial^2 u}{\partial x^2} = 0. \tag{2.41}$$

Als einfache, zweidimensionale Gleichung dient oft die Poisson-Gleichung

$$\frac{\partial^2 u}{\partial x^2} + \frac{\partial^2 u}{\partial z^2} = c, \tag{2.42}$$

welche für $c = 0$ in die Laplace-Gleichung

$$\frac{\partial^2 u}{\partial x^2} + \frac{\partial^2 u}{\partial z^2} = 0 \tag{2.43}$$

übergeht.

Einige dieser Gleichungen sind analytisch lösbar. Um dies zu demonstrieren, wählen wir für die Poisson-Gleichung die in Abb. 2.14 gezeigten Integrationsgebiete. Die (2.42) soll im Innern der jeweiligen Integrationsgebiete gelten. Auf dem Rand, welcher die Form

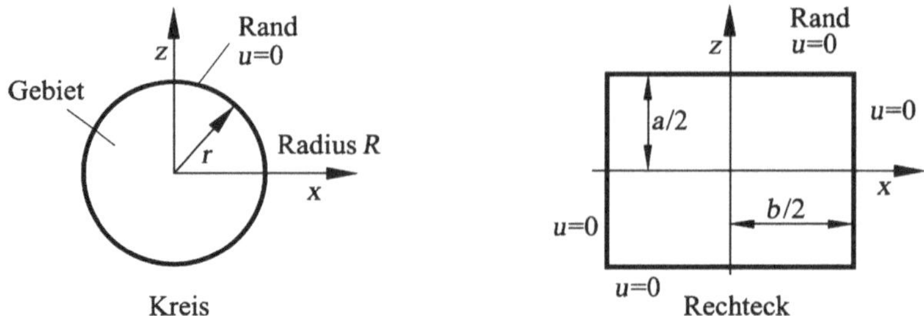


**Abb. 2.14**  Integrationsgebiete und Randbedingungen für die Poisson-Gleichung

eines Kreises oder eines Rechtecks besitzt, wählen wir für unser Beispiel die Randbedingung $u = 0$.

Im Fall des Kreises kann auf Polarkoordinaten $r^2 = x^2 + z^2$ transformiert werden:

$$\frac{\partial^2 u}{\partial x^2} + \frac{\partial^2 u}{\partial z^2} = \frac{\partial^2 u}{\partial r^2} + \frac{1}{r}\frac{\partial u}{\partial r} = c. \tag{2.44}$$

Die Lösung lautet

$$u(r) = -\frac{c}{4}\left(R^2 - r^2\right). \tag{2.45}$$

Im Fall des Rechtecks wird eine Reihenentwicklung durchgeführt und die Lösung lautet

$$u = -\frac{c}{2}\left\{\frac{a^2}{4} - z^2 + \frac{8}{a}\sum_{n=1}^{\infty}\frac{(-1)^n \cos h(mx)}{m^3 \cos h(mb/2)}\cos(mz)\right\}; \quad m = (2n-1)\frac{\pi}{a}. \tag{2.46}$$

Obwohl ein Rechteck verglichen mit einer technischen Geometrie noch einfach ist, nimmt die Komplexität mathematischer Ausdrücke von analytischen Lösungen sehr schnell zu, je komplexer die Berandung des Integrationsgebiets geformt ist. Für komplexe Geometrien sind kaum analytische Lösungen bekannt, daher werden numerische Methoden zur Lösung herangezogen.

### 2.2.2  Eindimensionale Grundgleichungen der Stromfadentheorie

Die Vorgehensweise zur Ableitung der eindimensionalen Grundgleichungen der Stromfadentheorie soll kurz in Erinnerung gerufen werden, um sie anschließend auf mehrere Dimensionen zu erweitern. Wir betrachten einen Stromfaden mit veränderlichem Querschnitt $A(x)$ entlang einer Koordinate $x$, siehe Abb. 2.15. Alle Strömungsgrößen werden an jeder Position $x$ als Mittelwerte über die jeweilige Querschnittsfläche aufgefasst. Sie sind daher nur noch Funktionen von $x$ und bei instationären Strömungen der Zeit $t$.

Die Variablen sind der Druck $p(x)$ und die Geschwindigkeit $u(x)$. Die Dichte sei konstant (inkompressible Strömung) und die Strömung ist isotherm. Im Folgenden werden

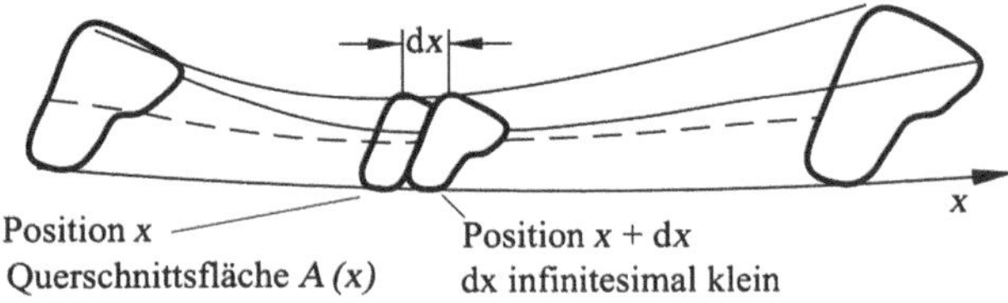


**Abb. 2.15** Stromfaden mit infinitesimal kleinem Integrationsgebiet

die Erhaltungssätze für Masse und Impuls auf ein infinitesimal kleines Volumenelement der Breite $dx$ an der Stelle $x$ formuliert.

Die Massenerhaltung lautet: die zeitliche Änderung der Masse in $V$ ist gleich der einströmenden minus der ausströmenden Massenströme:

$$\frac{\partial\,(\rho \cdot A(x))}{\partial t}\,dx = \rho \cdot A \cdot u - \left(\rho \cdot A \cdot u + \frac{\partial\,(\rho \cdot A \cdot u)}{\partial x}\,dx\right). \qquad (2.47)$$

Die im Volumenelement enthaltene Masse ergibt sich in (2.47) durch Integration der Querschnittsfläche multipliziert mit der Dichte über $dx$. Die auf der rechten Seite enthaltenen Massenströme ergeben sich jeweils durch Multiplikation eines Volumenstroms (Geschwindigkeit mal durchströmte Fläche) mit der Dichte. Der einströmende Massenstrom geht über die linke Berandung des Kontrollvolumens, der ausströmende Massenstrom geht über die rechte Berandung an der Stelle $x + dx$. Er wird über eine Taylorreihe mit nur dem linearen Glied durch die Größen an der Stelle $x$ ausgedrückt, so dass die erhaltene Gleichung nur abhängig von $x$ ist. Da sich die Größen in der Zeitableitung von (2.47) zeitlich nicht ändern, kann diese herausgestrichen werden. Nach Vereinfachung der rechten Seite ergibt sich die eindimensionale Kontinuitätsgleichung

$$\frac{d\,(A \cdot u)}{dx} = 0, \qquad (2.48)$$

welche in der Stromfadentheorie in der Form $A \cdot u = \mathrm{const.}$ verwendet wird.

Der Impulssatz lautet: Die Änderung des Impulses (Masse mal Geschwindigkeit) im Kontrollvolumen ist gleich der Änderung durch einströmende oder ausströmende Impulsströme plus der Summe der angreifenden Kräfte. Zu betrachten ist nur der Impuls in $x$-Richtung:

$$\underbrace{\frac{\partial\,(\rho u \cdot A)}{\partial t}\,dx}_{\substack{\text{zeitliche}\\\text{Änderung}\\\text{des Impulses}\\\text{in V}}} = \underbrace{\rho u \cdot A u}_{\substack{\text{Impuls}\\\text{der ein-}\\\text{strö-}\\\text{menden}\\\text{Masse}}} - \underbrace{\left(\rho u \cdot A u + \frac{d\,(\rho u)}{dx}\,A u\,dx\right)}_{\substack{\text{Impuls der}\\\text{ausströ-}\\\text{menden}\\\text{Masse}}} + \underbrace{p \cdot A - \left(p \cdot A + \frac{dp}{dx}\,A\,dx\right)}_{\substack{\text{Summe der}\\\text{angreifenden}\\\text{Kräfte}}}.$$

Der im Kontrollvolumen enthaltene Impuls ergibt sich aus der Integration des Impulses pro Volumen (Produkt aus Dichte und Geschwindigkeit) über $V$. Die Impulsströme werden als Produkt des Impulses $\rho \cdot u$ mit dem Volumenstrom $A \cdot u$ gebildet, wobei wieder der ausströmende Impuls an der Stelle $x + dx$ mittels einer Taylorreihe durch die Größen an der Stelle $x$ ausgedrückt wird. Als angreifende Kräfte zählen wir nur die Druckkraft, welche stets von außen auf das Kontrollvolumen wirkt, also an der Stelle $x + dx$ in negativer Richtung.

Nach Vereinfachung und Annahme stationärer Strömung ergibt sich der Impulssatz eindimensional

$$\frac{d\left(\frac{1}{2}\rho u^2 + p\right)}{dx} = 0, \tag{2.49}$$

welcher meist in Form der Bernoulli-Gleichung

$$\frac{1}{2}\rho\, u^2 + p = \text{const.} \tag{2.50}$$

verwendet wird.

### 2.2.3  Vereinfachte Ableitung der Navier-Stokes-Gleichungen

Die mehrdimensionalen Erhaltungssätze bilden die Grundgleichungen der Numerischen Strömungsmechanik. Wir bezeichnen sie als die Navier-Stokes-Gleichungen. Da ihre Herleitung den Lesern bereits bekannt ist, erfolgt sie hier nur zweidimensional und vereinfacht.

Zuvor ist es notwendig, die Unterschiede zwischen einer eindimensionalen Betrachtung, welche für stationäre Strömungen nur gewöhnliche Ableitungen enthält, und der mehrdimensionalen Betrachtung, welche partielle Ableitungen benötigt, in Erinnerung zu rufen. Dazu betrachten wir ein Kontrollvolumen in der $x$-$y$-Ebene, siehe Abb. 2.16.

Betrachtet wird ein beliebiger Zustand $Z(x, y)$ sowie dessen Änderung $dZ$, wenn man sich vom Punkt $(x, y)$ in $x$-Richtung um $dx$ und/oder in $y$-Richtung in $dy$ bewegt. Jetzt ist eine zweidimensionale Taylorreihe erforderlich, um den Zustand am neuen Punkt durch

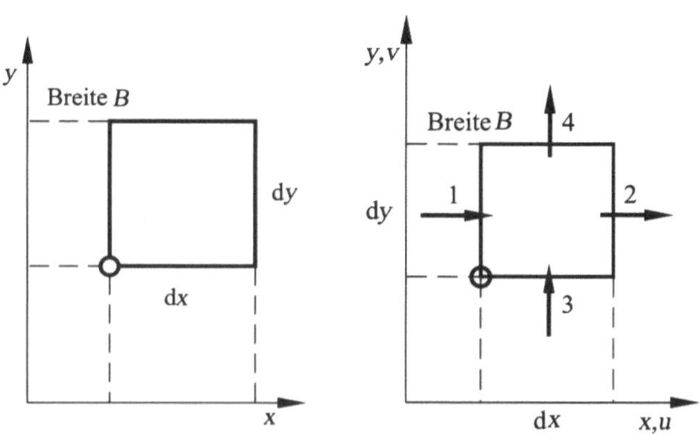


**Abb. 2.16**  Kontrollvolumen mit ein- und ausströmenden Flüssen

$Z(x,y)$ und dessen Ableitungen auszudrücken. Mit Abbruch nach dem linearen Glied lautet diese:

$$Z + dZ = Z + \frac{\partial Z}{\partial x}dx + \frac{\partial Z}{\partial y}dy. \tag{2.51}$$

Die darin vorkommenden partiellen Ableitungen von $Z$ nach $x$ oder $y$ drücken die Änderung von $Z$ entlang der Kanten des Kontrollvolumens aus, d. h. wenn die jeweils andere Koordinate konstant gehalten wird. Diese partiellen Ableitungen werden im Weiteren verwendet.

Das Kontrollvolumen $dV = B \cdot dx \cdot dy$ (Breite $B$ senkrecht zur Zeichenebene) mit ein- und ausströmenden Massen- oder Impulsströmen ist in Abb. 2.16 dargestellt.

Die Massenbilanz für das infinitesimal kleine Kontrollvolumen lautet nun

$$\frac{\partial (\rho dx dy)}{\partial t} B = \underset{1}{\rho \cdot u \cdot dy\, B} - \underset{2}{\rho \cdot \left(u + \frac{\partial u}{\partial x}dx\right) \cdot dy\, B} + \underset{3}{\rho \cdot v \cdot dx\, B}$$
$$- \underset{4}{\rho \cdot \left(v + \frac{\partial v}{\partial y}dy\right) \cdot dx\, B}. \tag{2.52}$$

Darin ist die linke Seite die zeitliche Änderung der Masse pro Volumen (Dichte) im Kontrollvolumen und die rechte Seite stellt die vier ein- und ausströmenden Massenflüsse dar. Diese werden jeweils aus dem Produkt der Dichte (Erhaltungsgröße) mit einem Volumenstrom (Geschwindigkeit mal Fläche) gebildet. Die ausströmenden Flüsse 2 und 4 erhalten ein negatives Vorzeichen. Nach Annahme inkompressibler Strömung, Division durch $dV$ und Vereinfachung erhält man die zweidimensionale Kontinuitätsgleichung für inkompressible Strömung

$$\frac{\partial u}{\partial x} + \frac{\partial v}{\partial y} = 0, \tag{2.53}$$

welche eine Beziehung zwischen den Geschwindigkeitskomponenten darstellt. Man erkennt, dass die Änderung einer Geschwindigkeitskomponente in der ihr zugeordneten Richtung, z. B. eine Verzögerung, die Änderung der anderen Geschwindigkeitskomponente nach sich zieht, z. B. als Beschleunigung.

Da der Impuls ein Vektor ist, muss die Impulserhaltung nacheinander für beide Koordinatenrichtungen abgeleitet werden. Die zeitliche Änderung des Impulses in $x$-Richtung ergibt sich aus der Zeitableitung des Produkts des Impulses pro Volumen in $x$-Richtung $\rho \cdot u$ und $dV$

$$\frac{\partial}{\partial t}(\rho \cdot u \cdot dx \cdot dy \cdot B). \tag{2.54}$$

Die Impulsströme ergeben sich jeweils aus dem Produkt des $x$-Impulses pro Volumen, z. B. $\rho \cdot u$ an der Stelle $x$, mit dem über die jeweilige Fläche ein- oder austretenden Volumenstrom, z. B. $u \cdot B \cdot dy$ für den in Abb. 2.16 mit „1" bezeichneten Volumenstrom. Die

**Abb. 2.17** Auf das Kontrollvolumen wirkende Druckkräfte

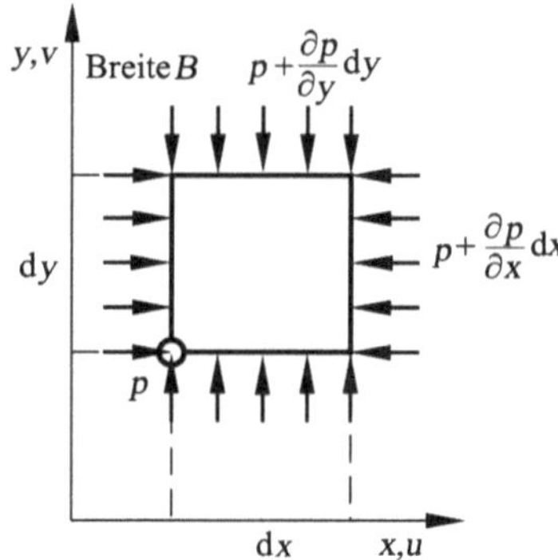



mit den Flüssen in $x$-Richtung verbundenen Impulsströme „1" und „2" sind somit

$$\rho \cdot u^2 \cdot dy \cdot B \quad \text{und} \; -\rho \cdot \left( u^2 + \frac{\partial u^2}{\partial x} dx \right) \cdot dy \cdot B. \tag{2.55}$$

Es ist zu beachten, dass auch die in $y$ gerichteten Volumenströme $x$-Impuls transportieren können. Somit lauten die Flüsse „3" und „4"

$$\rho \cdot u \cdot v \cdot dx \cdot B \quad \text{und} \; -\rho \cdot \left( uv + \frac{\partial (uv)}{\partial y} dy \right) \cdot dx \cdot B. \tag{2.56}$$

Die zeitliche Änderung des Impulses in $y$-Richtung ergibt sich aus der Zeitableitung des Produkts des Impulses pro Volumen in $y$-Richtung $\rho \cdot v$ mit $dV$

$$\frac{\partial}{\partial t} (\rho \cdot v \cdot dx \cdot dy \cdot B). \tag{2.57}$$

Die mit den Flüssen in $x$-Richtung verbundenen Impulsströme „1" und „2" des $y$-Impulses sind

$$\rho \cdot v \cdot u \cdot dy \cdot B \quad \text{und} \; -\rho \cdot \left( vu + \frac{\partial vu}{\partial x} dx \right) \cdot dy \cdot B \tag{2.58}$$

und die mit den Flüssen in $y$-Richtung verbundenen Impulsströme „3" und „4" des $y$-Impulses sind

$$\rho \cdot v^2 \cdot dx \cdot B \quad \text{und} \; -\rho \cdot \left( v^2 + \frac{\partial v^2}{\partial y} dy \right) \cdot dx \cdot B. \tag{2.59}$$

Als angreifende Kräfte sind zunächst die Druckkräfte zu betrachten, welche in Abb. 2.17 eingezeichnet sind.

Diese lauten in den beiden Richtungen $x$ und $y$

$$p \cdot dy \cdot B - \left( p + \frac{\partial p}{\partial x} dx \right) \cdot dy \cdot B \quad \text{und} \; p \cdot dx \cdot B - \left( p + \frac{\partial p}{\partial y} dy \right) \cdot dx \cdot B. \tag{2.60}$$

**Abb. 2.18** Normal- und Schubspannungen in $x$-Richtung

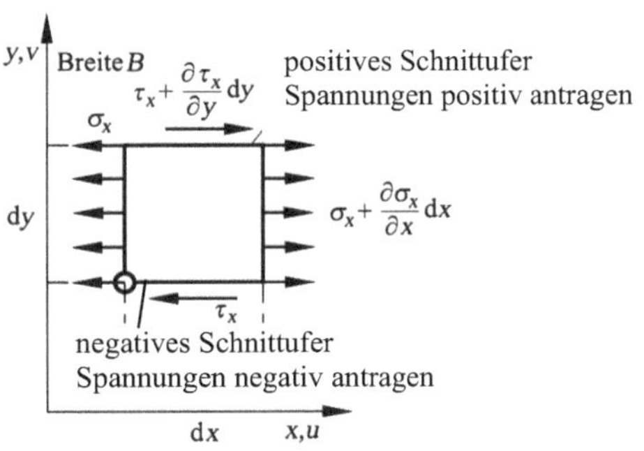


**Abb. 2.19** Normal- und Schubspannungen in $y$-Richtung

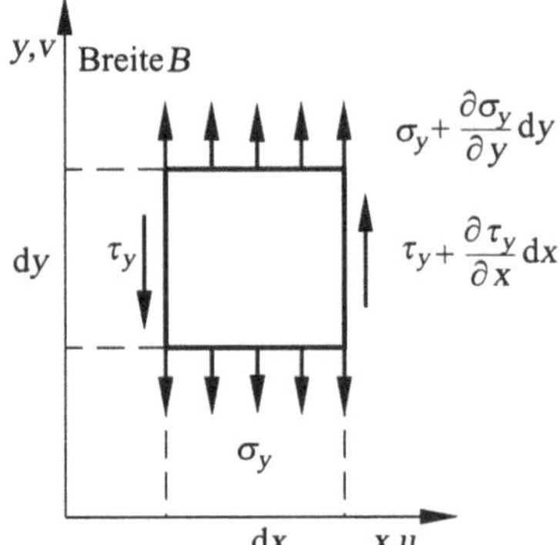


Weiterhin greifen die aus der Reibung resultierenden Normal- und Schubspannungen an, siehe Abb. 2.18 für die $x$-Richtung.

Dabei gilt folgende Vorzeichenregelung: Bei Freischneiden des Kontrollvolumens werden am positiven Schnittufer, durch welches die Koordinate senkrecht aus dem Kontrollvolumen austritt, die Schnittkräfte in positiver Koordinatenrichtung, an negativen Schnittufer entsprechend die Schnittkräfte in negativer Richtung angetragen. Wir erhalten in $x$-Richtung für die Normalspannungen

$$-\sigma_x \cdot dy \cdot B + \left(\sigma_x + \frac{\partial \sigma_x}{\partial x}dx\right) \cdot dy \cdot B \tag{2.61}$$

und für die Schubspannungen, welche tangential zu ihrer Fläche wirken,

$$-\tau_x \cdot dx \cdot B + \left(\tau_x + \frac{\partial \tau_x}{\partial y}dy\right) \cdot dx \cdot B. \tag{2.62}$$

Die in $y$-Richtung wirkenden Schub- und Normalspannungen sind in Abb. 2.19 eingezeichnet.

Wir erhalten in $y$-Richtung für die Normalspannungen

$$-\sigma_y \cdot dx \cdot B + \left(\sigma_y + \frac{\partial \sigma_y}{\partial y}dy\right) \cdot dx \cdot B \tag{2.63}$$

und für die Schubspannungen

$$- \tau_y \cdot dy \cdot B + \left( \tau_y + \frac{\partial \tau_y}{\partial x} dx \right) \cdot dy \cdot B. \tag{2.64}$$

Somit können wir die Impulsgleichungen zusammenfassen und erhalten die so genannte konservative Form

$$\rho \left( \frac{\partial u}{\partial t} + \frac{\partial (uu)}{\partial x} + \frac{\partial (vu)}{\partial y} \right) = -\frac{\partial p}{\partial x} + \frac{\partial \sigma_x}{\partial x} + \frac{\partial \tau_x}{\partial y}, \tag{2.65}$$

$$\rho \left( \frac{\partial v}{\partial t} + \frac{\partial (uv)}{\partial x} + \frac{\partial (vv)}{\partial y} \right) = -\frac{\partial p}{\partial y} + \frac{\partial \tau_y}{\partial x} + \frac{\partial \sigma_y}{\partial y}. \tag{2.66}$$

In diesen Gleichungen müssen noch die Schub- und Normalspannungen durch ein mehrdimensionales Reibungsgesetz ersetzt werden. Eine Verallgemeinerung des Newton'schen Reibungsgesetzes auf zwei Dimensionen lautet

$$\sigma_x = 2\mu \frac{\partial u}{\partial x} +, \quad \sigma_y = 2\mu \frac{\partial v}{\partial y}, \quad \tau_y = \tau_x = \mu \left( \frac{\partial u}{\partial y} + \frac{\partial v}{\partial x} \right). \tag{2.67}$$

Dieses können wir in (2.65) und (2.66) einsetzten und die rechten Seiten umformen:

$$\frac{\partial \sigma_x}{\partial x} + \frac{\partial \tau_x}{\partial y} = \frac{\partial}{\partial x} \left( 2\mu \frac{\partial u}{\partial x} \right) + \mu \frac{\partial}{\partial y} \left( \frac{\partial u}{\partial y} + \frac{\partial v}{\partial x} \right)$$

$$= \mu \left( \frac{\partial^2 u}{\partial x^2} + \frac{\partial^2 u}{\partial y^2} \right) + \mu \frac{\partial}{\partial x} \left( \frac{\partial u}{\partial x} + \frac{\partial v}{\partial y} \right),$$

$$\frac{\partial \tau_y}{\partial x} + \frac{\partial \sigma_y}{\partial y} = \mu \frac{\partial}{\partial x} \left( \frac{\partial u}{\partial y} + \frac{\partial v}{\partial x} \right) + \frac{\partial}{\partial y} \left( 2\mu \frac{\partial v}{\partial y} \right)$$

$$= \mu \left( \frac{\partial^2 v}{\partial x^2} + \frac{\partial^2 v}{\partial y^2} \right) + \mu \frac{\partial}{\partial y} \left( \frac{\partial u}{\partial x} + \frac{\partial v}{\partial y} \right). \tag{2.68}$$

Der jeweils rechte Term verschwindet aufgrund der Kontinuitätsgleichung (2.53). Die linke Seite lässt sich unter Verwendung der Kontinuitätsgleichung in eine so genannte nichtkonservative Form umformen

$$\rho \left( \frac{\partial u}{\partial t} + \frac{\partial (uu)}{\partial x} + \frac{\partial (vu)}{\partial y} \right) = \rho \left( \frac{\partial u}{\partial t} + u \frac{\partial u}{\partial x} + \overbrace{u \frac{\partial u}{\partial x} + u \frac{\partial v}{\partial y}}^{=0} + v \frac{\partial u}{\partial y} \right)$$

$$= \rho \left( \frac{\partial u}{\partial t} + u \frac{\partial u}{\partial x} + v \frac{\partial u}{\partial y} \right),$$

$$\rho \left( \frac{\partial v}{\partial t} + \frac{\partial (uv)}{\partial x} + \frac{\partial (vv)}{\partial y} \right) = \rho \left( \frac{\partial v}{\partial t} + u \frac{\partial v}{\partial x} + \underbrace{v \frac{\partial u}{\partial x} + v \frac{\partial v}{\partial y}}_{=0} + v \frac{\partial v}{\partial y} \right)$$

$$= \rho \left( \frac{\partial v}{\partial t} + u \frac{\partial v}{\partial x} + v \frac{\partial v}{\partial y} \right), \tag{2.69}$$

welche häufig anstelle der konservativen Form verwendet wird.

Damit können wir die zweidimensionalen Navier-Stokes-Gleichungen für inkompressible Strömungen folgendermaßen zusammenfassen:

$$\frac{\partial u}{\partial x} + \frac{\partial v}{\partial y} = 0, \tag{2.70}$$

$$\rho \left( \frac{\partial u}{\partial t} + u\frac{\partial u}{\partial x} + v\frac{\partial u}{\partial y} \right) = -\frac{\partial p}{\partial x} + \mu \left( \frac{\partial^2 u}{\partial x^2} + \frac{\partial^2 u}{\partial y^2} \right), \tag{2.71}$$

$$\rho \left( \frac{\partial v}{\partial t} + u\frac{\partial v}{\partial x} + v\frac{\partial v}{\partial y} \right) = -\frac{\partial p}{\partial y} + \mu \left( \frac{\partial^2 v}{\partial x^2} + \frac{\partial^2 v}{\partial y^2} \right). \tag{2.72}$$

Es handelt sich mathematisch um ein System von drei miteinander gekoppelten partiellen Differentialgleichungen mit den drei Unbekannten $u$, $v$ und $p$. Das System ist von zweiter Ordnung (aufgrund der Reibungsterme), nichtlinear (aufgrund der Trägheitsterme) und zeitabhängig.

### 2.2.4 Randbedingungen

Lösungen der Navier-Stokes-Gleichungen können nur unter Vorgabe von Randbedingungen berechnet werden. An den Rändern eines Strömungsfeldes müssen dazu entweder die Strömungsgrößen $u$, $v$ und/oder $p$ oder deren Ableitungen vorgegeben werden. Eine stationäre Aufgabenstellung bestehend aus Differentialgleichungen und Randbedingungen bezeichnet man mathematisch als ein Randwertproblem (im Gegensatz zum Eigenwertproblem).

Eine instationäre Aufgabenstellung heißt Anfangs-Randwertproblem, da zusätzlich noch Anfangsbedingungen notwendig sind. In diesem Abschnitt werden zunächst inkompressible Strömungen behandelt. Durch die Angabe von Randbedingungen wird unter den unendlich vielen möglichen Strömungsfeldern das uns interessierende festgelegt. Wenn nicht genügend Randbedingungen vorgegeben werden, so kann das Randwertproblem unterbestimmt sein und es gibt weiterhin unendlich viele Lösungen. Eine numerische Methode wird dann meist nicht konvergieren oder, wenn sie konvergiert, oft unerwünschte (unphysikalische) Lösungen liefern. Andererseits dürfen auch nicht zu viele Randbedingungen vorgegeben und damit die Aufgabenstellung überbestimmt wird. Auch dann könnte ein Lösungsalgorithmus versagen.

Die physikalische Randbedingung für reibungsbehaftete Strömungen an einer festen Wand ist die Haftbedingung, Abb. 2.20. Die Geschwindigkeit fällt also in Wandnähe auf Null ab, bzw. im Falle einer bewegten Wand auf deren Geschwindigkeit. Die physikalische Ursache hierfür sind die mikroskopischen Anziehungskräfte zwischen den Molekülen des Fluids und denjenigen der Wand. Der Druck ist an einer festen Wand nicht vorgeschrieben sondern ergibt sich als Ergebnis der Rechnung.

Außer an einer festen Wand ist die Begrenzung des Integrationsgebiet nicht notwendigerweise gleichbedeutend mit der Grenze des Strömungsfeldes. Beispielsweise kann ein

**Abb. 2.20**  Haftbedingung

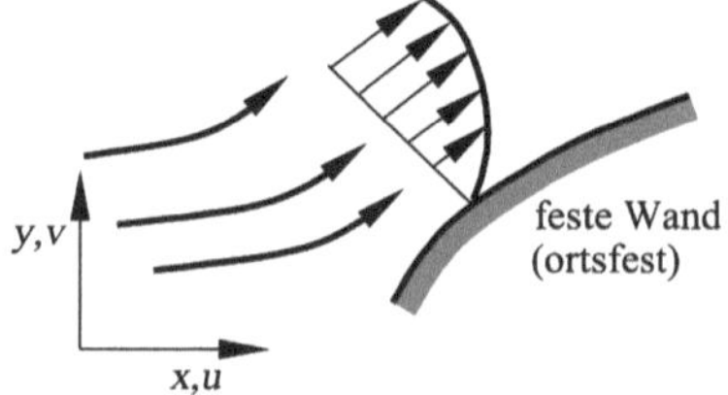



Rand ein Einströmrand, ein Ausströmrand oder ein Fernfeldrand sein. Hier müssen numerische Randbedingungen festgelegt werden, welche so definiert sind, dass eine Lösung eindeutig und das Problem nicht überbestimmt ist.

Leider existiert für die Navier-Stokes-Gleichungen keine geschlossene mathematische Theorie, welche genau die Anzahl und Art der Randbedingungen vorschreibt, so dass das Randwertproblem richtig definiert ist. Daher müssen wir die Randbedingungen für Umströmungsprobleme oder Durchströmungsprobleme mit physikalischen Argumenten definieren.

Eine Außenströmung (Umströmungsproblem) mit Randbedingungen ist in Abb. 2.21 dargestellt. Die Randbedingung am umströmten Körper ist die Haftbedingung. Das Fernfeld bildet die Begrenzung des Integrationsgebiets aber nicht des Strömungsfeldes. Wenn es weit genug vom Körper entfernt ist, kann in Stromaufrichtung und seitlich vom Körper angenommen werden, dass der Körpereinfluss abgeklungen ist, so dass als Anströmung die ungestörte Parallelströmung mit Hilfe der Geschwindigkeit vorgegeben werden kann. Im Ausströmquerschnitt stromab des umströmten Körpers sind Druckstörungen ebenfalls abgeklungen, nicht jedoch Abweichungen der Geschwindigkeit vom Wert der Anströmung. Dies liegt an den Reibungsverlusten, welche sich als „Nachlaufdelle" auch weit stromab im Geschwindigkeitsprofil auswirken. Durch Vorgabe der Geschwindigkeit $u_\infty$ im Ausströmrand wäre das Randwertproblem damit überbestimmt.

Eine Innenströmung (Durchströmungsproblem) ist in Abb. 2.22 skizziert. Es handelt sich um einen Kanal mit Einbauten. Das Ziel der Berechnung ist die Bestimmung des

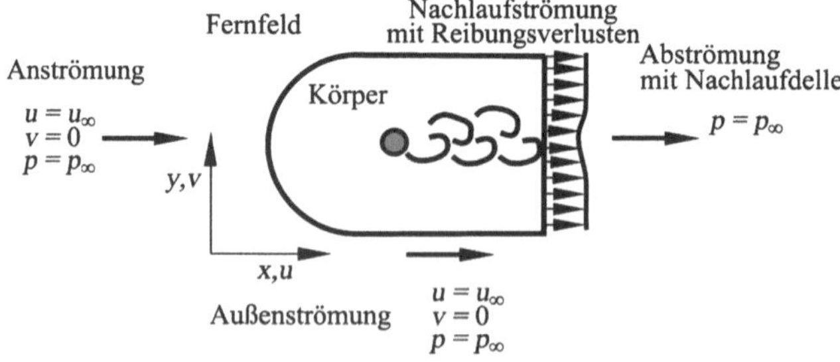



**Abb. 2.21**  Randbedingungen einer Außenströmung (Umströmung)

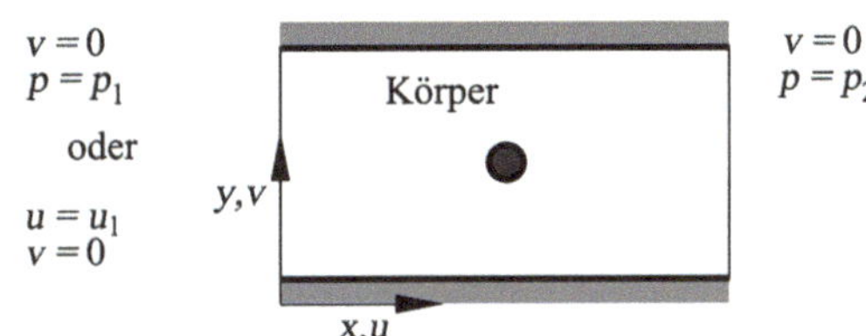

**Abb. 2.22** Randbedingungen einer Innenströmung (Durchströmung)

Verlustbeiwerts

$$\zeta = \frac{|p_2 - p_1|}{\frac{\rho}{2} u_1^2} \tag{2.73}$$

in Abhängigkeit von der Durchflussmenge, bzw. der mit der Durchflussmenge berechneten Reynolds-Zahl. Die Querschnitte „1" und „2" stellen den Ein- bzw. den Ausströmquerschnitt dar. An allen festen Wänden wird die Haftbedingung vorgegeben. An den Ein- und Ausströmquerschnitten können Geschwindigkeit und/oder der Druck vorgegeben werden. Diese numerischen Randbedingungen sind so zu definieren, dass das Problem weder unter- noch überbestimmt ist. Wird der Druckgradient vorgegeben, also der Druck in beiden Querschnitten, so darf die Geschwindigkeit und damit die Durchflussmenge nicht mehr vorgegeben werden, da sonst der zu berechnende Verlustbeiwert vorweggenommen wird. Möglich ist aber die Vorgabe der Geschwindigkeit in einem der beiden Querschnitte. Da der Druck in den Navier-Stokes-Gleichungen nur in Ableitungen vorkommt, ist es notwendig das tatsächliche Druckniveau durch Vorgabe des Drucks an mindestens einem Punkt im Strömungsfeld oder auf dem Rand vorzugeben.

Anhand von Beispielrechnungen bei unterschiedlichen Reynolds-Zahlen kann man die physikalische Instabilität des Nachlaufbereichs, welcher sich stromab eines umströmten Kreiszylinders befindet, erkennen. Bei einer Reynolds-Zahl von $Re = 10$ in Abb. 2.23 ist die Strömung stationär, d. h. das berechnete Geschwindigkeitsfeld hängt nicht von der Zeit ab. Bei $Re = 500$ ist die Strömung wie erwartet trotz stationärer Randbedingungen instationär. In Abb. 2.24 wird nur ein Momentanbild der laminaren sogenannten „Wirbelstraße" zu einem festen Zeitpunkt gezeigt. Die Berechnung wurde am rechten Rand nur unter Vorgabe des Druckes aber nicht der Geschwindigkeit durchgeführt.

**Abb. 2.23** Beispielrechnung der stationären Umströmung eines Kreiszylinders bei $Re = 20$ (Geschwindigkeitsbetrag farbskaliert)

**Abb. 2.24** Momentanbild einer Beispielrechnung (Geschwindigkeitsbetrag farbskaliert) der Umströmung eines Kreiszylinders bei $Re = 500$. Die Strömung wird wegen der Instabilität des Nachlaufs nicht stationär, obwohl stationäre Randbedingungen vorgegeben sind

### 2.2.5 Analytische Lösungen

Es stellt sich zunächst die Frage für welche Randbedingungen das Gleichungssystem (2.70–2.72) der Navier-Stokes-Gleichungen ohne Zuhilfenahme numerischer Methoden, d. h. analytisch gelöst werden kann. Dies ist wegen der komplexen mathematischen Struktur der Gleichungen stets nur für einfache Randbedingungen möglich. Analytische Lösungen sind als Grenzfälle und zum Vergleich nützlich.

Eine erste Familie einfacher Lösungen bilden die Schichtenströmungen, bei denen die Strömung nur in einer Richtung $x$ ohne Komponente senkrecht dazu verläuft, siehe Abb. 2.23. Die Strömung findet im Spalt mit der Weite $H$ zwischen zwei Wänden statt, von denen die untere stillsteht und die obere mit der Geschwindigkeit $U$ bewegt werden kann. Der Druckgradient in $x$-Richtung sei gegeben.

Für diese Strömungen kann die Impulsgleichung in $y$-Richtung vernachlässigt werden. Wegen $v = 0$ verschwinden auch alle $x$-Ableitungen von $u$.

$$\frac{\partial u}{\partial x} + \overbrace{\frac{\partial v}{\partial y}}^{=0} = 0,$$

$$\rho\, u\, \underbrace{\frac{\partial u}{\partial x}}_{=0} + \rho\, \underbrace{v\frac{\partial u}{\partial y}}_{=0} = -\frac{dp}{dx} + \mu\, \underbrace{\frac{\partial^2 u}{\partial x^2}}_{=0} + \mu\frac{\partial^2 u}{\partial y^2}. \tag{2.74}$$

Es verbleibt die gewöhnliche Differentialgleichung

$$\frac{d^2 u}{dy^2} = \frac{1}{\mu}\frac{dp}{dx}, \tag{2.75}$$

welche unter den in Abb. 2.25 gegebenen Randbedingungen (3 Fälle) zu integrieren ist. Für den Fall der Poisseuille-Strömung $u(y = 0) = u(y = H) = 0$ ergibt sich das

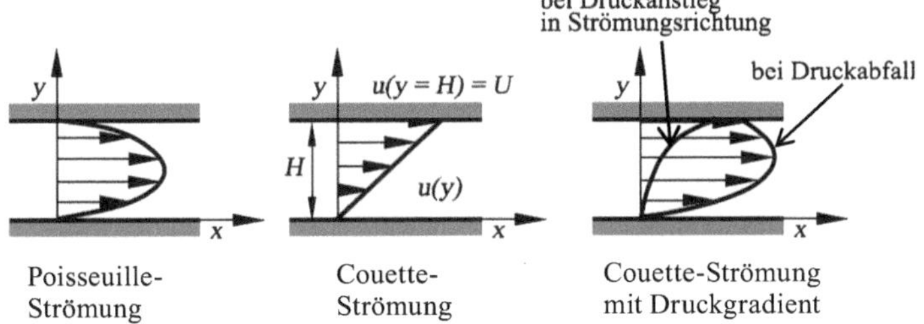


**Abb. 2.25** Schichtenströmungen als analytische Lösungen der Navier-Stokes-Gleichungen

**Abb. 2.26** Analytische Lösungen

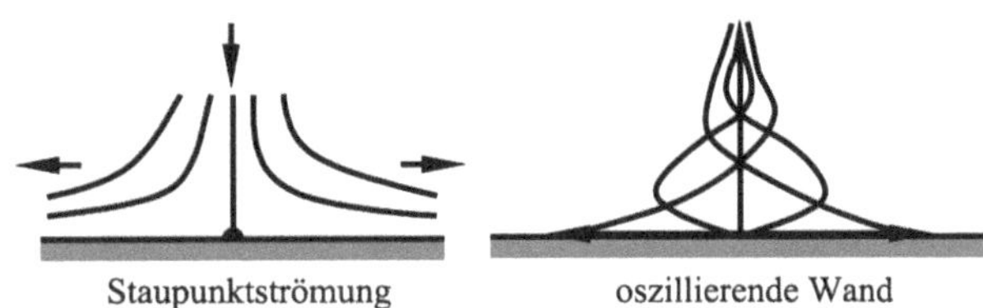


parabelförmige Geschwindigkeitsprofil

$$u(y) = -\frac{H^2}{2\mu}\frac{dp}{dx}\left[1 - \left(\frac{y}{H}\right)^2\right].\tag{2.76}$$

Wenn sich die obere Platte bewegt, erhält man ohne Druckgradient ein lineares Profil und sonst eine Überlagerung.

Andere analytische Lösungen sind die ebene oder rotationssymmetrische Staupunktströmung und die plötzlich angefahrene oder oszillierende ebene Wand, Abb. 2.26.

Für kleine Geschwindigkeiten können die Trägheitsterme auf der linken Seite der Navier-Stokes-Gleichungen vernachlässigt werden. Lösungen für die Kugelumströmung (Stokes) sowie für die Strömung innerhalb und außerhalb eines bewegten kugelförmigen Tropfens (Hadamard-Rybczynski) sind möglich. Die zugehörigen Stromlinienbilder sind in Abb. 2.27 gezeigt.

Eine weitere analytische Lösung ist die Jeffrey-Hamel-Strömung in einem Diffusor, siehe Abb. 2.28.

Die Vorteile von analytischen Lösungen sind, dass sie in geschlossener Form vorliegen, jederzeit nachvollziehbar sind und der Parametereinfluss klar erkennbar ist. In der Zeit vor der Entwicklung leistungsfähiger Rechenanlagen und Simulationsprogrammen waren analytische Methoden fast die einzige theoretische Untersuchungsmöglichkeit. Man bedient sich heute zunehmend komplexer mathematischer Methoden wie Koordinatentransformation, Reihenentwicklung und Substitutionsansätze, so dass weiterhin neue Lösungen gefunden werden. Für die Numerische Strömungsmechanik sind analytische Methoden für Vergleiche mit numerischen Näherungslösungen und zur Fehlerabschätzung hilfreich.

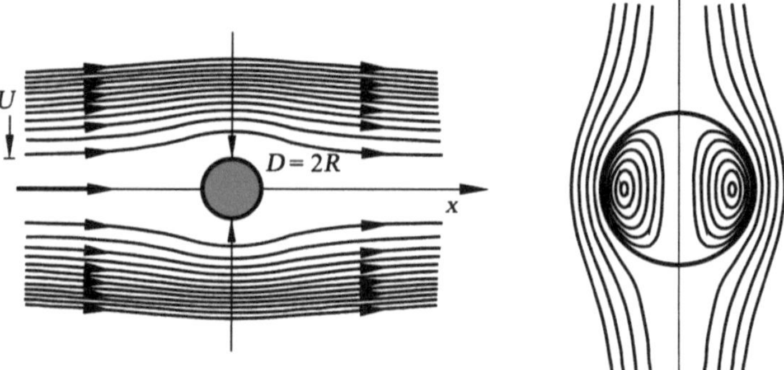

stationäre Kugelumströmung

Kugel mit bewegter Oberfläche<br>(Tropfen, Blasen)

**Abb. 2.27**  Kugelumströmungen

**Abb. 2.28**  Jeffrey-Hamel-
Strömung in einem Diffusor

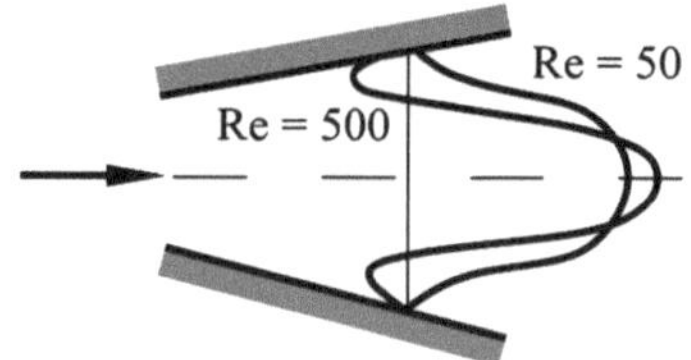

## 2.2.6  Navier-Stokes-Gleichungen für kompressible Strömung

Die Vorgehensweise bei der Ableitung ist die gleiche wir in Abschn. 2.2.3 und soll daher
hier nicht wiederholt werden. Als Unterschiede halten wir fest, dass die Strömung jetzt
dreidimensional und kompressibel ist. Die Dichte ist keine Stoffeigenschaft, sondern eine
Lösungsvariable.

Zur Vereinfachung der Schreibweise gehen wir auf indizierte Variablen über: die drei
Koordinatenrichtungen und die Geschwindigkeit werden mit

$$\vec{x} = [x_1 x_2 x_3]^T \quad \text{und} \quad \vec{u} = [u_1 u_2 u_3]^T \tag{2.77}$$

bezeichnet.

Mit der Kontinuitätsgleichung als erste, den drei Impulsgleichungen als zweite bis vier-
te und der Energiegleichung als fünfte Komponente lauten die Navier-Stokes-Gleichungen
für kompressible Strömungen in Vektorschreibweise

$$\frac{\partial \vec{U}}{\partial t} + \sum_{m=1}^{3} \frac{\partial \vec{F}_m}{\partial x_m} + \sum_{m=1}^{3} \frac{\partial \vec{G}_m}{\partial x_m} = \vec{0}, \tag{2.78}$$

mit dem Zustands- oder Lösungsvektor $\vec{U}$, der die konservativen Variablen enthält, den Vektoren der konvektiven Flüsse $\vec{F}_m$ und der diffusiven Flüsse $\vec{G}_m$ in den Richtungen $m = 1, 2, 3$

$$\vec{U} = \begin{bmatrix} \rho \\ \rho u_1 \\ \rho u_2 \\ \rho u_3 \\ \rho e_{\text{tot}} \end{bmatrix}, \quad \vec{F}_m = \begin{bmatrix} \rho u_m \\ \rho u_m u_1 + \delta_{m1} \cdot p \\ \rho u_m u_2 + \delta_{m2} \cdot p \\ \rho u_m u_3 + \delta_{m3} \cdot p \\ u_m(\rho e_{\text{tot}} + p) \end{bmatrix}, \quad \vec{G}_m = \begin{bmatrix} 0 \\ -\tau_{m1} \\ -\tau_{m2} \\ -\tau_{m3} \\ -\sum_{l=1}^{3} u_l \tau_{lm} + q_m \end{bmatrix}. \tag{2.79}$$

Darin berechnet sich

$$e = e_{\text{tot}} - \frac{1}{2}\vec{u}^2, \tag{2.80}$$

die spezifische (d. h. massenbezogene) innere Energie, aus der Differenz der spezifischen Gesamtenergie $e_{\text{tot}}$ und der kinetischen Energie, die Temperatur

$$T = \frac{e}{c_v} \tag{2.81}$$

aus der spezifischen Wärmekapazität bei konstantem Volumen $c_v$, der Druck

$$p = \rho R T \tag{2.82}$$

aus der Zustandsgleichung eines idealen Gases mit der speziellen Gaskonstanten $R$, dem Kronecker-Symbol

$$\delta_{ij} = \begin{cases} 1 & \text{für } i = j \\ 0 & \text{für } i \neq j \end{cases}, \tag{2.83}$$

die Wärmestromdichten in Richtung $m$ aus dem Fourier'schen Wärmeleitungsgesetz

$$q_m = -\lambda \frac{\partial T}{\partial x_m}, \tag{2.84}$$

mit der Wärmeleitfähigkeit $\lambda$ und den reibungsbedingten Spannungen

$$\tau_{ij} = \mu \left( \frac{\partial u_i}{\partial x_j} + \frac{\partial u_j}{\partial x_i} \right) - \frac{2}{3}\mu \delta_{ij} \sum_{k=1}^{3} \frac{\partial u_k}{\partial x_k} \tag{2.85}$$

aus dem Stokes'schen Reibungsgesetz mit der dynamischen Zähigkeit $\mu$. Das Stokes'sche Reibungsgesetz stellt die Verallgemeinerung des Newton'schen Reibungsgesetzes dar. Der erste Index $i$ einer Spannung $\tau_{ij}$ bezeichnet die Ebene, in der die Spannung wirkt, der zweite Index $j$ bezeichnet die Wirkungsrichtung. Sind beide Indizes gleich, so handelt es sich um Normalspannungen, sonst um Schubspannungen. Der erste Term in (2.85) definiert die Normal- und Schubspannungen, der zweite die Wirkung der Reibung bei Kompression oder Expansion.

Es ist zu beachten, dass der Zustandsgrößenvektor $\vec{U}$ direkt die Erhaltungsgrößen für Masse, Impuls und Energie enthält. In der Numerischen Strömungsmechanik formuliert man diese Größen stets volumenbezogen, weshalb die massebezogenen Größen der Thermodynamik noch mit der Dichte multipliziert werden. Da die Bezugsgröße in einer Bilanz möglichst konstant sein sollte, hat diese Vorgehensweise für die Numerische Strömungsmechanik Vorteile gegenüber der massebezogenen Darstellung, denn es ist für zellorientierte Verfahren genau das Volumen, welches konstant bleibt, wohingegen die Masse in einer Zelle sich durchaus ändern kann. Selbstverständlich wäre es auch möglich, für die kombinierten Größen in jeder Zeile des Lösungsvektors neue Bezeichnungen einzuführen, z. B. $m_i = \rho \cdot u_i$ für den Impuls pro Volumen in Richtung $i$.

### 2.2.7  Eindimensionale Stoßausbreitung

Die Navier-Stokes-Gleichungen für kompressible Strömungen lassen sich nur unter vereinfachenden Annahmen analytisch integrieren. In dem vorliegenden Beispiel wird eindimensionale, reibungslose Strömung betrachtet. Es handelt sich um die Ausbreitung eines Verdichtungsstoßes und eines Verdünnungsfächers in einer gasdynamischen Versuchsanlage (Stoßrohr). Das Beispiel wird häufig zum Vergleich mit numerischen Näherungslösungen herangezogen und dient weiterhin dazu, die mathematischen Eigenschaften der Grundgleichungen zu veranschaulichen.

Wir betrachten ein gerades Rohr, welches auf beiden Seiten geschlossen ist und in dem sich an der Position $x_0$ eine Membran befindet, welche zwei Teilvolumina des Rohres voneinander trennt, Abb. 2.29.

Im linken Teilvolumen befindet sich das Treibgas unter hohem Druck und im rechten Teilvolumen das Testgas unter niedrigem Druck. Zum Zeitpunkt $t_0 = 0$ wird die Membran zum Platzen gebracht. Dann bewegt sich ein Verdichtungsstoß nach rechts und ein Expansionsfächer, in dem Druck und Dichte auf die Werte im Hochdruckteil ansteigen, breitet sich nach links aus.

Die Strömung wird durch die eindimensionalen Grundgleichungen unter Vernachlässigung von Reibung und Wärmeleitung beschrieben, die wir aus den in Abschn. 2.2.6 angegebenen Gleichungen durch Weglassen der beiden anderen Dimensionen ableiten können:

$$\frac{\partial \vec{U}}{\partial t} + \frac{\partial \vec{F}}{\partial x} = 0 \quad \text{mit } \vec{U} = \begin{bmatrix} \rho \\ \rho\,u \\ \rho\,e_{\text{tot}} \end{bmatrix} ; \quad \vec{F} = \begin{bmatrix} \rho\,u \\ \rho\,u^2 + p \\ u\,(\rho\,e_{\text{tot}} + p) \end{bmatrix} . \tag{2.86}$$

**Abb. 2.29** Stoßrohr, Weg-Zeit Diagramm und Druck zum Zeitpunkt $t_1$

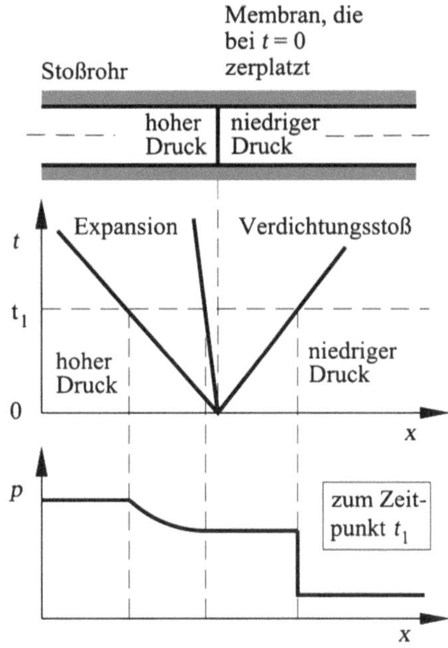


Darin sind der Druck, die innere Energie und die Gesamtenergie definiert:

$$p = \rho \cdot R \cdot T, \quad e = c_v \cdot T, \quad e_{\text{tot}} = e + \frac{1}{2}u^2. \tag{2.87}$$

Das Gleichungssystem kann für die angegebenen Anfangsbedingungen analytisch gelöst werden. Wir wollen die Ausbreitung nur solange betrachten, bis die Strömung die Enden des Rohres erreicht hat, so dass Randbedingungen hier keine Rolle spielen. Vereinfachend befinde sich nur ein Gas in dem Rohr. Die Druckverteilung zu einem Zeitpunkt $t$ ist in Abb. 2.29 skizziert. Der Verdichtungsstoß breitet sich mit Überschallgeschwindigkeit nach rechts aus, während die linke und rechte Begrenzung des Expansionsfächers sich mit unterschiedlichen Geschwindigkeiten nach links bewegen. Im Gebiet zwischen dem Stoß und der linken Grenze des Expansionsfächers findet eine Strömung nach rechts statt.

Um Vereinfachungen vorzubereiten, wollen wir die obige Erhaltungsform der Gleichungen in eine Matrixform überführen (Matrizen doppelt unterstrichen):

$$\frac{\partial \vec{U}}{\partial t} + \underline{\underline{A}} \cdot \frac{\partial \vec{U}}{\partial x} = 0 \quad \text{mit} \quad \underline{\underline{A}} = \frac{\partial \vec{F}}{\partial \vec{U}}. \tag{2.88}$$

Die darin vorkommende Jakobi-Matrix $\underline{\underline{A}}$ enthält formell die partiellen Ableitungen der Komponenten von

$$\vec{F} = [F_1\, F_2\, F_3]^T \quad \text{nach} \quad \vec{U} = [U_1\, U_2\, U_3]^T, \tag{2.89}$$

den Komponenten des Zustandsgrößenvektors. Sie lautet

$$
\underline{\underline{A}} =
\begin{bmatrix}
\frac{\partial F_1}{\partial U_1} & \frac{\partial F_1}{\partial U_2} & \frac{\partial F_1}{\partial U_3} \\[4pt]
\frac{\partial F_2}{\partial U_1} & \frac{\partial F_2}{\partial U_2} & \frac{\partial F_2}{\partial U_3} \\[4pt]
\frac{\partial F_3}{\partial U_1} & \frac{\partial F_3}{\partial U_2} & \frac{\partial F_3}{\partial U_3}
\end{bmatrix}
=
\begin{bmatrix}
0 & 1 & 0 \\[4pt]
(\kappa - 3)\,\frac{u^2}{2} & (3 - \kappa)\,u & \kappa - 1 \\[4pt]
(\kappa - 1)\,u^3 - \frac{\kappa \cdot e \cdot u}{\rho} & \frac{\kappa}{3} - 3\,(\kappa - 1)\,\frac{u^2}{2} & \kappa\,u
\end{bmatrix},
$$

$$(2.90)$$

mit der Schallgeschwindigkeit $a_S = \sqrt{\kappa \cdot R \cdot T}$ und dem Verhältnis der spezifischen Wärmekapazitäten $\kappa = c_p / c_v$. Die Matrixform lässt nun einige formelle Vereinfachungen zu. Die Matrix $\underline{\underline{A}}$ kann, wie jede Matrix, mit Hilfe der Jordan-Diagonalisierung in die quadratische Form aus der Diagonalmatrix ihrer Eigenwerte $\underline{\underline{\Lambda}}$ und die Spaltenmatrix der Eigenvektoren $\underline{\underline{Q}}$ zerlegt werden. Es folgt

$$
\underline{\underline{A}} = \underline{\underline{Q}} \cdot \underline{\underline{\Lambda}} \cdot \underline{\underline{Q}}^{-1},
\tag{2.91}
$$

mit

$$
\underline{\underline{\Lambda}} =
\begin{bmatrix}
u & 0 & 0 \\
0 & u + a_s & 0 \\
0 & 0 & u - a_s
\end{bmatrix}
=
\begin{bmatrix}
\lambda_1 & 0 & 0 \\
0 & \lambda_2 & 0 \\
0 & 0 & \lambda_3
\end{bmatrix}
\tag{2.92}
$$

und

$$
\underline{\underline{Q}} =
\begin{bmatrix}
1 & 1 & 1 \\
u - a_s & u & u + a_s \\
(e + p)\,\rho - u a_s & \frac{u^2}{2} & (e + p)\,\rho + u a_s
\end{bmatrix}.
\tag{2.93}
$$

Eingesetzt in (2.88) erhält man

$$
\frac{\partial \vec{U}}{\partial t} + \underbrace{\underline{\underline{Q}} \cdot \underline{\underline{\Lambda}} \cdot \underline{\underline{Q}}^{-1}}_{\underline{\underline{A}}} \cdot \frac{\partial \vec{U}}{\partial x} = 0
\tag{2.94}
$$

und nach Multiplikation von links mit der Inversen $\underline{\underline{Q}}^{-1}$

$$
\underline{\underline{Q}}^{-1} \frac{\partial \vec{U}}{\partial t} + \underline{\underline{\Lambda}} \cdot \underline{\underline{Q}}^{-1} \frac{\partial \vec{U}}{\partial x} = 0.
\tag{2.95}
$$

Wir wollen nun vereinfachend annehmen, dass $\underline{\underline{\Lambda}}$ und $\underline{\underline{Q}}$ lokal im Strömungsfeld konstant sind. Dies entspricht einer Linearisierung. Die Gleichungen gelten jetzt nur noch für kleine Abweichungen von demjenigen Zustand, für den die Matrizen als konstant angenommen werden. Es soll also nicht mehr das Stoßrohrproblem als Ganzes sondern nur noch die Eigenschaften der Grundgleichungen an einer Stelle in einem Strömungsfeld lokal von Interesse sein. Damit folgt

$$\frac{\partial(\underline{\underline{Q}}^{-1} \cdot \vec{U})}{\partial t} + \underline{\underline{\Lambda}}\,\frac{\partial(\underline{\underline{Q}}^{-1} \cdot \vec{U})}{\partial x} = 0 \tag{2.96}$$

oder mit $\underline{\underline{Q}}^{-1} \cdot \vec{U} = \vec{W}$ die so genannte charakteristische Form

$$\frac{\partial \vec{W}}{\partial t} + \underline{\underline{\Lambda}}\,\frac{\partial \vec{W}}{\partial x} = 0. \tag{2.97}$$

Die darin vorkommende vektorielle Variable $\vec{W}$ besitzt keine physikalische Bedeutung mehr, sondern eine mathematische. Man bezeichnet sie als die „charakteristische Variable". Da $\underline{\underline{\Lambda}}$ eine Diagonalmatrix ist, sind die drei Komponenten von (2.97) entkoppelt, d. h.

$$\frac{\partial w_k}{\partial t} + \lambda_k \frac{\partial w_k}{\partial x} = 0, \quad k = 1, 2, 3, \tag{2.98}$$

mit $\lambda_1 = u$; $\lambda_2 = u + a_s$; $\lambda_3 = u - a_s$. Es handelt sich um die uns bereits bekannte Wellengleichung, wobei die möglichen Ausbreitungsgeschwindigkeiten den drei Eigenwerten entsprechen. Die Trajektorien einer Anfangsauslenkung der charakteristischen Variablen im Weg-Zeit-Diagramm bezeichnet man als die Charakteristiken. Ihre Steigung entspricht jeweils der inversen Ausbreitungsgeschwindigkeit, die positiv (nach rechts gerichtet) oder negativ (nach links gerichtet) sein kann, siehe Abb. 2.30. Die charakteristische Form der eindimensionalen Grundgleichung bzw. die Wellengleichung werden wir verwenden, um

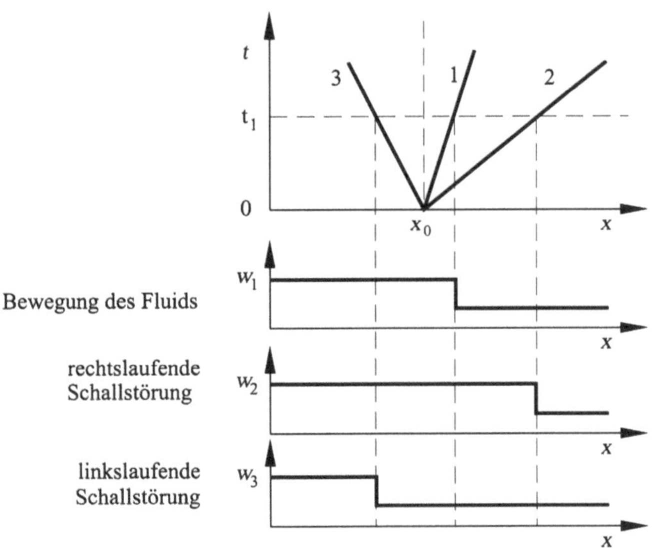


**Abb. 2.30** Charakteristiken der eindimensionalen Störungsausbreitung mit den Steigungen $1/\lambda$

die Eigenschaften numerischer Methoden sowie um geeignete Randbedingungen anzugeben.

## 2.3  Diskretisierung

Die Überführung der kontinuierlichen Beschreibung mittels der zugrundeliegenden Differenzialgleichungen in eine diskontinuierliche (oder „diskrete") Beschreibungsweise, welche mit einem Digitalrechner behandelbar ist, bezeichnet man als Diskretisierung. Die diskrete Darstellung basiert auf Netz- oder Gitterpunkten und den dazwischen liegenden Zellen. Die in Strömungen möglichen Varianten der Störungsausbreitung und der Druckbehandlung haben entscheidenden Einfluss auf die Funktionsfähigkeit und die Stabilität numerischer Methoden. Diese Eigenschaften werden daher in diesem Kapitel erarbeitet. Die leichter verständlichen Differenzenverfahren verwenden wir als Ausgangspunkt für die Darstellung sowie die Einführung der Begriffe und Varianten numerischer Methoden. In der Numerischen Strömungssimulation ist heute die Methode der Finiten Volumen weit verbreitet, in welche anschließend eingeführt wird. Auch die Methode der Finiten Elemente, welche auf unstrukturierten Netzen beruht, ist heute von großer Bedeutung.

### 2.3.1  Numerische Ableitungsbildung

Der erste Schritt einer Diskretisierung besteht in der Definition von diskreten Punkten (Stützstellen), die zur Berechnung herangezogen werden sollen. Wir betrachten hier zunächst nur eine Koordinatenrichtung x und teilen die $x$-Achse in gleiche Intervalle der Breite $\Delta x$ ein. Die einzelnen Stützstellen werden mit dem Index $i$ gekennzeichnet. Die Koordinate des i-ten Punktes und ein zugehöriger Funktionswert einer Funktion $f(x)$ sind somit

$$x_i = i \cdot \Delta x, \quad f(x_i) = f_i.$$

Ableitungen nach einer Raumrichtung $x$ können nach der Methode der Finiten Differenzen gebildet werden, in dem der Differentialquotient durch Differenzenquotienten angenähert wird. Hierfür gibt es mehrere Möglichkeiten, siehe Abb. 2.31. Die erste Ableitung einer Funktion $f(x)$ nach $x$ an der Stelle $x_i$ bedeutet im $f$-$x$-Diagramm die Steigung der Tangente an diesem Punkt:

$$\left. \frac{df}{dx} \right|_i = \lim_{\Delta x \to 0} \frac{f_{i+1} - f_i}{\Delta x} = f_i'. \tag{2.99}$$

Diese kann numerisch angenähert werden durch die Vorwärtsdifferenz

$$f_i' \approx \frac{f_{i+1} - f_i}{\Delta x}, \tag{2.100}$$

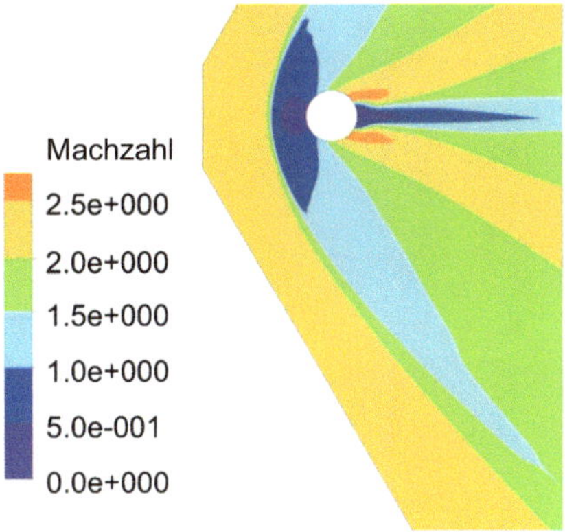

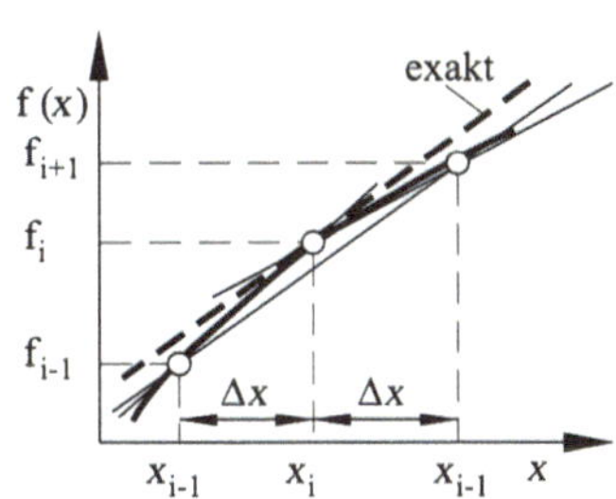

**Abb. 2.31** Überschallströmung: von links angeströmter Kreiszylinder mit lokaler Mach-Zahl

**Abb. 2.32** Approximation der ersten Ableitung durch unterschiedliche Differenzen-Quotienten

die Rückwärtsdifferenz

$$f_i' \approx \frac{f_i - f_{i-1}}{\Delta x} \tag{2.101}$$

oder die zentrale Differenz

$$f_i' \approx \frac{f_{i+1} - f_{i-1}}{2 \cdot \Delta x}. \tag{2.102}$$

Die Tangente wird also durch die verschiedenen Sekanten in Abb. 2.32 angenähert. Wie man aus der Abbildung vermuten kann, besitzen diese Formeln unterschiedliche Genauigkeiten, die wir später untersuchen werden. Ein weiterer Unterschied zwischen diesen Alternativen ist die Richtung, mit der Funktionswerte an der Stelle $x_i$ mit anderen Funktionswerten verknüpft sind, nämlich in Richtung der Koordinate $x$ (vorwärts), in Gegenrichtung (rückwärts) oder in beide Richtungen (zentral). Dies hat Auswirkungen auf ein numerisches Verfahren zur Behandlung von Strömungen, da die Strömungsrichtung ebenfalls eine ausgezeichnete Richtung darstellt.

Die zentrale Differenz für die zweite Ableitung kann durch nochmalige Ableitung der Steigungen aus der Vorwärtsdifferenz und der zentralen Differenz, welche streng genommen an der Stelle ihrer jeweiligen Intervallmittelpunkte gelten,

$$f'_{i+1/2} \approx \frac{f_{i+1} - f_i}{\Delta x}, \quad f'_{i-1/2} \approx \frac{f_i - f_{i-1}}{\Delta x} \tag{2.103}$$

veranschaulicht werden, Abb. 2.33.

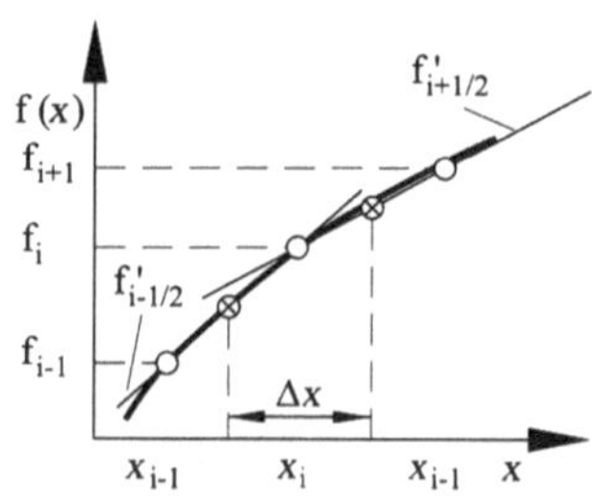

**Abb. 2.33** Zur Approximation der zweiten Ableitung

Die zentrale Formel für die Approximation der zweiten Ableitung lautet:

$$\left.\frac{d^2 f}{dx^2}\right|_i \approx \frac{f'_{i+1/2} - f'_{i-1/2}}{\Delta x} \approx \frac{f_{i+1} - 2f_i + f_{i-1}}{(\Delta x)^2}. \qquad (2.104)$$

Eine Möglichkeit, Ableitungen mit einer beliebigen Anzahl von Stützstellen zu approximieren, sind Interpolationspolynome, welche durch die jeweilige Anzahl der Punkte eindeutig definiert sind, z. B. für drei Punkte, siehe Abb. 2.34, für die erste Ableitung nach

$$f'_{i-1} = \frac{1}{2\Delta x}\left(-3f_{i-1} + 4f_i - f_{i+1}\right), \qquad (2.105)$$

$$f'_i = \frac{1}{2\Delta x}\left(-f_{i-1} + f_{i+1}\right), \qquad (2.106)$$

$$f'_{i+1} = \frac{1}{2\Delta x}\left(f_{i-1} - 4f_i + 3f_{i+1}\right) \qquad (2.107)$$

und für die zweite Ableitung ergibt sich wieder (2.104).

**Abb. 2.34** Interpolationspolynom durch drei Stützstellen

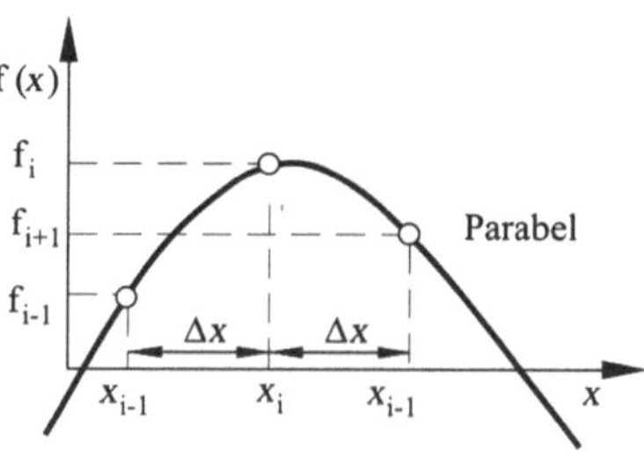

Nimmt man weitere Nachbar-Stützstellen hinzu, so kann die Genauigkeit weiter erhöht werden, z. B. mit insgesamt fünf Punkten

$$f'_{i-2} = \frac{1}{12\Delta x}\left(-25f_{i-2} + 48f_{i+1} - 36f_i + 16f_{i+1} - 3f_{i+1}\right), \tag{2.108}$$

$$f'_{i-1} = \frac{1}{12\Delta x}\left(-3f_{i-2} - 10f_{i+1} + 18f_i - 6f_{i+1} + 4f_{i+1}\right), \tag{2.109}$$

$$f'_{i} = \frac{1}{12\Delta x}\left(f_{i-2} - 8f_{i+1} + 8f_{i+1} - f_{i+1}\right), \tag{2.110}$$

$$f'_{i+1} = \frac{1}{12\Delta x}\left(-f_{i-2} + 6f_{i+1} - 18f_i + 10f_{i+1} + 3f_{i+2}\right), \tag{2.111}$$

$$f'_{i+2} = \frac{1}{12\Delta x}\left(3f_{i-2} - 16f_{i+1} + 36f_i - 48f_{i+1} + 25f_{i+1}\right). \tag{2.112}$$

Natürlich erhöhen sich neben der Genauigkeit auch der Rechen- und Programmier-Aufwand eines numerischen Verfahrens, insbesondere für Randbedingungen, wenn die Anzahl der Stützstellen für die Ableitungsbildung erhöht wird.

Die Klasse der Verfahren, welche mit der hier vorgestellten Approximation von Ableitungen arbeitet, bezeichnet man als Differenzenverfahren oder Finite-Differenzen-Methoden (FDM). Da ihre Funktionsweise leicht zu verstehen ist, werden wir sie zunächst für die Einführung in die Lösungsalgorithmen heranziehen. Es gibt aber noch andere Möglichkeiten, Differentialgleichungen numerisch zu behandeln, z. B. die Finite-Volumen-Methoden (FVM) und die Finite-Elemente-Methode (FEM).

### 2.3.2  Zeitdiskretisierung

Die Diskretisierung der Zeit muss anders erfolgen als die Diskretisierung der räumlichen Koordinatenrichtungen. Dies ergibt sich aus der Tatsache, dass die physikalischen Mechanismen der Informationsausbreitung zwischen Raum und Zeit unterschiedlich sein können, nämlich bei der Zeit ausschließlich in positiver Koordinatenrichtung $t$. Numerische Algorithmen müssen dieser Tatsache Rechnung tragen.

Wir teilen die Zeitachse nach Abb. 2.35 in gleiche Intervalle $\Delta t$ ein und verwenden $n$ als Zeitindex, der an die Indexposition rechts oben gesetzt wird:

$$t^n = n \cdot \Delta t. \tag{2.113}$$

Dann ist irgendeine Zustandsgröße $u$ zum Zeitpunkt $t^n$ oder zu den Nachbarzeitpunkten

$$u(t^n) = u^n, \quad u(t^{n+1}) = u^{n+1}, \quad u(t^{n-1}) = u^{n-1}. \tag{2.114}$$

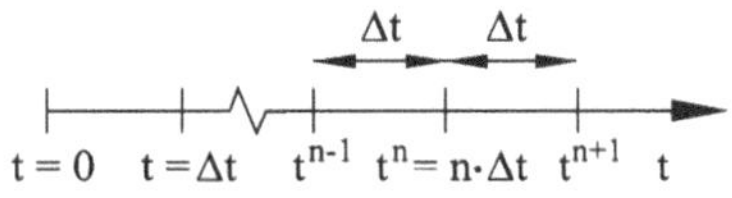

**Abb. 2.35** Diskretisierung der Zeitachse

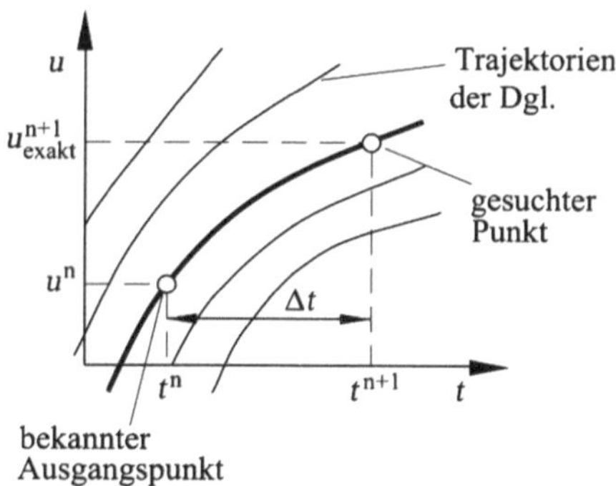


**Abb. 2.36** Lösung der Differentialgleichung als Trajektorienfeld mit Zeitschritt

Die zu betrachtende Modellgleichung ist

$$\frac{du}{dt} = rhs(u),\tag{2.115}$$

welche aus der räumlich-zeitlichen Diskretisierung einer strömungsmechanischen Aufgabenstellung hervorgegangen ist. Dabei sind alle diskretisierten räumlichen Ableitungen in der rechten Seite *rhs(u)* enthalten, in einem Computercode etwa in Form eines Unterprogramms oder einer Funktion. Wir wollen hier annehmen, dass die Verteilung von $u$ zum Zeitpunkt $n + 1$ (Zeitschicht) unbekannt sei und aus den bekannten Zeitschichten $n$, $n - 1$, $n - 2$ usw. berechnet werden soll. Die Durchführung dieser Berechnung bezeichnen wir als den Zeitschritt. Die Lösung der Differentialgleichung (2.115) kann als Trajektorienfeld im $x$-$u$-Diagramm dargestellt werden, siehe Abb. 2.36. Die Steigung der Trajektorien ist jeweils gleich der rechten Seite *rhs*. Von Interesse ist zunächst diejenige Trajektorie, welche durch den Punkt $(t^n, u^n)$ verläuft. Auf dieser Trajektorie liegt auch der gesuchte Punkt zur neuen Zeitschicht $n + 1$ mit dem gesuchten Wert der Zustandsvariablen $u^{n+1}_{exakt}$.

Zur näherungsweisen Bestimmung dieses Wertes $u^{n+1}$ betrachten wir zwei einfache Verfahren, welche in Abb. 2.37 grafisch dargestellt sind. Die Ermittlung von $u^{n+1}$ erfolgt durch Ersetzen der gekrümmten Trajektorie durch eine Gerade. Wird deren Steigung aus den Größen des alten Zeitschrittes $n$ berechnet, so folgt das explizite Euler-Verfahren oder Euler-Vorwärts-Verfahren

$$\frac{u^{n+1} - u^n}{\Delta t} = rhs^n \quad \text{oder} \quad u^{n+1} = u^n + \Delta t \cdot rhs^n,\tag{2.116}$$

mit der zum Zeitpunkt $n$ bekannten rechten Seite $rhs^n$. Wird die Steigung der Geraden von den noch zu bestimmenden Größen $rhs^{n+1}$ abhängig gemacht, so folgt das implizite Euler-Verfahren oder Euler-Rückwärts-Verfahren:

$$\frac{u^{n+1} - u^n}{\Delta t} = rhs^{n+1}.\tag{2.117}$$

Diese implizite Formel lässt sich nicht nach der Unbekannten $u^{n+1}$ auflösen, da diese auch in $rhs^{n+1}$ enthalten ist.

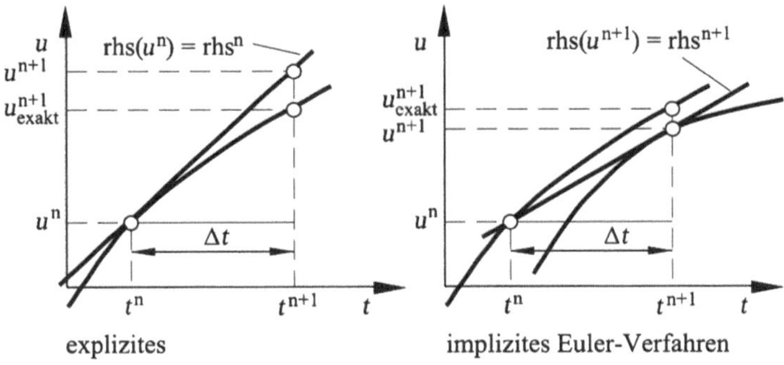



**Abb. 2.37**  Grafische Darstellung des expliziten und impliziten Euler-Verfahrens

In beiden Verfahren wird die Zeitableitung durch die Vorwärtsdifferenz approximiert. Wir wollen die Genauigkeit dieser Näherung mittels einer Taylor-Reihenentwicklung abschätzen. Dazu bezeichnen wir die Differenz zwischen der Ableitung und ihrer Approximation, also den numerischen Fehler, mit $\varepsilon$ und erhalten nach Gleichsetzen

$$\frac{du}{dt} = \frac{u^{n+1} - u^n}{\Delta t} - \varepsilon. \tag{2.118}$$

Die darin enthaltene Zeitschrittweite $\Delta t$ ist frei gewählt. Aus der Fehleranalyse erhalten wir eine Aussage darüber, wie sich $\varepsilon$ in Abhängigkeit von $\Delta t$ verhält. Dazu setzen wir in (2.118) für $u^{n+1}$ die Taylorreihe um $u^n$ bis zum 3. Glied ein:

$$\frac{du}{dt} = \frac{1}{\Delta t} \left\{ \left[ u^n + \Delta t \frac{du}{dt} + \frac{1}{2} (\Delta t)^2 \frac{d^2u}{dt^2} + \frac{1}{6} (\Delta t)^3 \frac{d^3u}{dt^3} \dots \right] - u^n \right\} - \varepsilon$$

$$= \frac{du}{dt} + \underbrace{\frac{1}{2} (\Delta t) \frac{d^2u}{dt^2} + \frac{1}{6} (\Delta t)^2 \frac{d^3u}{dt^3} + \dots}_{\text{Fehler } \varepsilon} - \varepsilon. \tag{2.119}$$

Erwartungsgemäß wird sich der Fehler mit dem Kehrwert der Zeitschrittweite verkleinern. Man erkennt, dass sich der Fehler $\varepsilon$ proportional zu $\Delta t$ verhält. Diese Art des Fehlerverhaltens (Konvergenz 1. Ordnung) gilt in der Numerischen Strömungsmechanik als relativ ungenau und ist in vielen Fällen in der Praxis nicht akzeptabel, da zum Erzielen hinreichend genauer Ergebnisse erfahrungsgemäß die Zeitschrittweite $\Delta t$ sehr klein gewählt werden muss. Dies erhöht wiederum den Rechenaufwand, wenn die Strömung in einem vorgegebenen physikalischen Zeitintervall simuliert werden soll. Daher sind genauere Verfahren zur Zeitintegration erforderlich.

Durch Hinzunahme einer weiteren „alten" (bekannten) Zeitschicht kann die Konvergenzordnung erhöht werden, siehe Abb. 2.38. Dieses Verfahren bezeichnet man als Adams-Bashforth-Verfahren.

**Abb. 2.38** Adams-Bashforth-
Verfahren

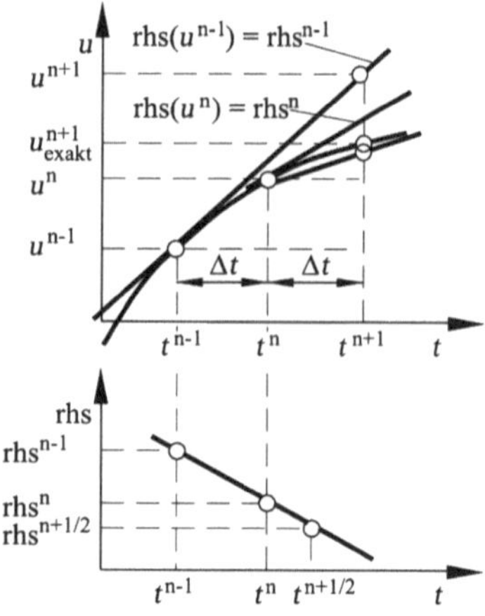

Es beruht auf einer Extrapolation der rechten Seite aus den vorangegangenen Zeitschichten $n$ und $n-1$ auf den Zeitpunkt $t^{n+1/2} = t^n + \frac{1}{2}\Delta t$, welche für die Durchführung
des Zeitschrittes verwendet wird. Das Adams-Bashforth Verfahren lautet

$$\frac{u^{n+1} - u^n}{\Delta t} = \frac{3}{2} rhs^n - \frac{1}{2} rhs^{n-1} \tag{2.120}$$

und ist somit ein explizites Verfahren, da für die rechte Seite nur alte Zeitschichten verwendet werden. Die Fehleranalyse mit dem Ansatz

$$u^{n+1} = u^n + \Delta t \left( \frac{3}{2} rhs^n - \frac{1}{2} rhs^{n-1} \right) + \varepsilon \tag{2.121}$$

ergibt mit der Taylorreihe für $u^{n+1}$ den Fehler

$$\varepsilon = -u^n - \Delta t \left( \frac{3}{2} \left. \frac{du}{dt} \right|^n - \frac{1}{2} \left. \frac{du}{dt} \right|^{n-1} \right)$$
$$+ \left( u^n + \Delta t \frac{du}{dt} + \frac{1}{2} (\Delta t)^2 \frac{d^2 u}{dt^2} + \frac{1}{6} (\Delta t)^3 \frac{d^3 u}{dt^3} \dots \right) \tag{2.122}$$

und nach Einsetzen der Taylorreihe für die Zeitschicht $n-1$

$$\varepsilon = -\Delta t \frac{3}{2} \frac{du}{dt} + \frac{1}{2} \Delta t \left( u^n - \Delta t \frac{du}{dt} + \frac{1}{2} (\Delta t)^2 \frac{d^2 u}{dt^2} - \frac{1}{6} (\Delta t)^3 \frac{d^3 u}{dt^3} \dots \right)$$
$$+ \Delta t \frac{du}{dt} + \frac{1}{2} (\Delta t)^2 \frac{d^2 u}{dt^2} + \frac{1}{6} (\Delta t)^3 \frac{d^3 u}{dt^3} \dots \tag{2.123}$$

den Fehlerterm

$$\varepsilon = \frac{1}{2} (\Delta t)^2 \frac{d^2 u}{dt^2} + \frac{1}{4} (\Delta t)^3 \frac{d^2 u}{dt^2} + \dots, \tag{2.124}$$

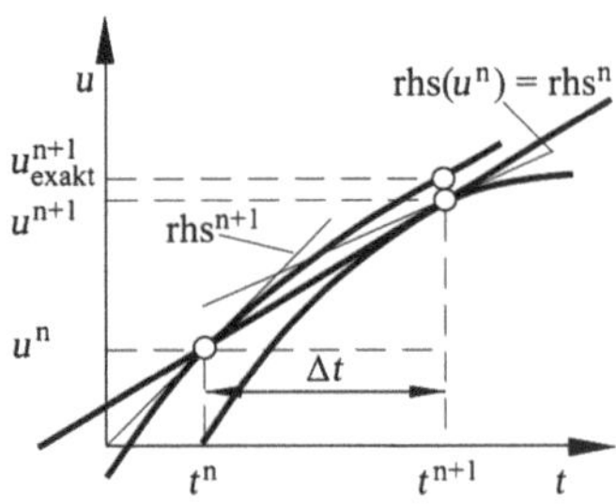


**Abb. 2.39** Konstruktion des Crank-Nicholson-Verfahrens

welcher quadratisch von $\Delta t$ abhängt. Das Verfahren ist somit von 2. Ordnung genau. Damit ist zwar nicht gesagt, dass der Fehler für einen gegebenen Wert $\Delta t$ geringer ist als für ein Verfahren erster Ordnung, da die Ableitungen der Funktion $u$ nicht allgemein bekannt sind, jedoch zeigt die Erfahrung, dass das Fehlerverhalten allgemein günstiger ist. Beispielsweise ist durch stufenweise Verkleinerung von $\Delta t$ und Vergleich der Ergebnisse untereinander festzustellen, ob sich die Lösung noch nennenswert ändert. Das Adams-Bashforth-Verfahren besitzt allerdings den Nachteil, dass stets zwei alte Lösungen abgespeichert werden müssen.

Eine Alternative bietet das Crank-Nicholson-Verfahren, Abb. 2.39, welches den Mittelwert der rechten Seiten zum alten und neuen Zeitpunkt $n$ und $n + 1$ verwendet

$$\frac{u^{n+1} - u^n}{\Delta t} = \frac{1}{2}\left(rhs^n + rhs^{n+1}\right).$$
(2.125)

Dieses Verfahren ist ebenfalls von zweiter Ordnung, wie unter Verwendung der angegebenen Methodik leicht gezeigt werden kann. Dieses Verfahren ist implizit.

Ein explizites Verfahren zweiter Ordnung ist das Leapfrog-Verfahren

$$\frac{u^{n+1} - u^{n-1}}{2 \cdot \Delta t} = rhs^n.$$
(2.126)

Häufig werden explizite Verfahren verwendet, welche eine Voraussage erster Ordnung treffen (Prädiktor-Schritt) und diese anschließend durch einen Verbesserungsschritt (Korrektor-Schritt) präzisieren, siehe z. B. Abb. 2.40.

Eine erste Variante führt zunächst einen Euler-Vorwärts-Schritt mit der halben Zeitschrittweite durch und verbessert dann das Ergebnis durch nochmalige Vorwärtsintegration mit der rechten Seite für die zuvor berechnete Zwischenlösung, also

$$\frac{u^{n+1/2} - u^n}{\frac{1}{2}\Delta t} = rhs^n \quad \text{und} \quad \frac{u^{n+1} - u^n}{\Delta t} = rhs^{n+1/2}.$$
(2.127)

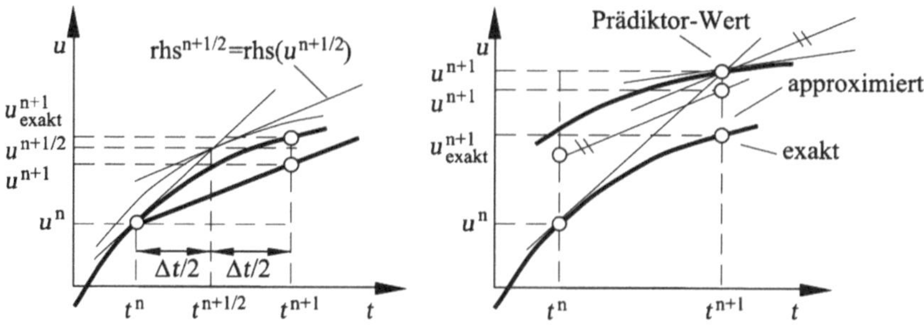


**Abb. 2.40** Konstruktion von Prädiktor-Korrektor-Verfahren, zwei Varianten

Eine zweite Variante führt eine Vorwärtsintegration durch und verbessert anschließend durch Antragen des Mittelwertes der alten und neuen rechten Seite an den Mittelwert der alten und neuen Zeitschicht

$$\frac{\overline{u^{n+1}} - u^n}{\Delta t} = rhs^n \quad \text{und} \quad \frac{u^{n+1} - \frac{1}{2}\left(u^n + \overline{u^{n+1}}\right)}{\Delta t} = \frac{1}{2}\left(rhs^n + \overline{rhs^{n+1}}\right), \quad (2.128)$$

mit $\overline{rhs^{n+1}} = rhs\left(\overline{u^{n+1}}\right)$. Diese Verfahren sind von zweiter Ordnung genau.

Auch Mehrfach-Korrektor-Verfahren werden verwendet. Diese werden unter dem Begriff Runge-Kutta-Verfahren zusammengefasst.

### 2.3.3  Das Einschrittverfahren mit zentralen Differenzen

Numerische Lösungsmethoden für die strömungsmechanischen Grundgleichungen sind durch eine Kombination von räumlichen und zeitlichen Diskretisierungsverfahren gekennzeichnet. Die zentrale Differenz besitzt eine Genauigkeit 2. Ordnung und wird daher in diesem Unterkapitel den einseitigen Differenzen, die nur von erster Ordnung genau sind, vorgezogen. Es werde eindimensionale kompressible Strömungen betrachtet. Wir wollen hier diese einfachste und nahe liegende Lösungsmöglichkeit verfolgen und zunächst anhand der Wellengleichung

$$\frac{\partial w}{\partial t} + \lambda \frac{\partial w}{\partial x} = 0 \tag{2.129}$$

beschreiben. Das explizite Differenzenverfahren für die Zeitableitung, kombiniert mit der zentralen Differenz für die Ableitung in der Koordinatenrichtung $x$ mit $N$ Gitterpunkten lautet

$$\frac{w_i^{n+1} - w_i^n}{\Delta t} + \lambda \frac{w_{i+1}^n - w_{i-1}^n}{2 \cdot \Delta x} = 0. \tag{2.130}$$

Das zugehörige Flussdiagramm eines Rechenprogramms für das explizite Verfahren ist in Abb. 2.41 gezeigt.

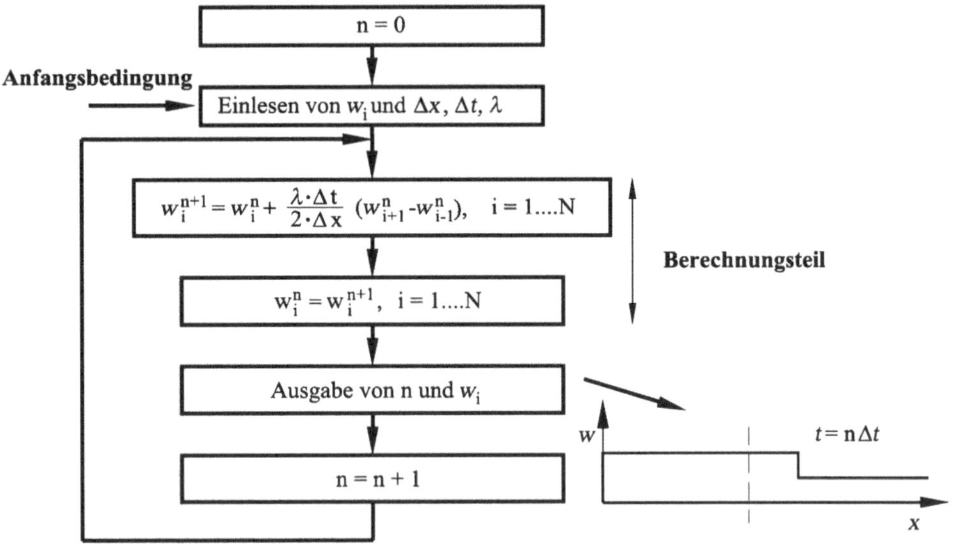



**Abb. 2.41** Flussdiagramm eines expliziten Verfahrens

Es besteht aus einem Initialisierungteil, in dem der Zeitindex auf den Wert Null gesetzt und die Anfangsverteilung, z. B. in unserem Testbeispiel eine jeweils links und rechts eines Sprunges konstante Verteilung für die Lösungsvariable $w$, gesetzt wird. Danach folgt der Berechnungteil, in dem die Lösungsvariable zur neuen Zeitschicht $n + 1$ aus den Werten der alten Zeitschicht(en) nach (2.130), nach der Unbekannten $w_i^{n+1}$ aufgelöst, ausgerechnet wird. Am Ende des Berechnungsteils erfolgt die Aktualisierung der Variablen, indem die neue Zeitschicht $w_i^{n+1}$ auf die Speicherplätze der bisher alten Zeitschicht $w_i^n$ für alle $i = 1 \ldots N$ übernommen wird. Die entsprechende „Gleichung" in Abb. 2.41 ist somit als Zuordnung im Sinne von Anweisungen eines Rechenprogramms zu verstehen, nicht als mathematische Formel. Die Speicherplätze $w_i^{n+1}$ stehen dann für alle $i = 1 \ldots N$ wieder für die Ausführung des nächsten Zeitschritts zur Verfügung. Der Zähler $n$ wird um 1 erhöht. Falls erforderlich, kann $w$ ausgegeben werden.

Die Struktur des Rechenprogramms bleibt dieselbe, auch wenn eine andere Differentialgleichung, z. B. die eindimensionale Euler-Gleichung

$$\frac{\partial \vec{U}}{\partial t} + \frac{\partial \vec{F}(\vec{U})}{\partial x} = 0, \tag{2.131}$$

mit dem Zustandsgrößenvektor $\vec{U}$ und dem Flussvektor $\vec{F}(\vec{U})$, die jeweils in Abschn. 2.2.7 definiert wurden, integriert wird. Das Verfahren lautet dann

$$\frac{\vec{U}_i^{n+1} - \vec{U}_i^n}{\Delta t} + \frac{\vec{F}_{i+1}^n - \vec{F}_{i-1}^n}{2 \cdot \Delta x} = 0 \tag{2.132}$$

**Abb. 2.42** Vergleich eines tatsächlichen Ergebnisses (schematisch) mit dem erwarteten zu einem Zeitpunkt $t_1$

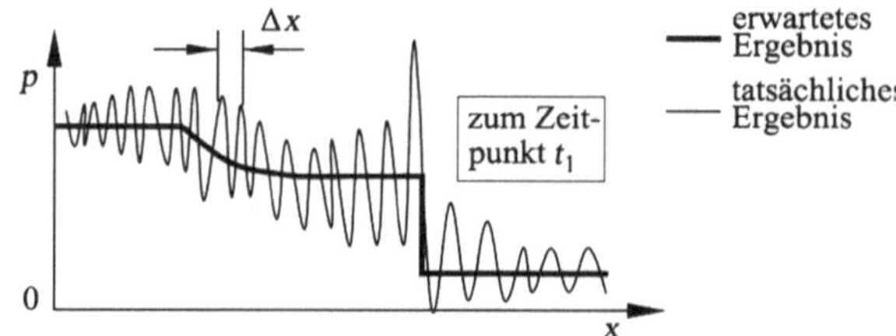


und der Berechnungsteil wird

$$\vec{U}_i^{n+1} = \vec{U}_i^n + \frac{\Delta t}{2 \cdot \Delta x}(\vec{F}_{i+1}^n - \vec{F}_{i-1}^n), \quad i = 1 \dots N, \tag{2.133}$$

$$p_i^n = \rho_i^n \cdot R \cdot T_i^n; \quad T_i^n = e_i^n / c_v; \quad e_i^n = e_{\text{tot}i}^n - \frac{1}{2}\left(u_i^n\right)^2, \tag{2.134}$$

mit

$$\vec{U}_i^n = \begin{bmatrix} \rho_i^n \\ \rho_i^n u_i^n \\ \rho_i^n e_{\text{tot}i}^n \end{bmatrix}; \quad \vec{F}_i^n = \begin{bmatrix} \rho_i^n u_i^n \\ \rho_i^n \left(u_i^n\right)^2 + p_i^n \\ u_i^n \left(\rho_i^n e_{\text{tot}i}^n + p n_i\right) \end{bmatrix}. \tag{2.135}$$

Nur der Berechnungsteil ändert sich und der Variablen-Update bezieht sich jetzt auf eine vektorielle Variable

$$\vec{U}_i^n = \vec{U}_i^{n+1}, \quad i = 1 \dots N. \tag{2.136}$$

Führt man eine Berechnung für die unter Abschn. 2.2.7 beschriebene Stoßausbreitung in einem Rohr durch, so erhält man allerdings ein unerwartetes Ergebnis, welches für den Druck schematisch in Abb. 2.42 dargestellt ist. Wir erwarten rechts einen Verdichtungsstoß und links einen Expansionsfächer. Je nach Wahl unserer numerischen Schrittweiten $\Delta t$ und $\Delta x$ sind dem Ergebnis Oszillationen, wie gezeigt, überlagert oder man erhält sogar eine Fehlermeldung aufgrund einer Überschreitung des auf dem Rechner darstellbaren Zahlenbereichs (overflow). Auch die Wahl sehr kleiner Schrittweiten schafft grundsätzlich keine Abhilfe.

Wir haben dieses Beispiel gewählt, um die häufig auftretende Problematik numerischer Berechnungsmethoden aufzuzeigen. Es handelt sich um eine numerische Instabilität. Das in diesem Abschnitt gewählte Verfahren ist offensichtlich zur Lösung strömungsmechanischer Aufgabenstellungen nicht geeignet. Dies wirft natürlich die Frage auf, woran man geeignete von ungeeigneten Verfahren bereits vor ihrer Implementierung in ein Programm unterscheiden kann und welches neben der Genauigkeit weitere Kriterien für die Wahl der numerischen Schrittweiten sein können. Dazu führen wir eine numerische Stabilitätsanalyse durch.

Ausgangspunkt ist die linearisierte, charakteristische Form der Euler-Gleichung (2.98) also die Wellengleichung mit den jeweiligen Eigenwerten, die wir weiterhin mit $\lambda$ bezeichnen. Der Index $k$ wird weggelassen:

$$\frac{\partial w}{\partial t} + \lambda \cdot \frac{\partial w}{\partial x} = 0, \quad \lambda = u, u + a_s, u - a_s. \tag{2.137}$$

**Abb. 2.43** Durch den Ansatz (2.140) beschriebene Wellen

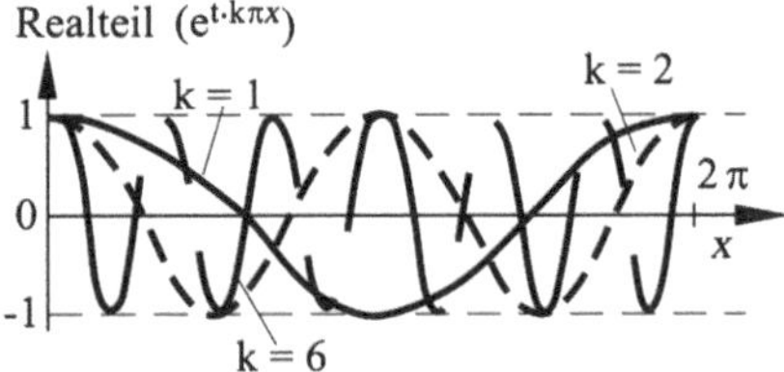


Bei einer Stabilitätsanalyse wird untersucht, ob eine Anfangsstörung oder Abweichung von einem Bezugszustand anwächst oder abklingt. Bei der von-Neumann'schen Stabilitätsanalyse wird einem Referenzzustand $\widetilde{w}$, der die Differentialgleichung erfüllt, eine kleine Störung $\varepsilon$ überlagert

$$w_i^n = \widetilde{w}_i^n + \varepsilon_i^n, \quad w_i^{n+1} = \widetilde{w}_i^{n+1} + \varepsilon_i^{n+1}, \quad w_{i\pm1}^n = \widetilde{w}_{i\pm1}^n + \varepsilon_{i\pm1}^n. \tag{2.138}$$

Nach Einsetzen in (2.137) und Subtrahieren der Gleichung für $\widetilde{w}$ folgt, dass die Wellengleichung auch für die Störung gilt

$$\frac{\varepsilon_i^{n+1} - \varepsilon_i^n}{\Delta t} + \lambda \cdot \frac{\varepsilon_{i+1}^n - \varepsilon_{i-1}^n}{2 \cdot \Delta x} = 0. \tag{2.139}$$

Es wird der folgende Ansatz für die nun zu untersuchende Störung gewählt:

$$\varepsilon(x,t) = \text{Realteil} \left\{ e^{\alpha \cdot t} \cdot e^{I k \pi x} \right\}, \quad k = 1, 2, 3 \dots N - 1, \tag{2.140}$$

worin $I = \sqrt{-1}$ die imaginäre Einheit ist. Der Ansatz trennt das zeitliche Verhalten der Störung, welches durch die noch unbekannte Anfachungsrate $\alpha$ charakterisiert wird, von einem kosinusförmigen räumlichen Verhalten, welches durch die Wellenzahl $k$ beschrieben wird, siehe Abb. 2.43 für unterschiedliche $k$ in einem Intervall zwischen $0$ und $2\pi$. Dieser räumliche Anteil der Störung repräsentiert Wellen unterschiedlicher Länge (nimmt mit $k$ ab) und Wellenzahl (nimmt mit $k$ zu). Damit ein Verfahren stabil ist, müssen sich alle Wellen stabil verhalten.

Das zeitliche Verhalten gibt Aufschluss über die Stabilität. Wir unterscheiden

$$\left| e^{\alpha t} \right| > 1 \rightarrow \alpha > 0 \quad \text{instabil}, \tag{2.141}$$

$$\left| e^{\alpha t} \right| = 1 \rightarrow \alpha = 0 \quad \text{indifferent}, \tag{2.142}$$

$$\left| e^{\alpha t} \right| < 1 \rightarrow \alpha < 0 \quad \text{stabil}.. \tag{2.143}$$

Die drei Fälle sind in Abb. 2.44 schematisch dargestellt.

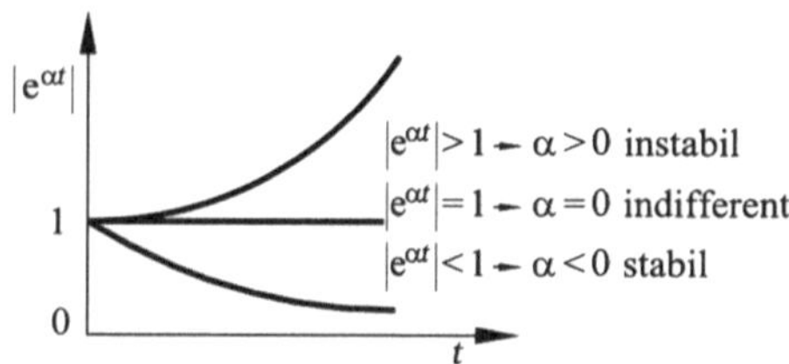

**Abb. 2.44** Mögliches zeitliches Verhalten der Störung



Die weitere Aufgabe besteht darin, die Anfachungsrate $\alpha$ zu ermitteln. Dazu wenden wir den Ansatz (2.140) auf die diskretisierte Form unserer Störung $\varepsilon$ an:

$$
\begin{aligned}
\varepsilon_i^n &= \text{Realteil}\,\{e^{\alpha n \Delta t} \cdot & e^{i k \pi\, i \Delta x} \cdot & \;\}, \\
\varepsilon_{i+1}^n &= \text{Realteil}\,\{e^{\alpha n \Delta t} \cdot & e^{i k \pi\, i \Delta x} \cdot & \; e^{i k \pi\, \Delta x}\}, \\
\varepsilon_{i-1}^n &= \text{Realteil}\,\{e^{\alpha n \Delta t} \cdot & e^{i k \pi\, i \Delta x} \cdot & \; e^{-i k \pi\, \Delta x}\}, \\
\varepsilon_i^{n+1} &= \text{Realteil}\,\{e^{\alpha n \Delta t} \cdot \; e^{\alpha \Delta t} \cdot & e^{i k \pi\, i \Delta x} & \;\}
\end{aligned}
\tag{2.144}
$$

und setzen dies in

$$
\varepsilon_i^{n+1} = \varepsilon_i^n - \lambda \frac{\Delta t}{2 \Delta x}\left(\varepsilon_{i+1}^n - \varepsilon_{i-1}^n\right)
\tag{2.145}
$$

ein. Man erhält nach Division durch $e^{\alpha n \Delta t} \cdot e^{i k \pi\, i \Delta x}$ und Umordnung

$$
e^{\alpha \Delta t} = 1 - \lambda \frac{\Delta t}{2 \Delta x} \underbrace{\left(e^{i k \pi \Delta x} - e^{-i k \pi \Delta x}\right)}_{2 i\, \sin\,(k \pi \Delta x)}.
\tag{2.146}
$$

Die Stabilitätsbedingung führt, angewendet auf (2.132), auf

$$
\left| e^{\alpha \Delta t} \right| = \underbrace{\left| 1 - i \cdot \lambda \frac{\Delta t}{\Delta x} \sin\,(k \pi \Delta x)\right|}_{>1} < 1
\tag{2.147}
$$

und somit auf einen Widerspruch, denn es gibt keine komplexe Zahl, deren Realteil den Wert 1 besitzt und deren Betrag für alle Wellenzahlen $k$ einen Wert kleiner als 1 ergeben soll. Damit ist gezeigt, dass das Verfahren instabil und somit unbrauchbar ist.

Die von-Neumann'sche Stabilitätsanalyse hat sich in der Praxis gut bewährt. Sie wird weiterhin dazu dienen, numerische Methoden bezüglich ihrer Stabilität zu beurteilen. Da die einfachste Methode dieses Kapitels kein brauchbares Verfahren ergeben hat, kommt es darauf an, andere Kombinationen von Raum- und Zeitdiskretisierungsverfahren miteinander zu kombinieren, so dass sich ein funktionierendes Verfahren ergibt. Dabei sind außer der Stabilität natürlich noch andere Kriterien zu beachten, z. B. die Einfachheit der Implementierung sowie der erforderliche Rechen- und Speicherplatzaufwand.

Das implizite Verfahren ist dagegen stabil, denn die entsprechende Formulierung lautet:

$$
\varepsilon_i^{n+1} = \varepsilon_i^n - \lambda \frac{\Delta t}{2 \Delta x}\left(\varepsilon_{i+1}^{n+1} - \varepsilon_{i-1}^{n+1}\right)
\tag{2.148}
$$

und nach Einsetzten von (2.140) ergibt sich

$$e^{\alpha \Delta t} = 1 - \lambda \frac{\Delta t}{2 \Delta x} e^{\alpha \Delta t} \left( e^{ik\pi\Delta x} - e^{-ik\pi\Delta x} \right) \tag{2.149}$$

oder

$$\left| e^{\alpha \Delta t} \right| = \frac{1}{1 - \lambda \frac{\Delta t}{2 \Delta x} \left( e^{ik\pi\Delta x} - e^{-ik\pi\Delta x} \right)} < 1. \tag{2.150}$$

Diese Bedingung ist für alle Wellenzahlen erfüllt. Das implizite Verfahren ist somit ohne weitere Bedingung stabil (unbedingt stabil).

### 2.3.4  Lax-Wendroff-Verfahren

Hierbei handelt es sich um ein Verfahren 2. Ordnung, welches unter bestimmten Bedingungen auch stabil ist und damit wichtige Anforderungen an ein für die Numerische Strömungsmechanik brauchbares Verfahren erfüllt. Aufgrund seiner einfachen Ableitung und Fehleranalyse eignet es sich hervorragend für die Ableitung und Erläuterung grundlegender Zusammenhänge. Allerdings wird es heute in der Praxis nicht mehr eingesetzt, da es bessere Alternativen gibt, die wir in diesem Buch noch behandeln werden.

Das Verfahren beruht auf einem versetzen Gitter in Raumrichtung $x$ mit der Gitterweite $\Delta x$, siehe Abb. 2.45.

Darin sind $x_i = i \cdot \Delta x$ die Hauptgitterpunkte (mit o gekennzeichnet) und

$$x_{i \pm 1/2} = \left( i \pm \frac{1}{2} \right) \cdot \Delta x \tag{2.151}$$

sogenannte Zwischengitterpunkte (mit x gekennzeichnet). Dabei werden nicht-ganzzahlige Indizes für ihre Bezeichnung verwendet. Entsprechend sind die auf den Hauptgitterpunkten definierten Zustandsgrößen der eindimensionalen Euler-Gleichung (2.72)

$$\vec{U}_i = \vec{U}(x_i) \quad \text{und} \quad \vec{F}(\vec{U}_i) = \vec{F} \tag{2.152}$$

und zentrale Ableitungen auf den Haupt- und Zwischengitterpunkten

$$\left. \frac{\partial \vec{F}}{\partial x} \right|_i = \frac{\vec{F}_{i+1/2} - \vec{F}_{i-1/2}}{\Delta x} \quad \text{und} \quad \left. \frac{\partial \vec{F}}{\partial x} \right|_{i \pm 1/2} = \frac{\pm \vec{F}_{i \pm 1} \mp \vec{F}_i}{\Delta x}. \tag{2.153}$$

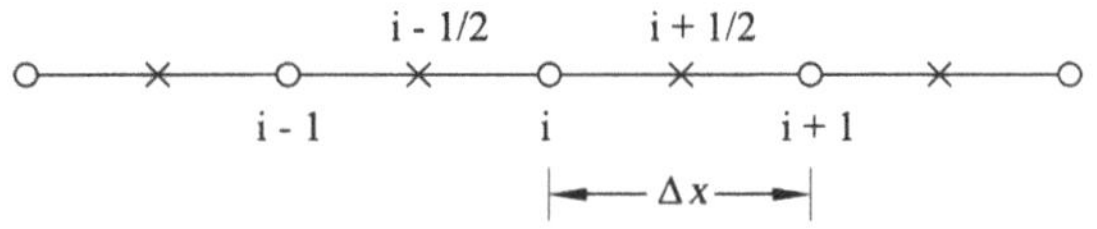

**Abb. 2.45** Eindimensionales versetztes Gitter, o: Hauptgitterpunkte, ×: Zwischengitterpunkte

Darin ist der Fluss am Zwischengitterpunkt

$$\vec{F}(\vec{U}_{i\pm1/2}) = \vec{F}_{i\pm1/2}. \tag{2.154}$$

Mit diesen Definitionen kann das Prädiktor-Korrektor-Verfahren nach (2.127) angewendet werden. Das darin vorkommende Zwischenergebnis wird nur auf den Zwischengitterpunkten definiert. Dort wird der Lösungsvektor als Mittelwert der beiden angrenzenden Hauptgitterpunkte genommen

$$\vec{U}_{i\pm1/2} = \frac{1}{2}\left(\vec{U}_{i\pm1} + \vec{U}_i\right). \tag{2.155}$$

Der Prädiktorschritt lautet

$$\frac{\vec{U}_{i\pm1/2}^{n+1/2} - \frac{1}{2}\left(\vec{U}_{i\pm1}^n + \vec{U}_i^n\right)}{\frac{1}{2}\Delta t} + \frac{\pm\vec{F}_{i\pm1}^n \mp \vec{F}_i^n}{\Delta x} = 0 \tag{2.156}$$

und der Korrektorschritt

$$\frac{\vec{U}_i^{n+1} - \vec{U}_i^n}{\Delta t} + \frac{\vec{F}_{i+1/2}^{n+1/2} - \vec{F}_{i-1/2}^{n+1/2}}{\Delta x} = 0. \tag{2.157}$$

Wir führen eine numerische Analyse für die Wellengleichung (2.129) durch. Prädiktor- und Korrektorschritt lauten jeweils

$$w_{i\pm\frac{1}{2}}^{n+\frac{1}{2}} = \frac{1}{2}\left(w_{i\pm1}^n + w_i^n\right) - \frac{\Delta t}{2\cdot\Delta x}\left(\pm\lambda w_{i\pm1}^n \mp \lambda w_i^n\right), \tag{2.158}$$

$$w_i^{n+1} = w_i^n - \frac{\Delta t}{\Delta x}\left[\lambda w_{i+1/2}^{n+1/2} - \lambda w_{i-1/2}^{n+1/2}\right]. \tag{2.159}$$

Der Prädiktorschritt (2.158) kann in (2.159) eingesetzt werden

$$w_i^{n+1} = w_i^n - \frac{\Delta t}{\Delta x}\left[\lambda\frac{1}{2}\left(w_{i+1}^n + w_i^n\right) - \frac{\lambda^2\Delta t}{2\Delta x}\left(w_{i+1}^n - w_i^n\right)\right.$$
$$\left. - \lambda\frac{1}{2}\left(w_{i-1}^n + w_i^n\right) + \frac{\lambda^2\Delta t}{2\Delta x}\left(-w_{i-1}^n + w_i^n\right)\right] \tag{2.160}$$

und umgeordnet ergibt sich

$$\frac{w_i^{n+1} - w_i^n}{\Delta t} + \lambda\frac{w_{i+1}^n - w_{i-1}^n}{2\Delta x} - \frac{\Delta t\lambda^2}{2}\frac{w_{i-1}^n - 2w_i^n + w_{i+1}^n}{\Delta x^2} = 0. \tag{2.161}$$

Dies ist eine Differenzenapproximation der Gleichung

$$\frac{\partial w}{\partial t} + \lambda\frac{\partial w}{\partial x} - \frac{\Delta t\cdot\lambda^2}{2}\frac{\partial^2 w}{\partial x^2} = 0, \tag{2.162}$$

welche um den dritten Term auf der linken Seite von der ursprünglich zu approximierenden Wellengleichung (2.129) abweicht. Es handelt sich um einen Diffusionsterm (2. Ableitung), dessen Vorfaktor

$$D_{\text{num}} = \frac{\Delta t \cdot \lambda^2}{2} \tag{2.163}$$

neben dem physikalischen Eigenwert $\lambda$ von der numerischen Größe $\Delta t$ abhängt. Der zusätzliche Term wird als verfahrenseigene numerische Diffusion bezeichnet. Diese steigt linear mit $\Delta t$ an. Der Term ist eine Folge der Aufteilung des Verfahrens in Teilschritte sowie der räumlichen Differenzenapproximation. Numerische Diffusion ist notwendig, damit das Verfahren numerisch stabil wird.

Um dies zu zeigen, führen wir eine Neumann'sche Stabilitätsanalyse durch. Mit den Annahmen und Ansätzen aus Abschn. 2.3.3 ergibt sich eingesetzt in (2.161)

$$e^{\alpha \Delta t} = 1 - \frac{\lambda \cdot \Delta t}{2 \cdot \Delta x}\left[ \underbrace{\left(e^{ik\pi\Delta x} - e^{-ik\pi\Delta x}\right)}_{i\cdot\sin(k\pi\Delta x)} - \frac{\lambda \cdot \Delta t}{\Delta x}\left(\underbrace{e^{ik\pi\Delta x} + e^{-ik\pi\Delta x}}_{\cos(k\pi\Delta x)} - 2\right)\right] \tag{2.164}$$

oder

$$e^{\alpha \Delta t} = \underbrace{1 + \left(\frac{\lambda\Delta t}{\Delta x}\right)^2 (\cos(\dots) - 1)}_{\text{Realteil}} - \underbrace{i\frac{\lambda\Delta t}{\Delta x}\sin(\dots)}_{\text{Imaginärteil}}, \tag{2.165}$$

wobei die Ausdrücke in Klammen wie oben definiert sind. Die Bedingung für Stabilität lautet

$$\left|e^{\alpha\Delta t}\right|^2 =$$

$$\underbrace{1 + 2\left(\frac{\lambda\Delta t}{\Delta x}\right)^2 (\cos(\dots) - 1) + \left(\frac{\lambda\Delta t}{\Delta x}\right)^4 (\cos(\dots) - 1)^2}_{(\text{Realteil})^2} + \underbrace{\left(\frac{\lambda\Delta t}{\Delta x}\right)^2 \sin^2(\dots)}_{(\text{Imaginärteil})^2} < 1.$$
$$\tag{2.166}$$

Dies führt auf

$$1 > \left(\frac{\lambda\Delta t}{\Delta x}\right)^2 \quad \text{bzw.} \quad \Delta t < \frac{\Delta x}{\lambda} \quad \text{mit} \quad \lambda = u, u + a_s, u - a_s. \tag{2.167}$$

Da der Eigenwert im Nenner steht, ist sein größter Wert für die Stabilität maßgeblich. Die Stabilitätsbedingung für das Lax-Wendroff-Verfahren lautet damit

$$\Delta t < CFL\frac{\Delta x}{|u| + a_S} \quad \text{mit} \quad CFL = 1. \tag{2.168}$$

Der Vorfaktor CFL heißt Courant-Friedrich-Levi-Zahl oder kurz CFL-Zahl und eine Stabilitätsbedingung der Form (2.168) bezeichnet man als CFL-Bedingung. Unterschiedliche

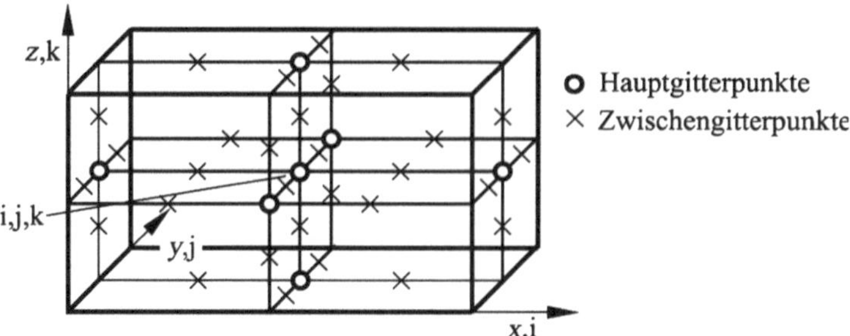


**Abb. 2.46**  Dreidimensionales versetztes Gitter

Verfahren besitzen unterschiedliche CFL-Zahlen. Auf einem gegebenen räumlichen Gitter, d. h. mit gegebenem $\Delta\,x$, stellt (2.168) somit eine Bedingung für die Zeitschrittweite dar. Wird diese zu groß gewählt, so ist das Verfahren instabil. Die CFL-Zahl kann aufgefasst werden als das maximal zulässige Verhältnis der Ausbreitungsgeschwindigkeit von Störungen in der Strömung $|u| + a_S$ zur numerischen Ausbreitungsgeschwindigkeit $\Delta\,x/\Delta\,t$. Da diese Störungen sich relativ zum Fluid mit Schallgeschwindigkeit ausbreiten, können sie als Schallwellen angesehen werden.

Nachdem wir das Lax-Wendroff-Verfahren eindimensional untersucht haben, führen wir die Erweiterung auf drei Dimensionen durch. Das dreidimensionale versetzte Gitter mit den Haupt- und Zwischengitterpunkten ist in Abb. 2.46 gezeigt.

Um Verwechslungen der Indices zu vermeiden, verwenden wir die dreidimensionalen Grundgleichungen in Koordinatenschreibweise $x$, $y$, $z$ (ohne Reibung):

$$\frac{\partial \vec{U}}{\partial t} + \frac{\partial \vec{F}_x(\vec{U})}{\partial x} + \frac{\partial \vec{F}_y(\vec{U})}{\partial y} + \frac{\partial \vec{F}_z(\vec{U})}{\partial z} = 0. \tag{2.169}$$

Für diese lautet der Prädiktorschritt an den in $i$-Richtung versetzt liegenden Zwischengitterpunkten

$$\vec{U}^{n+1/2}_{i\pm 1/2,j,k} = \frac{1}{2}\left(\vec{U}^{n}_{i\pm 1,j,k} + \vec{U}^{n}_{i,j,k}\right) - \frac{\Delta t}{2\Delta x}\left(\pm\vec{F}^{n}_{x_{i\pm 1,j,k}} \mp \vec{F}^{n}_{x_{i,j,k}}\right)$$
$$- \frac{\Delta t}{4\Delta y}\left(\vec{F}^{n}_{y_{i\pm 1/2,j+1,k}} - \vec{F}^{n}_{y_{i\pm 1/2,j-1,k}}\right)$$
$$- \frac{\Delta t}{4\Delta z}\left(\vec{F}^{n}_{z_{i\pm 1/2,j,k+1}} - \vec{F}^{n}_{z_{i+1/2,j,k-1}}\right), \tag{2.170}$$

mit

$$\vec{F}^{n}_{y_{i\pm\frac{1}{2},j+1,k}} = \frac{1}{2}\left(F^{n}_{y_{i,j+1,k}} + F^{n}_{y_{i\pm 1,j+1,k}}\right), \tag{2.171}$$

$$\vec{F}^{n}_{z_{i\pm\frac{1}{2},j+1,k}} = \frac{1}{2}\left(F^{n}_{z_{i,j+1,k}} + F^{n}_{z_{i\pm 1,j+1,k}}\right). \tag{2.172}$$

Für die in den anderen Koordinatenrichtungen versetzt liegenden Punkte müssen analoge Prädiktorschritte formuliert werden, die wir hier nicht angeben wollen. Weiterhin lautet der Korrektorschritt

$$\vec{U}_{ijk}^{n+1} = \vec{U}_{ijk}^{n} - \frac{\Delta t}{\Delta x}\left(\vec{F}_{x_{i+\frac{1}{2},j,k}}^{n+\frac{1}{2}} - \vec{F}_{x_{i-\frac{1}{2},j,k}}^{n+\frac{1}{2}}\right)$$

$$- \frac{\Delta t}{\Delta y}\left(\vec{F}_{y_{i,j+\frac{1}{2},k}}^{n+\frac{1}{2}} - \vec{F}_{y_{i,j-\frac{1}{2},k}}^{n+\frac{1}{2}}\right) - \frac{\Delta t}{\Delta z}\left(\vec{F}_{z_{i,j,k+\frac{1}{2}}}^{n+\frac{1}{2}} - \vec{F}_{z_{i,j,k-\frac{1}{2}}}^{n+\frac{1}{2}}\right). \tag{2.173}$$

Am Beispiel des Lax-Wendroff-Verfahrens wird deutlich, dass dreidimensionale Differenzenverfahren auf versetzten Gittern komplex aufgebaut sind und einen hohen Programmieraufwand erfordern.

### 2.3.5  Finite-Differenzen-Methode für die Poisson-Gleichung

Um in die numerische Behandlung mehrdimensionaler, partieller Differentialgleichungen einzuführen, wählen wir das Beispiel der Poisson-Gleichung für eine beliebige skalare Größe $u$, die im Koordinatensystem $x$, $z$ definiert ist:

$$\frac{\partial^2 u}{\partial x^2} + \frac{\partial^2 u}{\partial z^2} = c. \tag{2.174}$$

Darin ist $c$ eine positive Konstante. Diese Gleichung soll auf dem in Abb. 2.47 gezeigten rechteckigen Integrationsgebiet unter der Randbedingung $u = 0$ auf allen Rändern gelöst werden.

Die Lösung kann man sich vorstellen als Auslenkung einer dünnen Membran, die in einen rechteckigen Rahmen eingespannt ist, senkrecht zur Darstellungsebene aufgrund eines Druckunterschiedes zwischen Ober- und Unterseite (Spannungshügel). Aus Abschn. 2.2.1 kennen wir die analytische Lösung in Form einer Reihenentwicklung, welche zum Vergleich herangezogen werden kann.

**Abb. 2.47** Integrationsgebiet

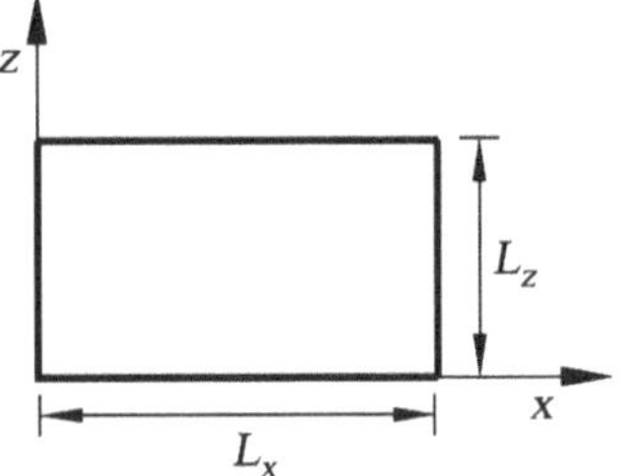

**Abb. 2.48** Numerisches Netz

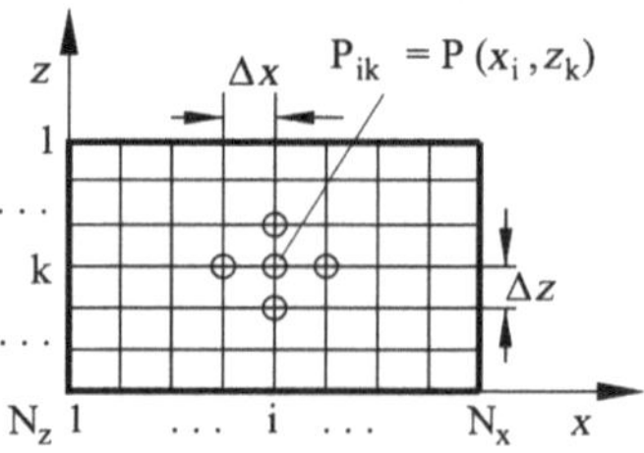

Zunächst erfolgt die Definition eines numerischen Netzes mit $N_x$ und $N_z$ Gitterpunkten durch lineare Aufteilung der Rechteckseiten in gleiche Intervalle

$$x_i = \frac{i-1}{N_x - 1} L_x = (i-1)\,\Delta x; \quad z_k = \frac{k-1}{N_z - 1} L_z = (k-1)\,\Delta z, \tag{2.175}$$

an dessen diskreten Stützstellen $P_{ik} = P(x_i, z_k)$ die Funktion $u_{ik} = u(x_i, z_k)$ berechnet werden soll. Die beiden Indices $i$ und $k$ verlaufen entlang zweier Netzlinienscharen, siehe Abb. 2.48. Die Diskretisierung der Differentialgleichung besteht nun darin, dass entlang jeder Koordinatenrichtung die Differentialquotienten in (2.174) durch Differenzenquotienten approximiert werden:

$$\frac{\partial^2 u}{\partial x^2} \approx \frac{u_{i+1,k} - 2u_{ik} + u_{i-1,k}}{(\Delta x)^2}; \quad \frac{\partial^2 u}{\partial z^2} \approx \frac{u_{i,k+1} - 2u_{ik} + u_{i,k-1}}{(\Delta z)^2}. \tag{2.176}$$

Hierbei ist zu beachten, dass es sich in (2.174) um partielle Ableitungen handelt, welche unter der Voraussetzung definiert sind, dass sie unter Konstanthaltung der jeweils anderen Koordinate als die Ableitungsrichtung durchgeführt werden. Die ist in unserem Fall gewährleistet, da die Gitterlinien parallel zu den Koordinatenachsen verlaufen und bei Fortschreiten entlang einer Gitterlinie die andere Koordinate konstant bleibt. Mit der Vereinfachung $\Delta x = \Delta z = \Delta$ lautet die diskretisierte Poisson-Gleichung

$$\frac{u_{i+1,k} - 2u_{ik} + u_{i-1,k}}{\Delta^2} + \frac{u_{i,k+1} - 2u_{ik} + u_{i,k-1}}{\Delta^2} = c \tag{2.177}$$

oder

$$\frac{1}{\Delta^2}\left(u_{i+1,k} + u_{i-1,k} + u_{i,k+1} + u_{i,k-1} - 4u_{ik}\right) = c. \tag{2.178}$$

Dieser Operator wird häufig als Differenzen-Stern bezeichnet, wie in Abb. 2.49 dargestellt. Er kann auf jeden der inneren Gitterpunkte $i = 2 \cdots N_x - 1$, $k = 2 \cdots N_z - 1$ angewendet werden. Daraus resultiert jeweils eine Differenzengleichung. An den Randpunkten $i = 1, N_x$ und $k = 1, N_z$ wird anstelle der Differentialgleichung die diskrete Dirichlet-Randbedingung $u_{ik} = 0$ gefordert. Fasst man alle diskreten Unbekannten zu einem diskreten Lösungsvektor zusammen (Zählrichtung erst entlang $i$, dann entlang $k$), so ergibt sich das in Abb. 2.50 gezeigte lineare Gleichungssystem mit der pentadiagonalen

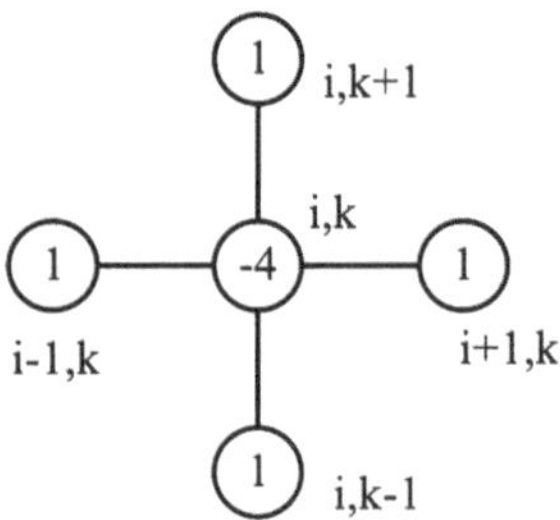

**Abb. 2.49** Differenzen-Stern
für die Poisson-Gleichung

Koeffizientenmatrix, dem Lösungsvektor und dem Vektor der rechten Seite. Um die Randpunkte, an deren Position $u$ nicht berechnet werden muss, im Lösungsvektor zu erhalten, sind die entsprechenden Zeilen durch die diskrete Randbedingung ersetzt.

Dieses Gleichungssystem kann mittels Standardverfahren gelöst werden, bevorzugt mit solchen Lösungsalgorithmen, welche die pentadigonale Struktur der Matrix berücksichtigen. Derartige Verfahren sind in Programmbibliotheken verfügbar. Für die Navier-Stokes-Gleichungen, die nichtlinear sind, sind vorbereitete Programmbibliotheken dagegen nicht verfügbar. Die entstehenden Gleichungssysteme müssen iterativ gelöst werden oder, wenn sie zeitabhängig sind, mittels Zeitschrittverfahren.

Die iterative Lösung nichtlinearer Gleichungssysteme ist in erster Linie eine mathematische Aufgabe und soll in diesem Buch nicht behandelt werden. Daher wenden wir uns im Folgenden den Zeitschrittverfahren zu (hier: mehrdimensional), die wir zur Integration der zeitabhängigen Navier-Stokes-Gleichungen ohnehin benötigen.

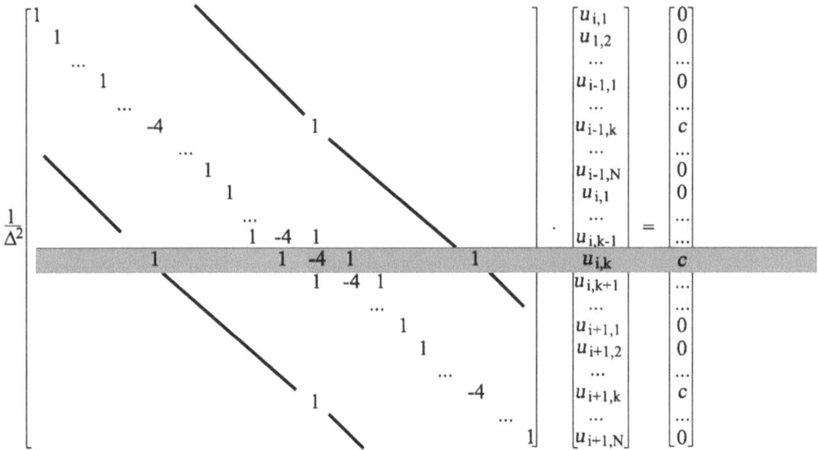

**Abb. 2.50** Gleichungssystem des Differenzenverfahrens

Die verallgemeinerte Aufgabenstellung lautet

$$\frac{\partial u}{\partial t} + \frac{\partial^2 u}{\partial x^2} + \frac{\partial^2 u}{\partial z^2} = c, \qquad (2.179)$$

unter denselben Randbedingungen, $u = 0$ auf dem Rand von Abb. 2.47. Zusätzlich ist jetzt die Vorgabe einer Anfangsbedingung $u(t = 0) = u_0$ erforderlich. Falls tatsächlich eine instationäre Aufgabenstellung vorliegt, stellt die Anfangsbedingung den physikalischen Ausgangszustand dar. Wenn aber die Zeitableitung nur hinzugefügt wurde, um ein Zeitschrittverfahren zur Lösung der Aufgabe (2.174) anwenden zu können (dies kommt häufig vor), so kann die Anfangsbedingung weitgehend beliebig gewählt werden. Die Zeitintegration wird dann solange durchgeführt, bis die Lösung „stationär wird", d. h. der Term $\partial u / \partial t$ zu Null wird. Obwohl dies niemals garantiert werden kann, hat sich die die Zeitintegrationsmethode als eine zuverlässige Methode zur Berechnung stationärer Strömungen bewährt.

Mit den bereits eingeführten Bezeichnungen $t^n = n \cdot \Delta t$ und $u_{ik}(t^n) = u_{ik}^n$ führen wir die Zeitdiskretisierung durch. Für die Approximation der Zeitableitung verwenden wir hier dabei die Vorwärtsdifferenz

$$\frac{\partial u}{\partial t} \approx \frac{u^{n+1} - u^n}{\Delta t} \qquad (2.180)$$

und ergänzen (2.177) entsprechend. Die räumlichen Ableitungen können wahlweise zur alten Zeitschicht genommen werden, also

$$\frac{u_{ik}^{n+1} - u_{ik}^n}{\Delta t} = c - \frac{u_{i+1,k}^n - 2u_{ik}^n + u_{i-1,k}^n}{\Delta x^2} - \frac{u_{i,k+1}^n - 2u_{ik}^n + u_{i,k-1}^n}{\Delta z^2} \qquad (2.181)$$

oder zur neuen Zeitschicht

$$\frac{u_{ik}^{n+1} - u_{ik}^n}{\Delta t} = c - \frac{u_{i+1,k}^{n+1} - 2u_{ik}^{n+1} + u_{i-1,k}^{n+1}}{\Delta x^2} - \frac{u_{i,k+1}^{n+1} - 2u_{ik}^{n+1} + u_{i,k-1}^{n+1}}{\Delta z^2}. \qquad (2.182)$$

Bezüglich der Genauigkeit sind beide Verfahren gleichberechtigt (1. Ordnung in der Zeit, 2. Ordnung im Raum). Die erste Variante (2.181) bezeichnen wir als das „explizite Verfahren", da $u_{ik}^{n+1}$ die einzige Unbekannte darstellt, nach der leicht aufgelöst werden kann. Die zweite Variante (2.182) heißt „implizites Verfahren", da auch auf der rechten Seite Unbekannte vorkommen, nach denen nicht aufgelöst werden kann. Zur Lösung muss wie beim stationären Problem ein (für dieses Beispiel lineares) Gleichungssystem gelöst werden. Ein Flussdiagramm für das explizite Verfahren ist in Abb. 2.51 gezeigt.

Das Verschwinden der Zeitableitung wird niemals exakt erreicht. Die Strömung kann jedoch näherungsweise als stationär angesehen werden, wenn die alte und neue Lösung bis auf eine kleine Zahl, ca. $10^{-5}$, übereinstimmen. Ein Maß für die Änderung der Lösung

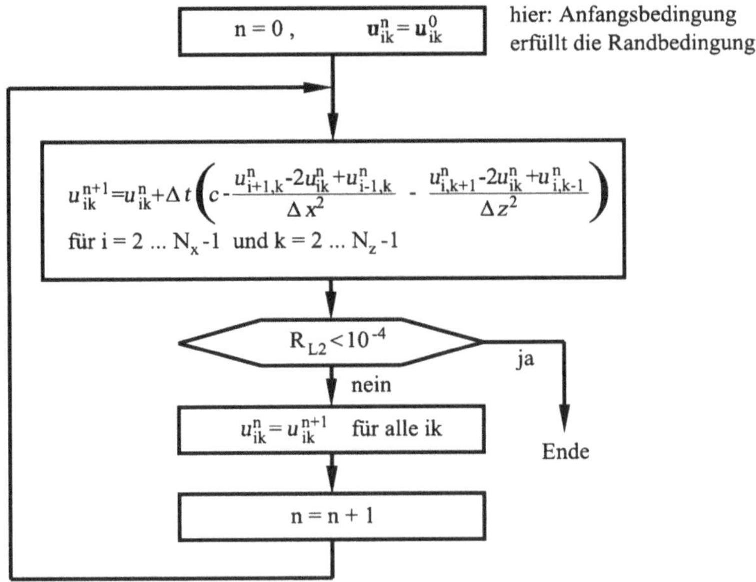


**Abb. 2.51** Flussdiagramm für das explizite Differenzenverfahren zur Integration der Poisson-Gleichung

ist das Residuum (Rest), welches z. B. als Summe der Quadrate der Änderungen über alle Gitterpunkte, die sog. $L_2$-Norm

$$R_{L2} = \frac{1}{N_x \cdot N_z} \sum_{i=1}^{Nx} \sum_{k=1}^{Nz} \left( u_{ik}^{n+1} - u_{ik}^{n} \right)^2 , \tag{2.183}$$

definiert werden kann.

### 2.3.6 DuFort-Frankel-Differenzenverfahren

Für die Numerische Strömungsmechanik ist es von erheblicher Bedeutung, ob die kompressiblen oder die inkompressiblen Navier-Stokes-Gleichungen zu integrieren sind. Bisher wurden kompressible Strömungen betrachtet. In diesem Kapitel wollen wir als einführendes Beispiel für eine Lösungsmethode für inkompressible Strömung das DuFort-Frankel-Differenzenverfahren behandeln.

Das Verfahren wird zunächst eindimensional eingeführt. Dazu verwenden wir als Modellgleichung die in Abschn. 2.2.1 eingeführte lineare Burgers-Gleichung (2.40) für eine Variable $u = u\,(x,t)$:

$$\frac{\partial u}{\partial t} + c \frac{\partial u}{\partial x} = v \frac{\partial^2 u}{\partial x^2} \tag{2.184}$$

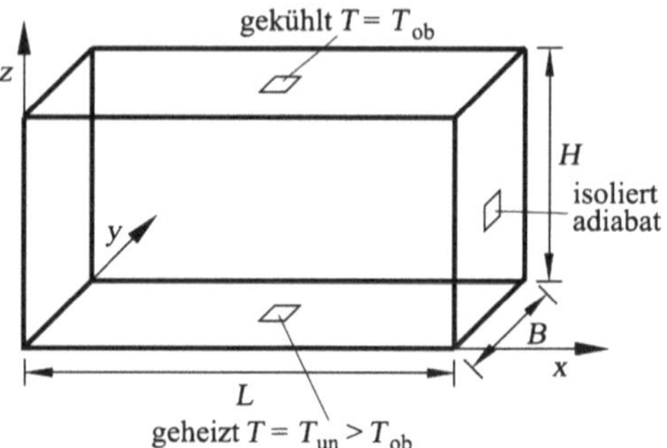


**Abb. 2.52** Geometrie und Randbedingungen für die Simulation der Konvektionsströmung in einem rechteckigen Behälter

mit der Konvektionsgeschwindigkeit $c$ und der kinematischen Viskosität $\nu$. Das Verfahren basiert auf dem Leapfrog-Verfahren für die Zeit, der zentralen Differenz für die erste Ableitung und einer modifizierten zentralen Differenz für die zweite Ableitung. Es lautet:

$$\frac{u_i^{n+1} - u_i^{n-1}}{2\Delta t} + c\frac{u_{i+1}^n - u_{i-1}^n}{2\Delta x} = \nu\frac{u_{i+1}^n - u_i^{n+1} - u_i^{n-1} + u_{i-1}^n}{\Delta x^2}. \tag{2.185}$$

Die Modifikation besteht darin, dass der zentrale Wert anstatt aus der Zeitschicht $n$ als Mittelwert der Zeitschichten $n+1$ und $n-1$ genommen wird. Das Verfahren ist explizit, da sich die (2.185) nach der Unbekannten auflösen lässt:

$$u_i^{n+1} = \frac{\left[u_i^{n-1} - c\frac{\Delta t}{\Delta x}\left(u_{i+1}^n - u_{i-1}^n\right) + 2\nu\frac{\Delta t}{\Delta x^2}\left(u_{i+1}^n + u_{i-1}^n - u_i^{n-1}\right)\right]}{\left(1 + 2\nu\frac{\Delta t}{\Delta x^2}\right)}. \tag{2.186}$$

Für die Burgers-Gleichung ergibt sich ein stabiles Verfahren mit der Stabilitätsbedingung

$$\Delta t \leq \frac{\Delta x}{c}, \tag{2.187}$$

die wir hier ohne Herleitung angeben. Die Burgers-Gleichung repräsentiert die Navier-Stokes-Gleichungen für inkompressible Strömung allerdings in einem Punkt nicht: da sie den Druck nicht enthält, kann die Koppelung zwischen den verschiedenen Impulsgleichungen sowie die Erfüllung der Kontinuitätsgleichung nicht getestet werden. Wir wollen daher das Verfahren auf drei Dimensionen erweitern.

Als Berechnungsbeispiel betrachten wir die freie Konvektion in einem rechteckigen Behälter, welche durch unterschiedliche Temperaturen der Behälterwände hervorgerufen wird. Der Behälter mit den Abmessungen $H$, $B$ und $L$ ist in Abb. 2.52 gezeigt. Die untere Wand wird auf einer höheren Temperatur gehalten als die obere, sie wird also geheizt, während die obere gekühlt wird. Die seitlichen Wände sind adiabat. Das Ziel ist die Bestimmung des Wärmedurchgangs, also der Nusselt-Zahl, als Funktion der Rayleigh-Zahl bei $Pr = $ const.

Dem Strömungsproblem liegen die Navier-Stokes-Gleichungen für inkompressible Strömungen mit Berücksichtigung des hydrostatischen Auftriebs zugrunde. Unter

Verwendung des Ableitungsoperators Nabla ($\nabla$), des Divergenzoperators, des Laplace-Operators und des Konvektions-Operators

$$\nabla = \left[ \frac{\partial}{\partial x} \quad \frac{\partial}{\partial y} \quad \frac{\partial}{\partial z} \right]^{T} \tag{2.188}$$

lauten diese in Vektorschreibweise ($^{T}$ bedeutet: transponiert), mit der Kontinuitätsgleichung

$$\nabla^{T} \cdot \vec{u} = 0, \tag{2.189}$$

der Impulsgleichung

$$\frac{\partial \vec{u}}{\partial t} + \left( \vec{u}^{T} \cdot \nabla \right) \vec{u} = g\beta \, \Delta T \begin{bmatrix} 0 \\ 0 \\ 1 \end{bmatrix} - \frac{1}{\rho_0} \nabla p + \nu_0 \nabla^2 \vec{u}, \tag{2.190}$$

und der Energiegleichung

$$\frac{\partial T}{\partial t} + \left( \vec{u}^{T} \cdot \nabla \right) T = a_0 \nabla^2 T. \tag{2.191}$$

In der hier verwendeten Boussinesq-Approximation sind alle Stoffgrößen Dichte, kinematische Zähigkeit und Temperaturleitfähigkeit

$$\rho_0, \quad \nu_0 = \frac{\mu_0}{\rho_0} \quad \text{und} \quad a_0 = \frac{\lambda_0}{\rho_0 c_p} \tag{2.192}$$

für eine Referenztemperatur $T_0$ definiert. Die Änderung der Dichte ist nur im hydrostatischen Auftriebsterm (erster Term auf der rechten Seite der Impulsgleichung (2.190) durch den thermischen Ausdehnungskoeffizient $\beta$ berücksichtigt. Über die in diesem Term vorkommende Temperatur ist die Impulsgleichung auch mit der Energiegleichung (2.192) gekoppelt.

Die direkte Anwendung des DuFort-Frankel-Verfahrens auf dieses Gleichungssystem erscheint nicht möglich, da die Kontinuitätsgleichung (2.189) keine Zeitableitung besitzt und außerdem nicht klar ist, wie der Druck berechnet werden soll. Hier wird eine allgemeine Eigenschaft der Navier-Stokes-Gleichungen für inkompressible Strömung, aber auch abgeleiteten Formen wie der hier vorliegenden Boussinesq-Approximation deutlich: das Problem kann auch schon an den Stokes-Gleichungen, bei denen die Trägheitsterme vollständig vernachlässigt sind, verdeutlicht werden

$$\nabla \vec{u} = 0, \tag{2.193}$$

$$\frac{\partial \vec{u}}{\partial t} = -\frac{1}{\rho} \nabla p + \nu \, \nabla^2 \vec{u}. \tag{2.194}$$

Zur Lösung des Gleichungssystems kann ein Zeitschrittverfahren nicht direkt angewendet werden, denn für den Druck gibt es keine Zeitableitung. Außerdem gilt die bei kompressibler Strömung verwendete gasdynamische Zustandsgleichung $p = \rho R T$ hier nicht. Die Kontinuitätsgleichung besitzt keine Zeitableitung. Sie kann als Nebenbedingung betrachtet werden, welche für das Geschwindigkeitsfeld eingehalten werden muss.

Bei näherer Betrachtung der mathematischen Struktur der (2.193) und (2.194) aber auch (2.189) und (2.190) stellt sich die Aufgabe folgendermaßen dar: Druckberechnung und Erfüllung der Kontinuitätsgleichung hängen eng miteinander zusammen. Der Druck muss so bestimmt werden, dass die Nebenbedingung der Kontinuitätsgleichung erfüllt ist. Es gibt (bis auf eine Konstante) nur ein Druckfeld, für das dies der Fall ist.

Um dies zu erreichen, unternehmen wir den Versuch, eine Gleichung zur Bestimmung des Druckes abzuleiten. Zum festen Zeitpunkt folgt durch Anwendung des Operators $\nabla$ auf (2.190)

$$
\nabla\left[(\vec{u}\cdot\nabla)\,\vec{u}\right] = \nabla\cdot g\beta\Delta T \begin{bmatrix} 0 \\ 0 \\ 1 \end{bmatrix} - \frac{1}{\rho_0}\nabla\cdot\nabla p + \nu\nabla\cdot\nabla^2 u \tag{2.195}
$$

und wegen

$$
\nabla\nabla^2\vec{u} = \nabla^2\underbrace{\left(\nabla\vec{u}\right)}_{=0} = 0, \quad \nabla\cdot\nabla p = \nabla^2 p \tag{2.196}
$$

folgt daraus die Poisson-Gleichung für den Druck

$$
\frac{1}{\rho_0}\nabla^2 p = -\nabla\left[(\vec{u}\cdot\nabla)\,\vec{u}\right] + \nabla\cdot g\beta\Delta T \begin{bmatrix} 0 \\ 0 \\ 1 \end{bmatrix}. \tag{2.197}
$$

Diese lautet ausgeschrieben und unter Verwendung dimensionsloser Zahlen

$$
\nabla^2 p = \frac{2}{Pr}\left(\frac{\partial u}{\partial x}\frac{\partial v}{\partial y} + \frac{\partial u}{\partial x}\frac{\partial w}{\partial z} + \frac{\partial v}{\partial y}\frac{\partial w}{\partial z} - \frac{\partial v}{\partial x}\frac{\partial u}{\partial y} - \frac{\partial w}{\partial x}\frac{\partial u}{\partial z} - \frac{\partial w}{\partial y}\frac{\partial v}{\partial z}\right) + Ra\frac{\partial T}{\partial z}. \tag{2.198}
$$

Die numerische Lösung einer Poisson-Gleichung auf einem kartesischen Gitter haben wir bereits behandelt.

Damit kann aus einem bekannten Geschwindigkeitsfeld der Druck berechnet werden. Nimmt man nun an, dass die Kontinuitätsgleichung erfüllt ist, da sie zur Herleitung von (2.182) verwendet worden ist, kann ein numerisches Verfahren für die verbleibenden Gleichungen formuliert werden.

Die $x$-Impulsgleichung lautet z. B.

$$\frac{u^{n+1}_{ijk} - u^{n-1}_{ijk}}{2 \cdot \Delta t} = -\left(\vec{u}\,\nabla\right) u|^n_{ijk} - \frac{1}{\rho_0} \frac{p^n_{i+1,j,k} - p^n_{i-1,j,k}}{2\Delta x}$$
$$+ \nu \left( \frac{u^n_{i+1,j,k} - u^{n+1}_{ijk} - u^{n-1}_{ijk} + u^n_{i-1,j,k}}{\Delta x^2} \right.$$
$$+ \frac{u^n_{i,j+1,k} - u^{n+1}_{ijk} - u^{n-1}_{ijk} + u^n_{i,j-1,k}}{\Delta y^2}$$
$$\left. + \frac{u^n_{i,j,k+1} - u^{n+1}_{ijk} - u^{n-1}_{ijk} + u^n_{i,j,k-1}}{\Delta z^2} \right), \qquad (2.199)$$

mit dem nichtlinearen Term

$$\left(\vec{u} \cdot \nabla\right) u|_{ijk} = \frac{u^n_{i+\frac{1}{2},j,k} \cdot u^n_{i+1,j,k} - u^n_{i-\frac{1}{2},j,k} \cdot u^n_{i-1,j,k}}{2 \cdot \Delta x}$$
$$+ \frac{v^n_{i,j+\frac{1}{2},k} \cdot u^n_{i,j+1,k} - v^n_{i,j-\frac{1}{2},k} \cdot u^n_{i,j-1,k}}{2 \cdot \Delta y}$$
$$+ \frac{w^n_{i,j,k+\frac{1}{2}} \cdot u^n_{i,j,k+1} - w^n_{i,j,k-\frac{1}{2}} \cdot u^n_{i,j,k-1}}{2 \cdot \Delta z}. \qquad (2.200)$$

Die anderen Komponenten der Impulsgleichung sowie die Energiegleichung können analog formuliert werden. Somit ergibt sich das in Abb. 2.53 gezeigte Flussdiagramm. Das Verfahren läuft folgendermaßen ab: Nach Einlesen einer Anfangsbedingung für das Geschwindigkeitsfeld (z. B. der Ruhezustand), beginnt die Zeitschleife mit der Berechnung des Druckes. Danach werden die Impulsgleichungen und die Energiegleichung integriert, Randbedingungen erfüllt und die Lösung aktualisiert. Es ist bemerkenswert, dass die Kontinuitätsgleichung nicht verwendet wird, da sie ja bereits zur Herleitung der Poisson-Gleichung für den Druck verwendet wurde und somit „verbraucht" ist. Durch nachträgliche numerische Prüfung der Lösung kann bestätigt werden, dass die Kontinuitätsgleichung tatsächlich näherungsweise erfüllt ist. Die berechnete Konvektionsströmung ist in Abb. 2.54 gezeigt.

Es stellt sich jedoch heraus, dass das Verfahren nur für sehr kleine Zeitschritte funktioniert. Für größere Zeitschritte wird es instabil. Diese Verfahrens-Nachteile können folgendermaßen erklärt werden: Die Kontinuitätsgleichung wurde zwar verwendet, ihre Erfüllung ist aber keineswegs garantiert. Mathematisch bezeichnet man die Verwendung von (2.197) nur als eine notwendige Bedingung für die Gültigkeit von (2.189), keine hinreichende.

Für inkompressible Strömungen besteht daher die Notwendigkeit, numerische Algorithmen zu finden, welche die Kontinuitätsgleichung tatsächlich erzwingen und dabei den Druck so bestimmen, dass dies möglich ist. Eine solche Methode wird im nächsten Unterkapitel vorgestellt.

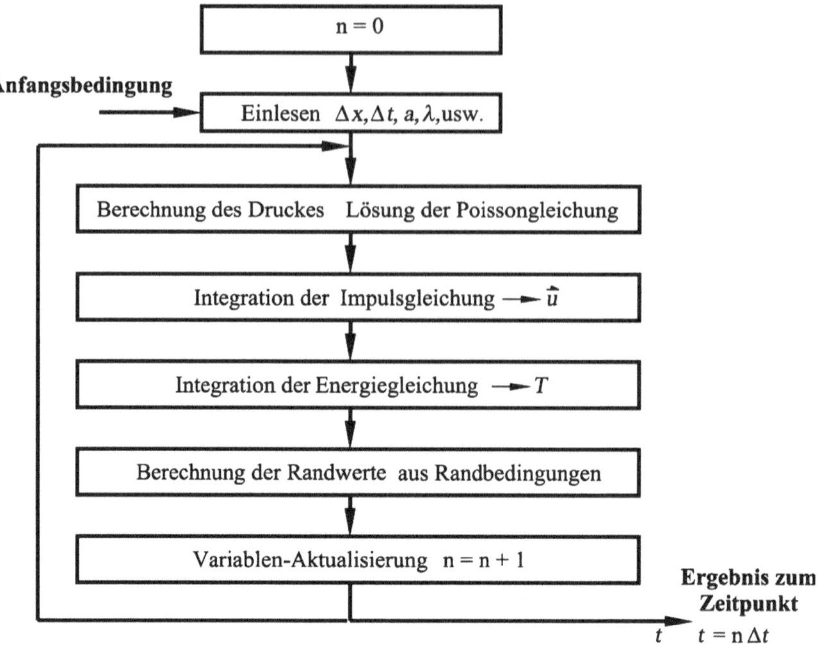



**Abb. 2.53**  Flussdiagramm des DuFort-Frankel-Differenzenverfahrens

**Abb. 2.54**  Berechnete Isothermen für eine Periode der oszillierenden Konvektionsrollen im Mittelschnitt des rechteckigen Behälters

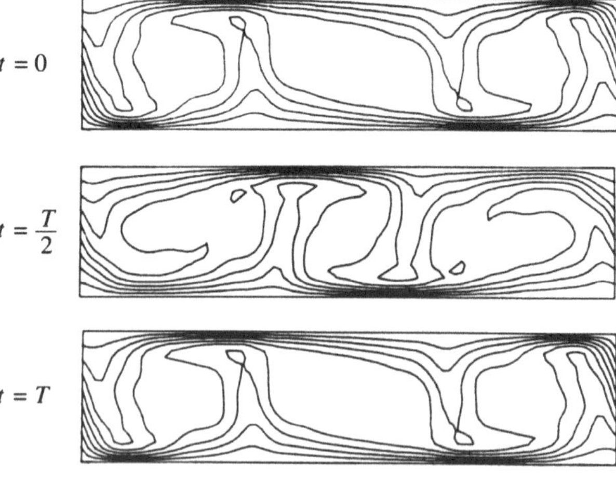

### 2.3.7  SIMPLE-Methode zur Druckberechnung

Die Schwierigkeit der Berechnung des Druckes bei inkompressiblen Strömungen erklärt sich aus der Koppelung der Kontinuitätsgleichung als Nebenbedingung für das Geschwindigkeitsfeld mit dem Druck

$$\nabla^T \cdot \vec{u} = 0,$$
$$\rho \left( \frac{\partial \vec{u}}{\partial t} + \left( \vec{u}^T \cdot \nabla \right) \vec{u} \right) = -\nabla p + \mu \cdot \nabla^2 \vec{u}. \tag{2.201}$$

Der Druck muss zu jedem Zeitpunkt derart bestimmt werden, dass die Kontinuitätsgleichung erfüllt ist. Druckberechnung und Kontinuitätsgleichung sind miteinander gekoppelt.

Für ein Zeitschrittverfahren stellt sich für alle Terme einzeln, also auch für den Druckterm, die Frage, ob sie explizit oder implizit behandelt werden sollen. Werden alle Terme implizit behandelt, so kommt man zur voll-impliziten Formulierung:

$$\nabla^T \cdot \vec{u}^{n+1} = 0,$$
$$\rho \left( \frac{\vec{u}^{n+1} - \vec{u}^n}{\Delta t} + \left( \vec{u}^{n+1} \cdot \nabla \right) \vec{u}^{n+1} \right) = -\nabla p^{n+1} + \mu \cdot \nabla^2 \vec{u}^{n+1}, \tag{2.202}$$

welche mathematisch zu lösen ist. Werden alle Terme der Impulsgleichung explizit behandelt

$$\nabla^T \cdot \vec{u}^{n+1} = 0,$$
$$\rho \left( \frac{\vec{u}^{n+1} - \vec{u}^n}{\Delta t} + \left( \vec{u}^n \cdot \nabla \right) \vec{u}^n \right) = -\nabla p^n + \mu \cdot \nabla^2 \vec{u}^n, \tag{2.203}$$

so kann die Kontinuitätsgleichung nicht erfüllt werden, da über den Druck bereits zur alten Zeitschicht verfügt worden ist. Eine Möglichkeit besteht in der semi-impliziten Behandlung, in der die Kontinuitätsgleichung und der Druck zum neuen Zeitpunkt, die anderen Terme aber zum alten Zeitpunkt definiert sind:

$$\nabla^T \cdot \vec{u}^{n+1} = 0,$$
$$\rho \left( \frac{\vec{u}^{n+1} - \vec{u}^n}{\Delta t} + \left( \vec{u}^n \cdot \nabla \right) \vec{u}^n \right) = -\nabla p^{n+1} + \mu \cdot \nabla^2 \vec{u}^n. \tag{2.204}$$

Die Berechnung zu einem festen Zeitpunkt erfolgt iterativ nach dem in Abb. 2.55 gezeigten Schema. Man bezeichnet dieses Verfahren als das SIMPLE-Verfahren (*S*emi *I*mplicit *M*ethod for *P*ressure *L*inked *E*quations), da es für die über den Druck miteinander gekoppelten Gleichungen gilt.

Zunächst wird das Druckfeld vorgegeben. Diese Vorgabe kann willkürlich sein oder sich an dem erwarteten Ergebnis bereits orientieren (Druck der letzten Zeitschicht). Dieses

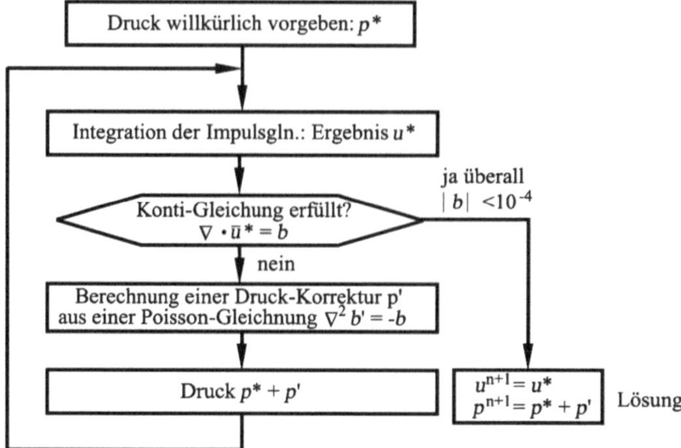

**Abb. 2.55**  Schema zur Berechnung des Druckes und Erfüllung der Kontinuitätsgleichung nach dem SIMPLE-Verfahren

**Abb. 2.56**  Für die Iteration erforderliche Korrektur des Drucks an Orten von Quellen oder Senken

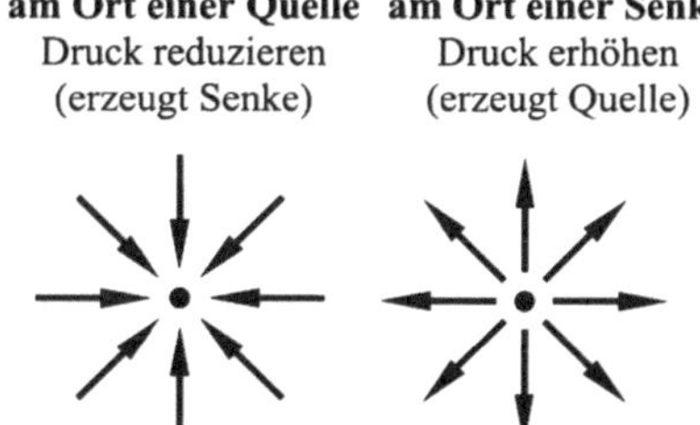


vorläufige Druckfeld $p^*$ kann nun in die Impulsgleichungen eingesetzt und diese können zur Berechnung der Geschwindigkeitskomponenten mit einem beliebigen expliziten Verfahren integriert werden. Das Ergebnis $\vec{u}^*$ ist ebenfalls nur vorläufig und wird im Allgemeinen die Kontinuitätsgleichung nicht erfüllen

$$\nabla \cdot \vec{u}^* = b. \tag{2.205}$$

Die Abweichung $b$ kann als eine Quell/Senkenbelegung des Integrationsgebietes aufgefasst werden. Das Ziel der nun folgenden Iteration ist es, die Größe $b$ überall unter eine gewünschte Genauigkeitsschranke zu bringen. Dazu wird der Ort einer Quelle ($b$ positiv) bzw. einer Senke ($b$ negativ) im Strömungsfeld betrachtet, siehe Abb. 2.56.

Es folgt die Berechnung einer Druckkorrektur $p'$. Am Ort einer Quelle muss der Druck reduziert werden, dadurch wird die Strömung zu diesem Ort hin gelenkt. Es wird eine Senke überlagert und die Gesamtströmung damit verbessert. Entsprechend muss am Ort einer Senke der Druck gegenüber der Ausgangsverteilung vergrößert werden. Diese Eigenschaft besitzt die Poisson-Gleichung für die Druckkorrektur

$$\nabla^2 p' = -b, \tag{2.206}$$

welche mit Kenntnis von $b$ gelöst werden kann. An Rändern, an denen der Druck vorgeschrieben ist, wird die Druckkorrektur zu Null vorgeschrieben. Als Ergebnis der Iteration erhält man den neuen Druck als Summe des alten Druckes und der Druckkorrektur. Die Iteration konvergiert erfahrungsgemäß gut. Sie wird abgebrochen, wenn überall die vorgegebene Schranke unterschritten ist. Die Kontinuitätsgleichung kann dann näherungsweise als erfüllt angesehen werden. Falls die Iteration nicht konvergiert, ist es ratsam, die Zeitschrittweite $\Delta t$ zu verkleinern. Dann liegt die Ausgangsverteilung des Druckes näher an der erwarteten Verteilung. Das SIMPLE-Verfahren hat sich für die Integration der inkompressiblen Navier-Stokes-Gleichungen gut bewährt und wird daher in der Praxis häufig verwendet.

### 2.3.8 Grundlagen der Finite-Volumen-Methode

Diese Methode besitzt gegenüber Differenzenverfahren entscheidende Vorteile für die Numerische Strömungsmechanik, welche wir im Verlauf der Herleitung herausarbeiten wollen. Als Beispiel dient die instationäre, zweidimensionale Differentialgleichung erster Ordnung, welche etwa als ein Modell für reibungslose Strömung angesehen werden kann:

$$\frac{\partial u}{\partial t} + \frac{\partial f_x}{\partial x} + \frac{\partial f_z}{\partial z} + c = 0. \tag{2.207}$$

Darin sind $f_x(u)$ und $f_z(u)$ lineare oder nichtlineare Funktionen von $u$, welche aber selbst keine Ableitungen mehr enthalten dürfen. Ebenso wie die eindimensionale Wellengleichung kann diese Gleichung als skalares Modell der Euler-Gleichung angesehen werden, hier jedoch mehrdimensional. Die Reibung wird dann im nachfolgenden Kapitel hinzugefügt.

Die Differentialgleichung soll auf dem in Abb. 2.57 gezeigten Gebiet $V$ (für Volumen) mit dem Rand $R$ integriert werden. Wir wollen den Ausdruck Volumen hier verallgemeinert für das Strömungsfeld oder Ausschnitte daraus verwenden, da die nun folgende Herleitung dimensionsunabhängig ist und genauso für ein tatsächliches räumliches Volumen gilt, für das der Rand dann eine Fläche ist. Randbedingungen können Dirichlet- oder Neumann-Randbedingungen sein.

Zunächst sind einige mathematische Vorarbeiten erforderlich. Der erste Schritt besteht in der Überführung der differentiellen Problemformulierung (2.207) in eine integrale. Dazu integrieren wir (2.207) über $dV = dx\,dz$:

$$\int_V \left( \frac{\partial u}{\partial t} + \frac{\partial f_x}{\partial x} + \frac{\partial f_z}{\partial z} + c \right) dV = 0. \tag{2.208}$$

**Abb. 2.57** Integrationsgebiet
und Rand

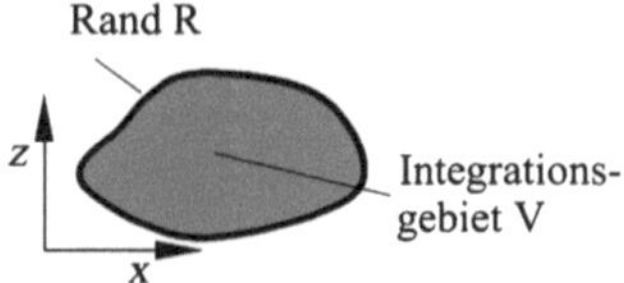


Diese Forderung ist nicht genau äquivalent mit (2.207), da nicht mehr das Verschwinden
des Integranden an jeder Stelle im Strömungsfeld zur Erfüllung von (2.208) erforderlich
ist. Sie wird daher auch als „schwache Form" der ursprünglichen Differentialgleichung
bezeichnet. Insgesamt erfüllen mehr Lösungsfunktionen (2.208) als (2.207) weil sich Bereiche mit positiven und negativen Werten ausgleichen können. Die schwache Form hat
sich jedoch als für ein Näherungsverfahren gut geeignet erwiesen. Sie lautet in Einzelin-
tegrale aufgespalten

$$\int_V \left(\frac{\partial u}{\partial t}\right) dV + \int_V \left(\frac{\partial f_x}{\partial x} + \frac{\partial f_z}{\partial z}\right) dV + \int_V c\, dV = 0. \tag{2.209}$$

Mit Hilfe des Gauß'schen Integralsatzes wird eine weitere Umformung des zweiten Terms
durchgeführt. Dieser lautet in hier verwendeten Schreibweisen

$$\int_V \left(div \begin{bmatrix} f_x \\ f_z \end{bmatrix}\right) dV = \int_V \left(\frac{\partial f_x}{\partial x} + \frac{\partial f_z}{\partial z}\right) dV = \int_V \nabla \begin{bmatrix} f_x \\ f_z \end{bmatrix} dV = \int_R \left(\vec{f}\cdot\vec{n}\right) dR. \tag{2.210}$$

Er bedeutet, dass die Divergenz (Quell-Senken-Belegung) in $V$ durch Flüsse über den
Rand ausgeglichen wird. Darin ist $\vec{n}$ der nach außen weisende Einheitsvektor senkrecht
zum Rand mit den Komponenten $n_x$ und $n_z$ (zweidimensional). Damit kann die Ableitungsordnung des Integrals (2.193) um eins reduziert werden und wir erhalten die
Ausgangsgleichung der Finite-Volumen-Methode:

$$\int_V \left(\frac{d u}{d t}\right) dV + \int_R (f_x \cdot n_x + f_z \cdot n_z)\, dR + c \int_V dV = 0. \tag{2.211}$$

Dieser Ausdruck enthält keine räumlichen Ableitungen mehr. Die partielle Ableitung
konnte durch die gewöhnliche ersetzt werden.

Als nächster Schritt erfolgt die Diskretisierung. Das Integrationsgebiet wird nach
Abb. 2.58 in Finite Volumen $V_{i,k}$ unterteilt, deren Summe wieder das ursprüngliche
Volumen $V$ ergibt:

$$V = \sum_{i,k=1}^{Nx-1,Nz-1} V_{i,k}. \tag{2.212}$$

**Abb. 2.58** Aufteilung von $V$ in Finite Volumen

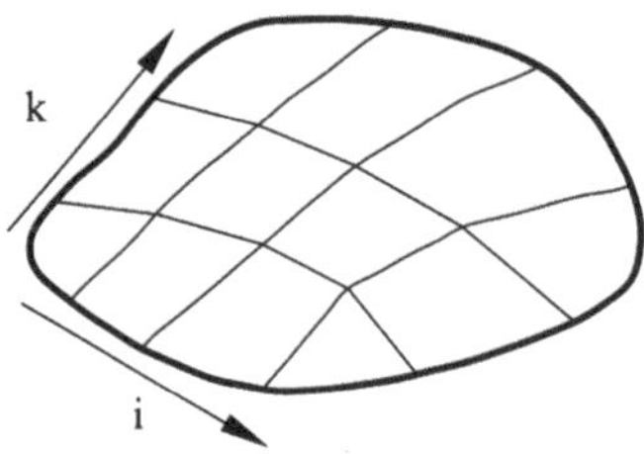


Die Forderung aus (2.211) wird ebenfalls eine Summe

$$\sum_{i,k=1}^{N_x-1,\,N_z-1} \left\{ \int\limits_{V_{i,k}} \frac{d\,u}{d\,t}\,dV + \int\limits_{R_{i,k}} (f_x \cdot n_x + f_z \cdot n_z)\,dR + c \int\limits_{V_{i,k}} dV \right\} = 0. \qquad (2.213)$$

Es ist zu beachten, dass die Indices in (2.212) und (2.213) Zellindices darstellen, im Gegensatz zu den bisher verwendeten Punktindices. Das Verfahren ist daher zellorientiert. Wir treffen die Vereinbarung, dass $N_x$ und $N_z$ weiterhin die Anzahl der Punkte entlang der Netzlinienscharen bedeuten. Die Anzahl der Zellen ist demgegenüber um 1 kleiner.

Die anfangs abgeschwächte Forderung wird nun wieder verstärkt. Wir fordern nämlich anstelle des Verschwindens der Summe in (2.213) das separate Verschwinden jedes einzelnen Summenterms. Dann ergibt sich für $i = 1 \dots N_x - 1$ und $k = 1 \dots N_z - 1$ jeweils

$$\int\limits_{V_{i,k}} \frac{d\,u}{d\,t}\,dV + \int\limits_{R_{i,k}} (f_x \cdot n_x + f_z \cdot n_z)\,dR + c \cdot V_{i,k} = 0, \qquad (2.214)$$

mit

$$\int\limits_{V_{i,k}} dV = V_{i,k}. \qquad (2.215)$$

Für die Diskretisierung der Funktion $u$ sowie der Flüsse $f_x$ und $f_z$ sind nun weitere Annahmen zu treffen. Die Lösungsvariable $u$ sei in jeder Zelle konstant und besitze dort den Wert $u_{i,k}$. Sie ist also eine zweidimensionale Treppenfunktion und springt an den Rändern zwischen den Zellen. Im ersten Term werden Zeitableitung und Integration vertauscht sowie durch das Zellvolumen $V_{i,k}$ dividiert. Dann folgt das System gekoppelter gewöhnlicher Differentialgleichungen:

$$\frac{d\,u_{i,k}}{d\,t} + \frac{1}{V_{i,k}} \int\limits_{R\,i,k} (f_x \cdot n_x + f_z \cdot n_z)_{i,k}\,dR + c = 0. \qquad (2.216)$$

Das Randintegral kann unter einer weiteren Vereinfachung berechnet werden. Es wird angenommen, dass die Flüsse $f_x$ und $f_z$ auf den Randsegmenten jedes Finiten Volumens

**Abb. 2.59** Indizierung der
Randsegmente der Zelle *(i, k)*
mit dem Randindex $l = 1\ldots4$

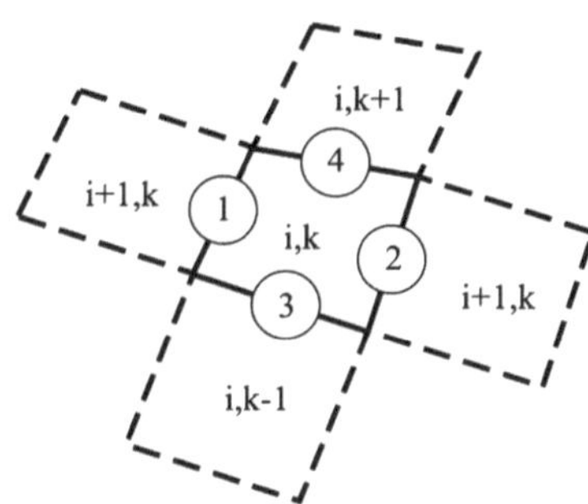


konstant sind. Zu deren Indizierung führen wir den Seitenindex $l$ ein, welcher gemäß
Abb. 2.59 in der Ebene von 1 bis 4 läuft (und entsprechend im Raum von 1 bis 6).

Damit kann das Randintegral in eine Summe überführt werden:

$$\int_R (f_x \cdot n_x + f_z \cdot n_z)\, dR = \sum_{l=1}^{4} (f_x \cdot n_x + f_z \cdot n_z)_l \underbrace{\int_{R_l} dR}_{O_l}, \tag{2.217}$$

wobei der Begriff „Oberfläche" das angegebene Integral bezeichnen soll. Jetzt ist noch
festzulegen, wie die Flüsse aus der Zustandsgröße berechnet werden soll, da beide an
unterschiedlichen Positionen definiert sind, nämlich $u$ für das Volumen und $f_x$, $f_z$ für den
Rand. Bei nichtlinearen Flüssen gibt es zwei unterschiedliche Möglichkeiten, nämlich die
Berechnung der Flüsse für jede Zelle und Bildung der Mittelwerte der an das jeweilige
Randsegment angrenzenden Zelle, z. B. für die $x$-Komponente des Flusses

$$f_x|_{l=1} = \frac{1}{2}\left\{f_x(u_{i,k}) + f_x(u_{i-1,k})\right\},$$

$$f_x|_{l=2} = \frac{1}{2}\left\{f_x(u_{i,k}) + f_x(u_{i+1,k})\right\},$$

$$f_x|_{l=3} = \frac{1}{2}\left\{f_x(u_{i,k}) + f_x(u_{i,k-1})\right\},$$

$$f_x|_{l=4} = \frac{1}{2}\left\{f_x(u_{i,k}) + f_x(u_{i,k+1})\right\} \tag{2.218}$$

und analog für die $z$-Komponente. Oder die Mittelung der Zustände wird zunächst durchgeführt und danach die Berechnung der Flüsse an den Seiten.

Mit der üblichen Definition eines leicht zu berechnenden Oberflächenvektors (nur jeweils die Seite $l$ um 90° drehen)

$$(\vec{n} \cdot O)_l = \vec{O}_l = \begin{bmatrix} O_x \\ O_z \end{bmatrix} \tag{2.219}$$

erhält man abschließend

$$\frac{d\,u_{i,k}}{d\,t} + \frac{1}{V_{i,k}} \sum_{l=1}^{4} (f_{x,l} \cdot O_{x,l} + f_{z,l} \cdot O_{z,l})_{i,k} + c = 0, \qquad (2.220)$$

die Formel für das Finite-Volumen-Verfahren, welche für $i = 1 \ldots N_x - 1$ und $k = 1 \ldots N_z - 1$ erfüllt werden muss. Es handelt sich um ein System von $(N_x - 1) \cdot (N_z - 1)$ gewöhnlichen miteinander gekoppelten Differentialgleichungen für die gleiche Anzahl von Zustandswerten in den Zellen.

Die Zeitdiskretisierung kann beliebig explizit oder implizit durchgeführt werden. Verwendet man ein Einschrittverfahren, so lautet das Gleichungssystem für die implizite Methode

$$\frac{u_{i,k}^{n+1} - u_{i,k}^{n}}{\Delta t} = -\frac{1}{V_{i,k}} \sum_{l=1}^{4} (f_{x,l} \cdot O_{x,l} + f_{z,l} \cdot O_{z,l})_{i,k}^{n+1} - c, \qquad (2.221)$$

welches nicht nach der jeweiligen Unbekannten einer Gleichung aufgelöst werden kann und die entkoppelten Gleichungen der expliziten Methode

$$\frac{u_{i,k}^{n+1} - u_{i,k}^{n}}{\Delta t} = -\frac{1}{V_{i,k}} \sum_{l=1}^{4} (f_{x,l} \cdot O_{x,l} + f_{z,l} \cdot O_{z,l})_{i,k}^{n} - c, \qquad (2.222)$$

welche sukzessive abgearbeitet werden können.

Wir diskutieren die Erfüllung der Randbedingungen anhand der expliziten Methode. Am Rand selbst sind keine diskreten Zustandsgrößen definiert, daher muss die Randbedingung indirekt erfüllt werden. Man definiert nach Abb. 2.60 eine weitere Reihe von „virtuellen" Zellen, die außerhalb des Integrationsgebiets liegen. Dieser zusätzlichen Reihe wird der Index 0 zugeordnet. Die Werte von u in diesen Zellen werden nicht berechnet sondern gesetzt. Im Falle der Dirichlet-Randbedingung, also z. B. der Haftbedingung

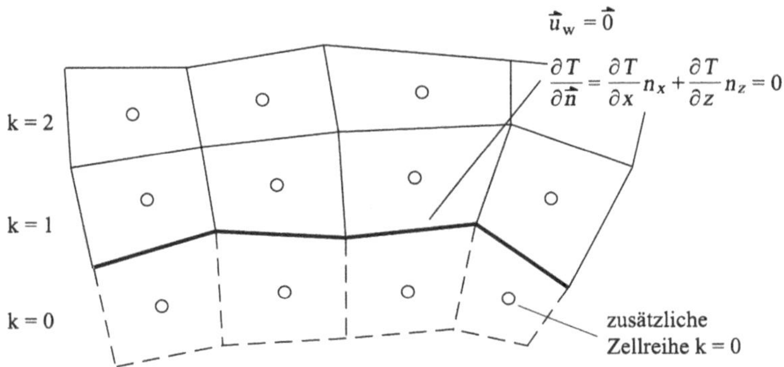


**Abb. 2.60**  Erfüllung der Randbedingungen durch Anfügen einer Zellreihe

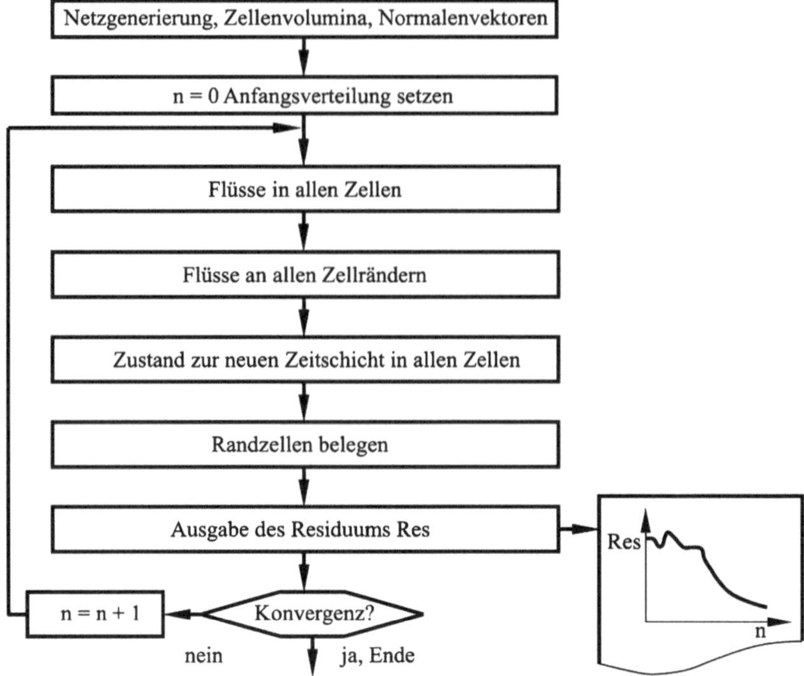



**Abb. 2.61** Flussdiagramm für das explizite Finite-Volumen-Verfahren zur Integration einer Differentialgleichung erster Ordnung

$\vec{u}_W = \vec{0}$ erhält diese Reihe die Werte

$$\vec{u}_{i,0} = -\vec{u}_{i,1} \tag{2.223}$$

und im Falle der Neumann-Randbedingung $\partial T / \partial \vec{n} = 0$ die Werte

$$T_{i,0} = T_{i,1}. \tag{2.224}$$

Da die Randzellen nicht genau dieselbe Größe besitzen wie die inneren Zellen, liegt der Rand nicht notwendigerweise in der Mitte zwischen beiden Zellmittelpunkten. Die Randbedingungen werden daher nur näherungsweise erfüllt. Diese Art der Behandlung ist jedoch sehr einfach zu implementieren. Alle inneren Zellen, auch diejenigen mit einer Seite am Gebietsrand, werden gleich behandelt. Für das explizite Verfahren ergibt sich das Flussdiagramm aus Abb. 2.61.

Außer der einfacheren Programmierung besitzt ein Finite-Volumen-Verfahren gegenüber einem Differenzenverfahren erfahrungsgemäß Vorteile. Die schwache Formulierung bewirkt, dass starke Unregelmäßigkeiten in der Lösung, wie sie z. B. von starken Verzerrungen im numerischen Netz verursacht werden können, abgeschwächt werden. Auch die nur näherungsweise Erfüllung der Randbedingungen kann im Sinne einer Robustheit des Verfahrens eher als Vorteil angesehen werden. Auch hier werden Unzulänglichkeiten, Stufen oder Sprünge eher ausgeglichen. Dies hat dazu geführt, dass die Finite-Volumen-Methode in der Praxis häufig eingesetzt wird.

### 2.3.9  Metrikkoeffizienten

Körperangepasste Netze, wie wir sie im vorangegangenen Unterkapitel eingeführt haben, erfordern z. B. für Differenzenverfahren eine Änderung unserer Vorgehensweise bei der Approximation von Ableitungen. Wir gehen weiterhin davon aus, dass das Netz strukturiert ist. Die Gitterlinien sind aber nicht mehr wie bei kartesischen Netzen parallel zu den Koordinatenachsen. Wir beschränken uns hier auf die zweidimensionale Darstellung in x, y und definieren ein zweites, allgemeines, krummliniges, körperangepasstes Koordinatensystem $\xi, \eta$, dessen Koordinatenrichtungen die Gitterlinien darstellen. Entlang der Koordinaten $\xi, \eta$ laufen die Indices $i$ und $j$, siehe Abb. 2.62.

Die partiellen Ableitungen irgendeiner Größe u in $x$- und $y$-Richtung, wie sie in den zu behandelnden Differentialgleichungen vorkommen, werden nun in Vektorschreibweise mit Hilfe des totalen Differentials ausgedrückt

$$
\begin{bmatrix} \frac{\partial u}{\partial x} \\ \frac{\partial u}{\partial y} \end{bmatrix} = \begin{bmatrix} \frac{\partial \xi}{\partial x} & \frac{\partial \eta}{\partial x} \\ \frac{\partial \xi}{\partial y} & \frac{\partial \eta}{\partial y} \end{bmatrix} \cdot \begin{bmatrix} \frac{\partial u}{\partial \xi} \\ \frac{\partial u}{\partial \eta} \end{bmatrix}. \tag{2.225}
$$

Die darin vorkommende Matrix enthält den Zusammenhang zwischen den ursprünglichen Koordinaten $x, y$ und den körperangepassten Koordinaten $\xi$ und $\eta$. Ihre Koeffizienten werden als Metrikkoeffizienten bezeichnet.

Ableitungen am Punkt $i,j$ können weiterhin mit Hilfe von Differenzenformeln approximiert werden, jedoch gilt dies nur für Ableitungen in Richtung $\xi$ oder $\eta$, da nur entlang dieser Richtungen, wie bei partiellen Ableitungen stets vorausgesetzt, die jeweils andere Koordinate konstant ist. Das Koordinatensystem kann stets so definiert werden, dass die Abstände der Gitterpunkte in den beiden Richtungen jeweils konstant sind und beide Koordinaten zwischen 0 und 1 liegen. Man bezeichnet die Ebene $x,y$ als die physikalische Ebene, da auf ihr die Strömung verläuft, und die Ebene $\xi, \eta$ als die Rechenebene, da auf

**Abb. 2.62** Krummliniges Koordinatensystem $\xi, \eta$ im Gitterpunkt $i,j$

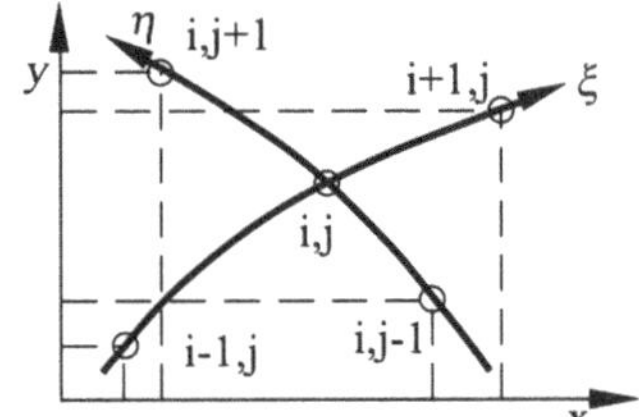

**Abb. 2.63** Bestimmung der
Metrikkoeffizienten bei zellori-
entierten Methoden

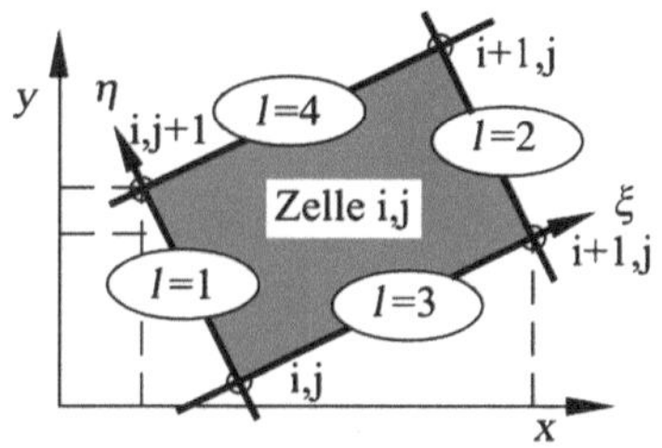


ihr die Berechnung stattfindet. Für dreidimensionale Strömungen spricht man analog von physikalischem Raum und Rechenraum. Die Netze in der Rechenebene oder im Rechenraum sind immer kartesisch und äquidistant, so dass die bisher eingeführten Methoden angewendet werden können.

Wir wollen hier annehmen, dass das körperangepasste Netz in Form vorhandener Punkte mit zweidimensionaler Indizierung gegeben ist. Dies ist in der Praxis der Normalfall. Es muss also nicht mehr bekannt sein, wie dieses Netz einmal erzeugt wurde, etwa ebenfalls durch eine Koordinatentransformation oder Abbildung.

Die Metrikkoeffizienten können aus Abb. 2.63 nicht direkt bestimmt werden, etwa durch Ersetzen der Differentiale durch finite Differenzen, denn weder in Richtung $i$ noch in Richtung $j$ ist eine der beiden Koordinaten $x$ oder $y$ konstant! Daher muss die Matrix der Metrikkoeffizienten indirekt bestimmt werden. Für jeden inneren Gitterpunkt gilt das totale Differential und seine Inversion

$$\left[\begin{array}{c}\frac{\partial}{\partial x}\\ \frac{\partial}{\partial y}\end{array}\right]_{ij}=\underbrace{\left[\begin{array}{cc}\frac{\partial\xi}{\partial x}&\frac{\partial\eta}{\partial x}\\ \frac{\partial\xi}{\partial y}&\frac{\partial\eta}{\partial y}\end{array}\right]_{ij}}_{\underline{\underline{T}}}\cdot\left[\begin{array}{c}\frac{\partial}{\partial\xi}\\ \frac{\partial}{\partial\eta}\end{array}\right]_{ij}\Leftrightarrow\left[\begin{array}{c}\frac{\partial}{\partial\xi}\\ \frac{\partial}{\partial\eta}\end{array}\right]_{ij}=\underbrace{\left[\begin{array}{cc}\frac{\partial x}{\partial\xi}&\frac{\partial y}{\partial\xi}\\ \frac{\partial x}{\partial\eta}&\frac{\partial y}{\partial\eta}\end{array}\right]_{ij}}_{\underline{\underline{T}}^{-1}}\cdot\left[\begin{array}{c}\frac{\partial}{\partial x}\\ \frac{\partial}{\partial y}\end{array}\right]_{ij}. \quad (2.226)$$

Die Matrix $\underline{\underline{T}}$ wird benötigt, während die Elemente ihrer Inversen $\underline{\underline{T}}^{-1}$ wie folgt bestimmbar sind: Da die Rechenebene äquidistant und kartesisch ist, gelten die zentralen Differenzen mit einer Genauigkeit 2. Ordnung

$$\left.\frac{\partial x}{\partial\xi}\right|_{ij}=\frac{x_{i+1,j}-x_{i-1,j}}{2\Delta\xi};\quad \left.\frac{\partial y}{\partial\xi}\right|_{ij}=\frac{y_{i+1,j}-y_{i-1,j}}{2\Delta\xi}, \quad (2.227)$$

$$\left.\frac{\partial x}{\partial\eta}\right|_{ij}=\frac{x_{i,j+1}-x_{i,j-1}}{2\Delta\eta};\quad \left.\frac{\partial y}{\partial\eta}\right|_{ij}=\frac{y_{i,j+1}-y_{i,j-1}}{2\Delta\eta}, \quad (2.228)$$

mit

$$\Delta\xi=\frac{1}{N_x-1};\quad \Delta\eta=\frac{1}{N_y-1}. \quad (2.229)$$

Die Rechenebene ist im Einheitsintervall $0\le\xi\le1$ und $0\le\eta\le1$ definiert. Am Rand müssen Vorwärts- oder Rückwärtsdifferenzen angewendet werden.

Die Inversion einer $2 \times 2$-Matrix erfolgt sehr effizient unter Ausnutzung von

$$\begin{bmatrix} a & b \\ c & d \end{bmatrix} \cdot \frac{1}{ad - cb} \begin{bmatrix} d & -b \\ -c & a \end{bmatrix} = \begin{bmatrix} 1 & 0 \\ 0 & 1 \end{bmatrix}. \tag{2.230}$$

Die Inversion einer $3 \times 3$-Matrix im Raum erfolgt ebenfalls exakt mit Hilfe der Cramer'schen Regel.

Wie wir noch sehen werden, ist für zellorientierte Methoden (FVM) die Bestimmung der Metrikkoeffizienten am Ort der Seitenmitten der Zellen erforderlich, siehe Abb. 2.61. Die Seiten sind mit den Indizes $l = 1 \ldots 4$ gekennzeichnet. Man erkennt, dass für die Seiten $l = 1$ und $l = 2$, auf denen $\xi$ konstant ist, nur die Koeffizienten mit $\eta$-Ableitung bestimmbar sind

$$\frac{\partial x}{\partial \eta} \approx \frac{x_{i,j+1} - x_{ij}}{\Delta \eta} ; \quad \frac{\partial y}{\partial \eta} \approx \frac{y_{i,j+1} - y_{ij}}{\Delta \eta}, \tag{2.231}$$

während für die Seiten $l = 3$ und $l = 4$, auf denen $\eta$ konstant ist, nur die $\xi$-Ableitungen bestimmbar sind

$$\frac{\partial x}{\partial \xi} \approx \frac{x_{i+1,j} - x_{ij}}{\Delta \xi} ; \quad \frac{\partial y}{\partial \xi} \approx \frac{y_{i+1,j} - y_{ij}}{\Delta \xi}. \tag{2.232}$$

Die entsprechend anderen müssen aus benachbarten Seiten ermittelt werden, z. B. als deren Mittelwerte.

### 2.3.10 Finite-Volumen-Methode zur Lösung der Poisson-Gleichung

Am Beispiel der instationären Poisson-Gleichung für eine Variable $u$

$$\frac{\partial u}{\partial t} + \frac{\partial^2 u}{\partial x^2} + \frac{\partial^2 u}{\partial z^2} + c = 0 \quad \text{oder} \quad \frac{\partial u}{\partial t} + \nabla^2 u + c = 0 \tag{2.233}$$

für ein kreisförmiges Integrationsgebiets mit Radius $R$ nach Abb. 2.64 soll die Finite-Volumen-Methode unter der Randbedingung

$$u = 0 \quad \text{auf} \quad R \tag{2.234}$$

abgeleitet werden.

Die schwache Form lautet

$$\iint\limits_{V} \left( \frac{\partial u}{\partial t} + \nabla (\nabla u) + c \right) dx \, dz = 0 \tag{2.235}$$

oder mit $dx \cdot dz = dV$ in dimensionsunabhängiger Schreibweise

$$\int\limits_{V} \frac{\partial u}{\partial t} dV + \int\limits_{V} \nabla (\nabla u) \, dV + c \int\limits_{V} dV = 0. \tag{2.236}$$

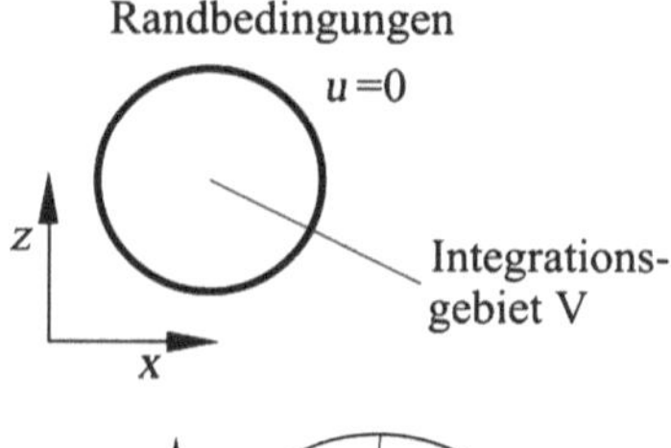

**Abb. 2.64** Integrationsgebiet zur Integration der Poisson-Gleichung (Beispiel)



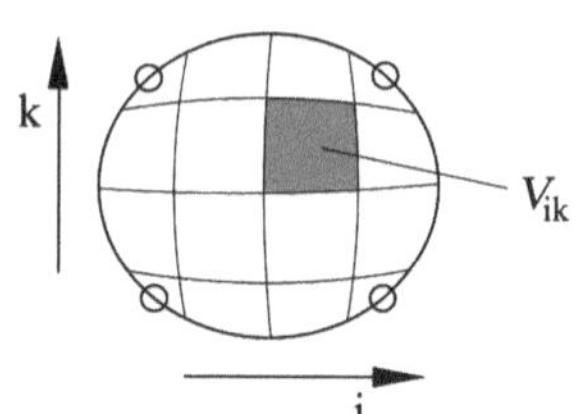

**Abb. 2.65** Diskretisierung der FVM im physikalischen Raum am Beispiel eines Kreisgebiets



Durch die Anwendung des Gauß'schen Integralsatzes wird die Ableitungsordnung des zweiten Terms um eins reduziert:

$$\int_V \frac{\partial u}{\partial t} dV + \int_R (\nabla u)\, \vec{n} dR + c \int_V dV = 0. \tag{2.237}$$

Darin ist

$$\nabla u = \left[ \begin{array}{c} \frac{\partial}{\partial x} \\ \frac{\partial}{\partial z} \end{array} \right] u = \left[ \begin{array}{c} \frac{\partial u}{\partial x} \\ \frac{\partial u}{\partial z} \end{array} \right] \tag{2.238}$$

der Flussvektor. Dieser enthält hier im Gegensatz zu Abschn. 2.3.8 Ableitungen. Als nächstes erfolgt die Diskretisierung wie in Abb. 2.65 gezeigt.

Das Volumen einer Zelle wird mit $V_{ik}$ bezeichnet und die Summe aller Zellen ergibt wieder das gesamte Integrationsgebiet

$$V = \sum_{i=1}^{Nx-1} \sum_{k=1}^{Nz-1} V_{ik} = \sum_{ik} V_{ik} \tag{2.239}$$

und (2.237) wird

$$\sum_{ik} \left( \frac{d u_{ik}}{d t} \int_{Vik} dV + \int_{Rik} (\nabla u) \cdot \vec{n}\, ds + c \cdot \int_{Vik} dV \right) = 0. \tag{2.240}$$

Mit der Forderung von (2.240) für jede Zelle einzeln und mit der Annahme, dass $u$ in jeder Zelle konstant ist, folgt:

$$\frac{d u_{ik}}{d t} + \frac{1}{V_{ik}} \left( \int_R (\nabla u) \cdot \vec{n}\, ds \right)_{ik} + c = 0. \tag{2.241}$$

Der Integrand des Randintegrals enthält nun Ableitungen. Wieder wird angenommen, dass der Fluss $\nabla u$ auf den Randsegmenten jeweils konstant ist. Dann folgt mit der gleichen Indizierung wie in Abb. 2.57

$$\int\limits_R \left( \frac{\partial u}{\partial x} \cdot n_x + \frac{\partial u}{\partial z} \cdot n_z \right) dR = \sum_{l=1}^{4} \left( \frac{\partial u}{\partial x} \cdot n_x + \frac{\partial u}{\partial z} \cdot n_z \right)_l \underbrace{\int\limits_{R_l} dR}_{O_l} . \qquad (2.242)$$

Der Fluss wird aus den Mittelwerten der angrenzenden Zellen berechnet:

$$\begin{aligned}
\left. \frac{\partial u}{\partial x} \right|_{l=1} &= \frac{1}{2} \left\{ \left. \frac{\partial u}{\partial x} \right|_{i,k} + \left. \frac{\partial u}{\partial x} \right|_{i-1,k} \right\}, \\
\left. \frac{\partial u}{\partial x} \right|_{l=2} &= \frac{1}{2} \left\{ \left. \frac{\partial u}{\partial x} \right|_{i,k} + \left. \frac{\partial u}{\partial x} \right|_{i+1,k} \right\}, \\
\left. \frac{\partial u}{\partial x} \right|_{l=3} &= \frac{1}{2} \left\{ \left. \frac{\partial u}{\partial x} \right|_{i,k} + \left. \frac{\partial u}{\partial x} \right|_{i,k-1} \right\}, \\
\left. \frac{\partial u}{\partial x} \right|_{l=4} &= \frac{1}{2} \left\{ \left. \frac{\partial u}{\partial x} \right|_{i,k} + \left. \frac{\partial u}{\partial x} \right|_{i,k+1} \right\}.
\end{aligned} \qquad (2.243)$$

Für die Berechnung der Flüsse in den Zellen benötigen wir die Metrikkoeffizienten für die Zellen wie in Abschn. 2.3.8 beschrieben. Aus

$$\frac{\partial u}{\partial x} = \frac{\partial \xi}{\partial x} \frac{\partial u}{\partial \xi} + \frac{\partial \eta}{\partial x} \frac{\partial u}{\partial \eta} \quad \text{und} \quad \frac{\partial u}{\partial z} = \frac{\partial \xi}{\partial z} \frac{\partial u}{\partial \xi} + \frac{\partial \eta}{\partial z} \frac{\partial u}{\partial \eta} \qquad (2.244)$$

können dann für jede Zelle die partiellen Ableitungen von $u$ bestimmt werden. Die Behandlung der Randbedingungen erfolgt wie bisher. Wie wir sehen, benötigt das Finite-Volumen-Verfahren zur Integration einer Differentialgleichung zweiter Ordnung die Metrikkoeffizienten.

## 2.4 Koordinatentransformation und Netzgenerierung

Die Schnittstelle zwischen der Numerischen Strömungsmechanik und der Konstruktionstechnik des Maschinenbaus ist die Geometrie- und Netzgenerierung. Diese Aufgabe der Netzgenerierung wird heute von interaktiver Software wahrgenommen, welche über Schnittstellen zum Computer-Aided Design verfügt, so dass Geometriedaten effizient weiterverarbeitet werden können. Die Generierung der Netze erfordert somit Kenntnisse über eine Konstruktion oder, bei der Simulation von biologischen Strömungen oder Strömungen aus der Natur, Kenntnisse über die geometrischen Gegebenheiten sowie die Beschaffenheit der Berandungen des dynamischen Strömungsfelds und der biologischen Struktur. Alles dies kann die zu erwartende Strömung beeinflussen.

Vorkenntnisse über die Strömung sind für eine sinnvolle und effiziente Generierung von Netzen erforderlich, damit notwendige Verfeinerungen und zur Erhöhung der Effizienz einer Simulation auch Vergröberungen sinnvoll durchgeführt werden können. Die Netzgenerierung ist somit keine Aufgabe für „angelernte" Fachkräfte, sondern erfordert strömungsmechanisches Fachwissen sowie die in diesem Buch vermittelten Kenntnisse über die Fähigkeiten numerischer Methoden. Aus diesem Grund ist es erforderlich, auch die Funktionsweise von Netzgeneratoren, soweit es über die Bedienung ihrer Benutzeroberfläche hinausgeht, zu vermitteln.

Dazu werden in diesem Kapitel Methoden zur Netzgenerierung, Koordinatentransformation der Navier-Stokes-Gleichungen sowie Besonderheiten wie adaptive und bewegte Netze behandelt.

### 2.4.1 Klassifikation numerischer Netze

Um dreidimensionale Strömungen praxisnah berechnen zu können, ist es erforderlich, numerischen Netze für allgemeine Berandungen zu definieren. Hierzu gibt es unterschiedliche Möglichkeiten, die wir hier vorstellen wollen.

Bisher sind in diesem Kapitel nur Netze (Gitter) verwendet worden, deren Netzlinien (Gitterlinien) parallel zu den Achsen eines kartesischen Koordinatensystems verlaufen, wie in Abb. 2.66.

Diese Netze bezeichnet man als kartesische Netze. Ein diskreter Punkt (Netzpunkt, Gitterpunkt, Knoten) $P_{i,j,k}\left(x_i, y_j, z_k\right)$ ist durch drei eindimensionale Zahlenreihen $x_i$, $y_j$ und $z_k$ definiert. Diese können im einfachsten Fall äquidistant sein:

$$x_i = \frac{i-1}{N_x - 1} \cdot L_x, \quad i = 1 \ldots N_x, \tag{2.245}$$

$$y_j = \frac{j-1}{N_y - 1} \cdot L_y, \quad j = 1 \ldots N_y, \tag{2.246}$$

$$z_k = \frac{k-1}{N_k - 1} \cdot L_z, \quad k = 1 \ldots N_z, \tag{2.247}$$

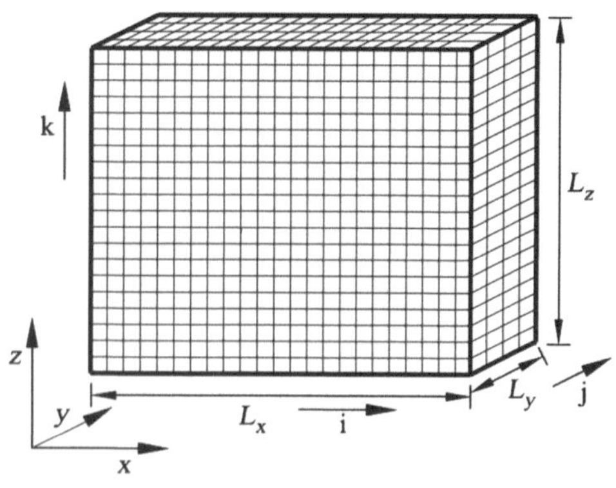


**Abb. 2.66** Kartesisches äquidistantes Netz

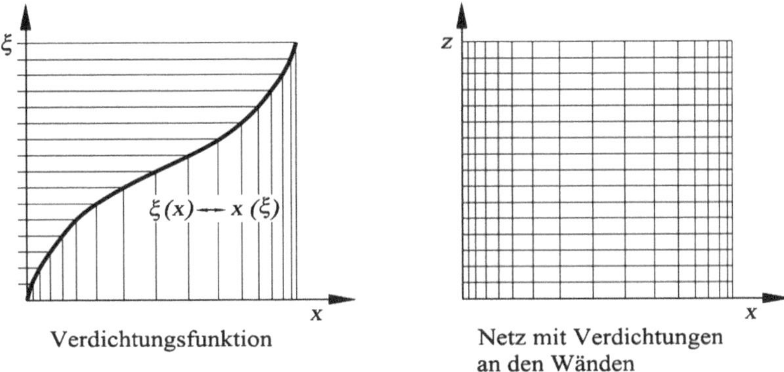



**Abb. 2.67** Netz mit Verdichtung in der Nähe der linken und der rechten Wand

**Abb. 2.68** Möglichkeiten für Verdichtungsfunktionen

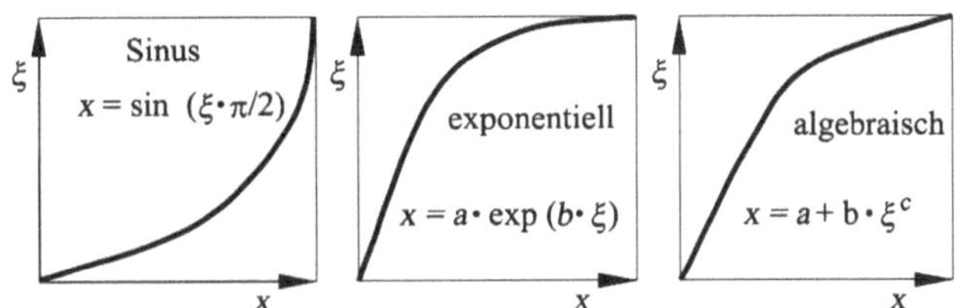



wobei $N_i$, $N_j$ und $N_k$ die Anzahl der Punkte entlang der entsprechenden Koordinatenrichtung ist.

Häufig ist es erforderlich, die Abstände der Gitterlinien einer erwarteten Strömung anzupassen. Beispielsweise sind in der Nähe fester Wände oft Grenzschichten zu erwarten, in denen die Strömungsgrößen starken Änderungen senkrecht zur Wand unterworfen sind. Diese starken Änderungen müssen numerisch durch eine genügende Anzahl von Gitterpunkten und damit durch eine Verdichtung der Netzlinien berücksichtigt werden. Beispielsweise existieren bei der in Abschn. 1.2.1 vorgestellten Strömung in einem seitlich beheizten Behälter an den Seitenwänden bei hohen Rayleigh-Zahlen Temperatur- und Strömungsgrenzschichten, wohingegen an den adiabaten Wänden oben und unten keine thermischen Grenzschichten zu erwarten sind. Um ein Gitter diesen Verhältnissen anzupassen, ist es sinnvoll, die vertikalen Gitterlinien in der Nähe der linken und der rechten Wand zu verdichten. Dies kann mittels einer Verdichtungsfunktion durchgeführt werden, siehe Abb. 2.67.

Eine Verdichtungsfunktion stellt den Zusammenhang zwischen einer Rechenkoordinate $\xi$, in welcher die Einteilung äquidistant erfolgt, und einer physikalischen Koordinate $x$, in welcher die Verdichtung (und Aufweitung) wirksam ist.

Der Zusammenhang

$$\xi(x) \Leftrightarrow x(\zeta) \tag{2.248}$$

muss umkehrbar und eindeutig sein. Man kann einfache, parametrisierbare Formeln verwenden. Verschiedene Möglichkeiten sind in Abb. 2.68 gezeigt.

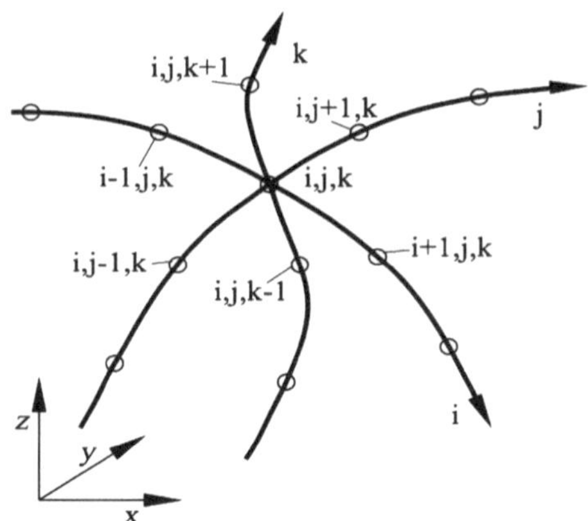

**Abb. 2.69** Nachbarpunkte und Netzlinien bei einem krummlinigen Netz

Im Allgemeinen sind die Berandungen des Strömungsfeldes, also der umströmte Körper, gekrümmte Flächen. Zur Diskretisierung können körperangepasste Netze verwendet werden. Die Netzlinien verlaufen nun nicht mehr parallel zu den Koordinatenachsen. Jede Koordinate eines Gitterpunktes stellt ein dreifach indiziertes Feld dar:

$$P_{i,j,k}(x_{i,j,k}, y_{i,j,k}, z_{i,j,k}). \qquad (2.249)$$

Jeder Punkt liegt wie bisher auf drei Netzlinien im Raum, entlang derer die Indices $i$, $j$ und $k$ laufen. Damit sind die Nachbarpunkte wie bisher adressierbar, siehe Abb. 2.69.

Körperangepasste Netze können auch in Zylinder- oder Kugelkoordinaten definiert werden

$$P_{i,j,k}(r_{i,j,k}, \phi_{i,j,k}, z_{i,j,k}) \quad \text{oder} \quad P_{i,j,k}(r_{i,j,k}, \phi_{i,j,k}, \vartheta_{i,j,k}). \qquad (2.250)$$

In zwei Dimensionen sind körperangepasste Netze entsprechend nur durch zwei Indices definiert, etwa $P_{i,j}(x_{i,j}, y_{i,j})$ (eben) oder $P_{i,k}(r_{i,k}, z_{i,k})$ (rotationssymmetrisch).

Zusammen mit einem umströmten Körper und dem Fernfeld lassen sich unterschiedliche topologische Strukturen definieren, siehe Abb. 2.70.

Ein C-Netz mit Fernfeldrand und Ausströmrand um ein aerodynamische Profil NACA 0012 ist in Abb. 2.71 gezeigt. Eine Netzlinienschar (oder Familie) beginnt im oberen Teil

**Abb. 2.70** Netz-Topologien

**Abb. 2.71** C-Netz um ein aerodynamisches Profil NACA 0012

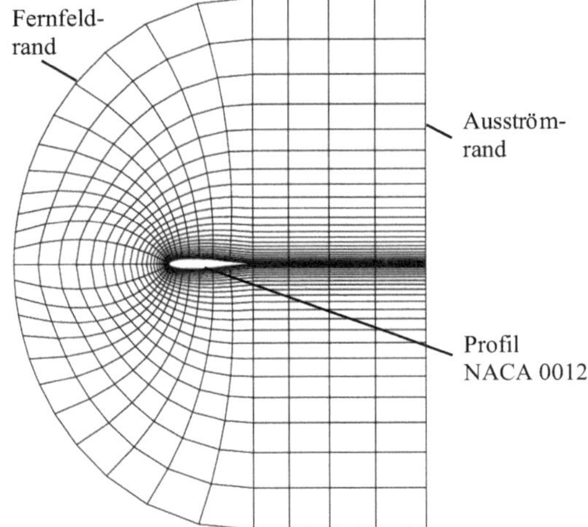


des Ausströmrandes und läuft vorne um das Profil herum zum unteren Teil des Ausström-randes. Die andere Netzlinienschar beginnt auf der Profiloberfläche oder im Nachlauf und endet am Fernfeldrand. Die Netzlinen sind zur Auflösung der Grenzschicht entlang der Profiloberfläche sowie im Nachlauf verdichtet.

Körperangepasste Netze sind immer dann erforderlich, wenn komplexe Geometrien, z. B. mit Hilfe eines CAD-Oberflächenmodells (Computer-Aided Design) beschrieben werden. Ein Beispiel aus der Kraftfahrzeugtechnik ist in Abb. 2.72 gezeigt.

Für komplexer geformte Strömungsfelder ist die Unterteilung in mehrere Blöcke struk-turierter Netze möglich, wie in Abb. 2.73 für zwei Perioden eines periodischen Netzes um Turbinenschaufeln gezeigt.

Jeder Block besteht aus einem strukturierten Netz mit zwei Netzlinienscharen. Die-se gehen an den Blockgrenzen in Netzlinienscharen benachbarter Blöcke über, so dass dort auch die entsprechenden Funktionswerte übernommen werden können. Außer diesen passenden Übergängen sind auch nichtpassende Übergänge möglich, für die dann inter-

**Abb. 2.72** CAD-Modell und körperangepasstes Rechennetz

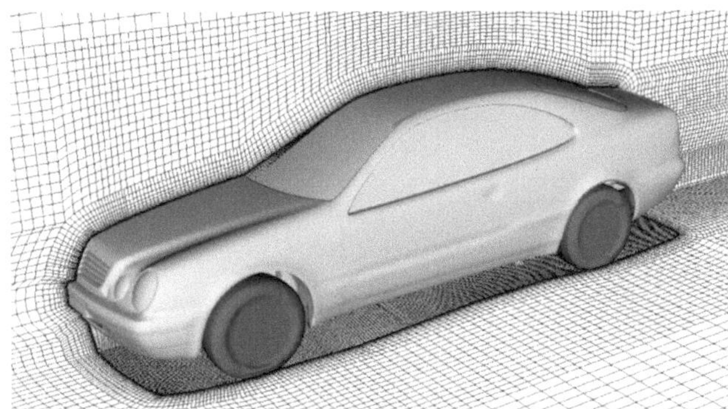

**Abb. 2.73** Blockstrukturiertes periodisches Netz um Turbinenschaufeln

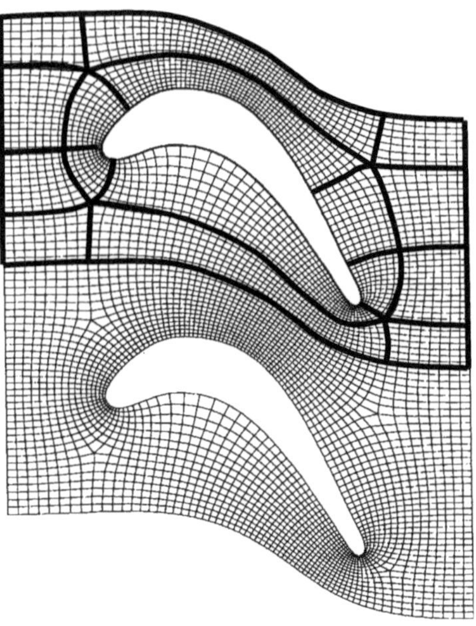

poliert werden muss. Die Gitterlinien sollten nach Möglichkeit an den Übergängen keinen Knick vorweisen. Das in Abb. 2.73 gezeigte Netz kann nicht in einen einzigen Block überführt werden. Ein Vorteil blockstrukturierter Netze betrifft die Anwendung auf Parallelrechnern, bei denen mehrere Prozessoren gleichzeitig (parallel) ein ihnen zugewiesenes Teilgebiet bearbeiten. Es ist möglich, den unterschiedlichen Prozessoren unterschiedliche Teilgebiete zuzuordnen.

Ein Beispiel für ein dreidimensionales blockstrukturiertes Netz kommt aus der Kraftfahrzeugtechnik. In Abb. 2.74 ist nur das Oberflächennetz gezeigt.

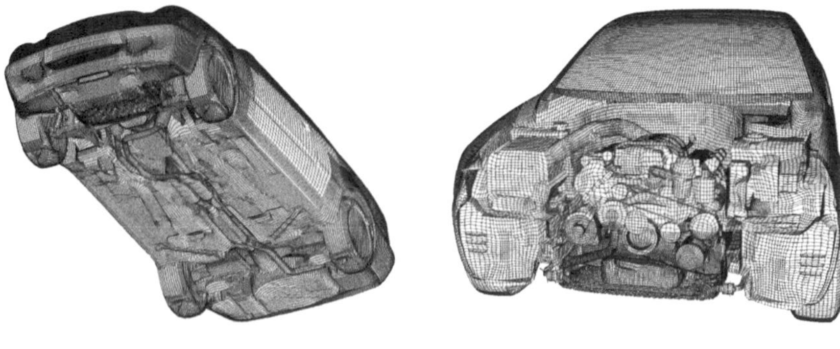



**Abb. 2.74** Detailgetreues blockstrukturiertes Netz, gezeigt auf der Oberfläche des Unterbodens und im Motorraum eines Kraftfahrzeugs

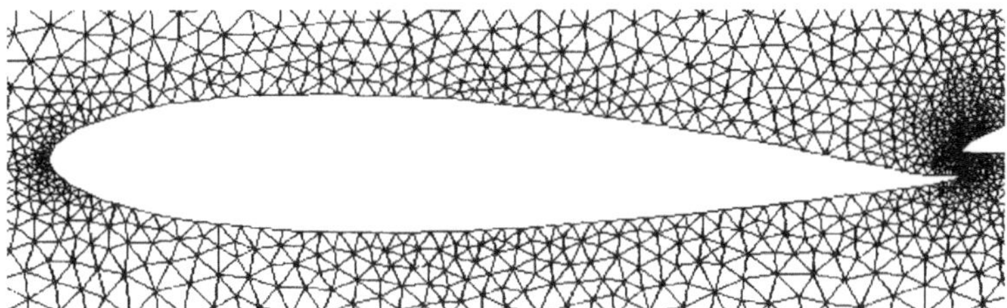

**Abb. 2.75** Unstrukturiertes Netz

**Abb. 2.76** Unstrukturiertes Netz mit Kontennummern und Elementnummern

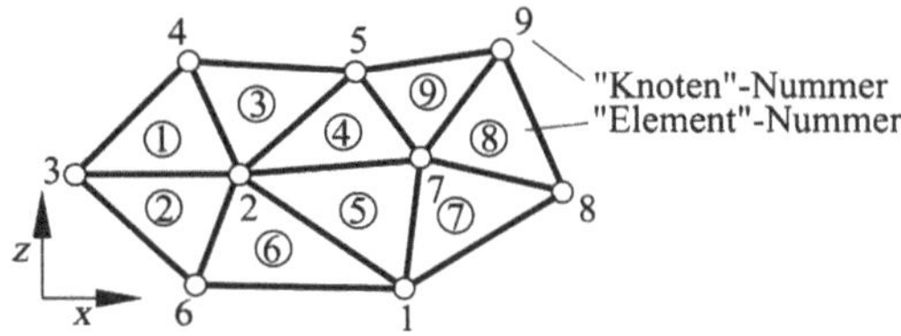


**Tab. 2.10** Zuordnungstabelle für das in Abb. 2.74 gezeigte Netz

| | $iel = 1$ | 2 | 3 | 4 | 5 | 6 | 7 | 8 | 9 |
|---|---|---|---|---|---|---|---|---|---|
| A | 2 | 6 | 2 | 2 | 1 | 6 | 1 | 7 | 7 |
| B | 4 | 2 | 5 | 7 | 7 | 1 | 8 | 8 | 9 |
| C | 3 | 3 | 4 | 5 | 2 | 2 | 7 | 9 | 5 |

Eine weitere Möglichkeit sind unstrukturierte Netze, die im Sinne der Netzlinienscharen keine Struktur aufweisen. Ein Beispiel ist in Abb. 2.75 gezeigt. Die Netzpunkte sind in unterschiedlichen Abständen im Integrationsgebiet verteilt, wobei die Gebiete (Zellen, Elemente) dazwischen Dreiecke sind. Es sind keine Netzlinienscharen vorhanden. Dementsprechend ist eine mehrdimensionale Indizierung der Netzpunkte nicht mehr möglich. Die Nachbarschaftsinformationen können in einem unstrukturierten Netz nicht mehr über die einzelnen Netzlinienscharen abgefragt werden.

Die Nummerierung der Punkte (Knoten) und Dreiecke (Elemente) wird eindimensional in beliebiger Reihenfolge durchgeführt. Wir bezeichnen die „globale" Knotennummer des Gesamtnetzes mit $ikn$. Die Nachbarschaftsinformation kann man über eine Zuordnungstabelle (Inzidenztafel) für das Beispiel in Abb. 2.76 erhalten.

Die Zuordnungstabelle ist in Tab. 2.10 gezeigt. In ihr sind in den Spalten für jedes Dreieck (Element) die globalen Knoten den jeweiligen Ecken des Elements (lokale Knoten, bezeichnet mit $A$, $B$ und $C$) angegeben. Die mit unstrukturierten Netzen verbundenen numerischen Methoden arbeiten zellorientiert (FVM) oder elementorientiert (FEM) und nicht mehr punktorientiert (FDM). Sie sind allgemein für irgendeine charakteristische Zelle mit den Ecken $A$, $B$, $C$ programmiert und benötigen für jede aktuelle Zelle nur die jeweiligen globalen Eckknoten aus der Zuordnungstabelle. Bei der Nummerierung der Ecken muss nur sichergestellt sein, dass ein einheitlicher Drehsinn, wie in Abb. 2.77 gezeigt, eingehalten wird.

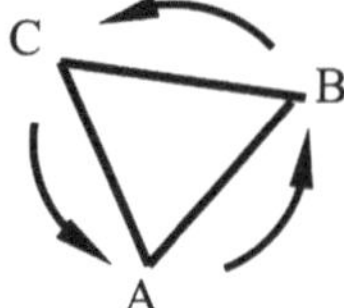

**Abb. 2.77** Drehsinn bei der Nummerierung der Knoten

In einem allgemeinen unstrukturierten Netz kann ein Punkt eine variable Anzahl von Nachbarpunkten besitzen. Die Zellen haben im dreidimensionalen Raum die Form von Tetraedern (Körper mit vier Ecken, sechs Seitenkanten und vier Oberflächen), jedoch sind auch andere Körperformen (z. B. Hexaeder) in einem unstrukturierten Netz möglich.

Die Zuordnungsmatrix ist in dem zweidimensionalen Feld $inz(iel, i)$ gespeichert, so dass ein beliebiger globaler Knoten $ikn$ in Abhängigkeit von der Elementnummer $iel$ und der lokalen Knotennummer $i$ (repräsentiert numerisch $A$, $B$, $C$) abgerufen werden kann

$$ikn = inz(iel, i). \tag{2.251}$$

Dann sind alle drei Kontennummern eines Elementes $iel$

$$ia = inz(iel, 1), \tag{2.252}$$

$$ib = inz(iel, 2), \tag{2.253}$$

$$ic = inz(iel, 3). \tag{2.254}$$

Eine Strömungsgröße $u$ wird global in dem Vektor $u(ikn)$ gespeichert. Die Werte von $u$ an den drei Elementknoten $A$, $B$, $C$ sind somit

$$ua = u(inz(iel, 1)), \tag{2.255}$$

$$ub = u(inz(iel, 2)), \tag{2.256}$$

$$uc = u(inz(iel, 3)). \tag{2.257}$$

Der Speicherzugriff auf das Feld $u(ikn)$ erfolgt bei unstrukturierten Netzen, anders als beim strukturierten Netz, somit mit Hilfe einer indirekten Adressierung. Damit ist gemeint, dass der Index von $u(ikn)$ nicht sukzessive läuft sondern aus dem Feld $inz(iel, i)$ ermittelt wird. Dies kann die Zugriffszeit auf Speicherelemente verlangsamen, da die meisten Rechner einen schnellen Zwischenspeicher (cache) verwenden, in welchen bei jedem Zugriff auf den Hauptspeicher benachbarte Speicherelemente zwischengelagert werden, da anzunehmen ist, dass sie beim nächsten Zugriff auf $u(ikn)$ gebraucht werden. Dies ist bei indirekter Adressierung aber weniger wahrscheinlich als bei direkter. Dieser scheinbare Nachteil von unstrukturierten Netzen wird aber durch ihre größere Flexibilität meist aufgewogen.

## 2.4.2  Generierung strukturierter Netze

Die Aufgabe besteht darin, die Punkteverteilung in einem viereckigen, krummlinig berandeten Berechnungsgebiet mit den Eckpunkten $A$, $B$, $C$ und $D$ so zu bestimmen, dass
zwei möglichst glatte Netzlinienscharen entstehen. Die hier vorgestellte zweidimensionale Darstellung lässt sich leicht auf drei Dimensionen erweitern. Wir betrachten die so
genannten algebraischen Methoden oder Interpolationsmethoden, da diese häufig in der
Praxis Verwendung finden.

Die einfachste Interpolationsmethode ist die Schertransformation. Sie eignet sich für
Berechnungsgebiete, von denen zwei gegenüberliegende Seiten, etwa die Seiten $\overline{BC}$ und
$\overline{DA}$ geradlinig sind. Die anderen Seiten sind krummlinig. Mit dem Kurvenparameter $0 \leq$
$\xi \leq 1$ seien diese als beliebige Funktionen

$$x_K\left(\xi\right), z_K\left(\xi\right) \quad \text{und} \quad x_F\left(\xi\right), z_F\left(\xi\right). \tag{2.258}$$

gegeben, etwa als Körperkontur (Index $K$) und Fernfeld (Index $F$) eines umströmten Fahrzeugs, siehe Abb. 2.78.

Wir fassen den Kurvenparameter $\xi$ als erste Koordinate des körperangepassten Koordinatensystems auf und definieren die beiden Funktionen der (2.258) als Anfangs- und
Endkurven der anderen Kurvenschar mit dem Parameter $\eta$ als die zweite Koordinate. Diese dient als Interpolationsparameter einer linearen Interpolation zwischen Körperkontur
$\overline{AB}$ und Fernfeld $\overline{DC}$. Damit ist die Rechenebene $\xi$, $\eta$ definiert. Sie wird äquidistant diskretisiert:

$$\xi_i = \frac{i-1}{N_1-1}, \; i = 1\ldots N_1 \quad \text{und} \quad \eta_j = \frac{j-1}{N_j-1}, \; j = 1\ldots N_j. \tag{2.259}$$

Anschließend wird die Interpolation durchgeführt:

$$x\left(\xi_i, \eta_j\right) = \eta_j \cdot x_F\left(\xi_i\right) + \left(1 - \eta_j\right) x_K\left(\xi_i\right), \tag{2.260}$$

$$z\left(\xi_i, \eta_j\right) = \eta_j \cdot z_F\left(\xi_i\right) + \left(1 - \eta_j\right) z_K\left(\xi_i\right). \tag{2.261}$$

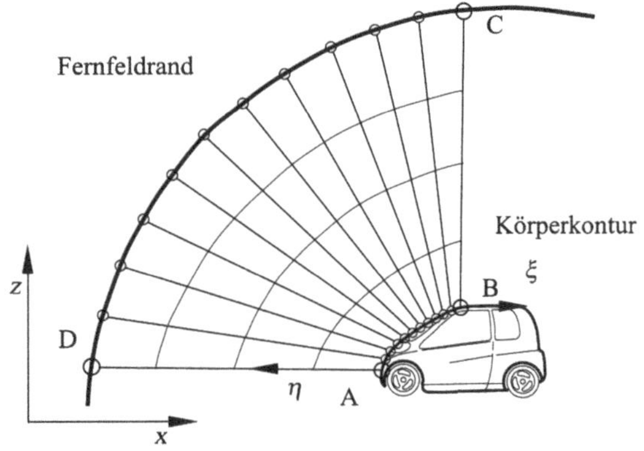


**Abb. 2.78**  Beispiel für die
Netzgenerierung mittels Schertransformation

Im Netz ist die Linienschar mit $i = \text{const.}$ krummlinig und die Linienschar $j = \text{const.}$ geradlinig. Verdichtung ist leicht möglich durch Anwendung einer Verdichtungsfunktion auf die lineare Punkteverteilung im Rechenraum und vor der Anwendung von (2.260) und (2.261).

Eine Methode für Vernetzung eines an allen vier Seiten krummlinig berandetes Vierecks wie in Abb. 2.77 gezeigt ist die Transfinite Interpolation. Die Ränder sind durch die Funktionen

$$\vec{x}_{AB}(\xi), \quad \vec{x}_{DC}(\xi), \quad 0 \le \xi \le 1,$$
$$\vec{x}_{BC}(\eta), \quad \vec{x}_{AD}(\eta), \quad 0 \le \eta \le 1, \tag{2.262}$$

in Abhängigkeit der Rechenkoordinaten $\xi, \eta$ gegeben. Gesucht ist eine glatte Funktion

$$\vec{x}(\xi, \eta) = \begin{bmatrix} x(\xi, \eta) \\ z(\xi, \eta) \end{bmatrix} \tag{2.263}$$

mit der Eigenschaft

$$\vec{x}(\xi, \eta = 0) = \vec{x}_{AB}, \quad \vec{x}(\xi, \eta = 1) = \vec{x}_{DC}, \tag{2.264}$$
$$\vec{x}(\xi = 0, \eta) = \vec{x}_{AD}, \quad \vec{x}(\xi = 1, \eta) = \vec{x}_{BC}. \tag{2.265}$$

Als Beispiel wählen wir einen Kreis. Die ausgezeichneten Punkte $A$, $B$, $C$, $D$ liegen jeweils auf den Schnittpunkten mit den Koordinatenachsen. Zunächst werden die Kanten $\overline{BC}$ und $\overline{DA}$ diskretisiert und eine Schertransformation durchgeführt, siehe Abb. 2.79:

$$\vec{x}_{ZW}(\xi, \eta) = \xi \cdot \vec{x}_{BC}(\xi, \eta) + (1 - \xi) \cdot \vec{x}_{DA}(\xi, \eta). \tag{2.266}$$

Damit ist bereits sichergestellt, dass die Ränder $\vec{x}_{BC}$ und $\vec{x}_{DA}(\xi, \eta)$ die Berandungen des Netzes darstellen.

**Abb. 2.79** Bezeichnungen eines krummlinig berandeten Vierecks

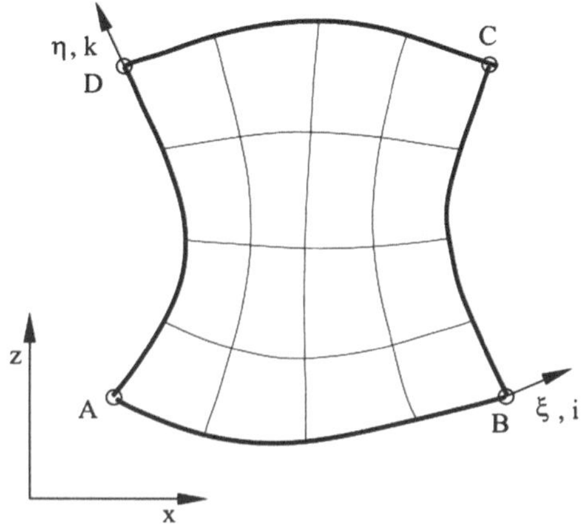

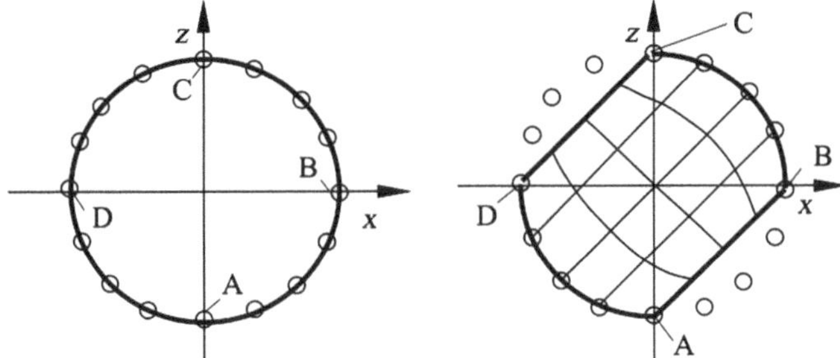

**Abb. 2.80**  Diskretisierung eines Kreises: Randdiskretisierung und Zwischenergebnis nach der ersten Schertransformation

**Abb. 2.81**  Kreisgebiet vernetzt nach der Methode der Transfiniten Interpolation

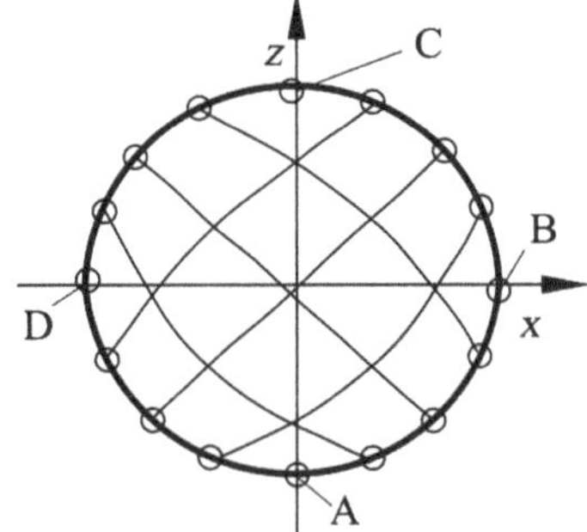

Wir erhalten das in Abb. 2.80 rechts gezeigte Zwischenergebnis (Index $ZW$), dessen Ränder zwischengespeichert werden:

$$\vec{x}_{ABZW}\left(\xi\right) = \vec{x}_{ZW}\left(\xi, 0\right), \qquad (2.267)$$

$$\vec{x}_{DCZW}\left(\xi\right) = \vec{x}_{ZW}\left(\xi, 1\right). \qquad (2.268)$$

Anschließend erfolgt auf denselben Speicherplätzen die Korrektur des Zwischenergebnisses, so dass auch die Ränder $\eta = 0{,}1$ mit einbezogen werden:

$$\vec{x}\left(\xi, \eta\right) = \vec{x}_{ZW} + \eta\left(\vec{x}_{DC} - \vec{x}_{DCZW}\right) + (1 - \eta)\left(\vec{x}_{AB} - \vec{x}_{ABZW}\right). \qquad (2.269)$$

Zur Überprüfung setzten wir in (2.268) $\eta = 0$ und erhalten wie gefordert $\vec{x}\left(\xi, 0\right) = \vec{x}_{AB}$. Für $\eta = 1$ erhalten wir $\vec{x}\left(\xi, 1\right) = \vec{x}_{DC}$. Das Ergebnis ist in Abb. 2.81 gezeigt. Die Transfinite Interpolation lässt sich leicht auf drei Dimensionen und nichtäquidistante Diskretisierungen erweitern.

**Abb. 2.82** Koordinatensysteme und Geschwindigkeitskomponenten

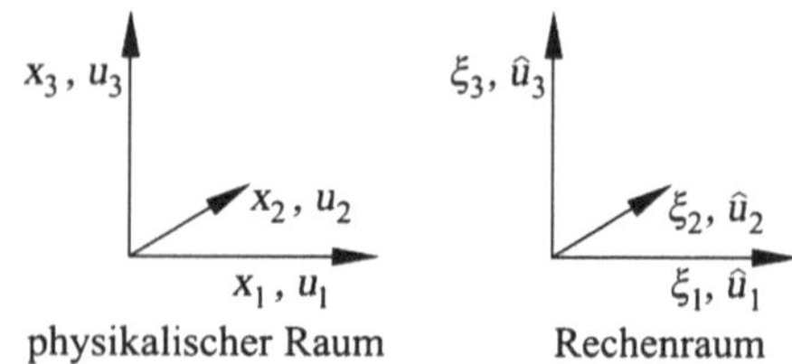


## 2.4.3 Transformation auf krummlinige Koordinaten

Um Differenzenverfahren auf körperangepassten Netzten anwenden zu können, müssen die Navier-Stokes-Gleichungen auf allgemeine, krummlinige Koordinaten transformiert werden. Zur Verwendung der Indexschreibweise für die folgende dreidimensionale Darstellung führen wir für den Rechenraum und den physikalischen Raum die in den Abb. 2.82 und 2.83 gezeigte Notation ein.

Im physikalischen Raum $x_m$, $m = 1, 2, 3$ sind die Differentialgleichungen definiert und die Randkonturen festgelegt. Da die Gitterlinien hier nicht parallel zu den Koordinatenachsen verlaufen, können die Differenzenformeln hier nicht direkt angewendet werden. Die Koordinaten im Rechenraum $\xi_m$, $m = 1, 2, 3$ sind kartesisch. Hier ist das Netz äquidistant und parallel zu den Koordinatenachsen, daher können die Differenzenformeln einzeln zur Approximation der partiellen Ableitungen angewendet werden. Die Beziehung zwischen diesen beiden Koordinatensystemen wird durch die Metrikkoeffizienten ausgedrückt.

Die Aufgabe besteht nun darin, die im physikalischen Raum definierten Navier-Stokes-Gleichungen

$$\frac{\partial \vec{U}}{\partial t} + \sum_{m=1}^{3} \frac{\partial \vec{F}_m}{\partial x_m} + \sum_{m=1}^{3} \frac{\partial \vec{G}_m}{\partial x_m} = \vec{0}, \qquad (2.270)$$

mit

$$\vec{U} = \begin{bmatrix} \rho \\ \rho u_1 \\ \rho u_2 \\ \rho u_3 \\ \rho e_{\text{tot}} \end{bmatrix}, \quad \vec{F}_m = \begin{bmatrix} \rho\, u_m \\ \rho\, u_m u_1 + \delta_{m1} \cdot p \\ \rho\, u_m u_2 + \delta_{m2} \cdot p \\ \rho\, u_m u_3 + \delta_{m3} \cdot p \\ u_m(\rho\, e_{\text{tot}} + p) \end{bmatrix}, \quad \vec{G}_m = \begin{bmatrix} 0 \\ -\tau_{m1} \\ -\tau_{m2} \\ -\tau_{m3} \\ -\sum_{l=1}^{3} u_l \tau_{lm} + q_m \end{bmatrix}$$

$$(2.271)$$

**Abb. 2.83** Rechennetze

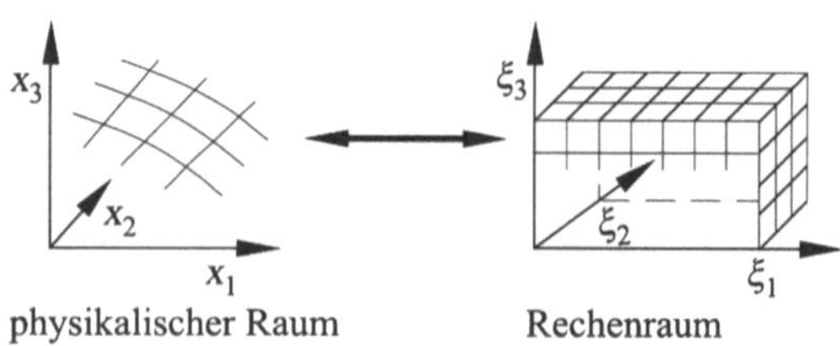

in den Rechenraum zu transformieren. Eine skalare Variable, z. B. die Dichte $\rho$ kann gleichberechtigt und ohne Modifikation in den neuen Koordinaten ausgedrückt werden

$$\rho\,(x_1, x_2, x_3, t) \to \rho\,(\xi_1, \xi_2, \xi_3, t)\,. \tag{2.272}$$

Bei einer vektoriellen Variablen wie der Geschwindigkeit ist es von Bedeutung, in welchem Koordinatensystem die einzelnen Komponenten definiert sein sollen. Wir definieren den Geschwindigkeitsvektor im Rechenraum

$$\widehat{\vec{u}} = \begin{bmatrix} u_{\xi 1} \\ u_{\xi 2} \\ u_{\xi 3} \end{bmatrix} = \begin{bmatrix} \hat{u}_1 \\ \hat{u}_2 \\ \hat{u}_3 \end{bmatrix} \quad \text{mit} \quad \hat{u}_m = \frac{\partial \xi_m}{\partial x_1} u_1 + \frac{\partial \xi_m}{\partial x_2} u_2 + \frac{\partial \xi_m}{\partial x_3} u_3, \quad m = 1, 2, 3$$

$$\tag{2.273}$$

mit seinen Komponenten parallel zu den Koordinatenachsen des Rechenraumes. Diese werden „kontravariante Geschwindigkeitskomponenten" genannt. Sie können mit Hilfe der Metrikkoeffizienten aus den „kovarianten Geschwindigkeitskomponenten" berechnet werden und umgekehrt.

Wenn wir nun das totale Differential

$$\frac{\partial}{\partial x_m} = \frac{\partial \xi_1}{\partial x_m} \frac{\partial}{\partial \xi_1} + \frac{\partial \xi_2}{\partial x_m} \frac{\partial}{\partial \xi_2} + \frac{\partial \xi_3}{\partial x_m} \frac{\partial}{\partial \xi_3}, \quad m = 1, 2, 3 \tag{2.274}$$

auf die Ableitungen im physikalischen Raum anwenden, so werden die Gleichungen transformiert, z. B. ergibt sich aus der ersten Komponente von (2.270), der Kontinuitätsgleichung

$$\frac{\partial \rho}{\partial t} + \sum_{m=1}^{3} \frac{\partial\,(\rho u_m)}{\partial x_m} = 0 \tag{2.275}$$

die transformierte Kontinuitätsgleichung

$$\frac{\partial \rho}{\partial t} + \sum_{m=1}^{3} \left[ \frac{\partial \xi_1}{\partial x_1} \cdot \frac{\partial\,(\rho u_m)}{\partial \xi_1} + \frac{\partial \xi_2}{\partial x_2} \cdot \frac{\partial\,(\rho u_m)}{\partial \xi_2} + \frac{\partial \xi_3}{\partial x_3} \cdot \frac{\partial\,(\rho u_m)}{\partial \xi_3} \right] = 0. \tag{2.276}$$

Aus jedem Ableitungsterm in (2.275) resultieren somit drei Ableitungsterme in (2.276). Für die Navier-Stokes-Gleichungen drücken wir dies durch eine Doppelsumme aus

$$\frac{\partial \vec{U}}{\partial t} + \sum_{m=1}^{3} \sum_{i=1}^{3} \frac{\partial \xi_i}{\partial x_m} \frac{\partial \vec{F}_m}{\partial \xi_i} + \sum_{m=1}^{3} \sum_{i=1}^{3} \frac{\partial \xi_i}{\partial x_m} \frac{\partial \vec{G}_m}{\partial \xi_i} = \vec{0}, \tag{2.277}$$

deren Summationsreihenfolge vertauschbar ist

$$\frac{\partial \vec{U}}{\partial t} + \sum_{i=1}^{3} \sum_{m=1}^{3} \frac{\partial \xi_i}{\partial x_m} \frac{\partial \vec{F}_m}{\partial \xi_i} + \sum_{i=1}^{3} \sum_{m=1}^{3} \frac{\partial \xi_i}{\partial x_m} \frac{\partial \vec{G}_m}{\partial \xi_i} = \vec{0}. \tag{2.278}$$

Die inneren Summen fassen wir wieder als neue Flüsse auf:

$$\frac{\partial \widehat{\vec{F}}_i}{\partial \xi_i} = \sum_{m=1}^{3} \frac{\partial \xi_i}{\partial x_m} \frac{\partial \vec{F}_m}{\partial \xi_i} \quad \text{und} \quad \frac{\partial \widehat{\vec{G}}_i}{\partial \xi_i} = \sum_{m=1}^{3} \frac{\partial \xi_i}{\partial x_m} \frac{\partial \vec{G}_m}{\partial \xi_i}. \tag{2.279}$$

Sie lauten ausgeschrieben

$$\widehat{\vec{F}}_i = J^{-1} \cdot \begin{bmatrix} \rho \hat{u}_i \\ \rho u_i \hat{u}_1 + \frac{\partial \xi_i}{\partial x_1} p \\ \rho u_i \hat{u}_2 + \frac{\partial \xi_i}{\partial x_2} p \\ \rho u_i \hat{u}_3 + \frac{\partial \xi_i}{\partial x_3} p \\ \hat{u}_i (\rho \cdot e_{\text{tot}} + p) \end{bmatrix} \quad \text{und}$$

$$\widehat{\vec{G}}_i = J^{-1} \cdot \begin{bmatrix} 0 \\ -\sum_{l=1}^{3} \frac{\partial \xi_i}{\partial x_l} \cdot \tau_{l1} \\ -\sum_{l=1}^{3} \frac{\partial \xi_i}{\partial x_l} \cdot \tau_{l2} \\ -\sum_{l=1}^{3} \frac{\partial \xi_i}{\partial x_l} \cdot \tau_{l3} \\ -\sum_{l=1}^{3} \frac{\partial \xi_i}{\partial x_l} \cdot \left( \sum_{r=1}^{3} u_r \cdot \tau_{r i} + q_i \right) \end{bmatrix}, \tag{2.280}$$

mit der Determinante der Matrix der Metrikterme $J$. Die darin vorkommenden kontravarianten Geschwindigkeitskomponenten können, falls gewünscht, noch durch die Kovarianten ersetzt werden.

Damit lauten die transformierten Navier-Stokes-Gleichungen

$$\frac{\partial \vec{U}}{\partial t} + \sum_{i=1}^{3} \frac{\partial \widehat{\vec{F}}_i}{\partial \xi_i} + \sum_{i=1}^{3} \frac{\partial \widehat{\vec{G}}_i}{\partial \xi_i} = \vec{0}, \tag{2.281}$$

mit demselben Zustandsgrößenvektor $\vec{U}$ wie oben.

Ein Beispiel für die Transformation eines physikalischen Berechnungsgebietes in den Rechenraum ist in Abb. 2.84 gezeigt. Der physikalische Raum besitzt die Form eines C-Netzes um ein aerodynamisches Profil.

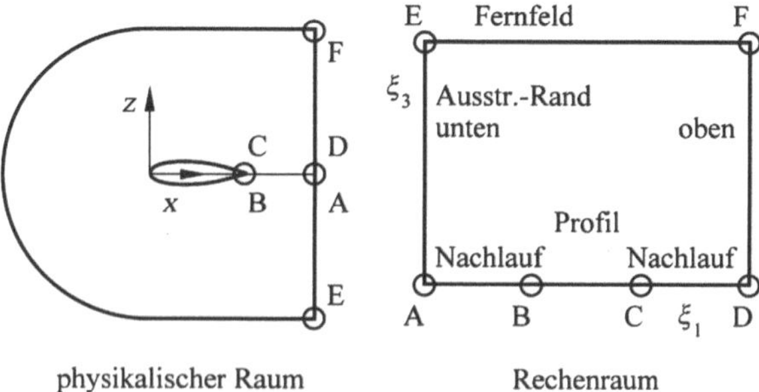


**Abb. 2.84** Lage der Ränder im Rechenraum am Beispiel des C-Netzes

### 2.4.4   Generierung unstrukturierter Netze

Wir wollen hier ausschließlich unstrukturierte Dreiecksnetze behandeln. Bei unstrukturierten Netzen unterscheidet man zwischen Methoden, welche einer gegebenen Ansammlung von Punkten Dreiecke zuordnet (Triangularisierungs-Methoden) und Methoden, welche Punkte und Dreiecke simultan erzeugen.

Bei der Delaunay-Triangularisierung ist das Ziel, die Dreiecke derart zu generieren, dass die aus benachbarten Dreiecken gebildeten Vierecke durch ihre jeweils kürzere Diagonale aufgeteilt werden. Dadurch werden numerisch ungünstige kleine Innenwinkel der Dreiecke vermieden. Die Triangularisierung erfolgt sukzessive durch Einfügen eines Punktes in eine bereits vorhandene Triangularisierung wie in Abb. 2.85 gezeigt.

Die Anfangs-Triangularisierung stellt ein „Super-Dreieck" dar, welches mit Hilfe zusätzlicher Punkte so erzeugt wird, dass die gesamte gegebene „Punktwolke" in seinem Innern liegt. Die an den zusätzlichen Punkten beteiligten Dreiecke werden nach vollständig erfolgter Triangularisierung gelöscht.

Der Triangularisierungsschritt erfolgt nun, wie in Abb. 2.86 gezeigt, dadurch, dass von allen Dreiecken die Umkreise berechnet werden. Es werden nun diejenigen Dreiecke gelöscht innerhalb deren Umkreis der neu einzufügende Punkt liegt. Dadurch entsteht ein „Hohlraum" der immer konvex ist. Mit dessen Ecken wird der neue Punkt verbunden, so dass der Hohlraum wieder mit neuen Dreiecken gefüllt wird.

Man kann zeigen, dass ungeachtet der Reihenfolge der eingefügten Punkte nur eine Lösung (ein Netz) herauskommt. Da für jeden einzufügenden Punkt alle bereits erzeugten Dreiecke abgefragt werden müssen, ist der Rechenaufwand etwa proportional zum Quadrat der Punktanzahl $N$. Dies kann jedoch durch geschickte Programmierung auf etwa $O(N)$ reduziert werden. Ein Beispiel wir die Anwendung der Delaunay-Triangularisierung zeigt Abb. 2.87.

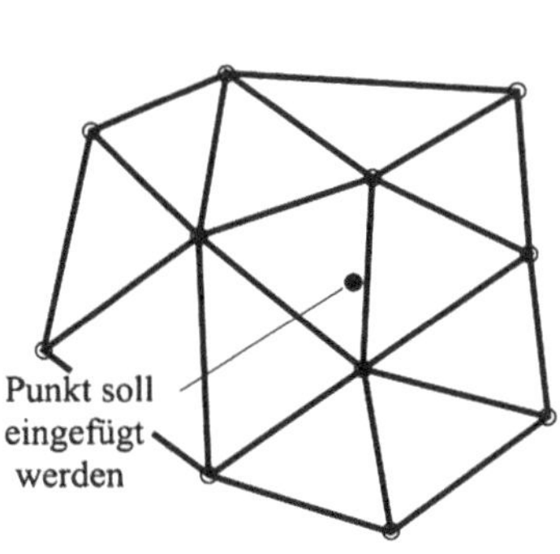


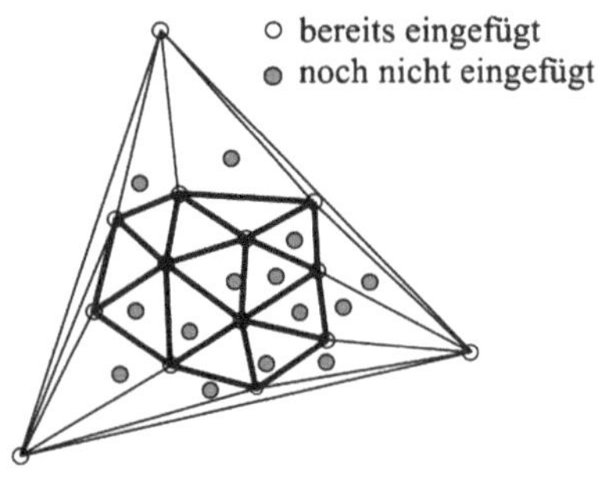


Einfügen eines Punktes                    Netz mit Super-Dreieck

**Abb. 2.85**  Unstrukturierte Rechennetze

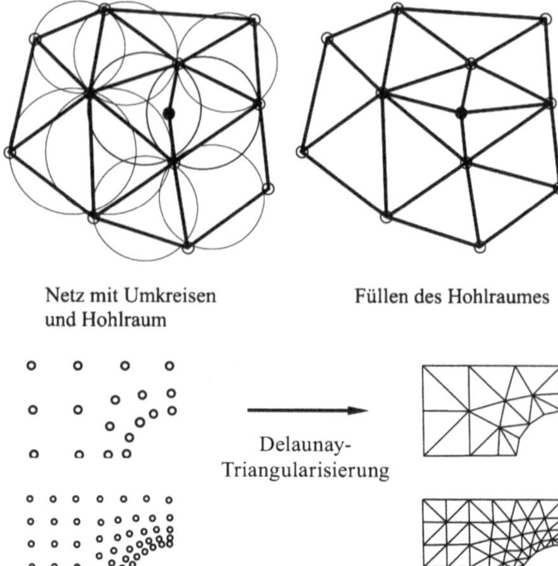

**Abb. 2.86** Einfügen eines Punktes in eine vorhandene Triangularisierung



**Abb. 2.87** Beispiel für die Anwendung der Delaunay-Triangularisierung

Ein weiteres Beispiel ist in Abb. 2.88 gezeigt. Hier wurde die schon bekannte Punkteverteilung des blockstrukturierten Netzes aus Abb. 2.74 verwendet. Es ergeben sich unerwünschte Dreiecke an konkaven Rändern und im Innenraum des umströmten Körpers, welche gelöscht werden müssen. Dabei auftretende konturbrechende Dreiecke können nach Vertauschen von Diagonalen eliminiert werden. Die Triangularisierung wird durchgeführt, um entweder im gesamten Bereich oder nur im äußeren Bereich ein unstrukturiertes Netz zu erzeugen. Im zweiten Fall entsteht ein so genanntes hybrides Netz, Abb. 2.89,

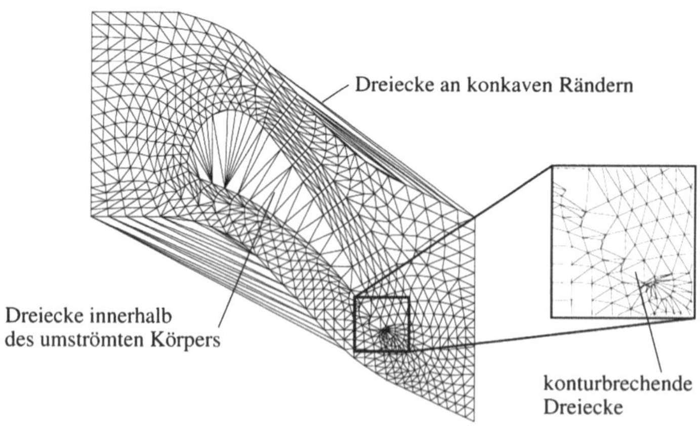



**Abb. 2.88** Unstrukturiertes und hybrides Netz um eine Turbinenschaufel

**Abb. 2.89** Unstrukturiertes
und hybrides Netz um eine
Turbinenschaufel

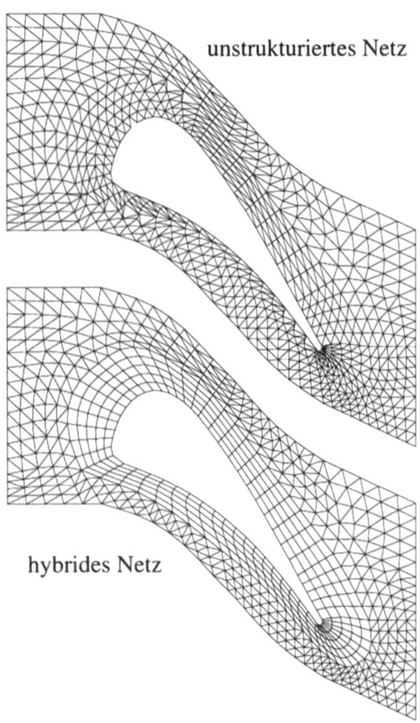


welches Vorteile hat, wenn nahe der Körperkontur noch eine Verdichtung durchgeführt wird um bei reibungsbehafteter Strömung die Grenzschichten aufzulösen.

Eine Methode zur simultanen Erzeugung von Punkten und Dreiecken ist die Frontgenerierungsmethode (advancing front method). Hierbei wird zuerst der Rand in Punkte unterteilt, siehe Abb. 2.90. Ausgehend von der kürzesten Seite wird nun ein gleichseitiges Dreieck errichtet, welches gleichzeitig den ersten Netzpunkt definiert. Als Front bezeichnet man die Grenze zwischen bereits vernetztem und nicht vernetztem Gebiet. Diese breitet sich vom Rand in das Innere des Berechnungsgebietes aus, siehe Abb. 2.91.

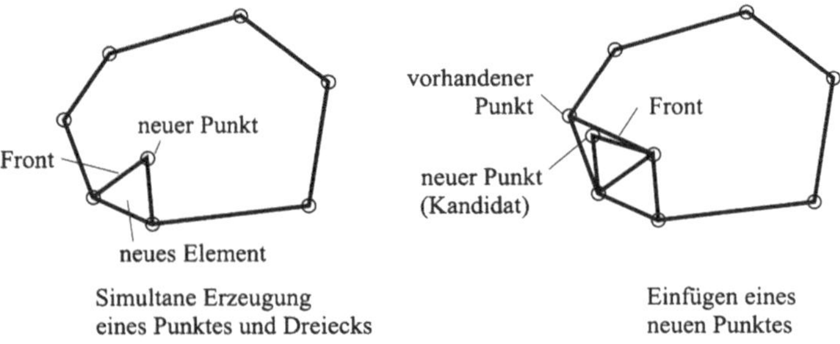


**Abb. 2.90**  Frontgenerierungsmethode

**Abb. 2.91** Netzgenerierung
um eine Turbinenschaufel nach
der Frontgenerierungsmethode

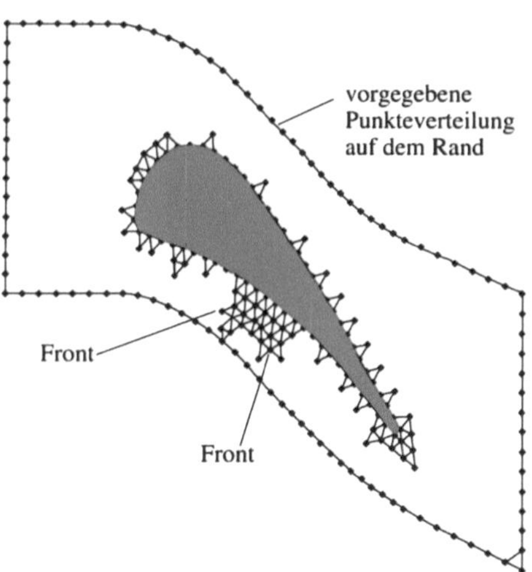


Dabei kommt es immer wieder vor, dass zur Vermeidung von Dreiecken mit kleinen
Innenwinkeln vorhandene Punkte anstelle von Kandidaten für neue Punkte verwendet
werden müssen. Diese Abfrage macht die Methode etwas willkürlich und fehleranfällig.
Die Frontgenerierungsmethode ist aber eine sehr effiziente Methode, da nur die Punkte
der Front in den Algorithmus miteinbezogen werden müssen. Anstelle von gleichseitigen
Dreiecken können auch Dreiecke mit anderen gewünschten Eigenschaften generiert werden, z. B. mit einer Vorzugsrichtung zur Realisierung einer Verdichtung oder Ausweitung
des Netzes.

### 2.4.5  Netzadaption

Unter Netzadaption versteht man die automatische Anpassung des Netzes an die berechnete Lösung. Diese Methode befindet sich zur Zeit noch in einer Entwicklungs- bzw.
Bewährungsphase. Sie soll sicherstellen, dass ein Maximum an Genauigkeit mit einem
Minimum an numerischem Aufwand (Speicherplatz und Rechenzeit) erzielt wird, indem
nur in Bereichen des Strömungsfeldes eine hohe numerische Auflösung (ein feines Netz)
verwendet wird, in denen es notwendig ist. Im Allgemeinen ist im Voraus nicht bekannt,
wo diese Gebiete liegen, so dass ihre Ermittlung während der Rechnung, bzw. aus einer Vorab-Berechnung auf einem groben Netz erfolgt, bevor eine lokale Netzverfeinerung
erfolgt. Ein Beispiel ist in Abb. 2.92 gezeigt.

Das Testproblem besteht in der Berechnung einer zweidimensionalen Überschallströmung mit schrägem Verdichtungsstoß, welcher an einer Wand reflektiert wird. Der Stoß
wird über die Randbedingung am oberen Rand des rechteckigen Berechnungsgebiets
durch Vorgabe eines Drucksprungs erzeugt. Dies entspricht der Erzeugung durch einen

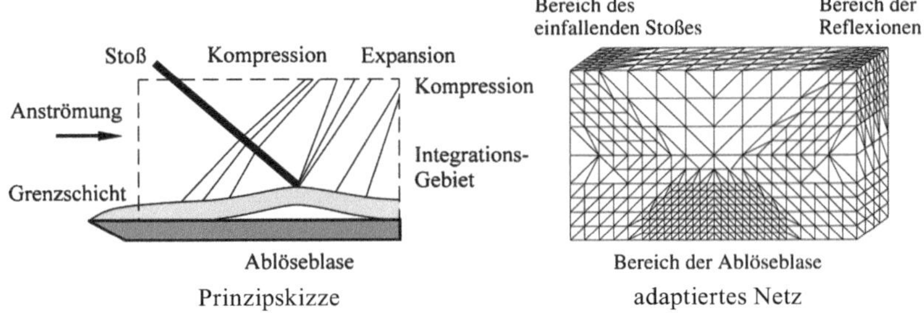


**Abb. 2.92** Beispiel für eine Berechnung mit adaptiver Netzverfeinerung: Reflektion eines Verdichtungsstoßes an einer Wand

in die Strömung eingebrachten Keil im Experiment. Die Berechnung wird zunächst auf einem groben Netz durchgeführt.

Ein numerisches Verfahren benötigt etwa 3–4 Zellen, um den Stoß numerisch darzustellen. Die Bereiche mit starker Druckänderung werden numerisch „detektiert" und in diesem Bereich wird das Netz durch Unterteilung von Zellen in kleinere Zelle adaptiv verfeinert. In den Bereichen fernab von starken Druckänderungen bleibt das Netz unverändert. Nach der Verfeinerung ist der Verdichtungsstoß räumlich sehr scharf aufgelöst, da die benötigten Zellen jetzt vergleichsweise kleine Abmessungen besitzen.

Wir definieren ein optimales Netz als dasjenige, für welches eine vorgegebene Toleranzgrenze des Fehlers mit einer minimalen Anzahl von Freiheitsgraden gerade nicht überschritten wird. Zusätzlich zu dieser Definition wird für ein adaptives Verfahren noch ein Fehlerindikator benötigt, welcher den lokalen Fehler quantifiziert, sowie ein Verfeinerungskriterium.

Wir betrachten hier nur Adaptionsmethoden, bei denen die Abhängigkeit des Fehlers von der Schrittweite $\Delta x = h$ sich nicht ändert, also für den Fehler $\varepsilon$ gilt:

$$\varepsilon \sim h^p, \tag{2.282}$$

wobei die verwendeten Methoden im Allgemeinen eine Genauigkeit 2. Ordnung, d. h. $p = 2$, besitzen (h-Adaption). Dann kann, wie in Abb. 2.93 skizziert, durch Variation der lokalen Schrittweite $h$ der lokale Fehler entweder gleich verteilt werden oder gezielt dort verringert werden, wo die gegebene Toleranzgrenze überschritten wird.

Wir haben in unseren Beispielen die Adaptionsmethode durch Einfügen zusätzlicher Punkte gewählt. Reine Umverteilung der vorhandenen Punkte ist aber ebenfalls möglich, wenngleich in der Praxis selten angewandt. Vergröberung des Netzes soll hier ebenfalls nicht betrachtet werden.

Als nächstes wird ein Fehlerindikator benötigt, welcher angibt, an welchen Stellen im Strömungsfeld das Netz verfeinert werden soll, wenn dieser eine Toleranzgrenze überschreitet. Es gibt eine Vielzahl von Möglichkeiten, von denen wir nur zwei betrachten.

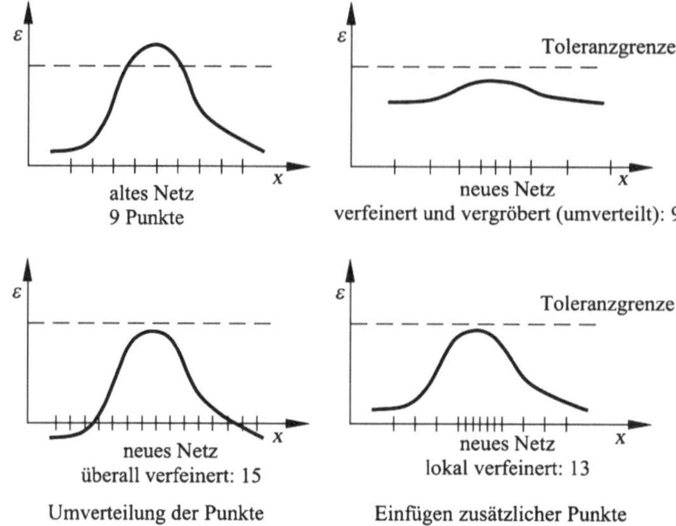


**Abb. 2.93**  Reduzierung des lokalen Fehlers unterhalb einer Toleranzgrenze

Wenn die Lösung $u$ nicht glatt ist, eignen sich Fehlerschätzer der Form

$$\varepsilon^h = c \cdot h \, |\nabla u| \,, \tag{2.283}$$

mit einer verfahrenseigenen Variablen $c$. Hier wird verfeinert, wenn der Gradient einer Variablen groß im Verhältnis zur Schrittweite $h$ wird, d. h. bei großen Gradienten sind kleine Schrittweiten erforderlich. Dies entspricht der Erfahrung. Die Frage ist nur, welche Strömungsgröße betrachtet wird, z. B. der Druck.

Für Regionen mit glatter Lösung sind genauere Fehlerschätzer erforderlich:

$$\varepsilon^h = c \cdot h^p \left| \frac{\partial^p u}{\partial x^p} \right| \,, \tag{2.284}$$

wobei der Ableitungsterm noch approximiert werden muss. Er soll ein Maß für den Abbruchfehler des Verfahrens darstellen und wird daher für unterschiedlich genaue Verfahren unterschiedlich gewählt, z. B. für ein Verfahren 2. Ordnung:

$$\varepsilon^h = c \cdot |u_{i-1} - 2u_i + u_{i+1}| \,. \tag{2.285}$$

Wenn bekannt ist, in welchem Gebiet verfeinert werden soll, wird noch ein Algorithmus für die Netzverfeinerung benötigt. Wir betrachten wieder nur unstrukturierte Dreiecksnetze. Nach Abb. 2.94 können zusätzliche Punkte in der Ebene auf zwei Arten eingefügt werden. Das Gebiet, in dem verfeinert werden soll, liegt zwischen den beiden gestrichelten Linien. Das Ausgangsnetz besteht gleichmäßig aus den großen Dreiecken. Durch Einfügen zusätzlicher Knoten an den Seitenmitten und deren Verbindungen wird jedes Dreieck

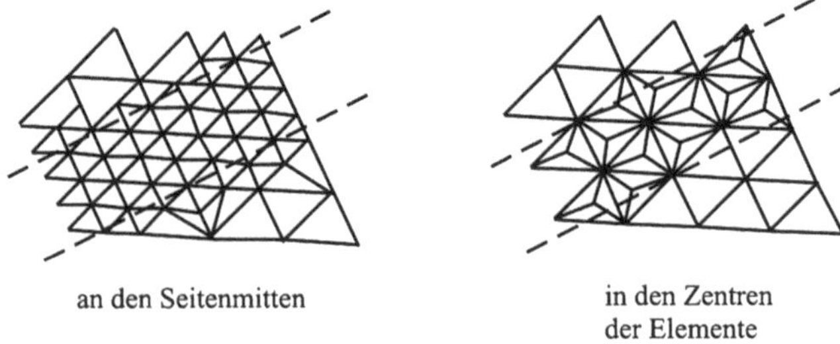



**Abb. 2.94**   Einfügen zusätzlicher Punkte in ein unstrukturiertes Dreiecksnetz

in vier Dreiecke derselben Form unterteilt, falls dies möglich ist. An der oberen Grenze zwischen den Gebieten ohne und mit Verfeinerung entstehen nach Abb. 2.94 links „hängende Knoten", welche für kein weiteres Dreieck mehr verwendet werden können. Diese sind unten durch Anwendung weiterer Unterteilungsregeln eliminiert. Diese Methode ist komplexer, wenn sie in drei Dimensionen für Tetraederelemente angewendet wird. Eine Alternative besteht darin, die zusätzlichen Knoten in den Zentren der Elemente einzuführen, Abb. 2.94 rechts. Die jeweils drei Unterdreiecke besitzen nun eine andere Form als das Ausgangsdreieck mit einem spitzeren Innenwinkel. Hängende Knoten entstehen bei dieser Methode nicht.

## 2.4.6   Bewegte Netze

Diese werden benötigt, wenn die Ränder nicht ortsfest sind, wie z. B. bei der Bewegung eines Kolbens in einem Zylinder, bei der Verformung flexibler Strukturen wie Flugzeugtragflügel, in der Biomechanik, oder bei der Simulation sich relativ zueinander bewegender Strukturen wie z. B. in einer Strömung mitschwimmender Festkörper oder ein Zug, der in einen Tunnel einfährt.

Wir wollen annehmen, dass die Bewegung der Ränder gegeben ist, da sonst ein gekoppeltes Problem zwischen Strömungsmechanik und Strukturmechanik zu lösen wäre. Es ist möglich, die Bewegung durch eine zeitabhängige Transformation der Navier-Stokes-Gleichungen zwischen einem sich bewegenden physikalischen Raum und einem ortsfesten Rechenraum zu berücksichtigen. Die Metrikkoeffizienten werden dann zeitabhängig.

Dies ist äquivalent mit der Lagrange-Euler'schen Formulierung der Navier-Stokes-Gleichungen, bei der die Differenzgeschwindigkeit zwischen Strömung und Netz als Zustandsgröße gewählt wird. Im Grenzfall verschwindender Netzgeschwindigkeit gehen die Strömungsgrößen in diejenigen für ein ruhendes Netz über, im Grenzfall mit ruhenden Koordinatensystem geht die Darstellung in die Lagrange'sche Beschreibung über.

Es ist auch möglich, die Bewegung in Intervalle einzuteilen und für jede Position der Ränder das Gebiet neu zu vernetzen. Die auf dem alten Netz erzeugte Verteilung der Strömungsgrößen muss dann nach jedem Intervall auf das neue Netz umgerechnet (interpoliert) werden. Diese Technik wird häufig bei der detaillierten Simulation von Zweiphasenströmungen mit Festpartikeln oder bei sich aneinander vorbei bewegenden Schaufelreihen von Strömungsmaschinen angewendet.

## 2.5  Beispiele Numerischer Methoden

Eine Numerische Methode wird charakterisiert durch die strömungsmechanischen Gleichungen, welche integriert werden, sowie die zeitliche und räumliche Diskretisierungsmethode. Wir behandeln hier ausschließlich Methoden für die Navier-Stokes-Gleichungen, wobei wegen der unterschiedlichen mathematischen Struktur der Grundgleichungen von großer Bedeutung ist, ob inkompressible oder kompressible Strömungen behandelt werden. Die in den weiteren Kapiteln dieses Buches eingeführten Modellerweiterungen, z. B. Turbulenzmodelle oder Zweiphasenströmungen können prinzipiell in diese Methoden nachträglich integriert werden.

Die hier behandelten Beispiele wurden aus didaktischen Gründen ausgewählt, weil sie gut geeignet sind, die Zusammenhänge, Eigenschaften sowie die Vor- und Nachteile der unterschiedlichen Methoden darzustellen. Es handelt sich nicht notwendigerweise um die am häufigsten verwendeten Verfahren. Aktuelle Entwicklungen wie z. B. adaptive Netzverfeinerung mit unstrukturierten Netzen oder Mehrgittermethoden wurden in die Darstellung mit einbezogen.

### 2.5.1  Runge-Kutta-Finite-Volumen-Methode

Finite-Volumen-Methoden besitzen für die Integration der strömungsmechanischen Grundgleichungen eine Reihe von Vorteilen gegenüber Differenzenverfahren. Insbesondere die Unempfindlichkeit gegenüber starken Verzerrungen des numerischen Netzes ist charakteristisch für die hier vorgestellte Methode. Daher ist sie sowohl für die kompressiblen Euler-Gleichungen als auch für die Navier-Stokes-Gleichungen erfolgreich angewendet worden. Ein stark verzerrtes numerisches Netz um einen Tragflügel ist in Abb. 2.95 gezeigt.

**Abb. 2.95**  CO-Netz um einen Tragflügel

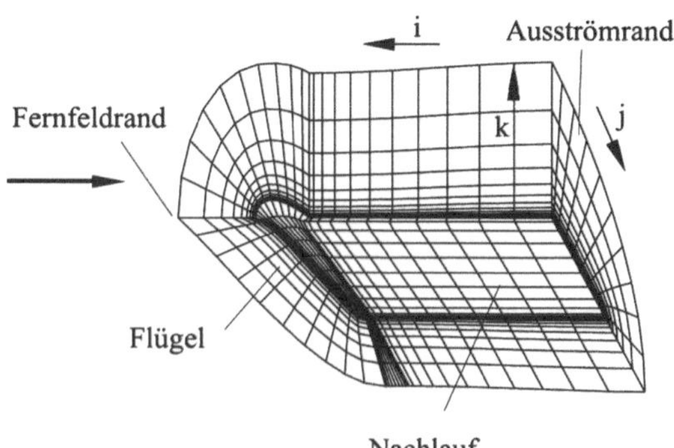

**Abb. 2.96** Hexaeder-Volumen
mit Oberflächenvektoren

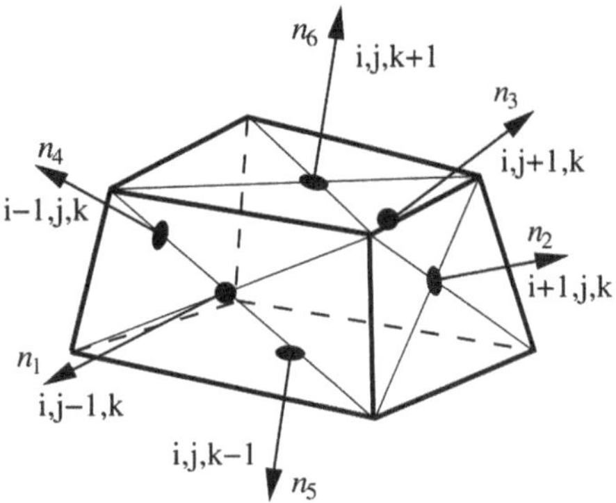


Das Netz ist nach der CO-Topologie gebildet, wobei der Index $i$ vom oberen Ausströmrand nach vorne um die Vorderkante herum verläuft. Der Index $k$ zählt von der Kontur zum
Fernfeld und der Index $j$ von der Wand, an dem der Flügel befestigt ist zur Flügelspitze
bzw. auf dem Fernfeld entlang der O-Kontur, wie am Ausströmrand gezeigt. Entlang der
Oberfläche des Flügels ist das Netz stark verfeinert, um die Grenzschicht aufzulösen. Diese Verfeinerung setzt sich in der Verlängerung der Außenkante bis zum Fernfeld hin fort
und ist auch im Nachlauf sichtbar.

Wir gehen von der Grundgleichung des Finite-Volumen-Verfahrens, formuliert in den
Termen der dreidimensionalen Navier-Stokes-Gleichungen für kompressible Strömungen
in kartesischen Koordinaten aus:

$$\frac{d}{dt}\vec{U}_{ijk} \cdot V_{ijk} + \sum_{m=1}^{3}\sum_{l=1}^{6}\left(\vec{F}_{ml} \cdot O_{ml}\right)_{i,j,k} - \sum_{m=1}^{3}\sum_{l=1}^{6}\left(\vec{G}_{ml} \cdot O_{ml}\right)_{i,j,k} = \vec{0}. \qquad (2.286)$$

Darin ist $\vec{U}_{ijk}$ der Lösungsvektor für die Zelle $i, j, k$, weiterhin $\vec{F}_{ml}$ der Vektor der konvektiven Flüsse in Richtung $x_m$ für die Seite $l$ des Hexaeder-Volumens, siehe Abb. 2.96,
$O_{ml}$ die Koordinate des Oberflächenvektors der Seite $l$ in Richtung $x_m$ und $\vec{G}_{ml}$ der Vektor
der diffusiven Flüsse (Reibung und Wärmeleitung). Die (2.286) kann auch kurz

$$\frac{d}{dt}\vec{U}_{ijk} + \vec{Q}\left(\vec{U}_{ijk}, \vec{U}_{i\pm1,j\pm1,k\pm1}\right) = 0 \qquad (2.287)$$

geschrieben werden, worin

$$\vec{Q}\left(\vec{U}_{ijk}, \vec{U}_{i\pm1,j\pm1,k\pm1}\right) = \vec{Q}_{ijk}\left(\vec{U}\right) \qquad (2.288)$$

den Operator der räumlichen Diskretisierung bedeutet. Dieser koppelt die Gleichungen für
die benachbarten Zellen miteinander. Im Folgenden werden die Indices $i, j, k$ weggelassen.

Die zeitliche Diskretisierung wird nach dem Runge-Kutta-(Mehrfach-Korrektor)-Verfahren durchgeführt, welches allgemein, d. h. mit $M$ Schritten, lautet

$$\vec{U}^{(s)} = \vec{U}^{(n)} - \Delta t \sum_{t=s-1}^{M} a_{st} \vec{Q}(\vec{U}^{(t)}), \qquad (2.289)$$

wobei die Koeffizienten $a_{st}$ durch die Definition des Verfahrens gegeben sind. Die Variante 4. Ordnung lautet, angewendet auf (2.289)

$$\vec{U}^{(1)} = \vec{U}^{(0)} - \frac{\Delta t}{2} \vec{Q}(\vec{U}^{(0)}),$$

$$\vec{U}^{(2)} = \vec{U}^{(0)} - \frac{\Delta t}{2} \vec{Q}(\vec{U}^{(1)}),$$

$$\vec{U}^{(3)} = \vec{U}^{(0)} - \Delta t \, \vec{Q}(\vec{U}^{(2)}),$$

$$\vec{U}^{(4)} = \vec{U}^{(0)} - \frac{\Delta t}{6}(\vec{Q}(\vec{U}^{(0)}) + 2\vec{Q}(\vec{U}^{(1)}) + 2\vec{Q}(\vec{U}^{(2)}) + \vec{Q}(\vec{U}^{(3)})), \qquad (2.290)$$

worin

$$\vec{U}^{(0)} = \vec{U}^n \quad \text{und} \quad \vec{U}^{(4)} = \vec{U}^{n+1} \qquad (2.291)$$

sind. Dieses Verfahren ist bedingt stabil bis zu einer CFL-Zahl von 2,8. Zusätzlich ist eine Stabilitätsbedingung, die aus den Reibungstermen herrührt, einzuhalten. Gegenüber einem Verfahren mit $CFL = 1$ kann eine entsprechend größere Zeitschrittweite $\Delta t$ verwendet werden. Dafür muss allerdings der Operator $\vec{Q}$ viermal ausgewertet werden. Wir verwenden $CFL/M$ als Maß für die Effizienz und erhalten

$$\frac{CFL}{M} = \frac{2,8}{4} = 0,7 \qquad \text{Runge-Kutta-Finite-Volumen-Verfahren,} \qquad (2.292)$$

$$\frac{1}{2} = 0,7 \qquad \text{Lax-Wendroff-Verfahren (zum Vergleich).} \qquad (2.293)$$

Das Runge-Kutta-Verfahren ist damit (geringfügig) effizienter und dürfte schneller zur Konvergenz führen. Ein weiteres Kriterium ist der benötigte Speicheraufwand. Um (2.290) zu berechnen, muss die rechte Seite viermal zwischengespeichert werden.

Bei der Anwendung des Verfahrens für die Berechnung stellt sich in der Praxis allerdings heraus, dass störende, unphysikalische Oszillationen im Strömungsfeld vorhanden sind, obwohl alle Stabilitätsbedingungen erfüllt waren. Dies ist in der Nähe eines Verdichtungsstoßes in Abb. 2.97 skizziert. Der erwartete Verlauf einer Strömungsgröße (Druck oder Dichte) mit Sprung über den Verdichtungsstoß ist durch die gestrichelte Linie angegeben. Im gesamten Strömungsgebiet sind Oszillationen um diesen Verlauf herum zu beobachten. In der Nähe des Verdichtungsstoßes verstärken sich die Oszillationen, hier kann es zum Overflow kommen.

Wie wir wissen, ist die verfahrenseigene numerische Diffusion notwendig, damit ein Verfahren stabil und ohne Oszillationen funktioniert. Die überall im Strömungsfeld auftretenden Oszillationen lassen darauf schließen, dass die verfahrenseigene numerische

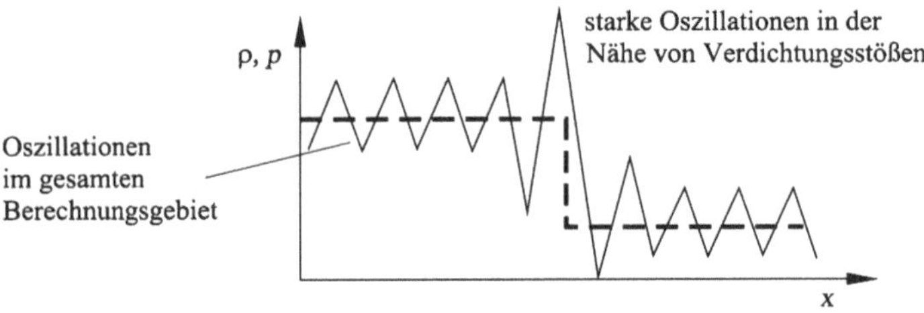


**Abb. 2.97**  Numerische Oszillationen

Diffusion dieses Verfahrens nicht ausreicht, um es zu stabilisieren. Eine Abhilfe besteht darin, zusätzliche numerische Diffusion hinzuzufügen. Dies erfolgt durch Addition eines Diffusionsterms $\vec{D}(\vec{U})$ in jedem Teilschritt, dessen Komponenten für jede Strömungsgröße wie eine Glättung wirken, z. B. für die Dichte an der Seite $l = 1$

$$d_{l=1} = \varepsilon_{l=1}^{(2)} \left( \rho_{ijk} - \rho_{i-1,j,k} \right) - \varepsilon_{l=1}^{(4)} \left( -\rho_{i+1,j,k} + 3\rho_{i,j,k} - \rho_{i-1,j,k} - \rho_{i-2,j,k} \right). \quad (2.294)$$

Darin sind $\varepsilon_{l=1}^{(2)}$ und $\varepsilon_{l=1}^{(4)}$ die numerischen Diffusionskoeffizienten zweiter und vierter Ordnung, welche im Folgenden zur gezielten Kontrolle der zusätzlichen numerischen Diffusion herangezogen werden. Der erste Term stellt die numerische Diffusion 2. Ordnung dar. Sie dient zur Stabilisierung in der Nähe eines Verdichtungsstoßes. Dieser wird über die Drückänderung detektiert

$$\varepsilon_I^{(2)} = 0,25 \cdot \max \left( v_{i-1,j,k} ; v_{ijk} \right) \quad \text{mit} \quad v_{ijk} = \frac{\left| p_{i+1,j,k} - 2p_{i,j,k} + p_{i-2,j,k} \right|}{\left| p_{i+1,j,k} + 2p_{i,j,k} + p_{i-2,j,k} \right|}. \quad (2.295)$$

Der zweite Term in (2.316) stellt die numerische Diffusion 4. Ordnung dar. Sie wirkt vor allem auf kurzwellige Oszillationen in der Größenordnung der Gitterweite. In der Nähe eines Verdichtungsstoßes muss diese abgeschaltet werden, was durch

$$\varepsilon_I^{(4)} = 0,25 \cdot \max \left( 0, \frac{1}{256} - \varepsilon_I^{(2)} \right) \quad (2.296)$$

erreicht werden kann. Die in (2.294) vorkommenden Koeffizienten sind empirisch gewählt und haben sich in der Praxis bewährt. Am Beispiel der Umströmung eines Tragflügelprofils bei schallnaher Anströmung, Abb. 2.98, wird deutlich, dass gerade in der Nähe des Verdichtungsstoßes die numerische Diffusion 2. Ordnung nach (2.295) zur Wirkung kommt.

Das Verfahren ist explizit und damit auch gut geeignet für Vektor- und Parallelrechner. Die Aerodynamik der Transportflugzeuge verlangt heute aufwändige Berechnungen von Flügel-Rumpf-Konfigurationen mit Leitwerk und Triebwerksgondeln. Daher kommt es sehr auf die Effizienz und den Rechenaufwand an. Wir wollen daher einige Maßnahmen besprechen, welche die Effizienz weiter erhöhen.

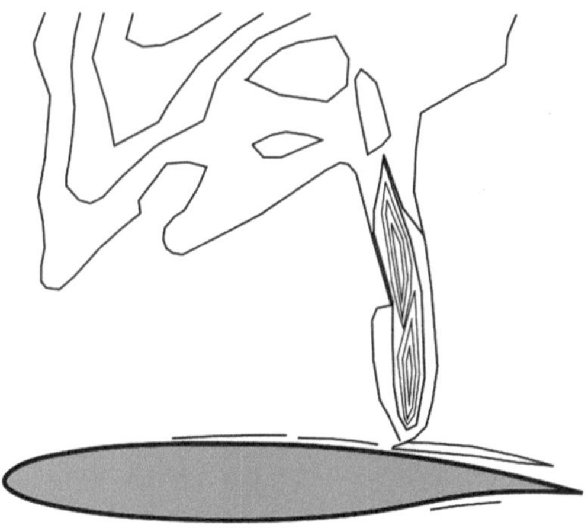

**Abb. 2.98** Numerische Diffusion nach (2.296) im Strömungsfeld eines transsonischen Tragflügelprofils

Dabei nehmen wir an, dass eine stationäre Strömung berechnet werden soll. Dann ist die Anfangsbedingung beliebig und die Zeitrichtung dient nur dazu, schnell und effizient zum stationären Zustand einer Berechnung zu gelangen, falls dieser existiert. Mehrere Methoden zur Konvergenzbeschleunigung sind in Abb. 2.99, die das Residuum über der Anzahl der Zeitschritte zeigt, schematisch zusammengefasst. Das Originalverfahren, wie dargestellt, ist als „langsamstes" Verfahren zum Vergleich mit eingetragen.

Da in der Nähe der Körperkontur die Zellen sehr klein im Vergleich zu den Zellen im Außenbereich der Strömung sind, siehe Abb. 2.100, wird die Zeitschrittweite $\Delta t$ durch diese bestimmt. Dies führt dazu, dass die außen liegenden Zellen weit unterhalb ihrer Stabilitätsgrenze betrieben werden. Eine überall gleiche Zeitschrittweite, wie sie physikalisch nur sinnvoll sein kann, ist aber vom Gesichtspunkt der Konvergenz nicht unbedingt notwendig. Stattdessen kann der Zeitschritt lokal für jede Zelle unterschiedlich gewählt

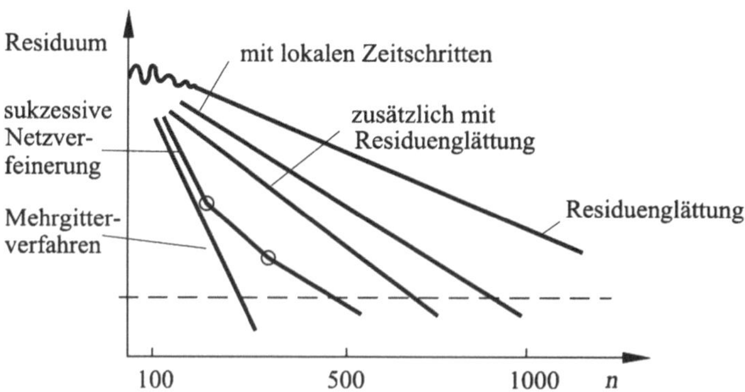


**Abb. 2.99** Methoden zur Konvergenzbeschleunigung und Vergleich mit dem Originalverfahren

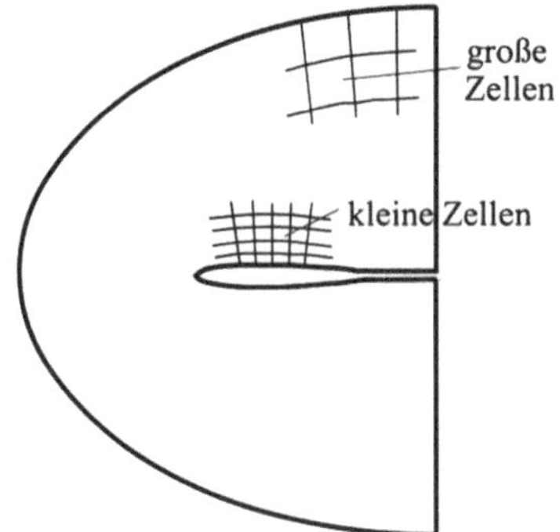



**Abb. 2.100**  Zur Konvergenzbeschleunigung nach der Methode der lokalen Zeitschritte

werden, wobei die Koordinatenrichtungen zu beachten sind

$$\Delta\, t_{i,j,k} = CFL \cdot \min\left( \frac{\Delta x_{ijk}}{|u_1 + a_s|_{ijk}}; \frac{\Delta y_{ijk}}{|u_2 + a_s|_{ijk}}; \frac{\Delta z_{ijk}}{|u_3 + a_s|_{ijk}} \right). \qquad (2.297)$$

Dieses Verfahren der lokalen Zeitschritte ist bezüglich der Zeitrichtung unphysikalisch und nicht mehr zeitgenau. Wenn aber der stationäre Zustand erreicht ist („Konvergenz"), wird sich dieser nicht mehr vom stationären Zustand einer zeitgenauen Rechnung unterscheiden (dies ist allerdings nicht garantiert). Der Vorteil der Methode der lokalen Zeitschritte ist, dass Information schneller durch das Integrationsgebiet transportiert wird.

Die Beschleunigung kann vereinfachend folgendermaßen erklärt werden: Während des Konvergenzprozesses bewegen sich Schallwellen durch das Strömungsfeld, welche an den Rändern reflektiert werden. Diese transportieren Information über die Geometrie und den Strömungszustand zwischen den Rändern. Mit zunehmender Konvergenz werden diese Wellen schwächer und klingen schließlich ab. Natürlich ist die Konvergenz umso besser, je größer die numerische Ausbreitungsgeschwindigkeit lokal ist, d. h je größer lokal die Zeitschrittweite gewählt werden kann. Nur die lokale Stabilität stellt die Grenze für $\Delta\, t_{i,j,k}$ dar.

Das gewählte Bild des Konvergenzprozesses kann zur Erklärung einer weiteren Methode der Konvergenzbeschleunigung herangezogen werden. Die im Strömungsfeld hin- und herlaufen den Schallwellen führen zu starken Unregelmäßigkeiten und Gradienten der Strömungsgrößen. In der Praxis fällt das Residuum nicht kontinuierlich ab sondern oszilliert. Da diese Vorgänge nicht physikalisch sind (und auch nicht sein müssen) kann es sinnvoll sein, die zeitliche Änderung und somit das lokale Residuum

$$\Delta \vec{u}_{ijk}^{\,n} = \frac{\vec{u}_{ijk}^{\,n+1} - \vec{u}_{ijk}^{\,n}}{\Delta t} \qquad (2.298)$$

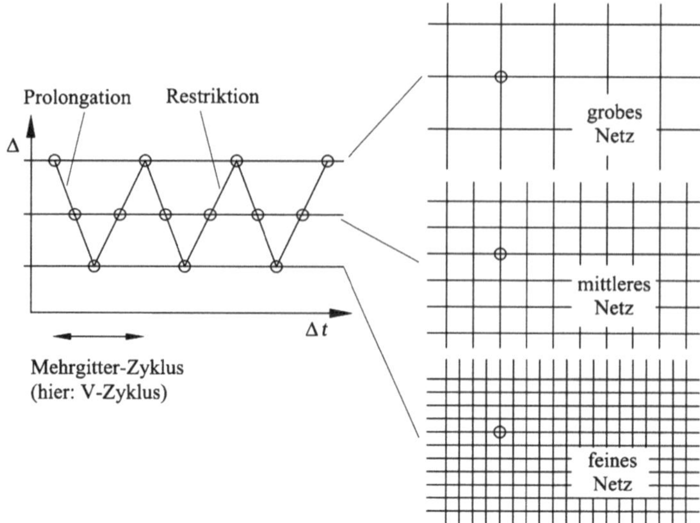

**Abb. 2.101**  Schema eines Mehrgitterverfahrens

räumlich zu glätten, z. B. durch den Operator

$$\left(\Delta\vec{u}^{\,n}_{ijk}\right)_{\text{glatt}} = \tfrac{1}{12}\left(6\Delta\vec{u}^{\,n}_{ijk}\right.$$
$$\left.+\Delta\vec{u}^{\,n}_{i+1,j,k} + \Delta\vec{u}^{\,n}_{i-1,j,k} + \Delta\vec{u}^{\,n}_{i,j+1,k} + \Delta\vec{u}^{\,n}_{i,j-1,k} + \Delta\vec{u}^{\,n}_{i,j,k+1} + \Delta\vec{u}^{\,n}_{i,j,k-1}\right).$$

$$(2.299)$$

Die Erfahrung zeigt, dass dadurch eine Verschiebung der Stabilitätsgrenze zu höheren CFL-Zahlen erreicht werden kann. Es ist möglich CFL-Zahlen bis zu 10 und mehr zu verwenden. Das Resultat ist eine weitere Konvergenzbeschleunigung.

Eine weitere Methode zur Konvergenzbeschleunigung ist die sukzessive Netzverfeinerung. Hierbei erzeugt man als Anfangsbedingung für die Iteration auf einem feinen Netz Ausgangslösungen auf groben Netzen, die nach erfolgter Konvergenz auf das nächstfeinere Netz interpoliert werden. Diese hierarchischen Netze sind derart erzeugt, dass ein nächstfeineres Netz jeweils durch Einfügen zusätzlicher Gitterlinien in ein grobes Ausgangsnetz entsteht.

Aus der numerischen Mathematik ist für einfache Differentialgleichungen bekannt, dass Methoden die mit mehreren Netzen arbeiten, die sog. Mehrgitterverfahren, den Eingitterverfahren bezüglich Konvergenz weit überlegen sind. Dies ist schematisch für drei kartesische Gitter in Abb. 2.101 skizziert.

Die Netze sind hierarchisch aufgebaut und werden als grobes, mittleres und feines Netz bezeichnet. Ein Mehrgitterverfahren führt anstelle eines Zeitschrittes einen Zyklus durch. Dabei wird auf dem jeweiligen Netz ein Zeitschritt ausgeführt. Danach erfolgt der Übergang auf ein anderes Netz, das je nach Zyklusart oder Position grober oder feiner sein kann. Gezeigt in Abb. 2.98 ist ein V-Zyklus, jedoch sind auch andere Zyklen möglich, z. B. ein W-Zyklus. Den Übergang auf ein feineres Netz bezeichnet man als Prolongation, hier muss auf die zusätzlichen Punkte interpoliert werden. Der Übergang auf ein gröberes Netz heißt Restriktion, die glättend wirkt, da Zwischenwerte weggelassen werden.

Für Modellgleichungen lässt sich zeigen, dass bei $N$ Punkten pro Koordinatenrichtung die Anzahl der erforderlichen Zeitschritte bis zur Konvergenz anstatt mit $N^2$ für ein Eingitterverfahren bei einem Mehrgitterverfahren nur $N \cdot \log N$ Zyklen erforderlich sind. Für ein Beispiel mit 50 Punkten wäre der Beschleunigungsfaktor dann $2500/76 \approx 32$. Für die Navier-Stokes-Gleichungen liegt die zu erwartende Beschleunigung nicht so hoch, sondern eher bei einem Faktor von 2–3.

### 2.5.2 Semi-Implizite Finite-Volumen-Methode

Für inkompressible Strömung ist es erforderlich, die Finite-Volumen-Methode mit einer Methode zur Druckberechnung, hier die in Abschn. 2.3.7 bereits vorgestellte SIMPLE-Methode, zu kombinieren. Für die Darstellung wählen wir die Vektorschreibweise der Navier-Stokes-Gleichungen in konservativer Schreibweise:

$$\nabla^T \cdot \vec{u} = 0, \quad \frac{\partial \vec{u}}{\partial t} + \left[\nabla^T \left(\vec{u} \cdot \vec{u}^T\right)\right]^T = -\frac{1}{\rho_0}\nabla p + \nu_0 \nabla^T \cdot \nabla \vec{u}. \tag{2.300}$$

Die Impulsgleichung wird wie in Abschn. 2.3.10 erläutert, in die schwache Form überführt:

$$\frac{\partial}{\partial t}\int_V \vec{u}\,dV = -\int_V \nabla\left(\vec{u}\cdot\vec{u}^T\right)dV - \frac{1}{\rho_0}\int_V \nabla p\,dV + \nu\int_V \nabla^T\cdot\nabla\vec{u}\,dV \tag{2.301}$$

und der Gauß'sche Satz angewendet:

$$\frac{\partial}{\partial t}\int_V \vec{u}\,dV = -\int_R \left(\vec{u}\cdot\vec{u}^T\right)\vec{n}\,dO - \frac{1}{\rho_0}\int_R p\,\vec{n}\,dR + \nu\int_R \nabla\vec{u}\cdot\vec{n}\,dR \tag{2.302}$$

Die räumliche Diskretisierung erfolgt wieder nach Abb. 2.94 für Hexaederzellen. Die Geschwindigkeitskomponenten werden in der Zelle als konstant angenommen. Auf den Seitenflächen sind die Ableitung der Geschwindigkeit $\nabla\vec{u}$, der konvektive Fluss $\left(\vec{u}^T \cdot \vec{u}\right)$ sowie der Druck konstant.

Die diskretisierte Form von (2.302) lautet

$$V_{i,j,k}\frac{d\vec{u}_{i,j,k}}{dt} = \sum_{l=1}^{6}\left[-\left(\vec{u}^T\cdot\vec{u}\right)_l \vec{O}_l - \frac{1}{\rho_0}p_l\,\vec{O}_l + \nu\left(\nabla^T\vec{u}\right)_l \vec{O}_l\right]_{i,j,k} \tag{2.303}$$

oder in Komponenten

$$V_{i,j,k} \frac{du}{dt} = \sum_{l=1}^{6} -\left(\vec{u}^T \cdot u\right)_l \vec{O}_l - \frac{1}{\rho_0} p_l \, O_{x,l} + v \left(\nabla^T u\right)_l \vec{O}_l, \qquad (2.304)$$

$$V_{i,j,k} \frac{dv}{dt} = \sum_{l=1}^{6} -\left(\vec{u}^T \cdot v\right)_l \vec{O}_l - \frac{1}{\rho_0} p_l \, O_{y,l} + v \left(\nabla^T v\right)_l \vec{O}_l, \qquad (2.305)$$

$$V_{i,j,k} \frac{dw}{dt} = \sum_{l=1}^{6} -\left(\vec{u}^T \cdot w\right)_l \vec{O}_l - \frac{1}{\rho_0} p_l \, O_{z,l} + v \left(\nabla^T w\right)_l \vec{O}_l. \qquad (2.306)$$

Die semi-implizite zeitliche Diskretisierung kann nun durchgeführt werden. Nur der Druck wird implizit behandelt:

$$\frac{u^{n+1}_{i,j,k} - u^n_{i,j,k}}{\Delta t} = \frac{1}{V_{i,j,k}} \left( \sum_{l=1}^{6} -\left(\vec{u}^T \cdot \vec{u}\right)^n_l \vec{O}_l - \frac{1}{\rho_0} p^{n+1}_l \vec{O}_l + v \left(\nabla^T \vec{u}\right)^n_l \vec{O}_l \right)_{i,j,k}.$$

$$(2.307)$$

Das Flussdiagramm nach der SIMPLE-Methode ist in Abb. 2.102 gezeigt.

Die Genauigkeit der Methode soll nun untersucht werden. Dazu definieren wir ein eindimensionales Netz entlang der Koordinate $x$, wie in Abb. 2.100 gezeigt.

Die Finite-Volumen-Formulierung für eine erste Ableitung ergibt sich aus der Integration über ein Volumen und anschließende Division durch dieses Volumen und Anwendung des Gauß'schen Satzes. Wir nehmen an, dass die Volumina den Querschnitt „1" besitzen.

Dann folgt der Ansatz

$$\frac{du}{dx} = \frac{1}{\Delta x} \int_{\Delta x} \frac{du}{dx} dx = \frac{1}{\Delta x} \int_{1} u \cdot n_x \cdot dx, \qquad (2.308)$$

welcher mittels der bekannten Vorgehensweise diskretisiert wird:

$$\frac{du}{dx} \approx \frac{1}{\Delta x} \sum_{l=1}^{2} (u \cdot O_x)_l. \qquad (2.309)$$

Darin ist $l = 1, 2$ der Seitenindex. Der Oberflächenvektor ist eindimensional und besitzt die Länge 1. Für die Seitenflächen gilt:

$$u_{l=1} = \frac{1}{2} (u_{i-1} + u_i), \quad O_{x1} = -1, \qquad (2.310)$$

$$u_{l=2} = \frac{1}{2} (u_i + u_{i+1}), \quad O_{x2} = 1 \qquad (2.311)$$

und eingesetzt folgt

$$\frac{du}{dx} = \frac{1}{\Delta x} \left[ \frac{1}{2} (u_{i-1} + u_i) \cdot (-1) + \frac{1}{2} (u_i + u_{i+1}) \cdot 1 \right] = \frac{u_{i+1} - u_{i-1}}{2\Delta x}. \qquad (2.312)$$

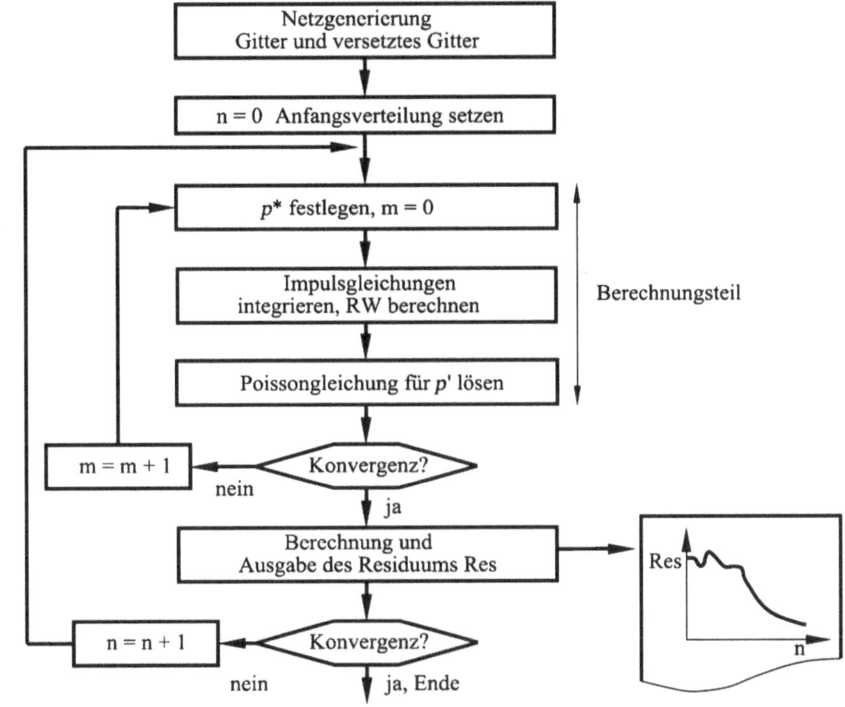



**Abb. 2.102** Flussdiagramm für das Finite-Volumen-Verfahren nach der SIMPLE-Methode

Dies ist genau die zentrale Differenz, welche, wie wir bereits wissen, eine Genauigkeit 2. Ordnung besitzt. Das Finite-Volumen-Verfahren ist daher ebenfalls von 2. Ordnung genau. Für die zweite Ableitung ergibt sich ein entsprechendes Ergebnis.

Die Frage nach der Stabilität des Verfahrens kann nicht anhand der Wellengleichung überprüft werden (kompressibel). Sie stellt sich bei dem hier vorgestellten Verfahren aber im Zusammenhang mit häufig auftretenden numerischen Oszillationen („wiggles") in Grenzschichten oder starken Scherschichten, wie in Abb. 2.103 skizziert. Diese sind offensichtlich die Folge einer Instabilität.

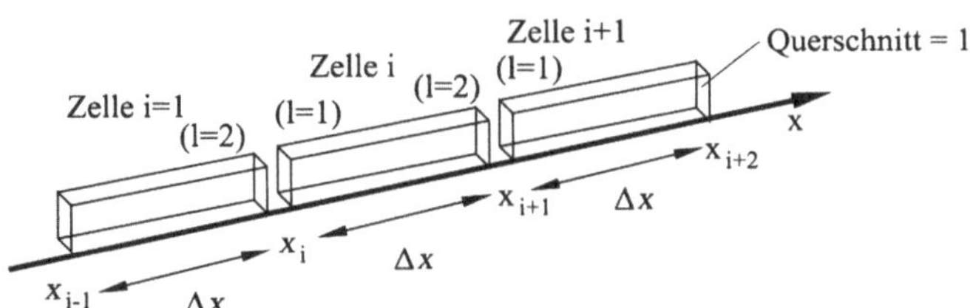



**Abb. 2.103** Eindimensionales Finite-Volumen-Netz für die Genauigkeitsuntersuchung

Derartige Oszillationen um einen Mittelwert herum treten bei konstanter Schrittweite umso stärker auf, je dünner eine Grenzschicht ist, d. h. je größer die Reynolds-Zahl ist. Die Stabilität wird bei inkompressibler Strömung anhand der Burgers-Gleichung für irgendeine Variable $u$ untersucht

$$U\frac{du}{dx} - a\frac{d^2u}{dx^2} = 0. \tag{2.313}$$

Darin ist $U$ eine gegebene Konvektionsgeschwindigkeit und $a$ ein Diffusionskoeffizient. Die Gleichung wird nun diskretisiert. Da wir bereits wissen, dass die Finite-Volumen-Diskretisierung und die Finite-Differenzen-Diskretisierung eindimensional identisch sind, wenden wir die Differenzenformeln direkt an

$$U\frac{u_{i+1} - u_{i-1}}{2\Delta x} - a\frac{u_{i+1} - 2u_i + u_{i-1}}{(\Delta x)^2} = 0 \tag{2.314}$$

und erhalten nach Umformung

$$\frac{U \cdot \Delta x}{a}\left(u_{i+1} - u_{i-1}\right) - 2\left(u_{i+1} - 2u_i + u_{i-1}\right) = 0 \tag{2.315}$$

oder

$$\left(2 - Pe_{\Delta x}\right) u_{i+1} - 4u_i + \left(2 + Pe_{\Delta x}\right) u_{i-1} = 0, \quad Pe_{\Delta x} = \frac{U \cdot \Delta x}{a}. \tag{2.316}$$

Die darin vorkommende Größe $Pe_{\Delta x}$ bezeichnet man als Zell-Peclet-Zahl, da sie eine mit der Gitterweite gebildete Peclet-Zahl darstellt. Wenn in der Ausgangsgleichung anstelle von $a$ die Zähigkeit $\nu$ vorliegt, spricht man von der Zell-Reynolds-Zahl $Re_{\Delta x}$. Die Lösung der (2.316) kann oszillieren, wie in Abb. 2.104 skizziert. Man kann zeigen, dass (2.316) keine oszillatorischen Lösungen mehr besitzt, wenn

$$\left(2 - Pe_{\Delta x}\right)\left(2 + Pe_{\Delta x}\right) \geq 0 \Rightarrow Pe_{\Delta x} \leq 2, \tag{2.317}$$

womit wir das von uns gesuchte Stabilitätskriterium erhalten haben. Die Gitterweite muss so klein gewählt werden, dass die lokale Zell-Reynolds-Zahl den Wert 2 nicht überschreitet. Dies führt allerdings oft zu sehr feinen Netzen, so dass die Forderung nicht immer eingehalten werden kann.

Eine Möglichkeit der Stabilisierung bietet das Aufwind-Verfahren. Die Finite-Volumen-Variante soll hier vorgestellt werden, wobei wir $U > 0$ voraussetzen. Der Unterschied zum „zentralen" Finite-Volumen-Verfahren liegt in der Berechnung der Flüsse. Anstelle von (2.314) wählen wir

$$u_{l=1} = u_{i-1}, \qquad\qquad O_{x1} = -1, \tag{2.318}$$

$$u_{l=2} = u_i, \qquad\qquad O_{x2} = 1. \tag{2.319}$$

**Abb. 2.104** Numerische
Oszillationen innerhalb einer
Grenzschicht

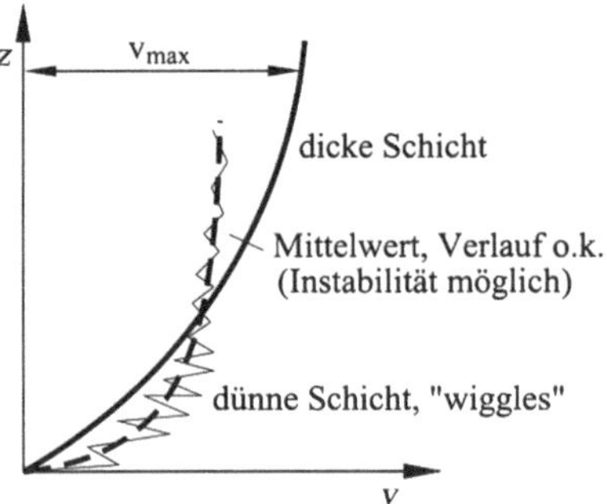


Der Wert der Variablen am Ort der Seitenfläche wird mit dem Wert der stromauf liegenden
Zelle gleich gesetzt. Dies entspricht dem in inkompressiblen Strömungen vorherrschenden
Transportmechanismus der Konvektion. Es folgt

$$\frac{du}{dx} = \frac{1}{\Delta x}\left[u_{i-1}\cdot(-1) + u_i \cdot 1\right] = \frac{u_i - u_{i-1}}{\Delta x}, \tag{2.320}$$

was wie erwartet der Rückwärtsdifferenz entspricht. Die Stabilitätsbetrachtung anhand der
Burgers-Gleichung liefert aus

$$\frac{u_i - u_{i-1}}{\Delta x} - a\frac{u_{i+1} - 2u_i + u_{i-1}}{(\Delta x)^2} = 0 \tag{2.321}$$

und umgeordnet

$$\frac{U\cdot\Delta x}{a}(u_{i+1} - u) - (u_{i+1} - 2u_i + u_{i-1}) = 0 \tag{2.322}$$

das Ergebnis

$$(1 - Pe_{\Delta x})\,u_{i+1} - (2 + Pe_{\Delta x})\,u_i + u_{i-1} = 0, \quad Pe_{\Delta x} = \frac{U\cdot\Delta x}{a}. \tag{2.323}$$

Diese Gleichung besitzt ungeachtet der Zell-Reynolds-Zahl $Pe_{\Delta x}$ keine oszillatorischen
Lösungen. Mit dem Aufwind-Verfahren haben wir zwar ein stabiles Verfahren erhalten,
jedoch besitzt dieses wie die Rückwärtsdifferenz nur eine Genauigkeit 1. Ordnung! Eine
Verbesserung erhält man nur bedingt durch das hybride Verfahren, welches in Abhängigkeit von der lokalen Zell-Reynolds-Zahl zwischen zentraler und Aufwind-Diskretisierung
umschaltet. Erweiterungen auf Aufwind-Verfahren 2. und höherer Ordnung sind durch
Hinzunahme weiterer Nachbarzellen möglich.

### 2.5.3  Taylor-Galerkin-Finite-Elemente-Methode

Finite-Elemente-Methoden sind in der Strukturmechanik weit verbreitet und werden auch
in der Strömungsmechanik immer häufiger angewandt. Zur Diskretisierung des Integrati-

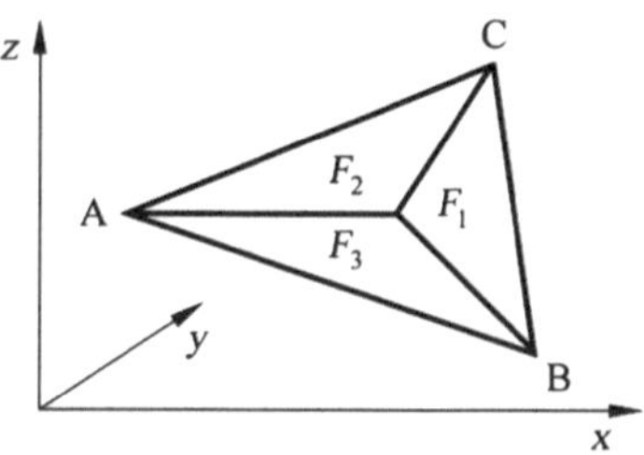

**Abb. 2.105** Lokale Koordinaten im Dreieckselement

onsgebiets wird eine Unterteilung mit Hilfe eines unstrukturierten Netzes vorgenommen. Die Gebiete oder Zellen werden hier als „Elemente" bezeichnet, die Netzpunkte als „Knoten". Die Elemente sind in unserem Beispiel in zwei Dimensionen Dreiecke. Im Raum sind auch Tetraeder, Hexaeder oder andere geometrische Körper möglich.

Die Positionen der Knoten A, B und C sind im physikalischen Raum durch die globalen Koordinaten $x_A, z_A, x_B, z_B$ und $x_C, z_C$ gegeben. Man führt nun mit der Flächeneinteilung des Elementes aus Abb. 2.105 lokale Koordinaten ein, die unabhängig von der aktuellen Form und Größe eines Elementes (z. B. lang gestreckt oder annähernd gleichseitig) sind:

$$\xi_i = \frac{F_i}{F} \quad \text{mit} \quad F = F_1 + F_2 + F_3. \tag{2.324}$$

Sie besitzen die Eigenschaft, dass jede Koordinate $\xi_i$ an einem Dreiecksknoten den Wert eins und an allen anderen Dreiecksknoten den Wert null annimmt. Es gilt

$$\xi_1 = 1 \text{ auf A und } \xi_1 = 0 \text{ auf B,C,} \tag{2.325}$$

$$\xi_2 = 1 \text{ auf B und } \xi_2 = 0 \text{ auf A,C,} \tag{2.326}$$

$$\xi_3 = 1 \ \text{ auf C und } \xi_3 = 0 \text{ auf A,B.} \tag{2.327}$$

Der Wert jeder Koordinate liegt zwischen 0 und 1. Die Summe der drei Koordinaten ist an jedem Punkt eins. Die lokalen Koordinaten werden zur Approximation der Strömungsgrößen verwendet und auf die globalen Koordinaten umgerechnet.

Die Umrechnung ergibt sich aus dem Zusammenhang zwischen den lokalen Koordinaten eines Elementes mit den globalen:

$$\begin{bmatrix} x \\ z \\ 1 \end{bmatrix} = \begin{bmatrix} x_A & x_B & x_C \\ y_A & y_B & y_C \\ 1 & 1 & 1 \end{bmatrix} \cdot \begin{bmatrix} \xi_1 \\ \xi_2 \\ \xi_3 \end{bmatrix}. \tag{2.328}$$

Die darin vorkommende Matrix heißt Transformationsmatrix $T$. Die Gleichung lautet invertiert

$$\begin{bmatrix} \xi_1 \\ \xi_2 \\ \xi_3 \end{bmatrix} = \begin{bmatrix} \frac{\partial \xi_1}{\partial x} & \frac{\partial \xi_1}{\partial z} & * \\ \frac{\partial \xi_2}{\partial x} & \frac{\partial \xi_2}{\partial z} & * \\ \frac{\partial \xi_2}{\partial x} & \frac{\partial \xi_2}{\partial z} & * \end{bmatrix} \cdot \begin{bmatrix} x \\ z \\ 1 \end{bmatrix}, \tag{2.329}$$

mit der inversen Transformationsmatrix $T^{-1}$. Sie enthält die partiellen Ableitungen der lokalen nach den globalen Koordinaten und kann durch Invertierung von $T$ für jedes Element berechnet und abgespeichert werden. Die Werte an den mit * gekennzeichneten Matrixpositionen sind unbedeutend.

Die lokalen Koordinaten werden nun zur Definition von Basisfunktionen (auch Ansatzfunktionen, Formfunktionen) verwendet, mit denen die Diskretisierung von Strömungsgrößen, z. B. die Größe $u$, vorgenommen wird. Innerhalb eines Elementes gilt der Ansatz

$$u(\xi_1, \xi_2, \xi_3) = u_A \cdot N_A^1 + u_B \cdot N_B^1 + u_C \cdot N_C^1, \qquad (2.330)$$

mit den linearen Formfunktionen

$$N_A^1 = \xi_1, \quad N_B^1 = \xi, \quad N_C^1 = \xi_3. \qquad (2.331)$$

Darin sind wegen der Eigenschaft (2.225)–(2.227) die Ansatzkoeffizienten $u_A$, $u_B$ und $u_C$ gleichzeitig die Werte von $u$ an den drei Elementknoten A, B und C. Der obere Index 1 der Formfunktionen deutet an, dass sie linear sind.

Alternativ können auch nichtlineare Formfunktionen, z. B. quadratische (angezeigt durch den oberen Index 2), verwendet werden:

$$N_A^2 = 2\xi_1^2 - \xi_1, \quad N_B^2 = 2\xi_2^2 - \xi_2, \quad N_C^2 = 2\xi_2^2 - \xi_3, \qquad (2.332)$$
$$N_D^2 = 4\xi_1\xi_2, \quad N_E^2 = 4\xi_2\xi_3, \quad N_F^2 = 4\xi_3\xi_1, \qquad (2.333)$$

wobei die Knoten D, E und F an den Seitenmitten gegenüber den Knoten A, B und C definiert sind. Auch diese Formfunktionen haben die Eigenschaft, dass sie an jeweils einem Konten den Wert eins und an allen anderen Knoten den Wert null ergeben. Die Funktion $u$ ist im Elementgebiet durch die Summe der Verlaufsfunktionen multipliziert mit Ansatzkoeffizienten (Knotenwerte) definiert:

$$u(\xi_1, \xi_2, \xi_3) = u_A \cdot N_A^2 + u_B \cdot N_B^2 + u_C \cdot N_C^2 + u_D \cdot N_B^2 + u_E \cdot N_E^2 + u_F \cdot N_F^2. \qquad (2.334)$$

Daher werden bei Finite-Elemente-Methoden, ebenso wie bei den FDM und FVM, die Zustandsgrößen stets durch ihre Werte an den Knoten repräsentiert, also allgemein bei einem Element mit einer lokalen Kontenanzahl pro Element $N_{\text{loc}}$:

$$u(\xi_1, \xi_2, \xi_3) = \sum_{j=1}^{N_{\text{loc}}} u_j \cdot N_j^p, \qquad (2.335)$$

mit den Verlaufsfunktionen $N_j^p$ der Ordnung $p$ zugehörig zum jeweils lokalen Knoten $j$. Die lokalen Knotenwerte sind mit $u_j$ bezeichnet worden. In den Elementgebieten, also zwischen den Knoten, wird der Verlauf der Zustandsgrößen durch die jeweils verwendeten Verlaufsfunktionen definiert.

Wir ergänzen noch die im Element $e$ konstante Verlaufsfunktion

$$P_e = 1 \text{ im Element } e, \tag{2.336}$$

$$P_e = 0 \text{ in allen anderen Elementen,} \tag{2.337}$$

die mit dem globalen Ansatz

$$u(x,z) = \sum_{e=1}^{Nel} u_e \cdot P_e \tag{2.338}$$

eine globale Funktion $u$ ergibt. Diese besitzt in jedem Element den jeweiligen Wert $u_e$ und verläuft an den Elementgrenzen stufenförmig.

Auch die knotenorientierten Verlaufsfunktionen (2.335) können global formuliert werden. Die Summe aller Elementgebiete ergibt das gesamte Gebiet. Daher gilt

$$u(x,z) = \sum_{e=1}^{N_{el}} \sum_{j=1}^{N_{loc}} u_j \cdot N_j^p. \tag{2.339}$$

Je nach Ordnung der Verlaufsfunktionen können Ableitungen gebildet werden, zunächst nach den lokalen Koordinaten $\xi_1, \xi_2, \xi_3$, und mit Hilfe der Transformationsmatrix (2.329) auch nach den globalen Koordinaten

$$\frac{\partial u}{\partial x} = \sum_{j=1}^{N_{loc}} u_j \left( \frac{\partial N_j^p}{\partial \xi_1} \frac{\partial \xi_1}{\partial x} + \frac{\partial N_j^p}{\partial \xi_2} \frac{\partial \xi_2}{\partial x} + \frac{\partial N_j^p}{\partial \xi_3} \frac{\partial \xi_3}{\partial x} \right), \tag{2.340}$$

$$\frac{\partial u}{\partial z} = \sum_{j=1}^{N_{loc}} u_j \left( \frac{\partial N_j^p}{\partial \xi_1} \frac{\partial \xi_1}{\partial z} + \frac{\partial N_j^p}{\partial \xi_2} \frac{\partial \xi_2}{\partial z} + \frac{\partial N_j^p}{\partial \xi_3} \frac{\partial \xi_3}{\partial z} \right). \tag{2.341}$$

Dabei ist zu beachten, dass bei Wahl der linearen Verlaufsfunktionen (2.331) nur die ersten Ableitungen existieren. Diese lauten

$$\frac{\partial u}{\partial x} = u_A \frac{\partial \xi_1}{\partial x} + u_B \frac{\partial \xi_2}{\partial x} + u_C \frac{\partial \xi_3}{\partial x}, \tag{2.342}$$

$$\frac{\partial u}{\partial z} = u_A \frac{\partial \xi_1}{\partial z} + u_B \frac{\partial \xi_2}{\partial z} + u_C \frac{\partial \xi_3}{\partial z}. \tag{2.343}$$

Die konstante Verlaufsfunktion (2.338) kann nicht sinnvoll abgeleitet werden.

Der Übergang von lokalen Ansätzen auf globale erfolgt durch Vertauschen der Summationsreihenfolge in (2.339) und Einführung eines globalen Knotenindex $i$

$$u(x,z) = \sum_{j=1}^{N_{\text{loc}}} \left( u_j \sum_{e=1}^{N_{el}} N_j \right) = \sum_{i=1}^{N_{Kn}} u_i \cdot N_i, \tag{2.344}$$

wobei wir zur Vereinfachung lineare Verlaufsfunktionen (Index $p = 1$ weggelassen) vorausgesetzt haben. Die Summation erfolgt nun über alle $N_{Kn}$ globalen Knoten $i$, wobei $u_i$ dieselben Knotenwerte sind wie im lokalen Ansatz. Die globalen linearen Verlaufsfunktionen $N_i$ besitzen am globalen Knoten $i$ den Wert eins, an allen anderen globalen Knoten den Wert null und fallen vom Knoten $i$ zu den Nachbarknoten linear ab („Dachfunktion").

Nach der Bereitstellung dieser Grundlagen wenden wir uns der Lösung der dreidimensionalen Navier-Stokes-Gleichungen für kompressible Strömungen (2.64) zu, siehe Abschn. 2.2.6. Sie lauten

$$\frac{\partial \vec{U}}{\partial t} + \sum_{m=1}^{3} \frac{\partial \vec{F}_m}{\partial x_m} + \sum_{m=1}^{3} \frac{\partial \vec{G}_m}{\partial x_m} = \vec{0}. \tag{2.345}$$

Zunächst ist dafür zu sorgen, dass das Verfahren numerisch stabil ist. Dazu verwenden wir mit der üblichen Notation $t^n = n \cdot \Delta t$ eine Taylor-Entwicklung des Zustandsgrößenvektors nach der Zeit bis zum linearen Term

$$\vec{U}(x_m, t) = \vec{U}(x_m, t^n) + \Delta t \cdot \frac{\partial U}{\partial t} + \dots \tag{2.346}$$

und ein Prädiktor-Korrektor-Verfahren. Die Teilschritte lauten

$$\vec{U}^{n+1/2} = \vec{U}^n + \frac{\Delta t}{2} \frac{\partial \vec{U}^n}{\partial t} \quad \text{und} \tag{2.347}$$

$$\vec{U}^{n+1} = \vec{U}^n + \Delta t \frac{\partial \vec{U}^{n+1/2}}{\partial t}. \tag{2.348}$$

Die darin vorkommenden Zeitableitungen werden mittels (2.345) durch räumliche Ableitungen ersetzt:

$$\vec{U}^{n+1/2} = \vec{U}^n - \frac{\Delta t}{2} \sum_{m=1}^{3} \frac{\partial \vec{F}_m^n}{\partial x_m}, \tag{2.349}$$

$$\vec{U}^{n+1} = \vec{U}^n - \Delta t \left( \sum_{m=1}^{3} \frac{\partial \vec{F}^{n+1/2}}{\partial x_m} + \sum_{m=1}^{3} \frac{\partial \vec{G}_m^n}{\partial x_m} \right). \tag{2.350}$$

Dabei konnte der Diffusionsterm $\vec{G}_m$ zur Berechnung des Zwischenergebnisses in (2.349) herausgelassen werden, da er für die Stabilität des Verfahrens nicht von Bedeutung ist.

Die räumliche Diskretisierung erfolgt nun in jedem Element unter Verwendung der oben eingeführten globalen Verlaufsfunktionen zur ganzzahligen Zeitschicht $n$, $n + 1$, $n + 2$ usw. nach

$$\vec{U}^n = \sum_{i=1}^{N_{Kn}} \vec{U}_i^n \cdot N_i, \quad \vec{U}^{n+1} = \sum_{i=1}^{N_{Kn}} \vec{U}_i^{n+1} \cdot N_i, \tag{2.351}$$

$$\vec{F}_m^n = \sum_{i=1}^{N_{Kn}} \left( \vec{F}_m^n \right)_i \cdot N_i, \quad \vec{F}_m^{n+1} = \sum_{i=1}^{N_{Kn}} \left( \vec{F}_m^{n+1} \right)_i \cdot N_i, \tag{2.352}$$

wobei wieder die Schreibweise $\vec{F}_m(\vec{U}^n) = \vec{F}_m^n$ gilt. Die Summation erfolgt über die globalen Knoten. Im Zwischenschritt $n + 1/2$ werden im Gegensatz dazu konstante Ansatzfunktionen gewählt

$$\vec{U}^{n+1/2} = \sum_{e=1}^{N_{el}} \vec{U}_e^{n+1/2} P_e, \quad \vec{F}_m^{n+1} = \sum_{e=1}^{N_{el}} \left( \vec{F}_m^{n+1/2} \right)_e \cdot P_e. \tag{2.353}$$

Die Flüsse $\vec{F}_m^{n+1/2}$ sind für die Elemente definiert und die Summation erfolgt über alle Elemente. Im Prinzip bedeutet dieser Ansatz (2.349) und (2.350) die Übertragung des in Abschn. 2.3.4 eingeführten versetzten Gitters auf unstrukturierte Netze. Der Term $\vec{G}$ enthält selbst wieder Ableitungen, die mit der Wahl linearer Formfunktionen in jedem Element konstant sind. Daher ist der Ansatz

$$\vec{G}_m^n = \sum_{e=1}^{N_{el}} \left( G_m^n \right)_e, \quad \vec{G}_m^{n+1} = \sum_{e=1}^{N_{el}} \left( G_m^{n+1} \right)_e \tag{2.354}$$

sinnvoll.

Im nächsten Schritt erfolgt die Umwandlung der zu lösenden Differentialgleichungen (2.349) und (2.350) in Integralausdrücke. Bei Finite-Elemente-Methoden stehen dazu allgemein mehrere Methoden zur Auswahl, die wir am Beispiel einer allgemeinen Differentialgleichung

$$D(u_i \cdot N_i) = 0 \tag{2.355}$$

erläutern wollen. $D$ ist der Operator der Differentialgleichung und $u = \sum u_i \cdot N_i$ die mittels Formfunktionen diskretisierte gesuchte Funktion. Grundlage der FEM ist immer ein Integralausdruck, der zu null gebracht wird. Dieser folgt aus:

- der Variationsrechnung, welche für einfache Differentialgleichungen exakt äquivalente Integralausdrücke ermitteln kann. Für die Navier-Stokes-Gleichungen ist allerdings ein solcher Integralausdruck nicht bekannt.

- der schwachen Form wie bei der Finite-Volumen-Methode:

$$\int_V \left( D(u_i \cdot N_i) \right) dV = 0. \tag{2.356}$$

Diese ist jedoch für die FEM nicht geeignet, da sie nach Umformung auf Randintegrale führt, welche mittels FEM nicht behandelt werden können.

- Galerkin-Verfahren: Die Differentialgleichung wird mit den gleichen Ansatzfunktionen multipliziert, die bereits für die Diskretisierung der Funktion $u$ verwendet wurden, und über das Berechnungsgebiet $V$ integriert. Anstelle von (2.355) wird als eine Näherung nur noch das Verschwinden des Integrals

$$\int_V \left( D(u_i \cdot N_i) \cdot N_j \right) dV = 0 \tag{2.357}$$

gefordert und daraus die $u_i$ bestimmt.

- Verfahren der gewichteten Residuen (auch: Petrov-Galerkin-Verfahren): Die Differentialgleichung wird mit anderen Ansatzfunktionen multipliziert und über das Berechnungsgebiet $V$ integriert.
- Verfahren des kleinsten Fehlerquadrats mit dem Integralausdruck

$$\int_V \left( D^2(u_i \cdot N_i) \right) dV = 0. \tag{2.358}$$

Im vorliegenden Fall werden wir das Galerkin-Verfahren verwenden, wobei als Ansatzfunktionen sowohl die linearen Funktionen $N_i$ als auch die konstanten Funktionen $P_e$ verwendet werden.

Entsprechend der Vorgehensweise des Galerkin-Verfahrens multiplizieren wir (2.349) mit $P_e$ und integrieren über das gesamte Berechnungsgebiet $V$. Das Integral soll zu null werden. Die Elementgebiete werden mit $V_e$ bezeichnet. Damit lautet der erste Teilschritt für das Element $e$

$$\int_V \vec{U}_e^{n+1/2} P_e \, dV = \int_V \sum_{i=1}^{N_{Kn}} N_i \vec{U}_i^n P_e \, dV - \frac{\Delta t}{2} \int_V \sum_{i=1}^{N_{Kn}} \sum_{m=1}^{3} \frac{\partial N_i \left( \vec{F}_m^n \right)_i}{\partial x_m} P_e \, dV. \tag{2.359}$$

Da $P_e$ nur im Element $e$ von null verschieden ist, ergeben sich für alle Elemente voneinander unabhängige Ausdrücke. Nach Vertauschen von Summation und Integration folgt

$$\int\limits_{V_e} dV\, \vec{U}_e^{n+1/2} = \sum_{i=1}^{N_{Kn}} \int\limits_{V_e} N_i\, dV \cdot \vec{U}_i^{\,n} - \frac{\Delta t}{2} \sum_{i=1}^{N_{Kn}} \sum_{m=1}^{3} \int\limits_{V_e} \frac{\partial N_i}{\partial x_m} dV \cdot \left(\vec{F}_m^n\right)_i . \tag{2.360}$$

Die darin vorkommenden Integrale hängen nur noch von den Ansatzfunktionen und den Metriktermen ab und können daher mit Kenntnis des Netzes vorab bereitgestellt werden. Der zweite Teilschritt ergibt sich aus der Multiplikation der (2.350) mit den linearen Ansatzfunktionen. Es folgt

$$\sum_{k=1}^{N_{Kn}} \int\limits_{V} N_j N_k\, dV\, \delta U_j = \Delta t \sum_{e=1}^{N_{el}} \sum_{m=1}^{3} \int\limits_{V} \frac{\partial N_j}{\partial x_m} P_e\, dV \cdot \left(\vec{F}_{me}^{n+1/2} + G_{me}^n\right)$$

$$+ \Delta t \sum_{e=1}^{N_{el}} \sum_{m=1}^{3} \int\limits_{R} n_m N_j P_e\, dR \cdot \left(\vec{F}_{me}^{n+1/2} + G_{me}^n\right). \tag{2.361}$$

Darin ist durch Anwendung des Green'schen Integralsatzes

$$\int\limits_{V} \frac{\partial u}{\partial x_m} v\, dV = \int\limits_{R} (u\, v\, n_m)\, dR - \int\limits_{V} u \frac{\partial v}{\partial x_m} dV \tag{2.362}$$

ein Randintegral über den Rand $R$ von $V$ eingeführt worden. Es sind $n_m$ mit $m = 1, 2, 3$ die drei Komponenten des Randnormalenvektors. Da dieser für benachbarte Elementseiten entgegengesetzt gleich groß ist, fällt das Randintegral im Innern des Berechnungsgebiets weg. Der Ausdruck

$$\delta \vec{U}_j = \vec{U}_j^{n+1} - \vec{U} n_j \tag{2.363}$$

bezeichnet das Residuum der Lösungsvariablen am Knoten $j$.

Der erste Teilschritt, (2.359), kann für jedes Element explizit berechnet werden, während der zweite Teilschritt für jede der $l = 1\ldots 5$ konservativen Variablen die Lösung eines Gleichungssystems der Form

$$\underline{\underline{M}} \cdot \delta \vec{U}_l = R_l \tag{2.364}$$

erfordert. Die darin vorkommende Matrix

$$\underline{\underline{M}} = \int\limits_{V} N_j N_k\, dV = \sum_{e=1}^{N_{el}} \underline{\underline{M}}_e \tag{2.365}$$

wird als globale Massenmatrix bezeichnet. Sie kann als Summe von Elementbeiträgen $\underline{\underline{M}}_e$ aufgefasst werden. Diese lauten

$$\underline{\underline{M}}_e = \int_{V_e} N_j N_k \, dV = \frac{V_e}{20} \begin{bmatrix} 2 & 1 & 1 & 1 \\ 1 & 2 & 1 & 1 \\ 1 & 1 & 2 & 1 \\ 1 & 1 & 1 & 2 \end{bmatrix} \quad \text{(Tetraederelement)}, \qquad (2.366)$$

$$\underline{\underline{M}}_e = \frac{F_e}{20} \begin{bmatrix} 2 & 1 & 1 \\ 1 & 2 & 1 \\ 1 & 1 & 2 \end{bmatrix} \quad \text{(Dreieckselement)}, \qquad (2.367)$$

mit $V_e$, dem Volumen des Tetraeders, und $F_e$, der Fläche des Dreiecks.

Die Lösung des Gleichungssystems (2.364) ist nur für instationäre Strömungen erforderlich, für die $\delta \vec{U}_l$ nicht verschwindet. Die Lösung erfolgt dann mit Hilfe der Iteration

$$\underline{\underline{M}}_L \left( \delta U_l^r - \delta U_l^{r-1} \right) = \vec{R}_l - \underline{\underline{M}} \cdot \delta U_l^{r-1}, \qquad (2.368)$$

wobei $r$ der Iterationsindex und $\underline{\underline{M}}_L$ mit den Elementen

$$m_{L,ij} = \sum_j m_{ij} \qquad (2.369)$$

die diagonalisierte Massenmatrix ist. In der Praxis werden nur wenige Iterationen durchgeführt, z. B. drei. Für stationäre Strömungen kann in (2.364) die konsistente Massenmatrix $\underline{M}$ durch die diagonalisierte Massenmatrix $\underline{\underline{M}}_L$ ersetzt werden, so dass eine Iteration nicht erforderlich ist. Dadurch reduziert sich der Rechenaufwand. Das Verfahren ist dann nicht mehr zeitgenau.

Wir wollen eine Analyse des Verfahrens durchführen, um seine numerischen Eigenschaften kennen zu lernen. Entsprechend der Vorgehensweise in Abschn. 2.5.2 wird ein eindimensionales äquidistantes Gitter mit der Gitterweite $\Delta x = x_k - x_i$ gewählt. Die Ansatzfunktionen lauten dann innerhalb des Elementgebiets $x_i < x < x_k$ ($i$: linker Knoten, $k$: rechter Knoten):

$$P_e = 1, \quad N_i = \frac{x_k - x}{\Delta x}, \quad N_k = \frac{x - x_i}{\Delta x}. \qquad (2.370)$$

Die auftretenden Integrale können direkt gelöst werden:

$$\int_e P_e \, dx = \Delta x, \qquad \int_e N_j \, d x = \frac{1}{2}\Delta x \tag{2.371}$$

$$\int_e \frac{dN_j}{dx} d x = -1, \qquad \int_e \frac{dN_i}{dx} d x = -1 \tag{2.372}$$

$$\int_e N_j N_k \, d x = \frac{1}{6}\Delta x, \qquad \int_e N_j^2 d x = \frac{2}{3}\Delta x \tag{2.373}$$

und es ergibt sich folgendes Ergebnis für die Integration der Wellengleichung nach der Taylor-Galerkin-Methode:

$$\begin{aligned}
\frac{1}{6}\delta u_{j-1} &+ \frac{2}{3}\delta u_j + \frac{1}{6}\delta u_{j+1} \\
&= -\Delta t \left[ \lambda \frac{u_{j+1}^n - u_{j-1}^n}{2\Delta x} - \left(\mu + \frac{\Delta t \lambda^2}{2}\right) \frac{u_{j+1}^n - 2u_j^n + u_{j-1}^n}{\Delta x^2} \right].
\end{aligned} \tag{2.374}$$

Bei Verwendung der diagonalisierten Massenmatrix wird die linke Seite durch $\delta u_j$ ersetzt.

Man erkennt durch Vergleich mit (2.161), dass die Taylor-Galerkin-Methode im eindimensionalen Fall dem Lax-Wendroff-Finite-Differenzen-Verfahren, also einer zentralen räumlichen Diskretisierung mit einem versetzten Gitter entspricht. Damit ist es räumlich von 2. Ordnung genau. Bezüglich der Zeit ist die Methode mit konsistenter Massenmatrix für die Euler-Gleichungen von zweiter und für die Navier-Stokes-Gleichungen von erster Ordnung genau.

Wie wir bereits wissen, ist die verfahrenseigene numerische Diffusion notwendig, um das Verfahren zu stabilisieren. Die Neumannsche Stabilitätsanalyse liefert als Stabilitätsbedingung für die Euler-Gleichungen

$$\Delta t < 0{,}577 \frac{\Delta x}{\lambda} \quad (\text{mit } \underline{\underline{M}}) \text{ und } \Delta t < 0{,}577 \frac{\Delta x}{\lambda} \quad (\text{mit } \underline{\underline{M}}_L) \tag{2.375}$$

und für die Navier-Stokes-Gleichungen

$$\Delta t < \frac{1}{6} \frac{\Delta x^2}{\mu} \quad (\text{mit } \underline{\underline{M}}) \text{ und } \Delta t < \frac{1}{2} \frac{\Delta x^2}{\mu} \quad (\text{mit } \underline{\underline{M}}_L), \tag{2.376}$$

wobei $\lambda$ entsprechend (2.137) definiert ist. Bemerkenswert ist, dass die Stabilitätsgrenzen bei Diagonalisierung der Massenmatrix günstiger werden.

# Literatur

**Bücher (meist englischsprachig) über numerische Methoden und Vorgehensweisen der Strömungsmechanik, Computational Fluid Dynamics**


1. Anderson jr., J.D.: Computational fluid dynamics – the basics with applications. McGraw-Hill, New York, London (1995)
2. Canuto, C., Hussaini, M.Y., Quarteroni, A., Zang, T.A.: Spectral methods in fluid dynamics. Springer, New York (1988)
3. Fletcher, C.A.J.: Fundamental and general techniques. Computational techniques for fluid dynamics, Bd. I. Springer, Berlin (1991)
4. Fletcher, C.A.J.: Specific techniques for different flow categories. Computational techniques for fluid dynamics, Bd. II. Springer, Berlin (1991)
5. Hirsch, C.: Fundamentals of numerical discretization. Numerical computation for internal and external flows, Bd. I. Wiley, Chichester, New York (1995)
6. Hirsch, C.: Computational methods for Inviscid and viscous flows. Numerical computation of internal and external flows, Bd. II. Wiley, Chichester New York (1995)
7. Ferziger, J.H., Peric, M.: Computational methods for fluid dynamics. Springer, Berlin Heidelberg (1996)
8. Lomax, H., Pulliam, T.H., Zingg, D.W.: Fundamentals of computational fluid dynamics. Springer, Berlin, New York (2001)
9. Löhner, R.: Applied CFD-Techniques. Wiley, Chichester Weinheim New York (2001)
10. Shyy, W., Thakur, S.S., Ouyang, H., Lui, J., Blosch, E.: Computational techniques for complex transport phenomena. Cambridge University Press, Cambridge (1999)
11. Tannehill, J.C., Anderson, D.A., Pletcher, R.H.: Computational fluid mechanics and heat transfer, second edition. Taylor & Francis, Washington London (1997)
12. Turek, S.: Efficient solvers for incompressible flow problems, an algorithmic and computational approach. Springer, Berlin Heidelberg (1999). mit CD-Rom
13. Blazek, J.: Computational fluid dynamics: principles and applications. Elsevier, Heidelberg New York (2006)
14. Hoffmann, J., Johnson, C.: Computational turbulent incompressible flow – applied mathematics: body and soul. Springer, New York (2007)

# Grundgleichungen und Modelle 3

Die strömungsmechanischen Grundgleichungen, also die Erhaltungssätze von Masse, Impuls und Energie, bezeichnen wir in der Numerischen Strömungsmechanik als die Navier-Stokes-Gleichungen. Diese Gleichungen beschreiben im Prinzip alle Strömungen Newtonscher Fluide, z. B. laminare und turbulente Strömungen und Zweiphasenströmungen (z. B. Gas-Flüssigkeitsgemische). Allerdings können Strömungsvorgänge im Detail so komplex sein, dass ihre numerische Darstellung in allen Einzelheiten heute und in absehbarer Zukunft nur für einige Sonderfälle möglich ist. So besteht die strömungsmechanische Turbulenz aus einer Vielzahl von turbulenten, wirbelartigen Strukturen unterschiedlicher Größe und Gestalt, welche sich scheinbar ungeordnet bewegen und dabei fortwährend verändern. Diese Vorgänge können in der Praxis nicht simuliert sondern müssen modelliert werden, indem die charakteristischen Eigenschaften und ihre Wirkung auf interessierende Strömungsgrößen mit Hilfe von Modellgleichungen ausgedrückt werden.

Strömungsmechanische Modelle existieren heute nicht nur für die Turbulenz sondern z. B. auch für Zweiphasenströmungen, chemische Vorgänge einschließlich Verbrennungsvorgänge sowie akustische Phänomene. Die Modelle besitzen jeweils unterschiedliche Detaillierungsgrade, Gültigkeitsbereiche, numerische Eigenschaften, einen unterschiedlichen Speicherplatz- und Rechenzeitbedarf. Die Aufgabe der Ingenieure besteht heute vorwiegend darin, die für bestimmte technische Aufgabenstellungen geeigneten Modelle auszuwählen, die Anfangs- und Randbedingungen festzulegen, die Ergebnisse zu bewerten sowie numerische Modelle zu validieren. Das dritte Kapitel des vorliegenden Lehrbuches führt daher am Beispiel der Turbulenz und der Zweiphasenströmungen in die Vorgehensweisen und Konzepte praxisorientierter Strömungsmodelle ein.

© Springer Fachmedien Wiesbaden GmbH, ein Teil von Springer Nature 2018     159
E. Laurien, H. Oertel jr., *Numerische Strömungsmechanik*,
https://doi.org/10.1007/978-3-658-21060-1_3

## 3.1  Beschreibung auf Molekülebene

Die numerische Beschreibung eines Gases oder einer Flüssigkeit kann anstatt mit Hilfe der Kontinuumsmechanik, wie dies im Rahmen des vorliegenden Buches eingeführt wurde, auch auf den physikalischen Grundlagen für die Atome und Moleküle erfolgen, aus denen das Gas oder die Flüssigkeit besteht. Dies ist Aufgabe der Gaskinetik bzw. der Flüssigkeitskinetik. Die in dieser Disziplin angewendeten numerischen Methoden unterscheiden sich grundlegend von denen der Numerischen Strömungssimulation. Wir wollen sie hier einführend behandeln, um die Grenzen und Alternativen der kontinuumsmechanischen Simulationsmethoden und der darin verwendeten Modelle aufzuzeigen.

### 3.1.1  Gaskinetische Simulationsmethode

In der Gaskinetik wird die Strömung eines Gases oder eines Gasgemisches als eine Ansammlung von Atomen oder Molekülen angesehen. Sie führen in Abhängigkeit von der Temperatur des Gases die Brown'sche Molekularbewegung aus, bei der sie sich ungeordnet im Raum bewegen und bei Annäherung untereinander in Wechselwirkung treten. Diese Wechselwirkung kann als eine Kollision angesehen werden, bei der beide beteiligten Partikel in eine andere Richtung umgelenkt werden. Die Beschreibungsweise der Gaskinetik beruht auf der Angabe eines Ortsvektors $\vec{x}_n(t)$ als Funktion der Zeit und eines Geschwindigkeitsvektors $\vec{v}_n(t)$ als Funktion der Zeit für jedes Partikel der Masse $m_n$, siehe Abb. 3.1.

Die charakteristische Größe des Strömungsgebiets wird mit $L$ bezeichnet. Sind zu einem festen Zeitpunkt $t$ die Ortsvektoren und Massen aller $N$ Partikel in einem Kontrollvolumen $V$ bekannt, so können makroskopische Größen ausgerechnet werden, z. B. die Dichte als Summe aller Partikelmassen in $V$ und Division durch $V$ oder die Geschwindigkeit als arithmetisches Mittel der Geschwindigkeiten $\vec{v}_n$ aller $N$ Teilchen in $V$

$$\rho = \frac{1}{V} \sum_{n=1}^{N} m_n, \quad \vec{u} = \frac{1}{N} \sum_{n=1}^{N} \vec{v}_n. \tag{3.1}$$

**Abb. 3.1** Beschreibungsweise der Gaskinetik mit Hilfe von Orts- und Geschwindigkeitsvektoren der Teilchen

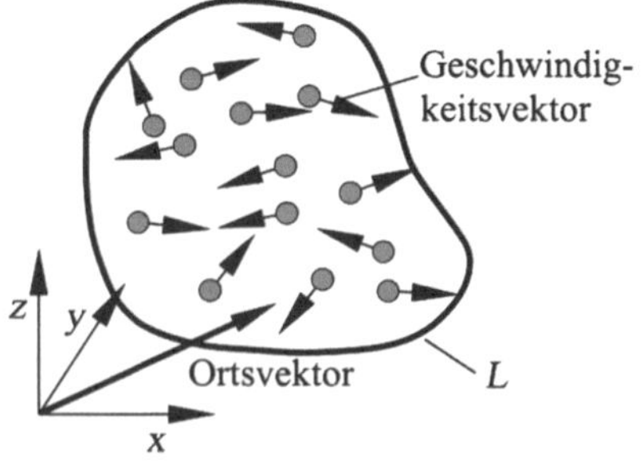

**Abb. 3.2**  Mittlere freie Weglänge zweier kollidierender
Teilchen

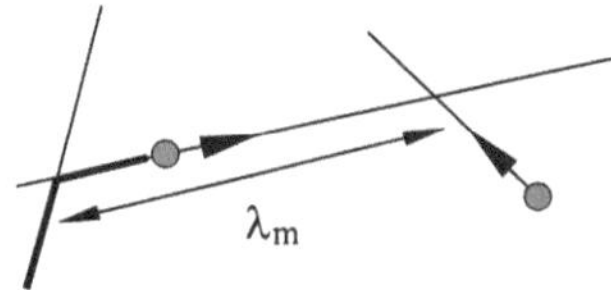


Die Mittelung kann auch zeitlich oder räumlich und zeitlich durchgeführt werden. Diese statistischen Größen sind allerdings nur unabhängig von der Größe des Kontrollvolumens $V$ definiert, wenn sich eine genügend große Anzahl von Partikeln im interessierenden Strömungsfeld befindet und wenn diese eine genügende Anzahl von Kollisionen pro Zeiteinheit durchführen. Unter Umgebungsbedingungen befindet sich $2{,}69 \cdot 10^{19}$ Partikel in einem Kubikzentimeter (Loschmidt'sche Zahl). Die mittlere freie Weglänge $\lambda_m$, die die Partikel nach Abb. 3.2 im Mittel zwischen zwei Kollisionen zurücklegen, beträgt $10^{-7}m$. Die Bedingungen für statistische Unabhängigkeit der makroskopischen Größen von den Details der Molekülbewegung können damit unter Umgebungsbedingungen als erfüllt angesehen werden.

In einigen Anwendungen des Ingenieurwesens herrschen jedoch davon stark abweichende Bedingungen, z. B. in der Vakuumtechnik oder in der Satellitentechnik. Hier sind Strömungen verdünnter Gase zu betrachten. Ebenso kann die Ausdehnung $L$ des interessierenden Strömungsfeldes sehr klein werden, z. B. bei der Herstellung von integrierten Schaltungen oder Mikrochips.

Eine charakteristische Kennzahl der Gaskinetik ist die Knudsen-Zahl

$$Kn = \frac{\lambda_m}{L}, \tag{3.2}$$

welche das Verhältnis der mittleren freien Weglänge $\lambda_m$ zu den charakteristischen Abmessungen des umströmten Körpers bzw. des Strömungsfeldes $L$ darstellt. Sie kann als Maß dafür angesehen werden, wie wichtig Kollisionen innerhalb des Strömungsfeldes sind.

Bezüglich der Knudsen-Zahl unterscheiden wir unterschiedliche Strömungsbereiche, siehe Abb. 3.3. Für kleine Knudsen-Zahlen $Kn < 10^{-2}$ (die Grenze $10^{-2}$ ist als Größenordnung zu verstehen) ist die mittlere freie Weglänge viel kleiner als das Strömungsfeld. Es finden daher genügend Kollisionen statt, so dass der Strömungszustand als statistisch unabhängig von den Details der Molekülbewegung angesehen werden kann. In diesem Bereich kann daher die Strömung auch makroskopisch mit Hilfe der Kontinuumsmechanik beschrieben werden.

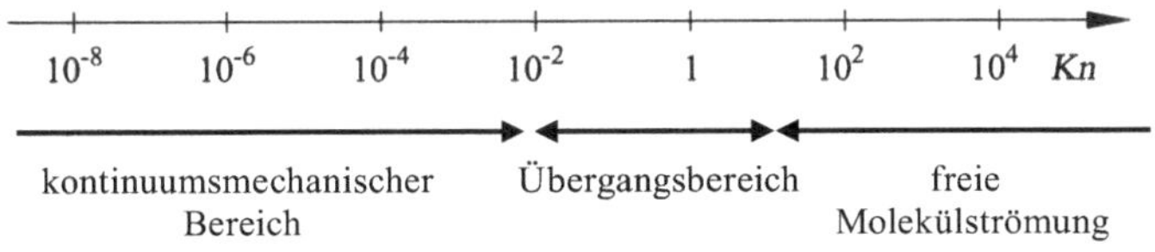


**Abb. 3.3**  Strömungsbereiche bezüglich der Knudsen-Zahl $Kn$

**Tab. 3.1** Strömungsmechanische Beispiele mit Angabe der Knudsen-Zahl

|  | $\lambda_m$ (m) | $L$ (m) | $Kn$ |
| --- | --- | --- | --- |
| Umgebungsbedingungen | $10^{-7}$ | 1 | $10^{-7}$ |
| Vakuumtechnik | $10^{-2}$ | 0,1 | 0,1 |
| Satellitentechnik | 0,1 | 10 | 0,01 |
| Mikrochip-Herstellung | $10^{-7}$ | $10^{-6}$ | 0,1 |

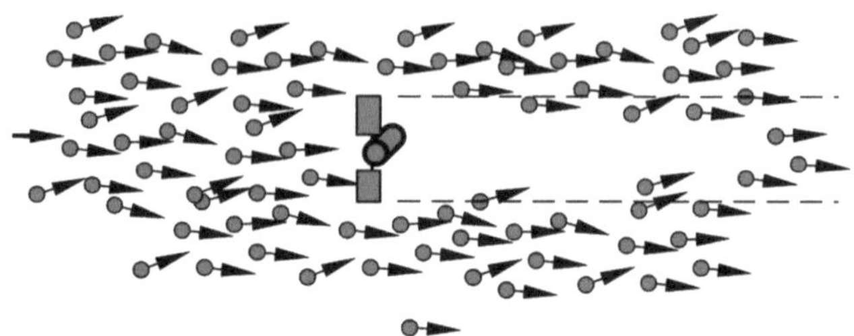

**Abb. 3.4** Satellitenumströmung

Für große Knudsen-Zahlen $Kn > 10$ ist die mittlere freie Weglänge größer als das Strömungsfeld, so dass im Strömungsfeld keine oder nur sehr selten Kollisionen auftreten. Die Strömung ist daher nur durch die Partikelbewegung bestimmt. Sie unterliegt anderen Gesetzmäßigkeiten als denjenigen dieses Buches. Sie kommt in der Technik in der Raumfahrt, der Vakuumtechnik und der Mikrosystemtechnik vor. Beispiele sind in Tab. 3.1 angegeben.

Dazwischen liegt ein Übergangsbereich $10^{-2} < Kn < 10$, in dem Kollisionen im Strömungsfeld stattfinden, jedoch nicht mit genügender Häufigkeit, um statistische Unabhängigkeit zu gewährleisten. In diesen Strömungen treten Phänomene auf, die sich von denjenigen der Kontinuumsmechanik unterscheiden, wie am Beispiel von Abb. 3.4 erläutert wird. Es handelt sich um die Umströmung eines Satelliten in einer Anströmung der von den von links ankommenden Molekülen der äußeren Erdatmosphäre. Da nur wenige Kollisionen stattfinden, kommt es zu einer „Abschattung" der Teilchen hinter dem Satelliten, da die auf die vordere Oberfläche auftreffenden Teilchen zwar reflektiert werden, danach aber kaum mit den anderen Teilchen in Wechselwirkung treten. Der Nachlauf hinter dem Satelliten wird aufgrund der Molekülbewegung allmählich wieder mit Teilchen gefüllt, wobei zuerst die leichten Atome, welche eine höhere Eigengeschwindigkeit besitzen als schwere, zu finden sind. Die Strömungsphänomene im Übergangsbereich weisen Merkmale sowohl der Kontinuumsmechanik als von verdünnten Strömungen auf.

Das Flussdiagramm einer Direkten Gaskinetischen Simulationsmethode ist in Abb. 3.5 gezeigt. Zuerst wird allen Partikeln mit Hilfe von Zufallszahlen ein Anfangszustand für die Orte und die Geschwindigkeiten zugeordnet. Danach folgen eine Zeitschleife und die Schleife über alle Partikel. Der Einfachheit halber werden Bewegungen und Kollisionen voneinander getrennt behandelt. Nach dem Bewegungsschritt wird überprüft, ob eine Kollision mit einem beliebigen anderen Partikel stattfindet. Dafür maßgeblich ist anstelle der Größe eines Partikels sein Streuquerschnitt, welcher auf Wahrscheinlichkeitsbetrachtun-

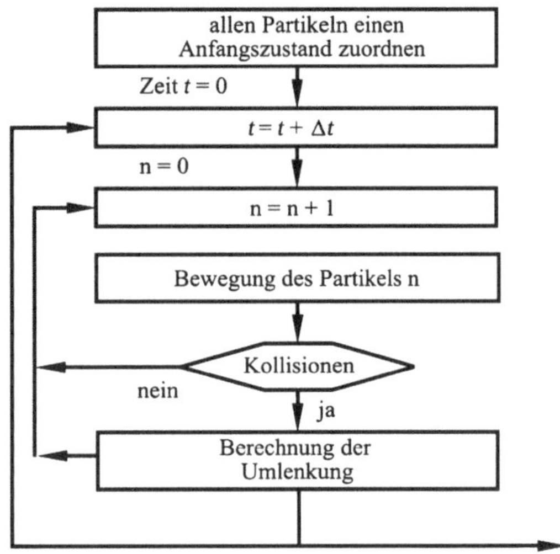



**Abb. 3.5** Flussdiagramm der direkten gaskinetischen Simulationsmethode

gen beruht. Falls eine Kollision stattfindet, wird die Umlenkung beider Partikel und die neue Position und Geschwindigkeit mit Hilfe eines Wechselwirkungspotenzials bestimmt. Zu jedem Zeitpunkt können auch die makroskopischen Größen bestimmt werden.

Die Direkte Gaskinetische Simulation ist extrem aufwändig und daher nur in Sonderfällen durchführbar. Dies ist z. B. darin begründet, dass die Überprüfung der Kollisionen zwischen zwei beliebigen Partikeln $N^2$ Operation erfordert, wenn $N$ die Anzahl der Partikel ist. Steigerungen der Effizienz können dadurch erreicht werden, indem man annimmt, dass ein „numerisches" Partikel eine Gruppe von mehreren „physikalischen" Partikeln repräsentiert, so dass die notwendige Partikelanzahl bei gegebener Knudsen-Zahl reduziert werden kann.

Eine wesentliche Vereinfachung stellt die sog. „Monte-Carlo"-Methode dar. Unter diesem Begriff werden in der numerischen Mathematik Methoden zusammengefasst, bei denen Zufallszahlen eine Rolle spielen (wie im Spielkasino von Monte-Carlo). Das Strömungsfeld wird in Zellen unterteilt, welche zur Bestimmung der Kollisionspartner dienen. Diese werden nach dem Zufallsprinzip zwischen den in einer Zelle befindlichen Teilchen ausgewählt, ungeachtet, ob tatsächlich zwischen diesen beiden Teilchen eine Kollision stattfindet. Der dadurch verursachte Fehler verteilt sich statistisch und liegt somit im akzeptablen Bereich.

Andere gaskinetische Methoden arbeiten mit *Verteilungsfunktionen* der Teilchen. Die zugrunde liegende Differentialgleichung heißt Boltzmann-Gleichung:

$$\underbrace{\frac{\partial f}{\partial t}}_{\text{zeitliche Änderung}} + \underbrace{\xi_i \frac{\partial f}{\partial x_i}}_{\text{Konvektion}} + \underbrace{\frac{F_i}{m} \frac{\partial f}{\partial \xi_i}}_{\text{Kraftterm}} = \underbrace{\left. \frac{Df}{Dt} \right|_{\text{Kollisionen}}}_{\text{Kollisionsterm}} . \tag{3.3}$$

Darin ist $f(x_1, x_2, x_3, \xi_1, \xi_2, \xi_3, t)$ eine statistische Verteilungsfunktion im sechsdimensionalen Phasenraum, welcher von den drei räumlichen Koordinaten und den drei Geschwin-

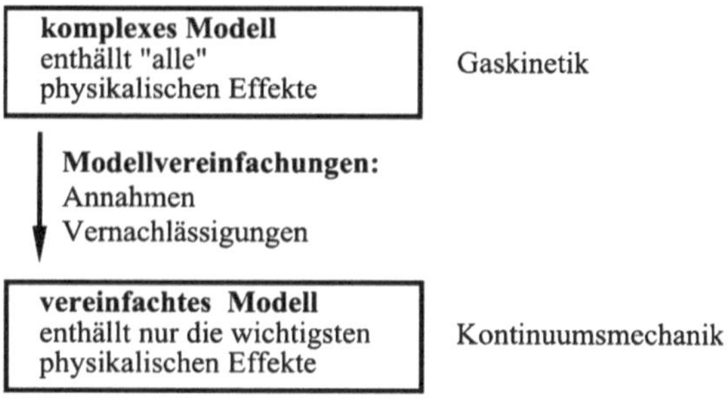

**Abb. 3.6** Zur Ableitung vereinfachter Modelle aus komplexen Modellen

| **komplexes Modell** enthällt "alle" physikalischen Effekte | Gaskinetik |

**Modellvereinfachungen:**
Annahmen
Vernachlässigungen

| **vereinfachtes Modell** enthällt nur die wichtigsten physikalischen Effekte | Kontinuumsmechanik |

digkeitskomponenten eines Teilchens aufgespannt wird. Die Verteilungsfunktion gibt an, mit welcher Wahrscheinlichkeit sich zum Zeitpunkt $t$ ein Teilchen mit der Geschwindigkeit $\xi_1, \xi_2, \xi_3$ an einem bestimmten Ort $x_1, x_2, x_3$ befindet. Die zeitliche Änderung von $f$ erfolgt durch Konvektion oder die Einwirkung äußerer Kräfte auf die Partikel der Masse $m$. Der Kollisionsterm auf der rechten Seite beschreibt die Änderung der Verteilungsfunktion als Folge von Kollisionen zwischen den Partikeln oder mit festen Wänden. Mit Kenntnis der Verteilungsfunktion lassen sich die makroskopischen Größen im Strömungsgebiet bestimmen. Exakte Lösungen für die Boltzmann-Gleichung sind äußerst komplex. Man kann zeigen, dass die mit dem oben angegebenen Verfahren erhaltenen Verteilungen Näherungslösungen der Boltzmann-Gleichung sind. Mathematische Methoden zur direkten Lösung der Boltzmann-Gleichung werden in der Strömungsmechanik nur selten angewendet.

Die kontinuumsmechanischen Gleichungen lassen sich für kleine Knudsen-Zahlen aus der Boltzmann-Gleichung ableiten (Momentenbildung). Dabei spielt eine Rolle, dass sich aufgrund der großen Häufigkeit von Kollisionen ein statistisches Gleichgewicht der drei Komponenten der Partikelgeschwindigkeiten einstellt, die sog. Maxwell-Verteilung. Wenn dies der Fall ist, so ist es nicht mehr erforderlich, die drei Komponenten getrennt zu berechnen sondern es können einfachere Modelle herangezogen werden.

Die kontinuumsmechanischen Strömungen stellen daher einen Spezialfall allgemeiner Strömungen dar, so dass prinzipiell alle Strömungen mit Hilfe der Gaskinetik behandelt werden können. Bei genauerer Betrachtung des dafür erforderlichen Aufwandes wird aber sofort klar, dass dies weder heute noch in absehbarer Zukunft möglich oder sinnvoll wäre.

Aus diesen Überlegungen wird deutlich, dass aus Gründen des numerischen Aufwandes und damit der Kosten für eine Simulation Vereinfachungen komplexer Modelle, welche „alle" physikalischen Effekte enthalten, erforderlich sind. Es ist nicht sinnvoll, ein aufwändiges Modell anzuwenden, wenn es nicht unbedingt erforderlich ist. Die Anwendung der gaskinetischen Simulationsmethode ist nur dann sinnvoll, wenn physikalische Effekte eine Rolle spielen, die nicht mit den weniger aufwändigen kontinuumsmechanischen Gleichungen beschrieben werden können, Abb. 3.6.

## 3.1.2 Lattice-Boltzmann-Methode

Als Alternative zu den kontinuumsmechanischen Methoden ist in letzter Zeit eine Methode entwickelt worden, welche zwar auf der molekularen Beschreibung von Strömungen beruht, jedoch effizient auf den kontinuumsmechanischen Bereich kleiner und großer Knudsen-Zahlen angewendet werden kann. Die statistische Beschreibung molekulardynamischer Vorgänge kann mit Hilfe der Boltzmann-Gleichung (3.3) erfolgen, wobei noch Modelle für den Kollisionsterm auszuwählen sind. Vernachlässigt man äußere Kräfte und wählt für den Kollisionsterm die Abweichung von der Gleichgewichtsverteilung $F$ multipliziert mit einer Kollisionsfrequenz $\omega$, so ergibt sich in Tensorschreibweise

$$\frac{\partial f}{\partial t} + \xi_i \frac{\partial f}{\partial x_i} = \omega(F - f), \tag{3.4}$$

mit der Geschwindigkeit der Teilchen $\xi_i = v_i + c_i$ als Summe der Strömungsgeschwindigkeit $v_i$ und der thermischen Geschwindigkeit $c_i$.

Diese Gleichung kann auf einem festen räumlichen Gitter, dem sogenannten Lattice, numerisch behandelt werden. Dabei werden der Transport von $f$ und die Änderung durch Kollisionen voneinander getrennt in zwei aufeinander folgenden Verfahrensschritten explizit behandelt. Die Lösung eines Gleichungssystems ist nicht erforderlich. Das Ergebnis ist eine diskrete Phasenfunktion, welche wiederum zur Bestimmung diskreter Strömungsgrößen verwendet werden kann.

Man kann für schwach kompressible Strömungen bei moderaten Mach-Zahlen zeigen, dass die Lösungen der Lattice-Boltzmann-Methode auch Lösungen der Navier-Stokes-Gleichungen sind. Die Methode kann sehr effizient programmiert werden und ist, da sie explizit ist, insbesondere für Parallelrechner gut geeignet. Dies ermöglicht die Verwendung extrem feiner Netze. Anstelle von körperangepassten Netzen verwendet man stufenförmige Approximationen der Randkonturen und versucht, die erforderliche Genauigkeit und Netzunabhängigkeit einer Lösung durch Verwendung kleiner Stufen bzw. einer großen Zahl von Netzpunkten zu erreichen. Dieses vereinfacht den Zeitaufwand für die Vorbereitung von Rechnungen erheblich gegenüber Methoden, die eine Generierung körperangepasster Netze erfordern. Strömungen um komplexe Geometrien, z. B. Kraftfahrzeuge, können simuliert werden. Auch turbulente Strömungen, Zweiphasenströmungen und reagierende Strömungen sind bereits mit der Lattice-Boltzmann-Methode berechnet worden.

Das Konzept der Lattice-Boltzmann-Methode unterscheidet sich jedoch stark von den sonst in diesem Buch behandelten Methoden, weshalb sie hier nicht im Detail behandelt wird. Eine Beschreibung der Methode sowie deren Anwendung auf die Kraftfahrzeugumströmung findet sich in unserem Strömungsmechanik-Lehrbuch, *H. Oertel et al. 2011.*

## 3.2 Laminare Strömungen

Obwohl die Navier-Stokes-Gleichungen im Prinzip alle kontinuumsmechanischen Strömungen beschreiben, ist ihre direkte Anwendung ohne zusätzliche Modelle in der ingenieurtechnischen Praxis nur für laminare Strömungen sinnvoll. Dies zeigt eine Abschätzung des erforderlichen Rechennetzes, um in einer turbulenten Grenzschicht alle Details der Turbulenz aufzulösen.

Die gezielte Vernachlässigung bestimmter physikalischer Effekte führt auf Gleichungen, welche bestimmend für wesentliche Unterdisziplinen der Strömungsmechanik sein können. So führt die Vernachlässigung der Reibung und der Wärmeleitung auf die Euler-Gleichungen, welche der wichtigen Disziplin der Gasdynamik zugrunde liegen. Andere Vereinfachungen führen auf die Potenzialtheorie oder die Grenzschichttheorie. Es ergibt sich eine Hierarchie oder ein System von unterschiedlichen Grundgleichungen, welche je nach Erfordernissen angewendet werden müssen. Dabei gilt das Prinzip, dass ein numerisches Modell nur diejenigen physikalischen Effekte enthalten sollte, welche in der jeweils betrachteten Strömung eine Rolle spielen. Andernfalls können einfachere und damit numerisch weniger aufwändige Gleichungen verwendet werden. Dieses Prinzip gilt auch für die Numerische Strömungsmechanik. In Fällen, für die es einfachere Theorien gibt, z. B. analytische oder halbanalytische Methoden, ist sie nicht die geeignete Untersuchungsmethode! Daher dient das vorliegende Unterkapitel auch dazu, die Grenzen der sinnvollen Anwendung unserer Methode aufzuzeigen.

### 3.2.1 Hierarchie der Grundgleichungen

Da es nicht sinnvoll ist, alle Strömungen mit einem einzigen Satz von Grundgleichungen zu behandeln, werden ausgehend von den allgemeingültigen Gleichungen schrittweise Vereinfachungen eingeführt. Dadurch ergibt sich eine Hierarchie strömungsmechanischer Grundgleichungen, welche in Abb. 3.7 gezeigt ist. Um die Grenzen der Numerischen Strömungssimulation zu verdeutlichen, sind darin auch Grundgleichungen enthalten, die entweder zu komplex sind, um sie mit numerischen Methoden integrieren zu können, oder so „einfach", dass eine Lösung mit anderen, halbanalytischen Lösungsverfahren möglich ist.

Mit der Grundgleichung der Gaskinetik (Boltzmann-Gleichung) können im Prinzip alle Strömungen beschrieben werden, auch im kontinuumsmechanischen Bereich $Kn < 10^{-2}$. Die nur für Kontinuumsströmungen gültigen Navier-Stokes-Gleichungen, können entweder als Spezialfall für kleine Knudsen-Zahlen aus der Boltzmann-Gleichung oder direkt aufgrund kontinuumsmechanischer Annahmen an einem infinitesimal kleinen Kontrollvolumen im Raum abgeleitet werden. Sie beschreiben kompressible oder inkompressible kontinuumsmechanische Strömungen Newton'scher Fluide.

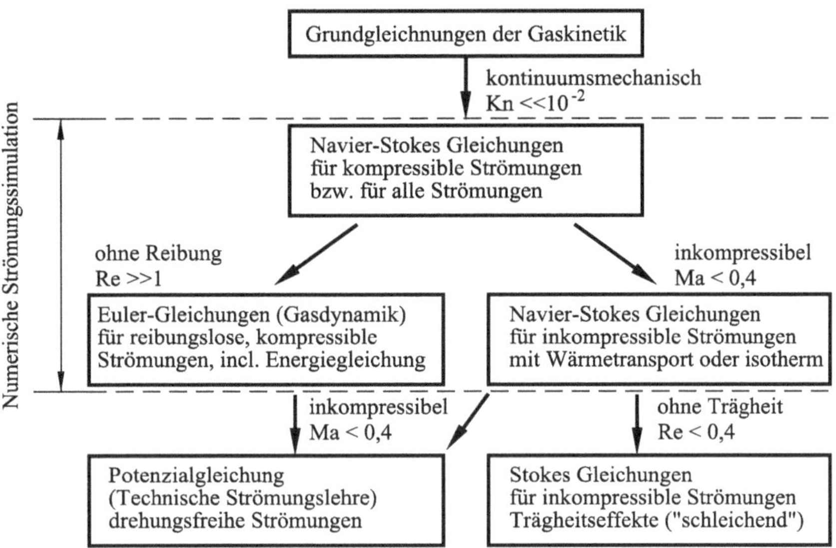



**Abb. 3.7**  Hierarchie strömungsmechanischer Grundgleichungen

Wenn bei weiterhin kompressibler Strömung die Reibung und Wärmeleitung im gesamten Strömungsfeld vernachlässigbar ist, so ergeben sich aus den Navier-Stokes-Gleichungen die Euler-Gleichungen, welche z. B. in der Gasdynamik oder im Bereich thermischer Strömungsmaschinen von Bedeutung sind. Da die Reynolds-Zahl $Re$ das Verhältnis von den hier bedeutsamen Trägheitskräften und den Reibungskräften darstellt, kann dieser linke Ast in Abb. 3.7 als Näherung für große $Re$ angesehen werden. Wir weisen allerdings darauf hin, dass in der Nähe von Wänden die Reibung und Wärmeleitung streng genommen nicht vernachlässigbar sind, da hier Grenzschichten auftreten, deren Vernachlässigung selbst für große $Re$ nur zulässig ist, wenn Wandreibung, der Wärmeübergang sowie die Verdrängungseffekte auf andere Weise (z. B. mit gekoppelten Methoden) berücksichtigt oder aus Gründen der Einfachheit vernachlässigt werden können.

Wenn nur noch inkompressible, reibungsfreie Strömungen behandelt werden, so sind weitere Vereinfachungen der Grundgleichungen möglich. Die Bedingung der Inkompressibilität bedeutet, dass die Mach-Zahl $M$ klein ist (etwa $M < 0,3$). Damit sind weitere Vereinfachungen möglich, die wir in Abschn. 3.2.4 behandeln werden. Dies führt zur Potenzialgleichung der technischen Strömungslehre und zu den sehr effizienten, halbanalytischen Potenzialverfahren, die nicht mehr zur Numerischen Strömungssimulation zu rechnen sind.

Ausgehend von den allgemeinen Navier-Stokes-Gleichungen wird der rechte Ast in Abb. 3.7 für inkompressible Strömungen mit etwa $M < 0,3$ spezialisiert. Für diese Strömungen wird die numerische Behandlung auf Basis der allgemeinen Gleichungen, die auch kompressible Strömungen beschreiben, ineffizient, da die Schallgeschwindigkeit im

Verhältnis zur Strömungsgeschwindigkeit ansteigt. Wenn die Gleichungen für kompressible Strömungen verwendet werden, ist die Simulation von Schallstörungen unvermeidlich, jedoch nicht erforderlich. Dieser numerische Nachteil wird anhand der CFL-Bedingung deutlich, der alle expliziten numerischen Integrationsverfahren für kompressible Strömung unterliegen. Je größer die Schallgeschwindigkeit, desto kleiner ist die Schrittweite zu wählen und desto langsamer wird Zeitintegration bzw. die Annäherung an einen stationären Zustand. Analog dazu verschlechtert sich bei impliziten Verfahren die Konvergenz eines Iterationsalgorithmus ebenfalls.

Bei zusätzlicher Vernachlässigung von Reibung und Wärmeleitung kommt man auch vom Ast für inkompressible Strömungen aus zu den Potenzialgleichungen.

Bei sehr kleinen Reynolds-Zahlen $Re \ll 1$ können die Trägheitsterme gegenüber den Reibungstermen in den Navier-Stokes-Gleichungen für inkompressible Strömungen vernachlässigt werden. Dies führt zu den Stokes-Gleichungen für schleichende Bewegung.

### 3.2.2  Die Euler-Gleichungen der Gasdynamik

Bei Vernachlässigung von Reibung und Wärmeleitung ergeben sich aus den kompressiblen Navier-Stokes-Gleichungen die Euler-Gleichungen. Diese bilden die Grundlage der Gasdynamik. Die Gleichungen beschreiben den Zusammenhang zwischen dem strömungsmechanischen und dem thermodynamischen Zustand eines kompressiblen Fluids.

Wir verwenden die konservative Schreibweise

$$\frac{\partial \vec{U}}{\partial t} + \sum_{m=1}^{3} \frac{\partial \vec{F}_m}{\partial x_m} = \vec{0}, \tag{3.5}$$

mit dem Vektor der Lösungsvariablen $\vec{U}$ und den Vektoren der konvektiven Flüsse $\vec{F}_m$ in den drei Koordinatenrichtungen $x_m$.

Diese Vektoren sind definiert als

$$\vec{U} = \begin{bmatrix} \rho \\ \rho u_1 \\ \rho u_2 \\ \rho u_3 \\ \rho e_{\text{tot}} \end{bmatrix} \quad \text{und} \quad \vec{F}_m = \begin{bmatrix} \rho \cdot u_m \\ \rho \cdot u_m u_1 + \delta_{1m} \cdot p \\ \rho \cdot u_m u_2 + \delta_{2m} \cdot p \\ \rho \cdot u_m u_3 + \delta_{3m} \cdot p \\ u_m \left( \rho \cdot e_{\text{tot}} + p \right) \end{bmatrix}, \tag{3.6}$$

mit der Dichte $\rho$, den Komponenten des Impulsvektors pro Volumen $\rho u_m$; $m = 1, 2, 3$, der Gesamtenergie pro Volumen $\rho e_{\text{tot}}$ als thermodynamische und strömungsmechanische Zustandsgrößen. Natürlich wäre es möglich, für diese Größen neue Symbole einzuführen, jedoch ist es im Sinne der Übersichtlichkeit besser, den Symbolvorrat nicht zu sehr anwachsen zu lassen. Der Vollständigkeit halber sei der Zusammenhang der Größen untereinander noch einmal angegeben. Der Druck wird aus der Zustandsgleichung berechnet,

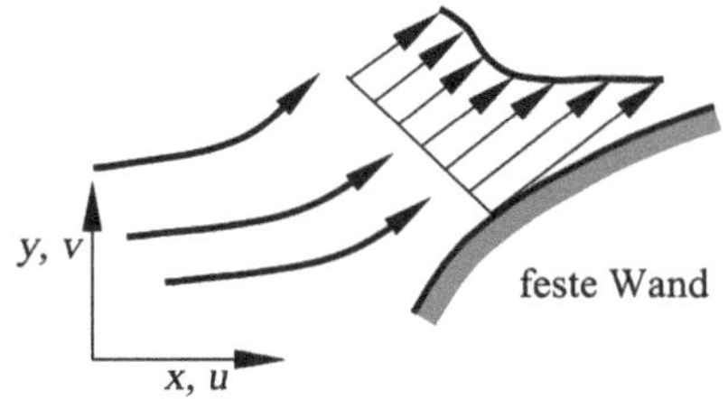



**Abb. 3.8**  Zur Gleitbedingung an einer festen Wand

die für ein thermisch ideales Gas lautet:

$$p = \rho \cdot R \cdot T. \tag{3.7}$$

Darin ist $R$ die spezielle Gaskonstante und $T$ die Temperatur, welche aus der spezifischen (massebezogenen) inneren Energie $e$ mit Hilfe der Wärmekapazität bei konstantem Volumen $c_v$ berechnet werden kann:

$$T = \frac{e}{c_v}. \tag{3.8}$$

Die spezifische innere Energie wiederum erhält man aus der Gesamtenergie durch Subtraktion der kinetischen Energie:

$$e = e_{\text{tot}} - \frac{u_1^2 + u_2^2 + u_3^2}{2}. \tag{3.9}$$

Wieder ist es der Übersichtlichkeit halber nicht sinnvoll, die Größen jeweils ineinander einzusetzen.

Die Randbedingung an einer festen Wand unterscheidet sich von derjenigen der Navier-Stokes-Gleichung. Aufgrund der fehlenden Reibung und Wärmeleitung ist es weder möglich noch sinnvoll, die Haftbedingung oder die Bedingung einer isothermen oder einer Wand mit vorgeschriebenem nicht verschwindendem Wärmestrom zu erfüllen. In reibungsloser Strömung gilt vielmehr die Gleitbedingung, welche besagt, dass das Fluid tangential entlang der Wandkontur $y_w(x)$ strömt. Die Wand wird nicht durchströmt. In zweidimensionaler Strömung $u$, $v$ lautet sie nach Abb. 3.8

$$\frac{v}{u}\bigg|_W = \frac{dy_w}{dx}. \tag{3.10}$$

Die Geschwindigkeit besitzt an der Wand die gleiche Steigung wie die Wandkontur. Druck, Dichte und Temperatur sind an der Wand nicht vorgeschrieben, sondern Ergebnis der Rechnung. Die Wand ist immer adiabat.

Da die Euler-Gleichung nur von erster Ordnung ist, d. h. nur erste Ableitungen enthält, vereinfachen sich numerische Lösungsmethoden gegenüber den Navier-Stokes-Gleichungen erheblich. Grenzschichten oder andere Reibungseffekte sind nicht vorhanden. Ein Maß für strömungsmechanische Verluste ist der Gesamtdruck

$$p_{\text{tot}} = p + \frac{\rho}{2}\left(u_1^2 + u_2^2 + u_3^2\right) \tag{3.11}$$

als Summe aus statischem Druck und dynamischem Druck (Staudruck). Wenn keine Verdichtungsstöße vorhanden sind, bleibt der Gesamtdruck überall in der Strömung gleich. Gesamtdruckverluste können dann als ein Maß für den numerischen Fehler angesehen werden. Sind die Verdichtungsstöße schwach, so ist dies ebenfalls näherungsweise noch der Fall. Bei starken Verdichtungsstößen treten physikalische Gesamtdruckverluste auf.

Die Dimensionsanalyse für reibungslose Strömungen eines idealen Gases gibt die uns bereits bekannten Größen Mach-Zahl und das Verhältnis der Wärmekapazitäten mit $c_p = c_v + R$, also

$$M = \frac{u_\infty}{a_s}; \quad \kappa = \frac{c_p}{c_v} \tag{3.12}$$

als Ähnlichkeitskennzahlen an. Eine charakteristische Länge existiert nicht.

Die Euler-Gleichungen können eingesetzt werden, wenn die physikalischen Effekte der Kompression/Expansion, verbunden mit Schall oder Verdichtungsstößen in einer mehrdimensionalen Strömung eine Rolle spielen. Sie werden verwendet in der Aerodynamik der Transportflugzeuge, der Überschallflugzeuge, der Hubschrauber oder bei Flugkörpern. Im Bereich der Strömungsmaschinen werden sie bei transsonischen Verdichtern oder Turbinen verwendet. Bei Kraftfahrzeugen ist die Strömung und die Schallausbreitung (Resonanz) in Auslasskanälen von Bedeutung und im Bereich der Sicherheitstechnik kann die Ausbreitung von Detonationswellen in Gebäuden mit Hilfe der Euler-Gleichungen berechnet werden.

Zur Definition von Randbedingungen am Ein- und Ausströmrand kann die eindimensionale Charakteristikentheorie in Hauptströmungsrichtung $x$ zu Hilfe genommen werden. Wir unterscheiden in Abb. 3.9 außerdem zwischen Über- und Unterschallströmung. An einem Überschall-Einströmrand liegt das Berechnungsgebiet rechts von dem zu betrachtenden Randpunkt. Das Weg-Zeit-Diagramm an einem Randpunkt in Abb. 3.9

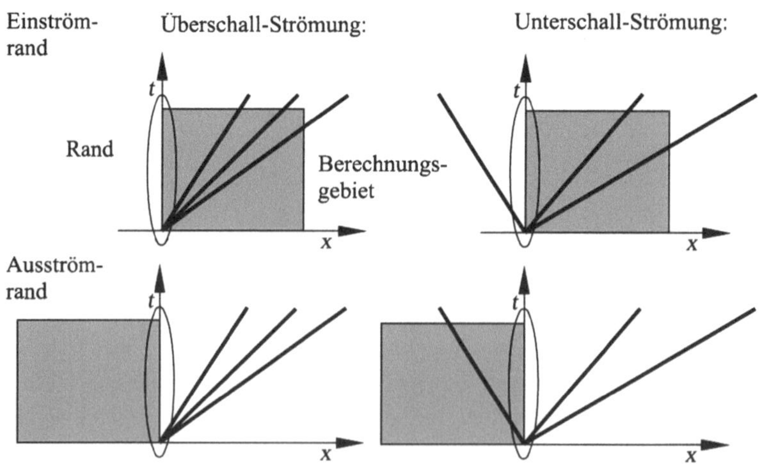


**Abb. 3.9** Charakteristische Randbedingungen für den Einström- und den Ausströmrand

**Tab. 3.2** Anzahl der zu definierenden Größen nach der Charakteristiken-Theorie bei ein- und dreidimensionaler Strömung

| Einströmrand | | | | Ausströmrand | | | |
|---|---|---|---|---|---|---|---|
| Überschall | | Unterschall | | Überschall | | Unterschall | |
| 1D | 3D | 1D | 3D | 1D | 3D | 1D | 3D |
| 3 | 5 | 2 | 4 | 0 | 0 | 1 | 1 |

zeigt jeweils die drei Charakteristiken. Läuft eine Charakteristik vom Rand in das Berechnungsgebiet hinein, so bedeutet dies, dass Information einer Randbedingung sich in der Berechnung auswirkt. Läuft eine Charakteristik aus dem Berechnungsgebiet heraus, so kann sich die zugehörige Information für die Berechnung niemals auswirken. Der Randwert muss berechnet und darf nicht vorgegeben werden. Aus Abb. 3.9 ist zu erkennen, dass an einem Überschall-Einströmrand alle drei Charakteristiken in das Strömungsfeld hinein laufen. Dies bedeutet, dass hier Randwerte für alle drei Strömungsgrößen vorgegeben werden müssen. Herrscht dagegen Unterschallströmung vor, so dürfen am Einströmrand nur zwei Größen vorgegeben werden, die dritte errechnet sich. An einem Überschall-Ausströmrand werden überhaupt keine Randbedingungen vorgegeben, an einem Unterschall-Ausströmrand darf nur eine Größe vorgegeben werden, die beiden anderen werden berechnet.

Da die zugehörige Theorie aufgrund linearisierter Gleichungen hergeleitet wurde, gelten diese Regeln nur näherungsweise. Eine Erweiterung auf drei Dimensionen ist in Tab. 3.2 gezeigt. Da die charakteristischen Variablen nicht direkt zur Berechnung verwendet werden, wird das Ergebnis auf die konservativen Variablen übertragen. Nur die Anzahl der vorzugebenden oder zu berechnenden Variablen ist für die Randbedingungen entscheidend.

### 3.2.3 Potenzialgleichung

Führt man die Bedingung der Inkompressibilität in die Euler-Gleichungen aus dem vorangegangenem Kapitel ein, Abb. 3.10, so erhält man Euler-Gleichungen für inkompressible Strömungen.

**Abb. 3.10** Vereinfachung der Euler-Gleichungen durch Einführung der Inkompressibilität

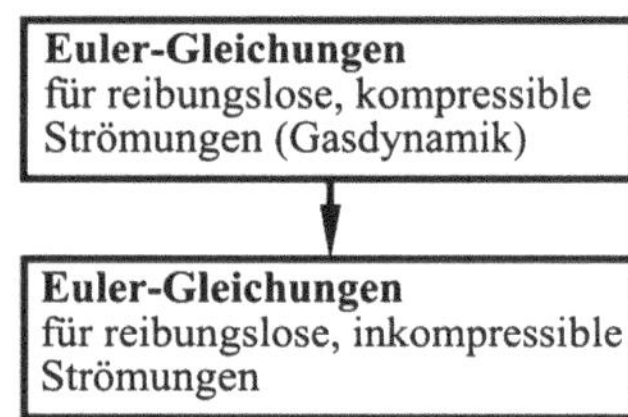

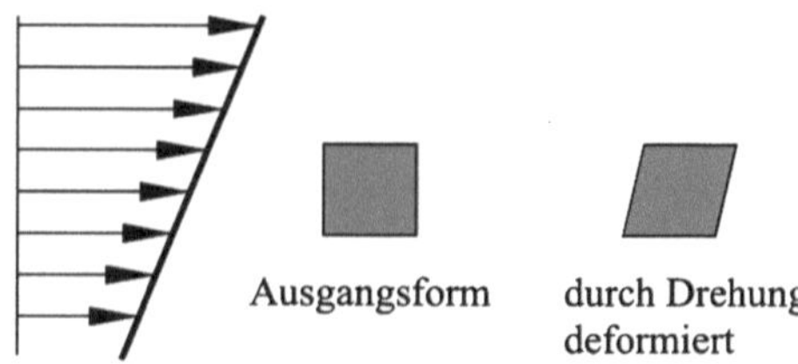


**Abb. 3.11** Zur Bedeutung der Drehung als Maß für die Deformation eines Fluidelementes in einer Scherschicht

Die zugehörigen Impulsgleichungen lauten zweidimensional:

$$\rho \left( \frac{\partial u}{\partial t} + u \frac{\partial u}{\partial x} + v \frac{\partial u}{\partial y} \right) = -\frac{\partial p}{\partial x}, \tag{3.13}$$

$$\rho \left( \frac{\partial v}{\partial t} + u \frac{\partial v}{\partial x} + v \frac{\partial v}{\partial y} \right) = -\frac{\partial p}{\partial y}. \tag{3.14}$$

Sie besitzen Anwendungen im Bereich der Strömungsmaschinen oder in anderen rotierenden Systemen. Für diese Anwendungen können die Gleichungen nicht weiter vereinfacht werden. Zahlreiche Strömungen sind jedoch drehungsfrei, d. h.

$$\omega = \frac{1}{2} \left( \frac{\partial v}{\partial x} - \frac{\partial u}{\partial y} \right) = 0. \tag{3.15}$$

Die Drehung $\omega$ ist ein Maß für die Deformation eines infinitesimalen Flächenelements, wie beispielsweise durch eine Scherströmung, Abb. 3.11.

Nach dem Crocco'schen Wirbelsatz sind alle reibungslosen, inkompressiblen Strömungen drehungsfrei. Wenn dies so ist, kann (3.12) nach $y$ und (3.13) nach $x$ abgeleitet werden und wir erhalten

$$\rho \left( \frac{\partial^2 u}{\partial t\, \partial y} + \frac{\partial u}{\partial x} \frac{\partial u}{\partial y} + u \frac{\partial^2 u}{\partial x\, \partial y} + \frac{\partial u}{\partial y} \frac{\partial v}{\partial y} + v \frac{\partial^2 u}{\partial y^2} \right) = -\frac{\partial^2 p}{\partial y\, \partial x}, \tag{3.16}$$

$$\rho \left( \frac{\partial^2 v}{\partial t\, \partial x} + \frac{\partial v}{\partial x} \frac{\partial u}{\partial x} + u \frac{\partial^2 v}{\partial x^2} + \frac{\partial v}{\partial y} \frac{\partial v}{\partial x} + v \frac{\partial^2 v}{\partial x\, \partial y} \right) = -\frac{\partial^2 p}{\partial x\, \partial y}. \tag{3.17}$$

Die Summe dieser beiden Gleichungen ist die Wirbeltransportgleichung

$$\frac{\partial \omega}{\partial t} + u \frac{\partial \omega}{\partial x} + v \frac{\partial \omega}{\partial y} = 0, \tag{3.18}$$

welche den Druck nicht mehr enthält. Die Gleichung beschreibt die Konvektion der Drehung. Sie kann zur Berechnung von Strömungen herangezogen werden, jedoch ist die Formulierung von Randbedingungen oft schwierig.

Wenn die Strömung auch auf allen Rändern, wie oben vorausgesetzt, drehungsfrei ist, so ist die Wirbeltransportgleichung durch ihre triviale Lösung $\omega = 0$ automatisch erfüllt.

Jetzt sind nur noch die Kontinuitätsgleichung

$$\frac{\partial u}{\partial x} + \frac{\partial v}{\partial y} = 0 \tag{3.19}$$

und die Bedingung der Drehungsfreiheit (3.15) zu erfüllen. Die Drehungsfreiheit ist immer erfüllt, wenn eine Potenzialfunktion $\Phi(x, y)$, definiert durch

$$u = \frac{\partial \Phi}{\partial x} \quad \text{und} \quad v = \frac{\partial \Phi}{\partial y} \tag{3.20}$$

existiert (3.20). In die Kontinuitätsgleichung (3.19) eingesetzt ergibt die lineare Potenzialgleichung

$$\frac{\partial^2 \Phi}{\partial x^2} + \frac{\partial^2 \Phi}{\partial y^2} = 0. \tag{3.21}$$

Sie besitzt als Fundamentallösungen z. B. die Translationsströmung, die Quell-Senkenströmung sowie den Potenzialwirbel

$$\Phi = U \cdot x + V \cdot y, \quad \Phi = \frac{E}{2\pi} \ln r = \frac{E}{2\pi} \sqrt{x^2 + y^2}, \quad \Phi = \frac{\Gamma}{2\pi} \phi, \tag{3.22}$$

mit den Translationsgeschwindigkeiten $U$ und $V$, der Ergiebigkeit $E$ und der Zirkulation $\Gamma$. Die beiden letzten Strömungen besitzen eine Singularität.

Analog ist die Aufstellung einer Gleichung für die Stromfunktion $\Psi(x, y)$ möglich:

$$u = \frac{\partial \Psi}{\partial y} \quad \text{und} \quad v = -\frac{\partial \Psi}{\partial x}, \tag{3.23}$$

**Abb. 3.12** Fundamentallösungen der linearen Potenzialgleichung (3.21)

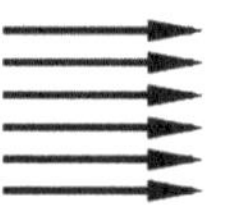
Translationsströmung

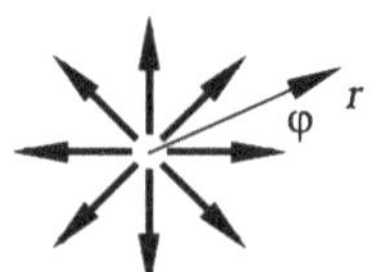

Quell- Senkenströmung
(in Polarkoordinaten)

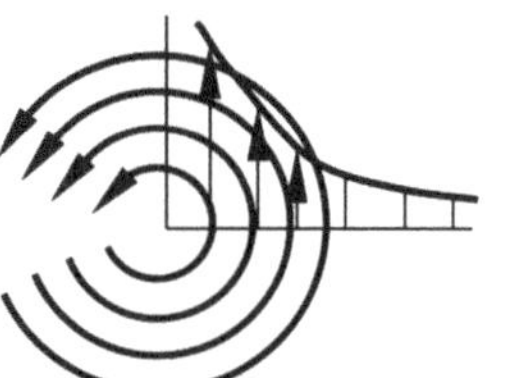
Potenzialwirbel
(in Polarkoordinaten)

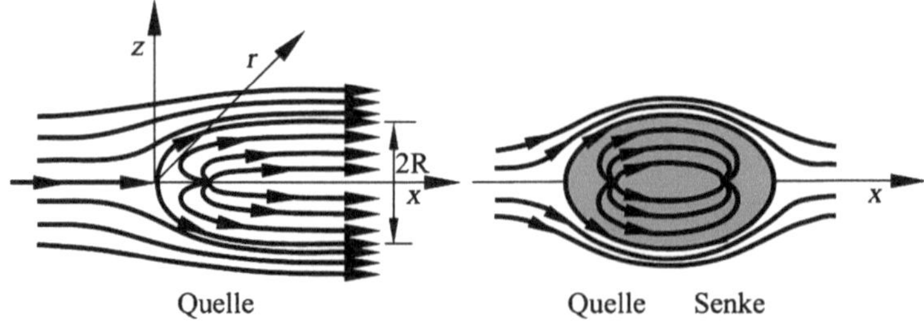



**Abb. 3.13** Stromlinienbilder von Überlagerungen ausgewählter Fundamentallösungen der Potenzialgleichung: *links*: Quelle und Parallelströmung, *rechts*: Quelle, Senke und Parallelströmung

welche die Kontinuitätsgleichung automatisch erfüllt und wegen der Drehungsfreiheit die Stromfunktionsgleichung

$$\frac{\partial^2 \Psi}{\partial x^2} + \frac{\partial^2 \Psi}{\partial y^2} = 0 \tag{3.24}$$

erfüllen muss. Die aufgeführten Fundamentallösungen der Potenzialgleichung können auch durch die Stromfunktion beschrieben werden:

$$\Psi = U \cdot y + V \cdot x, \quad \Psi = \frac{E}{2\pi}\phi = \frac{E}{2\pi} \arccos \frac{x}{\sqrt{x^2 + y^2}}, \quad \Psi = -\frac{\Gamma}{2\pi} \ln r, \tag{3.25}$$

siehe Abb. 3.12, in der die damit verbundenen Stromlinienbilder dargestellt sind.

Da (3.19) und (3.22) linear sind, erfüllen Linearkombinationen ihrer Lösungen die jeweilige Gleichung ebenfalls. Daher können ihre Lösungen einander beliebig überlagert werden. Beispiele hierfür sind der ebene Halbkörper oder der in Abb. 3.13 gezeigte geschlossene Körper. In den Stromlinienbildern kann jede der Stromlinien als feste Wand, an der die Gleitbedingung gilt, aufgefasst werden.

Verfahren zur Lösung der Potenzialgleichung überlagern nun gezielt diese Fundamentallösungen, so dass geforderte Randbedingungen, z. B. an einer Körperkontur, erfüllt werden. Die Theorie ist auch dreidimensional gültig. Die Oberflächenelemente einer Körperkontur werden oft als „Panel" bezeichnet und die Lösungsverfahren als Panel-Verfahren. Sie zählen nicht zu den von uns zu behandelnden Methoden, da keine Diskretisierung des Strömungsfeldes, sondern nur der Körperkontur, notwendig ist.

### 3.2.4  Navier-Stokes-Gleichungen für inkompressible Strömung

Durch Einführung der Inkompressibilität $\rho$ = const. ergeben sich, ausgehend von den Navier-Stokes-Gleichungen für kompressible Strömung, Abschn. 2.2.6, die Grundgleichungen dieses Kapitels. Die Dichte ist nun eine Stoffeigenschaft und damit bekannt. Wir wollen in diesem Unterkapitel die mathematischen Eigenschaften der Navier-Stokes-

Gleichungen für inkompressible Strömung untersuchen und bei dieser Gelegenheit auch unterschiedliche Kurzschreibweisen einführen.

Die Kontinuitätsgleichung lautet in $x,y,z$- und $u,v,w$-Notation:

$$\frac{\partial u}{\partial x} + \frac{\partial v}{\partial y} + \frac{\partial w}{\partial z} = 0 \qquad (3.26)$$

und die Impulsgleichungen

$$\frac{\partial u}{\partial t} + u\frac{\partial u}{\partial x} + v\frac{\partial u}{\partial y} + w\frac{\partial u}{\partial z} = -\frac{1}{\rho}\frac{\partial p}{\partial x} + v\left(\frac{\partial^2 u}{\partial x^2} + \frac{\partial^2 u}{\partial y^2} + \frac{\partial^2 u}{\partial z^2}\right), \qquad (3.27)$$

$$\frac{\partial v}{\partial t} + u\frac{\partial v}{\partial x} + v\frac{\partial v}{\partial y} + w\frac{\partial v}{\partial z} = -\frac{1}{\rho}\frac{\partial p}{\partial y} + v\left(\frac{\partial^2 v}{\partial x^2} + \frac{\partial^2 v}{\partial y^2} + \frac{\partial^2 v}{\partial z^2}\right), \qquad (3.28)$$

$$\frac{\partial w}{\partial t} + u\frac{\partial w}{\partial x} + v\frac{\partial w}{\partial y} + w\frac{\partial w}{\partial z} = -\frac{1}{\rho}\frac{\partial p}{\partial z} + v\left(\frac{\partial^2 w}{\partial x^2} + \frac{\partial^2 w}{\partial y^2} + \frac{\partial^2 w}{\partial z^2}\right), \qquad (3.29)$$

mit der kinematischen Zähigkeit $v = \mu/\rho$. Die Energiegleichung lautet unter Vernachlässigung der Dissipation

$$\frac{\partial T}{\partial t} + u\frac{\partial T}{\partial x} + v\frac{\partial T}{\partial y} + w\frac{\partial T}{\partial z} = a\left(\frac{\partial^2 T}{\partial x^2} + \frac{\partial^2 T}{\partial y^2} + \frac{\partial^2 T}{\partial z^2}\right), \qquad (3.30)$$

mit der Temperaturleitfähigkeit $a = \lambda/\left(\rho \cdot c_p\right)$. Es handelt sich um ein Gleichungssystem mit fünf Gleichungen für die fünf Unbekannten $u, v, w, p, T$. Das System ist von zweiter Ordnung, da die höchste vorkommende Ableitung die zweite ist und wegen der Konvektionsterme auf der linken Seite der Impulsgleichungen und der Energiegleichung nichtlinear. Da die Strömung inkompressibel ist, folgt der Druck nicht mehr aus der gasdynamischen Zustandsgleichung, sondern muss so bestimmt werden, dass die Kontinuitätsgleichung erfüllt ist, siehe Abschn. 2.3.7. Da der Druck nur innerhalb einer Ableitung vorkommt, ist er mathematisch durch die Gleichungen nur bis auf eine Konstante festgelegt. Daher muss in jedem numerischen Lösungsverfahren das Druckniveau bestimmt sein, etwa durch Festlegung des Druckes an einem beliebigen Punkt im Strömungsfeld oder am Rand.

Wir betrachten erzwungene Konvektion und setzen voraus, dass die Stoffeigenschaften $\rho$, $v$ und $a$ nicht von der Temperatur abhängen. Man erkennt dann an der Struktur des Gleichungssystems, dass die ersten vier Gleichungen unabhängig von der Energiegleichung gelöst werden können. Man bezeichnet dieses mathematisch als das „Strömungsproblem". Anschließend kann das erhaltene Geschwindigkeitsfeld in die Energiegleichung eingesetzt und beliebig oft unter gegebenenfalls veränderten thermischen Randbedingungen integriert werden.

Den systematischen Aufbau der Gleichungen nutzen wir für verschiedene Kurzschreibweisen. Mit dem vektoriellen Ableitungsoperator Nabla

$$\nabla = \begin{bmatrix} \frac{\partial}{\partial x} \\ \frac{\partial}{\partial y} \\ \frac{\partial}{\partial z} \end{bmatrix} \quad \text{und} \quad \vec{u} = \begin{bmatrix} u \\ v \\ w \end{bmatrix} \tag{3.31}$$

lautet die Vektorschreibweise der Navier-Stokes-Gleichungen für inkompressible Strömung

$$\nabla^T \cdot \vec{u} = 0,$$

$$\frac{\partial \vec{u}}{\partial t} + \left(\vec{u}^T \cdot \nabla\right) \vec{u} = -\frac{1}{\rho} \nabla p + \nu \cdot \nabla^2 \vec{u},$$

$$\frac{\partial T}{\partial t} + \left(\vec{u}^T \cdot \nabla\right) T = a \cdot \nabla^2 T, \tag{3.32}$$

worin $\nabla^2 = \nabla \cdot \nabla$ der Laplace-Operator bedeutet. Das Symbol $\Delta$ verwenden wir wegen der möglichen Verwechslung mit den finiten Differenzen hier für diesen Operator nicht. Der obere Index $T$ bedeutet „transponiert" (Vertauschung von Zeilen und Spalten eines Vektors oder einer Matrix). Man beachte, dass der skalare Konvektionsoperator $\vec{u}^T \cdot \nabla$ auf die rechts von ihm stehenden Größen, bei einem Vektor auf jede Komponente, anzuwenden ist.

Gelegentlich wird für dieselbe Gleichung in der Mathematik die Operatorenschreibweise verwendet

$$\text{div } \vec{u} = 0,$$

$$\frac{\partial \vec{u}}{\partial t} + \vec{u} \text{ grad } \vec{u} = -\frac{1}{\rho} \text{ grad } p + \nu \text{ div grad } \vec{u},$$

$$\frac{\partial T}{\partial t} + \vec{u} \text{ grad } T = a \text{ div grad } T. \tag{3.33}$$

Die mathematischen Operatoren „Divergenz" und „Gradient" wurden verwendet. Diese Schreibweise soll hier weiter keine Rolle spielen.

Mit der Einführung indizierter Koordinaten $x_1$, $x_2$, $x_3$ und Geschwindigkeitskomponenten $u_1$, $u_2$, $u_3$ kommen wir zur Indexschreibweise:

$$\sum_i \frac{\partial u_i}{\partial x_i} = 0,$$

$$\frac{\partial u_i}{\partial t} + \sum_j u_j \frac{\partial u_i}{\partial x_j} = -\frac{1}{\rho} \frac{\partial p}{\partial x_i} + \nu \sum_j \frac{\partial^2 u_i}{\partial x_j^2},$$

$$\frac{\partial T}{\partial t} + \sum_j u_j \frac{\partial T}{\partial x_j} = a \sum_j \frac{\partial^2 T}{\partial x_j^2}. \tag{3.34}$$

Es ist üblich, die Summenzeichen wegzulassen und entsprechend der Summationskonvention vorauszusetzen, dass über gleichen Indices in einem Term jeweils summiert wird. Dann müssen die zweiten Ableitungen als Schachtelung zweier erster Ableitungen geschrieben werden. Diese Schreibweise bezeichnet man als die Navier-Stokes-Gleichungen für inkompressible Strömungen in Tensornotation

$$\frac{\partial u_i}{\partial x_i} = 0,$$
$$\frac{\partial u_i}{\partial t} + u_j \frac{\partial u_i}{\partial x_j} = -\frac{1}{\rho}\frac{\partial p}{\partial x_i} + v\frac{\partial}{\partial x_j}\frac{\partial u_i}{\partial x_j},$$
$$\frac{\partial T}{\partial t} + u_j \frac{\partial T}{\partial x_j} = a\frac{\partial}{\partial x_j}\frac{\partial T}{\partial x_j}. \tag{3.35}$$

Eine andere Form dieses Gleichungssystems ist:

$$\frac{\partial u_i}{\partial x_i} = 0,$$
$$\rho\left[\frac{\partial u_i}{\partial t} + \frac{\partial\left(u_i u_j\right)}{\partial x_j}\right] = -\frac{\partial p}{\partial x_i} + \frac{\partial}{\partial x_j}\left[\mu\left(\frac{\partial u_i}{\partial x_j} + \frac{\partial u_j}{\partial x_i}\right)\right],$$
$$\rho c\left[\frac{\partial T}{\partial t} + \frac{\partial\left(u_j T\right)}{\partial x_j}\right] = \frac{\partial}{\partial x_j}\left(\lambda\frac{\partial T}{\partial x_j}\right). \tag{3.36}$$

Eine für Naturkonvektion verwendete Variante dieser Gleichungen ist die Boussinesq-Approximation, siehe Abschn. 2.3.6.

## 3.3  Turbulente Strömungen

Die meisten in der Technik auftretenden Strömungen sind turbulent. Daher ist auch für die Numerische Strömungssimulation die Turbulenzmodellierung von besonderer Bedeutung. Wie wir in diesem Kapitel zeigen werden, ändert sich die mathematische Struktur der Grundgleichungen beim Übergang von laminaren auf turbulente Strömungen nicht wesentlich, so dass die am Beispiel laminarer Strömungen erlernten Vorgehensweisen und Integrationsmethoden auf turbulente übertragen werden können.

### 3.3.1  Direkte Numerische Simulation

Da die Turbulenz ein kontinuumsmechanisches Phänomen ist, muss sie im Prinzip mit Hilfe der Navier-Stokes-Gleichungen beschreibbar sein. Die Simulation einer turbulenten Strömung bezeichnet man als Direkte Numerische Simulation, da kein Modell erforderlich

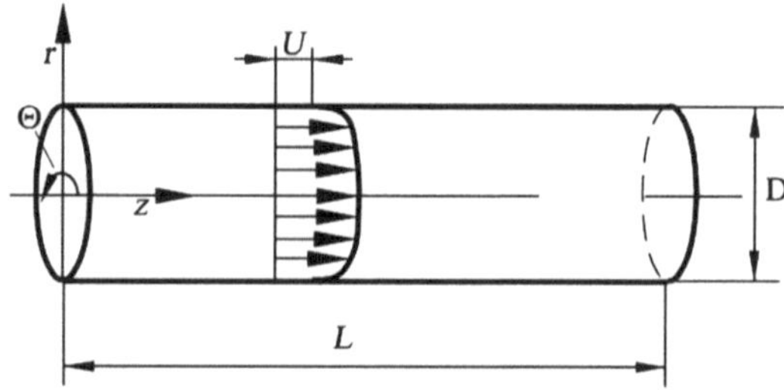

**Abb. 3.14** Integrationsgebiet für die Direkte Numerische Simulation der Rohrströmung

ist. Allerdings muss eine genügend hohe räumliche und zeitliche Auflösung aller Wirbel, Wellen oder sonstigen Strukturen der Turbulenz bis in die kleinsten Skalen (Kolmogoroff-Skalen) hinein garantiert werden. Dies ist bisher nur bei einfachen Geometrien (Rohr, Kanal, Scherschicht etc.) möglich.

In dem folgenden Beispiel wird die isotherme, turbulente Rohrsströmung bei einer ReynoldsZahl von $Re = 5600$ (gebildet mit dem Rohrdurchmesser und der mittleren Geschwindigkeit u) simuliert. Das Integrationsgebiet ist ein Rohrabschnitt der Länge $L$ mit dem Durchmesser $D$, wie in Abb. 3.14 gezeigt.

Die Grundgleichungen sind die Navier-Stokes-Gleichungen für inkompressible Strömung. Wegen der Rohrgeometrie verwenden wir Zylinderkoordinaten mit den drei Richtungen $r$ (radial), $z$ (axial) und $\theta$ (azimuthal). Alle unabhängigen und abhängigen Variablen sowie die Grundgleichungen werden durch Division auf Bezugsgrößen (Länge, Geschwindigkeit, dynamischer Druck) entdimensioniert (oberer Index $*$), so dass sie nur Werte zwischen 0 und 1 annehmen.

$$\frac{\partial u_r^*}{\partial r^*} + \frac{1}{r^*}\frac{\partial u_\Theta^*}{\partial \Theta^*} + \frac{\partial u_z^*}{\partial z^*} + \frac{u_r^*}{r^*} = 0,$$

$$\frac{\partial u_r^*}{\partial t^*} + u_r^*\frac{\partial u_r^*}{\partial r^*} + \frac{u_\Theta^*}{r^*}\frac{\partial u_r^*}{\partial \Theta^*} + u_z^*\frac{\partial u_r^*}{\partial z^*} - \frac{u_\Theta^{*2}}{r^*}$$

$$= -\frac{\partial p^*}{\partial r^*} + \frac{1}{Re}\left[\frac{\partial^2 u_r^*}{\partial r^{*2}} + \frac{1}{r^*}\frac{\partial u_r^*}{\partial r^*} - \frac{u_r^*}{r^{*2}} + \frac{1}{r^{*2}}\frac{\partial^2 u_r^*}{\partial \Theta^{*2}} + \frac{\partial^2 u_r^*}{\partial z^{*2}} - \frac{2}{r^{*2}}\frac{\partial u_\Theta^*}{\partial \Theta^*}\right],$$

$$\frac{\partial u_\Theta^*}{\partial t^*} + u_r^*\frac{\partial u_\Theta^*}{\partial r^*} + u_\Theta^*\frac{\partial u_\Theta^*}{r^*\partial \Theta^*} + u_z^*\frac{\partial u_\Theta^*}{\partial z^*} + \frac{u_r^* u_\Theta^*}{r^*}$$

$$= -\frac{1}{r^*}\frac{\partial p^*}{\partial \Theta^*} + \frac{1}{Re}\left[\frac{\partial^2 u_\Theta^*}{\partial r^{*2}} + \frac{1}{r^*}\frac{\partial u_\Theta^*}{\partial r} - \frac{u_\Theta^*}{r^{*2}} + \frac{1}{r^{*2}}\frac{\partial^2 u_\Theta^*}{\partial \Theta^{*2}} + \frac{\partial^2 u_\Theta^*}{\partial z^{*2}} + \frac{2}{r^{*2}}\frac{\partial u_r^*}{\partial \Theta^*}\right],$$

$$\frac{\partial u_z^*}{\partial t^*} + u_r^*\frac{\partial u_z^*}{\partial r^*} + u_\Theta^*\frac{\partial u_z^*}{r^*\partial \Theta^*} + u_z^*\frac{\partial u_z^*}{\partial z^*}$$

$$= -\frac{\partial p^*}{\partial z^*} + \frac{1}{Re}\left[\frac{\partial^2 u_z^*}{\partial r^{*2}} + \frac{1}{r^*}\frac{\partial u_z^*}{\partial r^*} + \frac{1}{r^{*2}}\frac{\partial^2 u_z^*}{\partial \Theta^{*2}} + \frac{\partial^2 u_z^*}{\partial z^{*2}}\right].$$

$$(3.37)$$

Die Strömung wird als voll ausgebildet betrachtet, d. h. der Zustand soll im zeitlichen Mittel unabhängig von der Axialkoordinate des Rohres sein. Um dies zu gewährleisten, verwenden wir periodische Randbedingungen in Stromabrichtung. Es wird also angenommen, dass die Strömung räumlich periodisch mit der Periodenlänge $L$ ist. Dies ist in der Realität nicht der Fall, sondern bedeutet eine Modellannahme, welche die numerische Integration vereinfacht. Die Annahme von Ein- und Ausströmbedingungen ist ebenfalls möglich. An der Wand gilt die Haftbedingung. In Rohrmitte $r \to 0$ besitzen die Gleichungen eine Singularität. Exakt an dieser Stelle darf kein Gitterpunkt liegen, da durch Null dividiert werden müsste. Das Gitter wird daher nur bis zu einem kleinen Abstand $10^{-3}$ an die Rohrmitte herangeführt.

Die verwendete numerische Lösungsmethode ist speziell auf die Direkte Numerische Simulation zugeschnitten. Während die Konvektionsterme explizit nach dem Adams-Bashforth-Verfahren diskretisiert sind, verwenden wir für den Druck und die Reibungsterme das Crank-Nicholson-Verfahren. Die Zeitdiskretisierung ist somit von zweiter Ordnung. Für die räumlichen Ableitungen werden finite Differenzen zweiter Ordnung (Axialrichtung und Umfangsrichtung) und vierter Ordnung (Radialrichtung) verwendet. Die Lösung des Gleichungssystems erfolgt mit einem vorkonditionierten Konjugierte-Gradienten Verfahren.

Instationäre Simulationsrechnungen werden mit einer numerischen Diskretisierung von $48 \times 32 \times 75$ Punkten durchgeführt. Eine Anfangsverteilung muss gefunden werden, welche nicht zu einem Abklingen der Turbulenz führt sondern zu einem instationären Zustand mit sich selbst erhaltender Turbulenz. Dies erfordert einiges Geschick. Es können beispielsweise Zufallszahlen verwendet werden. Die zeitliche Integration muss mindestens solange erfolgen, bis sich ein Zustand eingestellt hat, bei dem sich die Mittelwerte zeitlich nicht mehr ändern. Diesen Zustand bezeichnet man als statistisch stationär und er repräsentiert ausgebildete Turbulenz.

Das momentane Geschwindigkeitsfeld eines solchen Zustandes ist in Abb. 2.9 gezeigt. Man erkennt die Wirbelstrukturen der Turbulenz und bekommt einen Eindruck von der räumlichen Komplexität der Strömung. Natürlich verändern sich diese Strukturen auch zeitlich. Die Größenordnung der Strukturen sowie die räumliche Verteilung der Geschwindigkeitsfluktuationen kann der Darstellung der Geschwindigkeitskomponenten in Abb. 3.15 entnommen werden. Die stromabwärtigen Fluktuationen sind deutlich größer als die beiden anderen Komponenten.

Um quantitative Vergleiche anstellen zu können, berechnen wir die mittlere Geschwindigkeit in Stromabrichtung aus einer Mittelung über Raum und Zeit:

$$\langle \overline{u}(r) \rangle = \frac{1}{t_2 - t_1} \int_{t1}^{t2} \frac{1}{2\pi} \int_{0}^{2\pi} \frac{1}{L} \int_{0}^{L} u(x, r, \theta, t)\, dx\, d\theta\, dt. \tag{3.38}$$

Darin ist $t_2 - t_1$ ein Zeitintervall, in dem die Strömung statistisch stationär ist. Der erhaltene Mittelwert $\langle \overline{u}_z(r) \rangle$ ist sowohl als räumlicher als auch als zeitlicher Mittelwert zu verstehen und hängt nur noch von der Radialkoordinate $r$ ab. Er ist in Abb. 3.16 bezogen auf die Geschwindigkeit in Rohrmitte $U_c$ aufgetragen und mit Experimenten verglichen.

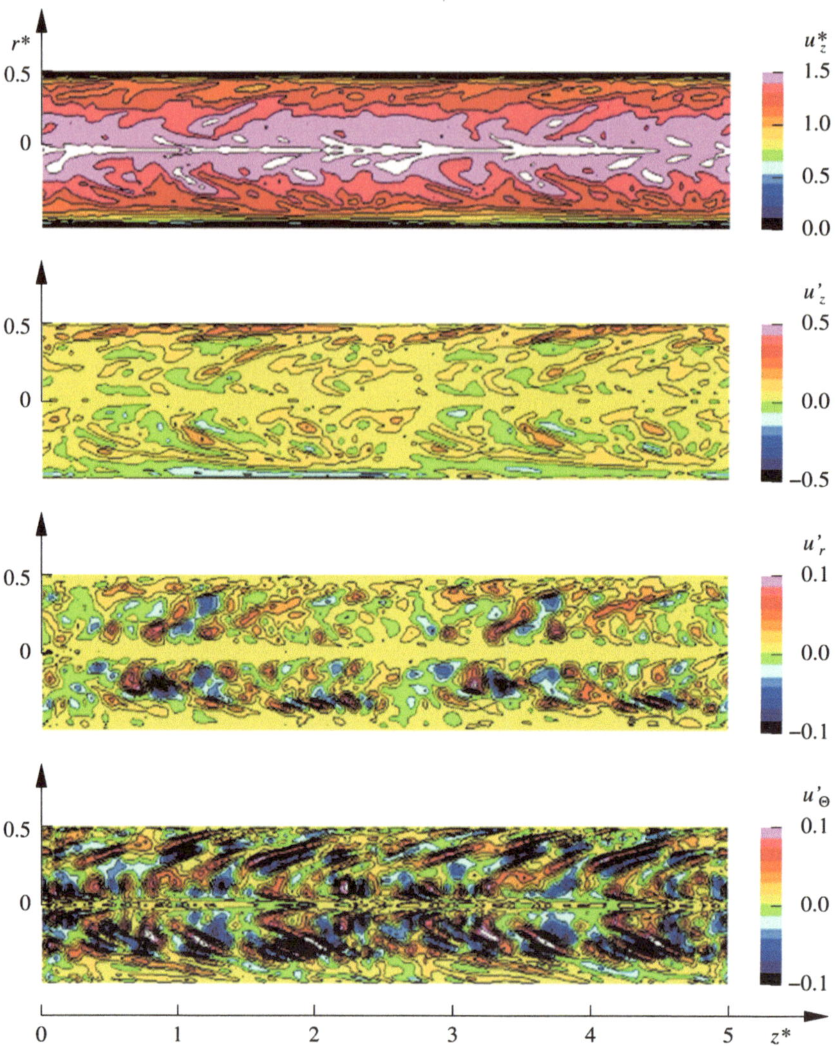

**Abb. 3.15** Isolinien der stromabwärtigen Geschwindigkeit, und der drei Fluktuationen in stromab, radialer, azimuthaler Richtung für die turbulente Rohrströmung bei $Re = 5600$

Um wandnahe Effekte mit anderen Strömungen zu vergleichen, ist es üblich, das Geschwindigkeitsprofil in dimensionsloser Form, den „Wandeinheiten" aufzutragen:

$$u_z^+ = \frac{u_z}{u_\tau}, \quad y^+ = \frac{y \cdot u_\tau}{\nu} \quad \text{mit} \quad u_\tau = \sqrt{\frac{\tau_W}{\rho}}. \tag{3.39}$$

Die verwendete Bezugsgeschwindigkeit $u_\tau$ wird mit Hilfe der Wandschubspannung $\tau_W$ gebildet und daher als Wandschubspannungsgeschwindigkeit bezeichnet. Aufgrund der

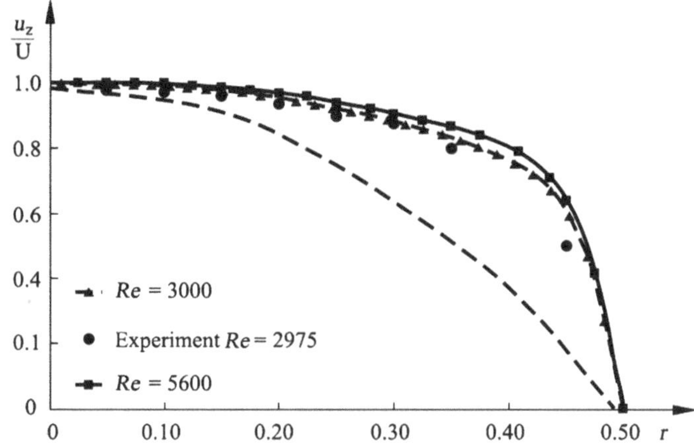

**Abb. 3.16** Mittlere Geschwindigkeit der Direkten Numerischen Simulation der Rohrströmung und Vergleich mit Experimenten, *gestrichelte Linie* laminares Geschwindigkeitsprofil

Ähnlichkeitseigenschaften turbulenter Strömungen bei hohen Reynolds-Zahlen gilt für die in den Wandkoordinaten aufgetragene dimensionslose Geschwindigkeit in der wandnahen Schicht $u_z^+$ eine universelle Gesetzmäßigkeit, die wir in Abschn. 3.3.3 noch näher besprechen werden. Diese wird als das „logarithmische Wandgesetz" bezeichnet. Es lautet für niedrige Reynolds-Zahlen

$$u_z^+ = 2{,}5 \ln y^+ + 5{,}5. \tag{3.40}$$

In unmittelbarer Wandnähe ist die Turbulenz infolge der Haftbedingung gedämpft. Hier wird die Strömung durch die molekulare Viskosität dominiert und es gilt in Wandeinheiten:

$$u_z^+ = y^+. \tag{3.41}$$

Man bezeichnet diese unterhalb der wandnahen Schicht gelegene Schicht als die „viskose Unterschicht". Um den Wandbereich herauszuheben, erfolgt die Auftragung auf einer logarithmischen Skala für $y^+$.

Die DNS-Ergebnisse sind in Abb. 3.17 mit diesen Gesetzmäßigkeiten verglichen. Man sieht, dass die Ergebnisse von Direkten Numerischen Simulationen gut mit experimentellen Ergebnissen übereinstimmen. Eine Darstellung, welche die Stärke der Fluktuationen $u'_i$ in den einzelnen Koordinatenrichtungen beinhaltet, ist in Abb. 3.18 gezeigt.

Ein Maß für die Größe der Fluktuationen sind ihre rms-Werte (root-mean-square)

$$u_1^{rms} = \frac{\overline{(u'_1)^2}}{u_\tau}, \quad u_2^{rms} = \frac{\overline{(u'_2)^2}}{u_\tau}, \quad u_3^{rms} = \frac{\overline{(u'_3)^2}}{u_\tau}, \tag{3.42}$$

welche in Abb. 3.18 in Wandeinheiten aufgetragen sind. Der Querstrich bezeichnet den zeitlichen Mittelwert. Wieder wird deutlich, dass die Stromabkomponente der Geschwindigkeit die größten Fluktuationen besitzt. In dieser Richtung sind die Schwankungen am

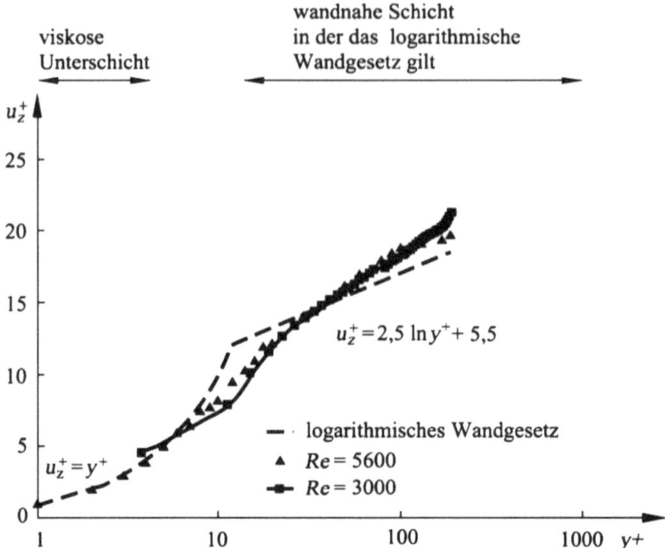



**Abb. 3.17**  Ergebnisse der DNS verglichen mit dem logarithmischen Wandgesetz

**Abb. 3.18**  Größe der
Fluktuationen in den drei Koordinatenrichtungen

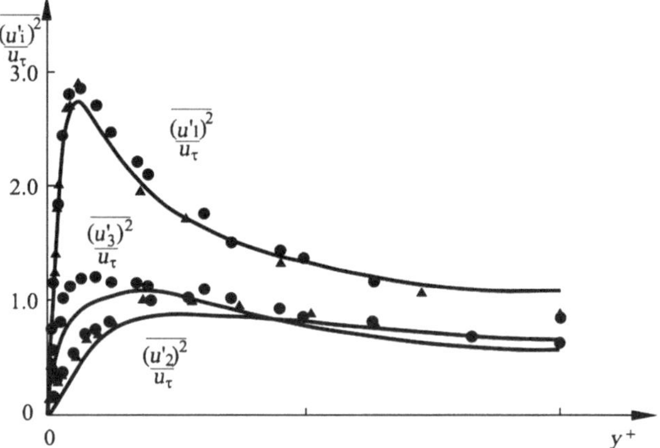



wenigsten durch die Wand behindert. Man bezeichnet diese Eigenschaft der Turbulenz als
Nichtisotropie (isotrop: richtungs*un*abhängig). Die Turbulenz in einer Rohrströmung ist
daher richtungsabhängig.

Die Direkten Numerischen Simulationen können nur dazu dienen, die Turbulenz und
ihre Mechanismen besser zu verstehen. Aufgrund des sehr hohen numerischen Aufwandes
ist diese Methode für praxisrelevante Berechnungen nicht geeignet. Sie ist bisher nur für
einfache Geometrien (Rohr, Kanal, Scherschicht etc.) durchgeführt worden.

Nach einer Abschätzung der kleinsten Kolmogoroff-Skalen einer turbulenten Strömung steigt der Speicherplatzaufwand für eine Direkte Numerische Simulation mit $Re^{9/4}$.

Obwohl Rechengeschwindigkeit und Speicherplatz von verfügbaren Computern ständig steigen und heute bereits Simulationen mit bis zu $10^8$ Gitterpunkten auf Höchstleistungsrechnern durchgeführt werden, ist die praktische Tauglichkeit der DNS auch in absehbarer Zukunft nicht zu erwarten.

Es ist in der Praxis nicht erforderlich, die Turbulenz direkt auf Basis der alles beschreibenden Navier-Stokes-Gleichungen zu simulieren. Stattdessen wird der Einfluss der Turbulenz in den folgenden Kapiteln modelliert.

### 3.3.2  Reynolds-Gleichungen für turbulente Strömungen

Wie wir gesehen haben, beschreiben die Navier-Stokes-Gleichungen alle Strömungen, sowohl laminare als auch turbulente. Es muss also möglich sein, die Grundgleichungen für turbulente Strömung aus den Navier-Stokes-Gleichungen abzuleiten. Das Ergebnis bezeichnet man als die Reynolds-Gleichungen oder die Reynolds-gemittelten Navier-Stokes-Gleichungen (RANS für Reynolds-averaged Navier-Stokes Equations).

Die Grundlage zur Ableitung dieser Gleichungen ist die zeitliche Mittelung, auch Reynolds-Mittelung genannt. Wir betrachten das Zeitsignal einer Messsonde, welche sich an einer beliebigen Position in einem turbulenten Strömungsfeld befindet und eine der fluktuierenden Zustandsgrößen über der Zeit aufzeichnet, siehe Abb. 3.19.

Das Zeitsignal spiegelt die Komplexität der Turbulenz wieder: es enthält unterschiedliche Frequenzen, verursacht durch die sich bewegenden unterschiedlich großen Wirbelstrukturen und ist nicht periodisch. Jedes Signal z. B. der Geschwindigkeitskomponente $u$ kann als Summe eines zeitlichen Mittelwerts und einer Schwankung aufgefasst werden:

$$u(x, y, z, t) = \overline{u}(x, y, z) + u'(x, y, z, t), \tag{3.43}$$

wobei der Mittelwert über ein genügend großes Zeitintervall $\Delta t$ mittels einer Integration bestimmt wird

$$\overline{u}(x, y, z) = \frac{1}{\Delta t} \int\limits_{t}^{t+\Delta t} \overline{u}(x, y, z, \vartheta)d\,\vartheta. \tag{3.44}$$

Die Abweichung vom Mittelwert heißt Fluktuation oder Schwankungsgeschwindigkeit $u'$. Sie ist eine Funktion der Zeit und kann positiv oder negativ sein. Technisch inter-

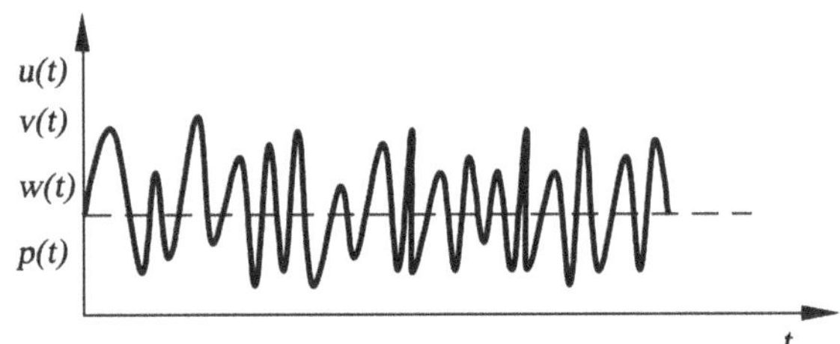


**Abb. 3.19** Zeitsignal einer beliebigen fluktuierenden Zustandsgröße an einer festen Position in einem turbulenten Strömungsfeld

essant sind vor allem die Mittelwerte einer Strömung, die sogenannte mittlere Strömung. Die Schwankungen dagegen sind in ihren Details weder theoretisch bestimmbar noch sind sie überhaupt von Interesse. Es ist aber wichtig, die Auswirkungen der turbulenten Schwankungen auf die mittlere Strömung zu berechnen. Die Aufgabe besteht also darin, Gleichungen für die gemittelten Zustandsgrößen abzuleiten, in welchen die Auswirkungen der Schwankungen berücksichtigt sind.

Die Vorgehensweise besteht darin, den Ansatz (3.31) für alle Variablen durchzuführen, in die Navier-Stokes-Gleichungen einzusetzen und die Gleichungen, d. h. jeden Term, zeitlich zu mitteln, denn wenn die Gleichungen für zeitlich veränderliche Strömungen gelten, so gelten sie auch für die Mittelwerte. Anschließend erfolgt die Umformung und Vereinfachung.

Wir wollen diese Operationen nur für einige Terme explizit aufschreiben, z. B. für einen Term der Kontinuitätsgleichung:

$$\overline{\frac{\partial u}{\partial x}} = \overline{\frac{\partial \left(\overline{u} + u'\right)}{\partial x}} = \frac{\partial \left(\overline{\overline{u}} + \overline{u'}\right)}{\partial x} = \frac{\partial \overline{u}}{\partial x}. \tag{3.45}$$

Die Umformungen bestehen darin, die Mittelung und die Ableitung zu vertauschen. Dies ist erlaubt, da die Koordinaten $x$ und $t$ unabhängig voneinander sind. Auch die Summation und die Mittelung sind vertauschbar. Zeitliche Mittelung ist nur einmal sinnvoll. Der Mittelwert der Fluktuation ist definitionsgemäß Null. Es folgt daher, dass der ursprüngliche Term wieder denselben Term ergibt, welcher jetzt für die gemittelte Strömung gilt. Dies gilt auch für alle anderen Terme der Kontinuitätsgleichung.

Auch die linearen Terme der Impulsgleichungen sind analog für die gemittelte Strömung, z. B. der Druckterm

$$\overline{\frac{\partial p}{\partial x}} = \overline{\frac{\partial \left(\overline{p} + p'\right)}{\partial x}} = \frac{\partial \left(\overline{\overline{p}} + \overline{p'}\right)}{\partial x} = \frac{\partial \overline{p}}{\partial x} \tag{3.46}$$

und die Reibungsterme

$$\overline{\frac{\partial^2 u}{\partial z^2}} = \overline{\frac{\partial^2 \left(\overline{u} + u'\right)}{\partial z^2}} = \frac{\partial^2 \left(\overline{\overline{u}} + \overline{u'}\right)}{\partial z^2} = \frac{\partial^2 \overline{u}}{\partial z^2}. \tag{3.47}$$

Anders ist es aufgrund der Nichtlinearität für die konvektiven Terme, wie das Beispiel zeigt:

$$\overline{\frac{\partial u^2}{\partial x}} = \overline{\frac{\partial \left(\overline{u} + u'\right) \cdot \left(\overline{u} + u'\right)}{\partial x}} = \frac{\partial \left(\overline{\overline{u}^2} + \overline{2\overline{u}u'} + \overline{u'^2}\right)}{\partial x} = \frac{\partial \overline{u}^2}{\partial x} + \frac{\partial \overline{u'^2}}{\partial x}. \tag{3.48}$$

Der zweite Term auf der rechten Seite verschwindet nicht, da im Integrand des Mittelungsoperators das Quadrat einer Fluktuation steht, der immer positiv ist. Durch die Mittelung ergeben sich daher neue Terme.

Auch in der Energiegleichung entstehen neue Terme:

$$\overline{\frac{\partial uT}{\partial x}} = \overline{\frac{\partial \left(\overline{u} + u'\right)\cdot\left(\overline{T}+T'\right)}{\partial x}} = \frac{\partial\left(\overline{\overline{u}\,\overline{T}} + \overline{\overline{u}T'} + \overline{u'\overline{T}} + \overline{u'T'}\right)}{\partial x} = \frac{\partial \overline{u}\,\overline{T}}{\partial x} + \frac{\partial \overline{u'T'}}{\partial x}.$$

$$(3.49)$$

Die neuen Terme kann man auf die rechte Seite bringen und die Reynolds-Gleichungen
für turbulente Strömungen lauten somit

$$\frac{\partial \overline{u}}{\partial x} + \frac{\partial \overline{v}}{\partial y} + \frac{\partial \overline{w}}{\partial z} = 0,$$

$$\rho\left(\overline{u}\frac{\partial \overline{u}}{\partial x} + \overline{v}\frac{\partial \overline{u}}{\partial y} + \overline{w}\frac{\partial \overline{u}}{\partial z}\right) = -\frac{\partial \overline{p}}{\partial x} + \mu\left(\frac{\partial^2 \overline{u}}{\partial x^2} + \frac{\partial^2 \overline{u}}{\partial y^2} + \frac{\partial^2 \overline{u}}{\partial z^2}\right)$$
$$-\left(\frac{\partial}{\partial x}\overline{\rho u'^2} + \frac{\partial}{\partial y}\overline{\rho u'v'} + \frac{\partial}{\partial z}\overline{\rho u'w'}\right),$$

$$\rho\left(\overline{u}\frac{\partial \overline{v}}{\partial x} + \overline{v}\frac{\partial \overline{v}}{\partial y} + w\frac{\partial \overline{v}}{\partial z}\right) = -\frac{\partial \overline{p}}{\partial y} + \mu\left(\frac{\partial^2 \overline{v}}{\partial x^2} + \frac{\partial^2 \overline{v}}{\partial y^2} + \frac{\partial^2 \overline{v}}{\partial z^2}\right)$$
$$-\left(\frac{\partial}{\partial x}\overline{\rho v'u'} + \frac{\partial}{\partial y}\overline{\rho v'^2} + \frac{\partial}{\partial z}\overline{\rho v'w'}\right),$$

$$\rho\left(\overline{u}\frac{\partial \overline{w}}{\partial x} + \overline{v}\frac{\partial \overline{w}}{\partial y} + \overline{w}\frac{\partial \overline{w}}{\partial z}\right) = -\frac{\partial \overline{p}}{\partial z} + \mu\left(\frac{\partial^2 \overline{w}}{\partial x^2} + \frac{\partial^2 \overline{w}}{\partial y^2} + \frac{\partial^2 \overline{w}}{\partial z^2}\right)$$
$$-\left(\frac{\partial}{\partial x}\overline{\rho w'u'} + \frac{\partial}{\partial y}\overline{\rho w'v'} + \frac{\partial}{\partial z}\overline{\rho w'^2}\right),$$

$$\rho c\left(\overline{u}\frac{\partial \overline{T}}{\partial x} + \overline{v}\frac{\partial \overline{T}}{\partial y} + \overline{w}\frac{\partial \overline{T}}{\partial z}\right) = \lambda\left(\frac{\partial^2 \overline{T}}{\partial x^2} + \frac{\partial^2 \overline{T}}{\partial y^2} + \frac{\partial^2 \overline{T}}{\partial z^2}\right)$$
$$-\left(\frac{\partial}{\partial x}\overline{\rho c T'u'} + \frac{\partial}{\partial y}\overline{\rho c T'v'} + \frac{\partial}{\partial z}\overline{\rho c T'w'}\right). \quad (3.50)$$

Durch die Mittelung sind zusätzliche Terme hinzugekommen, welche man in den Impulsgleichungen als turbulente Spannungen oder Reynolds-Spannungen und in der Energiegleichung als turbulente Wärmeströme oder Reynolds-Flüsse bezeichnet. In Indexnotation
lauten die neun Reynolds-Spannungen:

$$\tau_{ij}^{Re} = -\rho\overline{u'_i\,u'_j} \quad \text{oder als Matrix} \quad \underline{\underline{\tau}}^{Re} = -\rho\begin{bmatrix} \overline{u'_1 u'_1} & \overline{u'_1 u'_2} & \overline{u'_1 u'_3} \\ \overline{u'_2 u'_1} & \overline{u'_2 u'_2} & \overline{u'_2 u'_3} \\ \overline{u'_3 u'_1} & \overline{u'_3 u'_2} & \overline{u'_3 u'_3} \end{bmatrix}, \quad (3.51)$$

von denen wegen der Vertauschbarkeit nur sechs voneinander unterschiedlich sind. Die
drei turbulenten Wärmeströme sind

$$q_j^{Re} = -\rho c\,\overline{u'_j\,T'} \quad \text{oder als Vektor} \quad \vec{q}^{Re} = -\rho c\begin{bmatrix} \overline{u'_1 T'} \\ \overline{u'_2 T'} \\ \overline{u'_3 T'} \end{bmatrix}. \quad (3.52)$$

Der obere Index $Re$ gibt jeweils an, dass es sich um Größen in turbulenten Strömungen handelt. Die Bezeichnung „Spannungen" und „Wärmeströme" deutet bereits auf die physikalische Wirkung dieser Terme hin. Aufgrund des Transports von Impuls oder Energie infolge der turbulenten Durchmischung besitzen diese Terme nämlich eine den molekularen Spannungen und Wärmeströme analoge Wirkung auf die mittlere Strömung: die turbulente Durchmischung trägt wesentlich zum Transport der Erhaltungsgrößen bei. Es besteht somit eine Analogie zwischen den molekularen und den turbulenten Spannungen sowie zwischen den molekularen und den turbulenten Wärmeströmen. Während beim molekularen Transport die Molekülbewegung verantwortlich ist, so ist es beim turbulenten Transport die Turbulenz.

Für die weiteren Kapitel bietet sich die Tensornotation der Reynolds-Gleichungen an:

$$\frac{\partial \overline{u}_i}{\partial x_i} = 0, \tag{3.53}$$

$$\rho \left[ \frac{\partial \overline{u}_i}{\partial t} + \frac{\partial}{\partial x_j} \left( \overline{u}_j \overline{u}_i \right) \right] = -\frac{\partial \overline{p}}{\partial x_i} + \frac{\partial}{\partial x_j} \left[ \mu \left( \frac{\partial \overline{u}_i}{\partial x_j} + \frac{\partial \overline{u}_j}{\partial x_i} \right) - \rho \overline{u'_i u'_j} \right], \tag{3.54}$$

$$\rho c \left[ \frac{\partial \overline{T}}{\partial t} + \frac{\partial}{\partial x_j} \left( \overline{u}_j \overline{T} \right) \right] = \frac{\partial}{\partial x_j} \left( \lambda \frac{\partial \overline{T}}{\partial x_j} - \rho c \overline{u'_j T'} \right). \tag{3.55}$$

In dieser Gleichung haben wir wieder eine Zeitableitung hinzugefügt. Diese kann für die numerische Integration hilfreich sein. Sie besitzt aber auch eine physikalische Bedeutung, da auch turbulente Strömungen auf einer „langsamen" Zeitskala (verglichen mit der Zeitskala der Turbulenz) instationär sein können.

Die Aufgabe der Turbulenzmodellierung besteht nun darin, die unbekannten turbulenten Spannungen und Flüsse in Abhängigkeit von der mittleren Strömung zu modellieren.

### 3.3.3 Prandtl'sches Mischungswegmodell

Mit diesem ersten Turbulenzmodell war es bereits vor der Existenz von Digitalrechnern möglich, die Reynolds-Gleichungen für einfache Strömungen zu integrieren. Der Prandtl'sche Mischungsweg-Ansatz hat seine Bedeutung bis heute nicht verloren. So basieren z. B. die in der Turbulenzmodellierung verwendeten Wandfunktionen auf diesem Ansatz. Wir betrachten eine ausgebildete, turbulente Kanalströmung, siehe Abb. 3.20.

Die Impulsgleichung für turbulente Strömung lautet unter den bekannten Vereinfachungen für ausgebildete Strömung $\overline{v} = 0$ und $\partial \overline{u}/\partial x = 0$

$$0 = -\frac{d \overline{p}}{d x} + \frac{\partial}{\partial y} \left( \mu \frac{\partial \overline{u}}{\partial y} - \rho \overline{u'v'} \right). \tag{3.56}$$

Weitere hierin enthaltenen Vereinfachungen sind $\rho \partial \overline{(u')^2}/\partial x = 0$ sowie $\rho \partial \overline{u'w'}/\partial z = 0$. Diese Gleichung gilt in Wandnähe näherungsweise auch für Rohrströmungen. Die Aufgabe der Turbulenzmodellierung besteht nun darin, die unbekannte Reynoldsspannung

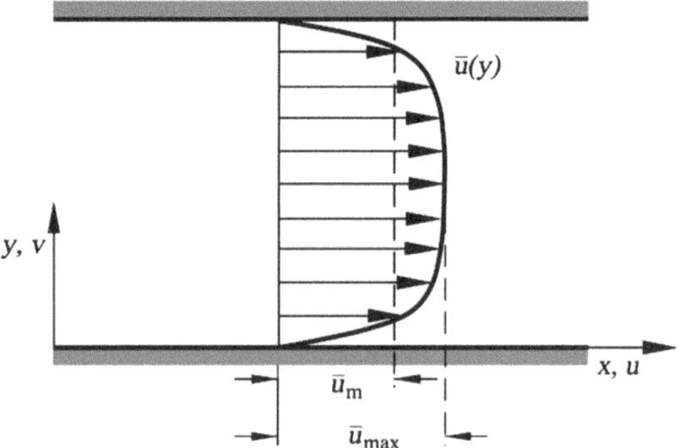


**Abb. 3.20** Bezeichnungen bei der ausgebildeten, turbulenten Rohr-, Kanal- oder Grenzschichtströmung

$\tau^{Re} = -\rho\,\overline{(u'v')}$ als Funktion der Lösungsvariablen $\bar{u}(y)$ auszudrücken. Dabei werden physikalisch sinnvolle Annahmen getroffen.

Der erste wichtige Modellierungsschritt besteht in der Annahme einer Wirbelviskosität

$$0 = -\frac{d\bar{p}}{dx} + \frac{\partial}{\partial y}\left(\mu\frac{\partial\bar{u}}{\partial y} + \mu_T\frac{\partial\bar{u}}{\partial y}\right) = -\frac{d\bar{p}}{dx} + \frac{\partial}{\partial y}(\mu + \mu_T)\frac{\partial\bar{u}}{\partial y}. \tag{3.57}$$

Dies bedeutet, dass die Reynoldsspannung formell analog zum Newton'schen Reibungsgesetz von einer Wirbelviskosität $\mu_T$ und dem Gradienten der mittleren Geschwindigkeit angesetzt wird:

$$\tau^{Re} = \mu_T\frac{\partial\bar{u}}{\partial y}. \tag{3.58}$$

Dies ist sinnvoll, weil auch die turbulente Durchmischung, ebenso wie die mikroskopische Bewegung der Moleküle eines Fluids, zum Impulstransport beiträgt. Die Wirbelzähigkeit (engl.: eddy viscosity) oder „turbulente" Zähigkeit kann als Maß für die Stärke der Durchmischung und ihrer Auswirkungen auf die mittlere Strömung angesehen werden. Sie ist zunächst unbekannt und muss modelliert werden. Selbstverständlich handelt es sich nicht um eine Fluideigenschaft, sondern um eine Eigenschaft der Turbulenz.

Die Aufgabe besteht nun darin, die Wirbelzähigkeit zu modellieren. Dazu entwickelte Prandtl eine physikalische Vorstellung, welche in Abb. 3.21 skizziert ist. Betrachtet wird eine wandnahe Scherströmung, beispielsweise innerhalb eines Kanals, eines Rohres oder einer Grenzschicht. Das in der Abbildung gezeigte Geschwindigkeitsprofil $\bar{u}(y)$ besitzt in einem Wandabstand $y$ den lokalen Gradienten $\partial\bar{u}/\partial y$.

Als Gedankenexperiment markieren wir einen Bereich (Ballen) innerhalb der Strömung und betrachten seine stromabwärtige Bewegung und seine Durchmischung mit der Umgebung sowie seine Auslenkung. Der Mischungsweg $l$ sei als diejenige Lauflänge in Stromabrichtung definiert, die der Turbulenzballen zurücklegt, bis er mit seiner Umgebung vermischt ist. Es handelt sich somit um eine charakteristische Längenskala der Turbulenz. Wird er um eine Distanz, die proportional zu $l$ ist, nach oben oder unten (nicht gezeigt) ausgelenkt, so gerät er in einen Wandabstand mit veränderter Strömungs-

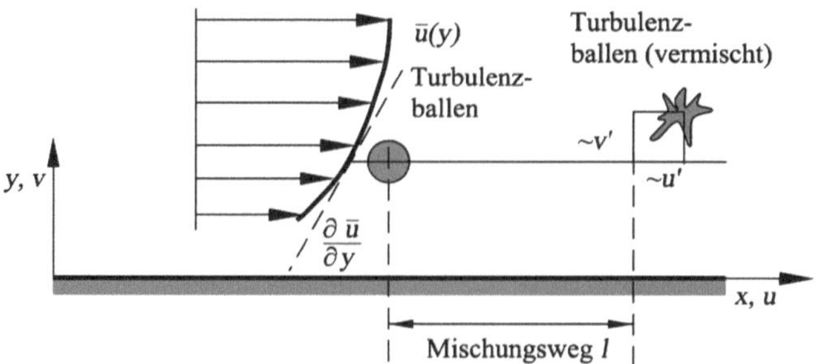


**Abb. 3.21**  Zur Definition des Prandtl'schen Mischungswegs

geschwindigkeit. Die resultierende Schwankungsgeschwindigkeit besitzt die Größenordnung

$$u' \sim \pm l \cdot \frac{\partial \overline{u}}{\partial y}. \tag{3.59}$$

Wird er um eine Distanz, die proportional zu $l$ ist, nach stromab oder stromauf (nicht gezeigt) ausgelenkt, so muss in den durch seine Auslenkung frei gewordenen Raum Fluid aus benachbarten Schichten einströmen. Dies führt zu einer Schwankungsgeschwindigkeit der Größenordnung

$$v' \sim \pm l \cdot \frac{\partial \overline{u}}{\partial y}. \tag{3.60}$$

Dabei handelt es sich um eine grobe Modellbetrachtung. Sie zeigt wie erwartet, dass die Schwankungen in beiden Koordinatenrichtungen proportional zum Mischungsweg $l$ sind. Je größer $l$ ist, desto größer sind die maßgeblichen turbulenten Strukturen und desto größer sind die beiden Schwankungsgeschwindigkeiten. Die Modellbetrachtung zeigt außerdem, dass die Schwankungen proportional zum Geschwindigkeitsgradienten $\partial \overline{u}/\partial y$ sind. Dies ist ebenfalls plausibel, da es sich bei der Turbulenz z. B. um die Folge von strömungsmechanischen Instabilitäten handelt und eine Scherschicht umso mehr zur Instabilität neigt, je größer die Scherung $\partial \overline{u}/\partial y$ ist.

Die Schwankungen (3.59–3.60) können ohne Rücksicht auf Vorzeichen in (3.51) eingesetzt werden:

$$- \rho \overline{(u' \cdot v')} = -\rho \underbrace{\left( \pm l \cdot \frac{\partial \overline{u}}{\partial y} \right)}_{u'} \underbrace{\left( \pm l \cdot \frac{\partial \overline{u}}{\partial y} \right)}_{v'} = \mu_T \frac{\partial \overline{u}}{\partial y}. \tag{3.61}$$

Daraus folgt für die Wirbelviskosität, die stets positiv sein muss:

$$\mu_T = \rho \cdot l^2 \left| \frac{\partial \overline{u}}{\partial y} \right|. \tag{3.62}$$

Die Impulsgleichung lautet

$$0 = -\frac{d\overline{p}}{dx} + \frac{\partial}{\partial y}\left(\mu\frac{\partial\overline{u}}{\partial y} - \rho\overline{u'v'}\right) \tag{3.63}$$

und mit den eingeführten Modellansätzen

$$0 = -\frac{d\overline{p}}{dx} + \frac{\partial}{\partial y}\left(\mu\frac{\partial\overline{u}}{\partial y} + \rho\,l^2\left|\frac{\partial\overline{u}}{\partial y}\right|\frac{\partial\overline{u}}{\partial y}\right). \tag{3.64}$$

Die Aufgabe der Modellierung ist wieder verlagert worden, nämlich von der Wirbelviskosität auf den Mischungsweg $l$. Dieser ist nun zu modellieren. Dies erfolgt mit Hilfe des linearen Ansatzes

$$l = \kappa \cdot y. \tag{3.65}$$

Darin wird $\kappa$ als „von-Karman-Konstante" bezeichnet.

Wir betrachten zunächst eine Grenzschicht ohne Druckgradient $d\overline{p}/dx = 0$. In unmittelbarer Wandnähe (viskose Unterschicht) verschwinden die turbulenten Schwankungen aufgrund der Haftbedingung. Zunächst wird aus (3.63)

$$0 = \frac{\partial}{\partial y}\left(\mu\frac{\partial\overline{u}}{\partial y} - \rho\overline{u'v'}\right) \tag{3.66}$$

und nach Integration nach $y$ mit der Integrationskonstanten $\tau_W$

$$\mu\frac{\partial\overline{u}}{\partial y} - \rho\,\overline{u'v'} = \tau_W, \tag{3.67}$$

da im Grenzfall $y \to 0$ unter der Haftbedingung $u' = v' = 0$ gelten muss:

$$\mu\frac{\partial\overline{u}}{\partial y} = \tau_W. \tag{3.68}$$

Denn an der Wand ist der Reibungsterm mit der Wandschubspannung $\tau_W$ im Gleichgewicht. Außerhalb der viskosen Unterschicht überwiegt der turbulente Transport über den molekularen Transport. Daher kann in dieser Schicht (wandnahe Schicht) die molekulare Zähigkeit in (3.66) vernachlässigt werden. Die turbulente Schubspannung muss mit derselben Wandschubspannung $\tau_W$ wie oben im Gleichgewicht stehen. Nach Integration von (3.66) mit ebenfalls $\tau_W$ als Integrationskonstante und Division durch $\rho$ folgt

$$\left(\kappa\,y\frac{d\overline{u}}{dy}\right)^2 = \frac{\tau_W}{\rho} = u_\tau^2 \quad\text{mit}\quad u_\tau = \sqrt{\frac{\tau_W}{\rho}}. \tag{3.69}$$

Die Größe $u_\tau$ hat die Dimension einer Geschwindigkeit, sie wird Wandschubspannungsgeschwindigkeit genannt. Die Impulsgleichung in der wandnahen Schicht lautet somit

$$\frac{d\overline{u}}{dy} = \frac{u_\tau}{\kappa y} \tag{3.70}$$

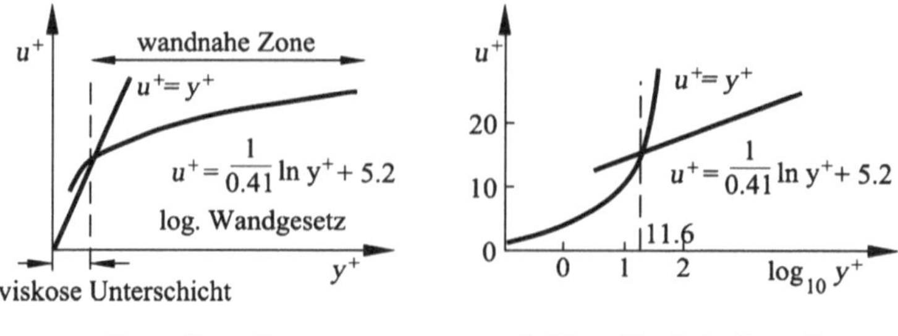


**Abb. 3.22** Geschwindigkeitsprofile in der viskosen Unterschicht und der wandnahen Schicht

oder in dimensionslosen „Wandeinheiten"

$$\frac{du^+}{dy^+} = \frac{1}{\kappa y^+} \quad \text{mit} \quad y^+ = \frac{y \cdot u_\tau}{\nu} \quad \text{und} \quad u^+ = \frac{\overline{u}}{u_\tau}. \tag{3.71}$$

Diese Gleichung kann geschlossen integriert werden

$$\frac{\overline{u}}{u_\tau} = u^+ = \frac{1}{\kappa} \ln y^+ + C. \tag{3.72}$$

Diese Gleichung (3.72) bezeichnet man als das „logarithmische Wandgesetz". Die Konstanten wurden experimentell zu $\kappa = 0{,}41$ und $C = 5{,}5$ ermittelt. Die Geschwindigkeitsprofile sind in Abb. 3.22 dargestellt. Der Schnittpunkt des linearen Profils in der viskosen Unterschicht (sub-layer) und des logarithmischen Profils in der wandnahen Schicht liegt bei $y_{vs}^+ = 12{,}8$. In der halblogarithmischen Darstellung nimmt die lineare Abhängigkeit die Form einer e-Funktion an und die Logarithmusfunktion wird eine Gerade. In dieser Darstellung wird der wichtige Wandbereich stark vergrößert, die Wand selbst liegt bei $-\infty$ in horizontaler Richtung.

Man beachte, dass die viskose Unterschicht näher an der Wand liegt als die wandnahe Schicht und daher eben als „Unterschicht" bezeichnet wird. Gelegentlich wird die Schicht bis $y^+ = 30$ als „viskose Schicht" bezeichnet, da bis hier viskose Effekte in Experimenten oder DNS-Rechnungen als Abweichung vom logarithmischen Wandgesetz noch erkennbar sind.

Als nächstes betrachten wir Rohr- und Kanalströmungen mit Druckgradient. Der Druckgradient kann darin wegen der Kräftebilanz in einem Kanal der Breite $B$ und der Höhe $H$ (Faktor 2, da die Schubspannung oben und unten wirkt)

$$H \cdot B \frac{dp}{dx} = 2B \cdot \tau_W \quad \text{d.\,h.} \quad \frac{dp}{dx} = \frac{2\tau_W}{H} \tag{3.73}$$

oder in einem Rohr mit dem Radius $R$

$$\pi R^2 \frac{dp}{dx} = 2\pi R \cdot \tau_W \quad \text{d.\,h.} \quad \frac{dp}{dx} = \frac{2\tau_W}{R} \tag{3.74}$$

**Abb. 3.23** Universelles Geschwindigkeitsgesetz im Rohr

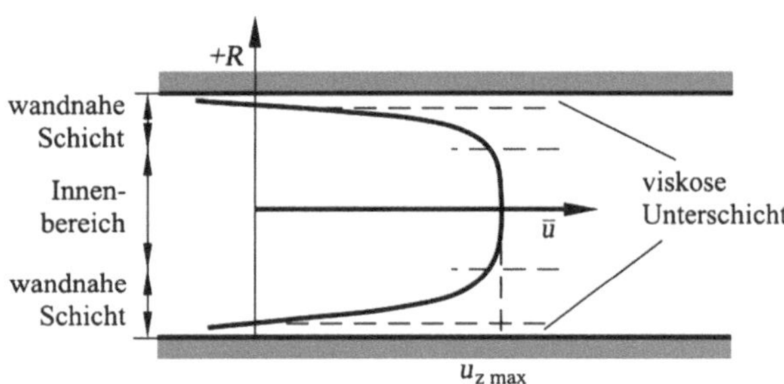


durch die Wandschubspannung $\tau_W$ ersetzt werden. Für das Rohr folgt durch Integration von (3.69)

$$l^2 \left(\frac{d\overline{u}}{dy}\right)^2 = \frac{2y}{R} u_\tau^2 \tag{3.75}$$

und weiter mit $l = \kappa \cdot (R - r)$ und $dy = -dr$ und weiter mit $l = \kappa \cdot (R - r)$ und $dy = -dr$

$$\frac{d\overline{u}}{dr} = -\frac{1}{\kappa\,(R-r)}\sqrt{\frac{2r}{R}}\sqrt{\frac{\tau_W}{\rho}} = -\frac{\sqrt{2\cdot r/R}}{\kappa\,(R-y)}u_\tau. \tag{3.76}$$

Die Gleichung kann wieder dimensionslos gemacht

$$\frac{d\,(\overline{u}/u_\tau)}{d\,(r/R)} = -\frac{1}{\kappa}\frac{\sqrt{2\cdot r/R}}{1 - r/R} \tag{3.77}$$

und geschlossen integriert werden. Die Lösung lautet:

$$\frac{\overline{u}}{u_\tau} = \frac{u_{max}}{u_\tau} - \frac{1}{\kappa}\left[\ln\frac{1 + \sqrt{\frac{r}{R}}}{1 - \sqrt{\frac{r}{R}}} - 2\sqrt{\frac{r}{R}}\right]. \tag{3.78}$$

Diese Funktion (siehe Abb. 3.23) bezeichnet man als das „universelle Geschwindigkeitsgesetz". Zu beachten ist, dass die Geschwindigkeit wieder die Logarithmusfunktion enthält. Daher wird sie auch hier als das „logarithmische Geschwindigkeitsgesetz" oder das „universelle Geschwindigkeitsgesetz" bezeichnet, da es universell für alle Reynolds-Zahlen gilt. Die Abhängigkeit von $Re$ ist in $u_\tau$ und $u_{max}$ enthalten.

Das universelle Geschwindigkeitsprofil kann innerhalb der viskosen Unterschicht nicht angewendet werden, da hier aufgrund der Haftbedingung der Ansatz (3.53) für den Prandtl'schen Mischungsweg nicht gilt. Ebenso entspricht im Innenbereich, in dem die Scherung gegen Null geht, der Ansatz nicht der Realität, da dies nach (3.50) bedeuten würde, dass die Wirbelzähigkeit verschwindet und damit in Rohrmitte auch keine Turbulenz vorhanden wäre. Mit angebrachten Korrekturen bildet das logarithmische Geschwindigkeitsprofil die Realität im wandnahen Bereich jedoch gut ab.

Für die Numerische Strömungssimulation sind die in diesem Kapitel erhaltenen Ergebnisse von großer Bedeutung, da das logarithmische Wandgesetz häufig zur Überbrückung des wandnahen Bereichs verwendet wird. Es hat sich im Vergleich mit Experimenten und Direkten Numerischen Simulationen herausgestellt, dass die erhaltenen Profile bei hohen Reynolds-Zahlen sehr genau sind, siehe Abb. 3.17. Dies ist in Grenzen sogar dann der Fall, wenn in einer Grenzschicht ein Druckgradient vorhanden ist. Wir erkennen wieder die viskose Unterschicht, die wandnahe Schicht und einen Innenbereich.

### 3.3.4  Algebraische Turbulenzmodelle

Für Umströmungs- oder Durchströmungsprobleme mit komplexerer Geometrie als diejenige des vorangegangenen Kapitels kann das Mischungswegmodell erweitert werden. Formell werden damit dem Differentialgleichungssystem der Reynolds-Gleichungen weitere algebraische Gleichungen hinzugefügt. Man bezeichnet diese Modellkategorie daher als algebraische Turbulenzmodelle, im Gegensatz zu den Differentialgleichungsmodellen, die wir später behandeln werden.

Als Beispiel für ein algebraisches Turbulenzmodell verwenden wir das Baldwin-Lomax Modell. Es wurde für eine Tragflügelgeometrie mit Nachlauf entwickelt, von der ein zweidimensionaler Querschnitt in Abb. 3.24 skizziert ist. Weder die Dicke der Grenzschicht über dem Tragflügelprofil noch die Form des Geschwindigkeitsprofils im Nachlauf sind im Vorhinein bekannt. Das Geschwindigkeitsfeld ist dreidimensional, d. h. es gibt auch eine Komponente der Geschwindigkeit senkrecht zur Zeichenebene.

Zunächst wird die Grenzschicht in eine wandnahe Schicht, welche derjenigen des Prandtl'schen Mischungswegmodells entspricht, und eine äußere Schicht unterteilt. Das Modell verwendet das Konzept der Wirbelviskosität. Im Gegensatz zum vorangegangenen Kapitel ist es hier nicht das Ziel, die Grundgleichungen analytisch zu lösen, sondern die Gleichungen des Modells zu erläutern. Die Lösung kann nur numerisch erfolgen.

Die Wirbelviskosität wird in der wandnahen Schicht durch einen verallgemeinerten Mischungswegansatz, welcher auch für dreidimensionale Strömungen gültig ist, approximiert:

$$(\mu_t)_{\text{innen}} = \rho \cdot l_{\text{mod}}^2 \cdot |\overline{\omega}| \, . \tag{3.79}$$

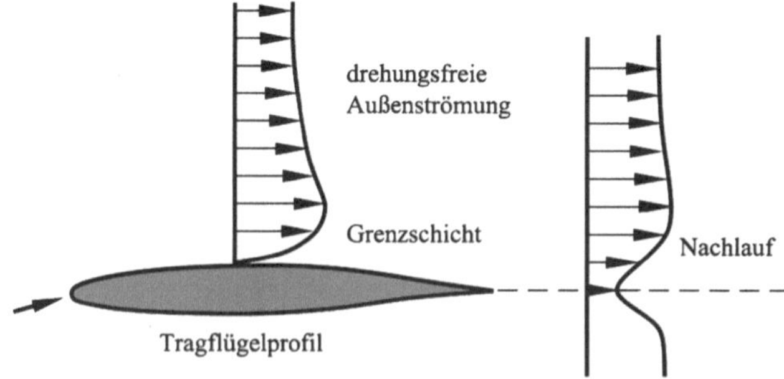


**Abb. 3.24** Tragflügelprofil mit Geschwindigkeitsverteilung auf der Oberseite und im Nachlauf

Darin ist $\overline{\omega} = \nabla \times \overline{\vec{u}}$ die Drehung der mittleren Strömung, welche die Scherung des ursprünglichen Ansatzes verallgemeinert. Um die viskose Unterschicht auflösen zu können, muss ein verallgemeinerter Mischungswegansatz mit dem modifizierten Mischungsweg

$$l_{\mathrm{mod}} = 0,41 \cdot y \cdot \left[ 1 - \exp\left( -\frac{y^+}{A^+} \right) \right] \tag{3.80}$$

verwendet werden. Der Klammerausdruck heißt Van-Driest'sche-Dämpfungsfunktion. Sie trägt der Tatsache Rechnung, dass die Fluktuationen im Bereich der viskosen Unterschicht gedämpft sind. Die Konstante $A^+$ besitzt den Wert 26.

Im Außenbereich wird der Ansatz

$$(\mu_t)_{\mathrm{außen}} = \rho \cdot \tilde{K} \cdot C_{CP} \cdot F_{\mathrm{wake}} \cdot F_{\mathrm{Kleb}} \tag{3.81}$$

für die Wirbelviskosität verwendet. Dieser ist wiederum rein empirisch und enthält experimentelle Ergebnisse der Grenzschichtforschung, z. B. ein Gesetz für das Abklingen der Turbulenz am Grenzschichtrand

$$F(y) = z \cdot |\overline{\omega}| \cdot \left[ 1 - \exp\left( -\frac{z^+}{A^+} \right) \right], \tag{3.82}$$

den Kebanoff'schen Intermittenzfaktor

$$F_{\mathrm{kleb}} = \left[ 1 - 5{,}5 \cdot \left( \frac{C_{\mathrm{Kleb}} \cdot z}{z_{\mathrm{max}}} \right)^6 \right]^{-1}, \tag{3.83}$$

welcher dem Wechsel von laminaren und turbulenten Zeitintervallen (Intermittenz) am Grenzschichtrand Rechnung trägt und einer Schaltfunktion

$$F_{\mathrm{Wake}} = \min\left( z_{\mathrm{max}} \cdot F_{\mathrm{max}}; z_{\mathrm{max}} \frac{U_{\mathrm{Dif}}^2}{F_{\mathrm{max}}} \right). \tag{3.84}$$

Diese ist in der Lage, zwischen dem Grenzschicht- und dem Nachlaufbereich zu unterscheiden. Alle Formeln stammen aus detaillierten experimentellen Untersuchungen von Grenzschichtströmungen. Das Modell verallgemeinert sie auf drei Dimensionen sowie auf den Nachlauf und kombiniert sie sinnvoll miteinander.

Der Vorteil von algebraischen Turbulenzmodellen wie dem hier vorgestellten Baldwin-Lomax-Modell ist der relativ geringe Rechenaufwand, der nur algebraische Gleichungen und keine Differentialgleichungen umfasst. Dies bedeutet physikalisch, dass die Turbulenz jeweils nur mit Hilfe von geometrischen Größen oder lokalen Zustandsgrößen wie der Scherung oder der Drehung modelliert werden kann. Transport von Turbulenz kann nicht modelliert werden. An jedem Ort müssen daher die Produktion (Erzeugung) und die Dissipation (Aufzehrung infolge Reibung) im Gleichgewicht sein. Dies ist für das angeführte

Beispiel einer Tragflügelumströmung auch näherungsweise der Fall, trifft jedoch nicht immer zu. Das Modell kann näherungsweise auch auf komplexere Geometrien erweitert werden, z. B. die Nabe einer Strömungsmaschine und einen Flugzeugrumpf. Algebraische Turbulenzmodelle sind auf spezielle Anwendungen zugeschnitten, daher werden sie in den kommerziellen „Multi-Purpose Codes" heute kaum verwendet.

### 3.3.5  Zweigleichungs-Transportmodelle

Zweigleichungsmodelle sind immer dann anzuwenden, wenn Transport von Turbulenz eine Rolle spielt, wie im Beispiel von Abb. 3.25. Die Statorschaufeln stehen still während sich die Rotorschaufeln mit der Translationsgeschwindigkeit $\varpi \cdot r$ bewegen ($\varpi$: Kreisfrequenz der Strömungsmaschine, $r$: Radialposition des untersuchten Schnittes). Eine Anströmung kommt von links. Die Turbulenz wird in den Grenzschichten entlang der Schaufelprofile erzeugt und in den Gebieten der Nachläufe in Richtung der Hauptströmung auf die ankommenden Rotorschaufeln transportiert. Diese Aufgabenstellung kann nicht algebraisch modelliert werden.

Zweigleichungsmodelle gehören zur Kategorie der Transportmodelle. Sie beruhen darauf, dass die Verteilung charakteristischer Größen der Turbulenz im Strömungsfeld mit Hilfe von Transportgleichungen modelliert wird. Transportmechanismen in Strömungen sind, wie bereits vielfach verwendet, die Konvektion (Transport mit der Strömung) und die Diffusion (Transport durch Vermischung). Die zugrundeliegende Vorstellung ist also, dass die Turbulenz an bestimmten Orten in der Strömung produziert wird, an andere Orte transportiert und dort durch Reibung aufgezehrt wird. Dies kann nur durch Differentialgleichungen beschrieben werden.

**Abb. 3.25** Transport von Turbulenz durch die turbulenten Nachläufe zwischen den sich bewegenden Rotorschaufeln und den Statorschaufeln einer Strömungsmaschine

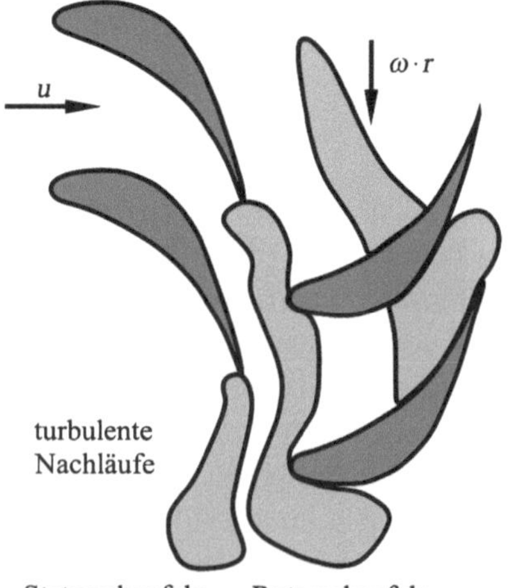

Das K-$\varepsilon$-Modell gehört zur Kategorie der Wirbelviskositätsmodelle. Der auf drei Dimensionen verallgemeinerte Ansatz, welche die Reynoldsspannungen analog zum Stokes'schen Reibungsgesetz modelliert, lautet für inkompressible Strömung in Indexschreibweise:

$$-\rho\,\overline{u'_i\,u'_j} = \mu_T \left( \frac{\partial \overline{u_i}}{\partial x_j} + \frac{\partial \overline{u_j}}{\partial x_i} \right). \tag{3.85}$$

Ein turbulenter Druck wurde darin bereits vernachlässigt. Es ist an dieser Stelle wichtig, die physikalischen Voraussetzungen dieses Ansatzes zu diskutieren. Die sechs voneinander verschiedenen Reynoldsspannungen werden durch einen einzigen Parameter, die Wirbelviskosität, modelliert und sind daher nicht mehr unabhängig voneinander. Voraussetzung für diesen Ansatz ist physikalisch, dass die Turbulenz als isotrop, d. h. richtungsunabhängig, angesehen werden kann. Dies bedeutet für die Turbulenz, dass die Größenordnung der turbulenten Schwankungen in drei Koordinatenrichtungen gleich ist. Für den Rest dieses Kapitels soll angenommen werden, dass dies näherungsweise der Fall ist oder zumindest eine ggf. vorhandene Nicht-isotropie keine wesentlichen Auswirkungen auf die mittlere Strömung besitzt.

Der nächste Schritt ist die Modellierung der Wirbelviskosität. Die Turbulenztheorie besagt, dass Turbulenz lokal durch zwei Parameter beschreibbar sein muss, z. B. durch ein charakteristisches Längenmaß und ein charakteristisches Zeitmaß. Andere Kombinationen von zwei unabhängigen Parametern sind möglich. Wir wollen hier das $K$-$\varepsilon$-Modell beschreiben, welches die beidem Parameter K (turbulente kinetische Energie) und $\varepsilon$ (Dissipationsrate) zur Modellierung heranzieht. Andere Parameter sind möglich, jedoch sollte die Anzahl unabhängiger Parameter stets zwei sein. Man sagt, dass die Turbulenz ein zweiparametriges Problem darstellt. Der folgende, zweiparametrige Ansatz wird für die Wirbelviskosität verwendet:

$$\mu_T = \rho \cdot c_\mu \frac{K^2}{\varepsilon}. \tag{3.86}$$

Darin ist $c_\mu = 0{,}09$ eine empirische Konstante, $K$ die spezifische (d. h. massenbezogene) turbulente kinetische Energie

$$K = \frac{1}{2} \left( \overline{u'^2_1} + \overline{u'^2_2} + \overline{u'^2_3} \right) \tag{3.87}$$

und $\varepsilon$, wie bereits gesagt, die Dissipationsrate von $K$. Die beiden Parameter $K$ und $\varepsilon$ können anschaulich interpretiert werden und eignen sich deshalb gut für die Modellierung. Die kinetische Energie $K$ kann als Maß für die Intensität oder „Stärke" der Turbulenz angesehen werden. Sie liefert somit auch ein Maß für die Größe der Wirbelviskosität. Aus der Turbulenztheorie ist bekannt, dass die Bewegungsenergie hauptsächlich in den großskaligen Wirbeln enthalten ist. Diese energietragenden Wirbel sind instabil und zerfallen fortwährend in kleinere Strukturen, welche wiederum instabil sind. So entsteht eine Kaskade von Strukturen unterschiedlicher Größe und Form, welche das turbulente Frequenzspektrum bilden. Je kleiner eine Struktur (ein Wirbel) wird, desto ausgeprägter ist die Wirkung der Reibung und Dissipation $\varepsilon$. Während $K$ an die großskaligen Wirbel gebunden ist, kann die Kenngröße $\varepsilon$ eher mit den kleinskaligen Wirbeln in Verbindung gebracht werden. Beide Größen $K$ und $\varepsilon$ werden durch voneinander unabhängige Transportgleichungen, die $K$-Gleichung und die $\varepsilon$-Gleichung, modelliert.

Zur Ableitung der $K$-Gleichung gehen wir von der Impulsgleichung in Tensornotation aus:

$$\rho \left( \frac{\partial u_i}{\partial t} + \frac{\partial}{\partial x_j} \left( u_j \, u_i \right) \right) = -\frac{\partial p}{\partial x_i} + \frac{\partial}{\partial x_j} \left[ \mu \left( \frac{\partial u_i}{\partial x_j} + \frac{\partial u_j}{\partial x_i} \right) \right]. \tag{3.88}$$

Die Gleichung wird mit Hilfe einer Momentenbildung umgeformt, d. h. die $i$-te Gleichung wird mit der Fluktuation $u'_i$ multipliziert,

$$\rho \frac{\partial \left( \overline{u}_i + u'_i \right)}{\partial t} u'_i + \rho \left( \overline{u}_j + u'_j \right) \frac{\partial}{\partial x_j} \left( \overline{u}_i + u'_i \right) \cdot u'_i$$

$$= -\frac{\partial \left( \overline{p} + p' \right)}{\partial x_i} u'_i + \mu \frac{\partial^2 \left( \overline{u}_i + u'_i \right)}{\partial x_j^2} u'_i \tag{3.89}$$

jeder Term gemittelt und die Summe gebildet. Terme werden unter Verwendung von

$$\frac{\partial u'_i}{\partial t} \cdot u'_i = \frac{\partial}{\partial t} \frac{1}{2} \left( u'_i \right)^2 ; \quad \frac{\partial^2 u'_i}{\partial x_j^2} u'_i = \frac{\partial}{\partial x_j} \left( \frac{\partial u'_i}{\partial x_j} u'_i \right) - \left( \frac{\partial u'_i}{\partial x_j} \right)^2 \tag{3.90}$$

zusammengefasst und vereinfacht. Das Ergebnis ist die abgeleitete K-Gleichung

$$\underbrace{\rho \frac{\partial K}{\partial t} + \rho \overline{u}_j \frac{\partial K}{\partial x_j}}_{\text{Konvektion}} = \underbrace{-\rho \overline{u'_i u'_j} \frac{\partial \overline{u}_i}{\partial x_j}}_{\text{Produktion}} + \underbrace{\frac{\partial}{\partial x_j} \left[ \mu \frac{\partial K}{\partial x_j} - \frac{1}{2} \rho \overline{u'_i \, u'_i \, u'_j} - \overline{p' u'_j} \right]}_{\text{Diffusion}} - \underbrace{\mu \overline{\frac{\partial u'_i}{\partial x_j} \frac{\partial u'_i}{\partial x_j}}}_{\text{Dissipation}}.$$

$$\tag{3.91}$$

Der erste Term auf der linken Seite stellt die zeitliche Änderung von K an einem Ort dar. Der zweite Term ist der Transport von K mit der Strömung (Konvektion). Der erste Term auf der rechten Seite ist ein Quellterm (Produktion), dahinter folgen in der Klammer drei Diffusionsterme, zunächst die molekulare Diffusion von K, dann die turbulente Diffusion und schließlich die Druckdiffusion. Der letzte Term ist quadratisch und daher für sich genommen immer positiv, wird aber subtrahiert. Dieser Term stellt die Dissipation dar. Alle Terme, welche die unbekannten Fluktuationen enthalten, müssen modelliert werden.

Der Produktionsterm enthält die Reynoldsspannungen, welche mit (3.71) bereits modelliert worden sind. Er lautet damit

$$-\frac{\partial \overline{u}_i}{\partial x_j} \rho \overline{u'_i u'_j} = \mu_t \frac{\partial \overline{u}_i}{\partial x_j} \left( \frac{\partial \overline{u}_i}{\partial x_j} + \frac{\partial \overline{u}_j}{\partial x_i} \right). \tag{3.92}$$

Turbulente Diffusion (infolge Vermischung) und Druckdiffusion (infolge Druckschwankungen) werden zusammen modelliert. Analog zum Wirbelviskositätsprinzip definiert man einen turbulenten Mischungskoeffizienten, welcher die gleiche Größenordnung wie $\mu_t$ besitzt, aber mit einem empirischen Faktor $\sigma_k$ korrigiert wird. Multipliziert mit dem Gradienten von $K$ wird damit ein Fluss von $K$ erzeugt, welcher wie eine Diffusion wirkt und vorhandene räumliche Unterschiede in $K$ ausgleicht. Der Diffusionsterm lautet somit

$$-\frac{1}{2}\rho\,\overline{u'_i\,u'_i\,u'_j} - \overline{p'u'_j} = \frac{\mu_t}{\sigma_k}\frac{\partial K}{\partial x_j}. \tag{3.93}$$

Die Dissipation wird als zusätzliche Zustandsgröße ebenfalls aus einer Transportgleichung berechnet. Die modellierte K-Gleichung lautet somit

$$\underbrace{\rho\frac{\partial K}{\partial t} + \rho\,\overline{u}_j\frac{\partial K}{\partial x_j}}_{\text{Konvektion}} = \underbrace{\mu_t\frac{\partial\overline{u}_i}{\partial x_j}\left(\frac{\partial\overline{u}_i}{\partial x_j} + \frac{\partial\overline{u}_j}{\partial x_i}\right)}_{\text{Produktion}} + \underbrace{\frac{\partial}{\partial x_j}\left[\mu\frac{\partial K}{\partial x_j} + \frac{\mu_t}{\sigma_k}\frac{\partial K}{\partial x_j}\right]}_{\text{Diffusion}} - \underbrace{\rho\cdot\varepsilon}_{\text{Dissipation}}.$$

$$\tag{3.94}$$

Der erste Term auf der linken Seite enthält die zeitliche Änderung der turbulenten kinetischen Energie $K$ und der zweite den konvektiven Transport. Der erste Term auf der rechten Seite ist der Produktionsterm, dann folgt der Diffusionsterm mit den beiden Anteilen molekulare Diffusion und modellierte turbulente Diffusion. Der letzte Term stellt die Dissipation pro Volumen dar.

Die Transportgleichung für die massenbezogene Dissipation $\varepsilon$ kann auf ähnliche Weise hergeleitet werden, wie oben für die $K$-Gleichung gezeigt. Die modellierte $\varepsilon$-Gleichung lautet

$$\underbrace{\frac{\partial\varepsilon}{\partial t} + \rho\overline{u}_j\frac{\partial\varepsilon}{\partial x_j}}_{\text{Konvektion}} = \underbrace{C_{\varepsilon 1}\frac{\varepsilon}{K}\mu_t\frac{\partial\overline{u}_i}{\partial x_j}\left(\frac{\partial\overline{u}_i}{\partial x_j} + \frac{\partial\overline{u}_j}{\partial x_i}\right)}_{\text{Produktion}} + \underbrace{\frac{\partial}{\partial x_j}\left[\mu\frac{\partial\varepsilon}{\partial x_j} - \frac{\mu_t}{\sigma_\varepsilon}\frac{\partial\varepsilon}{\partial x_j}\right]}_{\text{Diffusion}} - \underbrace{C_{\varepsilon 2}\cdot\rho\cdot\frac{\varepsilon^2}{K}}_{\text{Dissipation}}.$$

$$\tag{3.95}$$

Darin bedeutet der erste Term auf der linken Seite die zeitliche Änderung von $\varepsilon$ und der zweite die Konvektion von $\varepsilon$. Der erste Term auf der rechten Seite ist der Produktionsterm von $\varepsilon$, welcher analog zum Produktionsterm von $K$ modelliert wird. Der Vorfaktor $\varepsilon/K$ ist eine inverse Zeitskala, welche der in diesem Verhältnis geringeren Produktion von $\varepsilon$ Rechnung tragen soll. Danach folgt der Diffusionsterm mit den beiden Anteilen molekulare Diffusion von $\varepsilon$ und modellierte Diffusion von $\varepsilon$. Schließlich folgt der Dissipationsterm von $\varepsilon$.

Die Zahlenwerte der empirischen Konstanten im K-$\varepsilon$-Turbulenzmodell können wie folgt zusammengefasst werden:

$$c_\mu = 0{,}09, \quad \sigma_k = 1{,}0, \quad \sigma_\varepsilon = 1{,}3, \quad c_{1\varepsilon} = 1{,}44, \quad c_{2\varepsilon} = 1{,}92. \tag{3.96}$$

Für das Beispiel des Rohrkrümmers sind einige Größen des Modells im Mittelschnitt in Abb. 3.26 gezeigt. Die turbulente kinetische Energie wird im Bereich der starken Scherung und Umlenkung erzeugt und stromab transportiert, wo sie aufgrund von Diffusion und

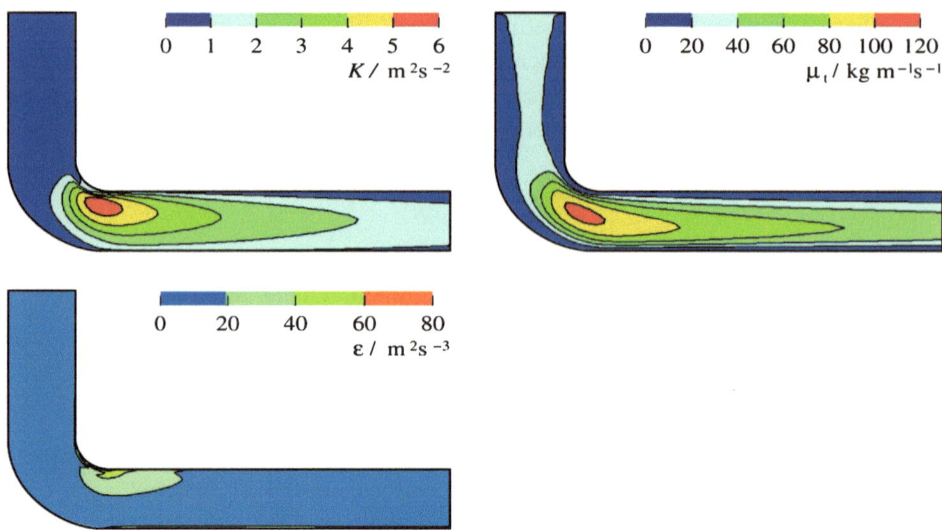

**Abb. 3.26** Turbulente kinetische Energie, Dissipation und Wirbelviskosität im Mittelschnitt des Rohrkrümmers

Dissipation abklingt. Die Dissipation besitzt ein Maximum im Innenbereich des Krümmers. Die Wirbelviskosität ist um mehrere Größenordnungen größer als die molekulare Viskosität ($\mu = 3 \cdot 10^{-3}$). Dies unterstreicht die Wichtigkeit der Turbulenzmodellierung.

Die Wahl der Randbedingungen für die Geschwindigkeit kann auf unterschiedliche Weise vorgenommen werden.

1. Mit Vorgabe der physikalischen Randbedingungen

$$\overline{\vec{u}} = \vec{0}, \quad K = 0, \quad \partial \varepsilon / \partial \vec{n} = 0 \tag{3.97}$$

an der Wand wird das Modell als das *Niedrig-Reynoldszahl-K-ε-Modell* bezeichnet. Hier müssen sowohl die viskose Unterschicht als auch die wandnahe Schicht numerisch aufgelöst werden müssen, d. h. der dimensionslose Wandabstand des wandnächsten Gitterpunktes sollte etwa $y_1^+ \approx 1$ betragen, damit genügend Gitterpunkte für die Auflösung der viskosen Unterschicht vorhanden sind. Diese Variante des K-ε-Modells erfordert noch Korrekturterme in der K-Gleichung, um die physikalischen Effekte bei niedrigen Reynolds-Zahlen besser abzubilden.

2. Bei hohen Reynolds-Zahlen ist das logarithmische Wandgesetz, welches wir in Abschn. 3.3.3 hergeleitet haben, hinreichend genau, um die wandnahe Schicht zu approximieren. Anstelle der Haftbedingung wird für die zeitlich gemittelte Geschwindigkeit $\overline{u}$ die Bedingung

$$u_1^+ = \frac{1}{0{,}41} \ln y_1^+ + 5{,}5 \quad \text{mit} \quad y^+ = \frac{y \cdot u_\tau}{\nu}, \quad u_\tau = \sqrt{\frac{\tau_w}{\rho}}, \quad u^+ = \frac{\overline{u}}{u_\tau} \tag{3.98}$$

als Randbedingung berücksichtigt, welche die Wandschubspannung $\tau_w$ als zusätzliche Variable implizit enthält. Die (3.84) stellt eine Bedingung zwischen der Geschwindigkeit am wandnächsten Punkt und der Wandschubspannung dar. Sie kann nur iterativ erfüllt werden. Das logarithmische Wandgesetz wird in diesem Zusammenhang oft als „Wandfunktion" bezeichnet. Das numerische Netz in Wandnähe darf verglichen mit der ersten Variante relativ grob sein, da die Wandfunktion die sehr hohen Gradienten im Zwischenraum zwischen dem ersten (wandnächsten) Gitterpunkt und der Wand überbrückt. Diese Variante des Modells wird als *Standard K-ε-Modell* bezeichnet, da sie wegen des deutlich geringeren Aufwandes die bevorzugte Variante ist. Gleichung (3.84) ist nur im Bereich des logarithmischen Wandgesetzes aber nicht innerhalb der viskosen Unterschicht gültig. Daher ist bei der Anwendung darauf zu achten, dass $y_1^+$ deutlich größer als 12,8 gewählt wird, z. B. $y_1^+ > 30$. Strömungen mit Ablösung oder Staupunkten können mit Wandfunktionen nur ungenau approximiert werden.

Das Standard K-ε-Modell zählt zu den am häufigsten verwendeten Turbulenzmodellen, da es sich mit moderatem Aufwand als hinreichend genau erwiesen hat. Der numerische Aufwand ist gegenüber dem Niedrig-Reynolds-Zahl-Modell gerade bei hohen Reynolds-Zahlen erheblich reduziert. Das Modell ist außerdem relativ unempfindlich gegenüber ungenauen Vorgaben von Einström-Randbedingungen (robust).

### 3.3.6 Reynoldsspannungsmodelle

Einige spezielle Effekte der Turbulenz können nicht mit Wirbelviskositätsmodellen erfasst werden. Hierzu gehören beispielsweise Sekundärströmungen, welche durch die Nichtisotropie der Turbulenz hervorgerufen werden. Ein Beispiel zeigt Abb. 3.27. Berechnet wurde die Strömung in den Kanälen entlang des Brennelements eines Kernreaktors. Es hat die Geometrie eines Stabbündels, welches von einem Kasten umschlossen wird. Das Bündel ist 0,5 m lang und die Stäbe haben einen Durchmesser von 8 mm. Aufgrund von Symmetriebedingungen wurde nur 1/8 des gesamten Bündels berechnet. Wir betrachten das Strömungsproblem entkoppelt vom Temperaturproblem.

Die Verteilung der Geschwindigkeit in Hauptströmungsrichtung, d. h. senkrecht zur Zeichenebene ist in Abb. 3.27 links gezeigt. Sie wird aufgrund des angelegten Druckgradienten zwischen Ein- und Ausströmquerschnitt senkrecht zur Zeichenebene, konstant über die jeweiligen Querschnitte, erzeugt. Die Unterschiede in den Maximalgeschwindigkeiten ergeben sich aufgrund der unterschiedlichen Querschnitte und damit Reibungswiderstände der einzelnen Unterkanäle. Im Ausströmquerschnitt hat sich eine stationäre Sekundärströmung ausgebildet, welche nicht durch den angelegten Druckgradienten sondern durch die Turbulenz erzeugt wird. Sie besteht aus einem regelmäßigen Muster kleiner stationärer Wirbel in der Ebene senkrecht zur Hauptströmungsrichtung. Diese Wirbel wirken sich auf den Transport und die Durchmischung zwischen den Unterkanälen, wie sie bei zusätzlicher Beheizung der Stäbe in einem Kernreaktor auftreten. Da weder ein Druckgradient

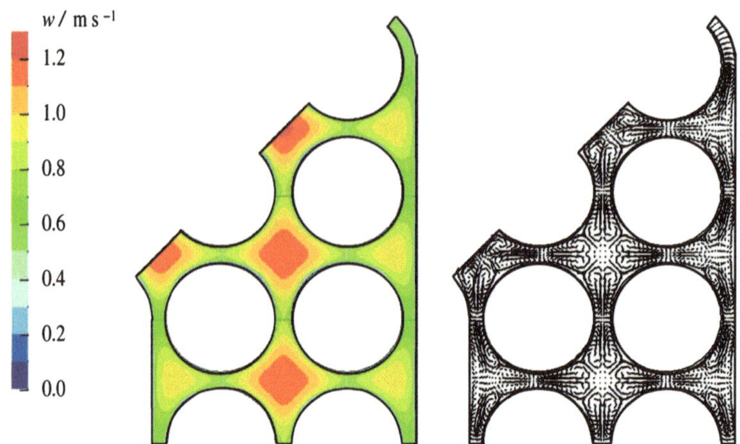

**Abb. 3.27** Längsgeschwindigkeit und Sekundärströmung in einem Stabbündel (1/8-Geometrie)

noch eine Strömungsablösung diese Wirbel hervorruft, treten Sekundarströmungen (hier: „der zweiten Art") oft unerwartet auf. Sie sind eine Folge der Nichtisotropie der Turbulenz. Demzufolge können diese Sekundärströmungen mit einem Wirbelviskositätsmodell nicht berechnet werden, da dieses Isotropie voraussetzt.

Modelle, welche den Ansatz der Wirbelviskosität nicht verwenden, werden als Reynoldsspannungsmodelle bezeichnet. Jetzt ist jede Reynoldsspannung $-\rho\overline{u_i \cdot u_j}$ einzeln zu modellieren. Wir betrachten die Variante der Transportgleichungsmodelle und leiten im Folgenden die Transportgleichungen für die Reynolds-Spannungen ab. Mit der Kurzbezeichnung für die Impulsgleichung

$$\mathrm{N}_i\,(u_i) = \rho\frac{\partial u_i}{\partial t} + \rho\,u_k\frac{\partial u_i}{\partial x_k} + \frac{\partial p}{\partial x_i} - \mu\frac{\partial}{\partial x_k}\left(\frac{\partial u_i}{\partial x_k} + \frac{\partial u_k}{\partial x_i}\right) = 0 \qquad (3.99)$$

kann die Momentenbildung folgendermaßen geschrieben werden

$$\overline{u'_j\,N_i\,(\overline{u}_i + u'_i) + u'_i\,N_j\,(\overline{u}_j + u'_j)} = 0. \qquad (3.100)$$

Sie lautet ausführlich

$$\overline{\rho u'_i\frac{\partial u_j}{\partial t}} + \overline{\rho\,u'_i\,u_k\frac{\partial u_j}{\partial x_k}} + \overline{u'_i\frac{\partial p}{\partial x_i}} - \overline{\mu\,u'_i\frac{\partial}{\partial x_k}\left(\frac{\partial u_j}{\partial x_k} + \frac{\partial u_k}{\partial x_j}\right)}$$
$$+ \overline{\rho u'_j\frac{\partial u_i}{\partial t}} + \overline{\rho\,u'_j\,u_k\frac{\partial u_i}{\partial x_k}} + \overline{u'_j\frac{\partial p}{\partial x_i}} - \overline{\mu\,u'_j\frac{\partial}{\partial x_k}\left(\frac{\partial u_i}{\partial x_k} + \frac{\partial u_k}{\partial x_i}\right)} = 0.$$
$$(3.101)$$

Diese Gleichung kann noch vereinfacht werden. Das Ergebnis ist die Transportgleichung für die Reynolds-Spannungen

$$\underbrace{\frac{\partial \tau_{ij}^{Re}}{\partial t} + \overline{u}_k \frac{\partial \tau_{ij}^{Re}}{\partial x_k}}_{\text{Konvektion}} = \underbrace{-\tau_{ik}^{Re}\frac{\partial \overline{u}_j}{\partial x_k} - \tau_{jk}^{Re}\frac{\partial \overline{u}_i}{\partial x_k}}_{\text{Produktion}} - \underbrace{\varepsilon_{ij}}_{\text{Dissipation}} + \underbrace{\Pi_{ij}}_{\text{Dilatation}} + \underbrace{\frac{\partial}{\partial x_k}\left[ v\frac{\partial \tau_{ij}^{Re}}{\partial x_k} + C_{ijk}\right]}_{\text{Diffusion}}.$$

$$(3.102)$$

Es handelt sich entsprechend der Tensornotation um neun Gleichungen, von denen, wie bei der Definition der Reynolds-Spannungen, wegen der Vertauschbarkeit sechs voneinander verschieden sind. Der erste Term auf der linken Seite bedeutet die zeitliche Änderung der Reynolds-Spannung und der zweite die Konvektion mit der mittleren Strömung. Der erste und der zweite Term auf der rechten Seite sind Produktionsterme, danach folgen der Dissipationstensor

$$\varepsilon_{ij} = 2\mu \overline{\frac{\partial u'_i}{\partial x_k} \cdot \frac{\partial u'_j}{\partial x_k}}, \tag{3.103}$$

die Druck-Scher-Korrelation $\Pi_{ij}$ oder Druck-Dilatation

$$\Pi_{ij} = \overline{p'\left(\frac{\partial u'_i}{\partial x_j} + \frac{\partial u'_j}{\partial x_i}\right)} \tag{3.104}$$

und die molekulare und die turbulente Diffusion der Reynolds-Spannungen mit

$$C_{ijk} = \underbrace{\rho \overline{u'_i u'_j u'_k}}_{\text{turbulente Diffusion}} + \underbrace{\overline{p'u'_i}\delta_{jk} + \overline{p'u'_j}\delta_{ik}}_{\text{Druckdiffusion}}. \tag{3.105}$$

Die Konvektion und die Produktion sind durch die mittlere Strömung bestimmt. Die übrigen Terme hängen von den Fluktuationen ab und müssen modelliert werden.

Die Dissipation, die wir als skalare Größe bereits aus der K-Gleichung kennen, ist streng genommen für jede Reynolds-Spannung getrennt zu formulieren. Allerdings ist die Annahme isotroper, d. h. richtungsunabhängiger, Dissipation sinnvoll, da sie vorwiegend auf den kleinen Skalen der Turbulenz stattfindet. Dies stimmt mit der Vorstellung überein, dass beim Zerfall der großräumigen Strukturen der Turbulenz die Richtungsabhängigkeit verloren geht. Die Modellierung des Dissipationstensors ist daher

$$\varepsilon_{ij} = \frac{2}{3}\delta_{ij}\,\varepsilon \tag{3.106}$$

mit der skalaren Dissipation $\varepsilon$. Dieses Modell wird oft als $\tau$-$\varepsilon$-Modell bezeichnet. Zur Berechnung von $\varepsilon$ wird dieselbe Transportgleichung (3.95) herangezogen wie beim K-$\varepsilon$-Modell.

Die Druck-Scher-Korrelation (3.104) tritt in Zweigleichungsmodellen nicht auf. Die Modellierung erfolgt in zwei Anteilen

$$\Pi_{ij} = \left(\Pi_{ij}\right)_1 + \left(\Pi_{ij}\right)_2. \tag{3.107}$$

Der erste (langsame) Anteil wird überwiegend nach dem Vorschlag von Rotta

$$\left(\Pi_{ij}\right)_1 = -1{,}4\frac{\varepsilon}{K}\left(\tau_{ij} - \frac{2}{3}\delta_{ij}\,K\right) \tag{3.108}$$

modelliert. Darin ist 1,4 eine empirische Konstante, $\varepsilon/K$ die Zeitkonstante für das Abklingen der Turbulent, $\delta_{ij}$ das Kronecker-Symbol und $K$ die turbulente kinetische Energie. Die Vorzeichen sind so gewählt, dass der Term stets eine Rückkehr zur Isotropie bewirkt. Dies bedeutet, dass die Turbulenz ohne äußere Einflüsse isotrop wird, wenn man sie sich selbst überlässt. Dies stimmt fernab fester Wände mit Beobachtungen überein. Der Zweite (schnelle) Anteil beschreibt die Umverteilung im Einklang mit der Produktion der Reynoldsspannungen

$$\left(\Pi_{ij}\right)_2 = -0{,}6\left(P_{ij} - \frac{2}{3}\delta_{ij}\,P_K\right), \tag{3.109}$$

mit dem Produktionsterm $P_{ij}$ aus (3.102), dem Produktionsterm $P_K$ aus der K-Gleichung (3.94) und der empirischen Konstanten 0,6.

In der Nähe fester Wände müssen die oben erwähnten Einflüsse modelliert werden, welche dazu führen, dass die Turbulenz anisotrop wird. Von Grenzschichtströmungen ist bekannt, dass die Reynolds-Normalspannungen in Stromabrichtung etwa doppelt so groß sind wie diejenigen in Wandnormalenrichtung, während die Normalspannung in Querrichtung etwa dazwischen liegt. Dies liegt darin begründet, dass eine Wand die Normalkomponente der Geschwindigkeitsschwankungen am stärksten behindert. Transportvorgänge spielen in Wandnähe nur eine untergeordnete Rolle. Daher kann die Anisotropie durch Modifikation der Druck-Scher-Korrelation der Turbulenz aufgeprägt werden. Dazu dienen Wandeinflussterme, die hier nicht im Detail angegeben werden.

Der Diffusionsterm (3.105) besteht aus turbulenter Diffusion und Druckdiffusion, welche gemeinsam modelliert werden, z. B. mit dem isotropen Ansatz nach Shir,

$$C_{ijk} = -C_s\frac{K^2}{\rho\varepsilon}\frac{\partial\tau_{ij}^{Re}}{\partial x_k}, \tag{3.110}$$

dem anisotropen Ansatz nach Daly und Harlow

$$C_{ijk} = -C_s\frac{K}{\rho^2\varepsilon}\tau_{kl}^{Re}\frac{\partial\tau_{ij}^{Re}}{\partial x_l}, \tag{3.111}$$

oder nach Mellor und Herring

$$C_{ijk} = -C_s\frac{K^2}{\rho\varepsilon}\left(\frac{\partial\tau_{jk}^{Re}}{\partial x_i} + \frac{\partial\tau_{ki}^{Re}}{\partial x_j} + \frac{\partial\tau_{ij}^{Re}}{\partial x_k}\right), \tag{3.112}$$

mit jeweils noch zu wählenden empirischen Konstanten $C_s$. Dabei ist $K/\varepsilon$ die Zeitskala der turbulenten Diffusion.

Wir wollen das so erhaltene Reynoldsspannungsmodell noch interpretieren. Jede Reynoldsspannung wird in Abhängigkeit der mittleren Strömung getrennt produziert und durch Konvektion transportiert. Transport durch Diffusion spielt bei hohen Reynolds-Zahlen nur eine untergeordnete Rolle. Dissipiert werden nur die Normalspannungen, so dass die Scherspannungen vorwiegend durch Umverteilung (Dilatation) reduziert werden können. Der Druck-Scher-Korrelation kommt bei Reynoldsspannungsmodellen eine besondere Bedeutung zu, so dass sich unterschiedliche Modellvarianten vor allem in diesem Term unterscheiden. Im Rahmen dieses Lehrbuches haben wir bewusst nur die einfachsten Varianten besprochen.

Eine Variante der Reynoldsspannungsmodelle ergibt sich, wenn man alle Transportterme, also Konvektion und Diffusion, in (3.88) vernachlässigt. Die verbleibenden Terme werden weiterhin modelliert. Das Ergebnis sind algebraische Reynolds-Spannungsmodelle, welche keine Differentialgleichungen sondern nur noch algebraische Gleichungen enthalten. Im Gegensatz zu den algebraischen Wirbelviskositätsmodellen ist die Annahme des Gleichgewichts zwischen Produktion und Dissipation nicht erforderlich, da die Druck-Scher-Korrelation hinzukommt. Die algebraischen Reynolds-Spannungsmodelle werden allerdings nur selten verwendet, da sie genau auf die jeweilige Strömung zugeschnitten sein müssen.

### 3.3.7 Klassifikation von Turbulenzmodellen

Mit den bisher besprochenen Turbulenzmodellen ist es nun möglich, eine Klassifikation durchzuführen und auch weitere Turbulenzmodelle darin einzuordnen. Man unterscheidet nach Tab. 3.3 zwei Klassen und zwei Kategorien.

Je nachdem, ob der Ansatz für die Wirbelviskosität (3.71) verwendet wird, unterscheidet man zwischen der Klasse der Wirbelviskositätsmodelle und derjenigen der Reynoldsspannungsmodelle (RSM). In der Kategorie der *algebraischen Modelle* beruhen die

**Tab. 3.3** Klassifikation von Turbulenzmodellen

| Kategorien \ Klassen | isotrop, Wirbelviskositätsmodelle | anisotrop, RSM |
|---|---|---|
| **algebraische Modelle, Modelle ohne Transport, Nullgleichungsmodelle** | Prandtl-Mischungsweg Baldwin-Lomax Modell | algebraische Reynoldsspannungsmodelle |
| **Differentialgleichungsmodelle, Transportmodelle, Ein-/Zweigleichungsmodelle** | $K$-$\varepsilon$ Modell (2 Gl.) $K$-$\omega$ Modell (2 Gl.) SST Modell (2 Gl.) Spalart-Allmaras (1 Gl.) | $\tau$-$\varepsilon$ Modelle (SSG, LLR) $\tau$-$\omega$ Modell |

Ansätze allein auf algebraischen Ausdrücken, im Gegensatz dazu werden in der Kategorie der Differentialgleichungsmodelle die jeweiligen Transportgleichungen verwendet.

Danach ist Prandtls Mischungswegansatz aus Abschn. 3.3.3 ein algebraisches Wirbelviskositätsmodell, ebenso wie das Baldwin-Lomax-Modell. Diese Modelle erfordern den geringsten Rechenaufwand, da nur algebraische Ausdrücke zu den Reynolds-Gleichungen hinzukommen. Sie sind auf bestimmte Geometrien spezialisiert, z. B. ein aerodynamischer Tragflügel mit Nachlauf. Da keine zusätzlichen Differentialgleichungen hinzukommen, spricht man gelegentlich von Nullgleichungsmodellen.

Beim $K$-$\varepsilon$-Modell handelt es sich um ein Transportgleichungs-Wirbelviskositätsmodell, welches zwei zusätzliche Transportgleichungen für $K$ und $\varepsilon$ erfordert (Zweigleichungsmodell). Anstelle von $\varepsilon$ wird auch die Größe $\omega = \varepsilon/K$ verwendet. Dies führt zum K-$\omega$-Modell, welches besonders in Wandnähe Vorteile besitzt. Eine Kombination dieser beiden Zweigleichungsmodelle ist das SST-(Shear-Stress Transport)-Modell, welches deren jeweilige Vorteile durch „Überblenden" miteinander verbindet. Ein Eingleichungs-Transportmodell, welches weiterhin den Prandtl'schen Mischungsweg verwendet, wurde von Spalart und Allmaras entwickelt. Die Modelle dieser Kategorie/Klasse werden heute in der Industrie hauptsächlich verwendet.

Wie schon erwähnt, ist die Voraussetzung dafür, dass Wirbelviskositätsmodelle verwendet werden können, die Isotropie (Richtungsunabhängigkeit) der Turbulenz. Diese Eigenschaft besitzen turbulente Strömungen jedoch selten, so dass die Modellierung mit dieser Modellklasse immer eine Näherung darstellt. Als Abhilfe können Reynoldsspannungsmodelle verwendet werden, für welche die Annahme der Isotropie nicht getroffen werden muss. Hier haben sich die Transportmodelle, welche bezüglich der Dissipation sowohl mit $\varepsilon$ als auch mit $\omega$ kombiniert werden können, als nützlich erwiesen. Der Aufwand steigt jedoch erheblich, da zusätzlich zu den Reynolds-Gleichungen sieben zusätzliche Differentialgleichungen integriert werden müssen. Algebraische Reynolds-Spannungsmodelle haben sich dagegen nicht durchsetzen können.

### 3.3.8   Grobstruktursimulation

In diesem Kapitel stellen wir eine Simulationsmethode vor, welche nicht auf den ReynoldsGleichungen basiert sondern grundsätzlich anders vorgeht. Wie wir wissen, besteht die Turbulenz aus Strukturen (Wirbeln, Wellen) unterschiedlicher räumlicher und zeitlicher Ausdehnung, nämlich den groben, großskaligen Strukturen und den feinen, kleinskaligen Strukturen. Die Grundidee der Grobstruktursimulation besteht darin, die groben Strukturen direkt (ohne Modell) zu simulieren und nur die feinen zu modellieren. Für die Modellierung der kleinskaligen Strukturen wird demzufolge ein Feinstruktur-Turbulenzmodell, welches speziell auf diese Art der Turbulenzmodellierung zugeschnitten ist, benötigt.

Um diese Vorgehensweise zu begründen, betrachten wir zunächst die physikalischen Mechanismen der Turbulenz. Für voll entwickelte Turbulenz bei hohen Reynolds-Zahlen

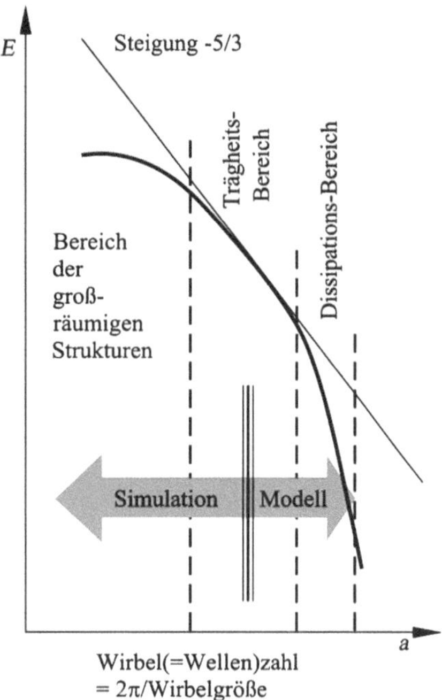


**Abb. 3.28** Energiespektrum der Turbulenz mit der Grenze zwischen Simulation und Modell (schematisch)

geht man von folgender Energiekaskade aus: aufgrund der Instabilität der Strömung wird die Turbulenz zunächst als großräumige Wirbel produziert. Diese sind wieder instabil und zerfallen in kleinere Wirbel, welche wiederum zerfallen. Die Vorgehensweise der Grobstruktursimulation wird im Energiespektrum der Turbulenz deutlich, Abb. 3.28.

Das Energiespektrum erhält man durch Zerlegung eines Zeitsignals an einem festen Ort in seine Frequenzanteile durch eine Fourier-Transformation. Aufgetragen in Abb. 3.28 ist der Energieinhalt über der räumlichen Wirbel- oder Wellenzahl $a$. Da man annehmen kann, dass die großen Wirbel für die langsamen Oszillationen mit geringer Kreisfrequenz und die kleinen Wirbel zu schnellen Oszillationen mit hoher Kreisfrequenz verantwortlich sind, entspricht die Auftragung im Prinzip einer Auftragung des Energieinhalts über der Kreisfrequenz. Das Spektrum wird in drei Bereiche eingeteilt: die großräumigen, langwelligen Wirbel tragen die meiste turbulente kinetische Energie. Diesen Bereich bezeichnet man deshalb als den Bereich der Energie tragenden Wirbel. Daran schließt sich ein Bereich an, in dem mit abnehmender Wirbelgröße (zunehmender Wirbelzahl) der Energieinhalt abnimmt. Dafür ist der Zerfall in immer kleinere Wirbel verantwortlich. Nach der Theorie der isotropen Turbulenz weist dieser Bereich im doppelt logarithmischen Maßstab eine Steigung von $-5/3$ auf. Der Zerfall geht auf die Instabilitäten der nichtlinearen Trägheitsterme in den Navier-Stokes-Gleichungen zurück und wird daher als Trägheitsbereich bezeichnet. Im Bereich hoher Wellenzahlen, also sehr kleiner Wirbel, dominiert die Reibung in Verhältnis zur Trägheit; aufgrund der Dissipation nimmt der Energieinhalt stärker mit der Wellenzahl ab als im Trägheitsbereich. Dieser Bereich wird daher als Dissipati-

**Tab. 3.4** Gegenüberstellung der Eigenschaften von Grob- und Feinstruktur-Turbulenz

| GROBSTRUKTUR-TURBULENZ | FEINSTRUKTUR-TURBULENZ |
| --- | --- |
| wird von der mittleren Strömung erzeugt | wird von der Grobstruktur-Turbulenz erzeugt |
| abhängig von Strömungsfeldgeometrie | universell |
| geordnet | stochastisch |
| erfordert deterministische Beschreibung | kann statistisch modelliert werden |
| inhomogen | homogen |
| anisotrop | isotrop |
| langlebig | kurzlebig |
| diffusiv | dissipativ |
| schwierig zu modellieren | einfacher zu modellieren |

onsbereich bezeichnet. Die Grobstruktursimulation legt die Grenze zwischen Simulation und Modellierung, wie in Abb. 3.28 eingezeichnet, in den Trägheitsbereich.

Für die Grobstruktursimulation wird ein Feinstruktur-Turbulenzmodell benötigt. Um tatsächlich Vorteile gegenüber der Modellierung auf Basis der Reynolds-Gleichungen erzielen zu können, muss dieses Modell natürlich einfacher sein als die bisher besprochenen Modelle. Durch geschickte Wahl der Grenze im Energiespektrum, ab der das Modell gelten soll, sind die in Tab. 3.4 aufgezählten Vereinfachungen zu erwarten.

Feinstruktur-Turbulenz ist entsprechend dieser Gegenüberstellung einfacher zu modellieren als die gesamte Turbulenz.

Die Ableitung der Grundgleichungen der Grobstruktursimulation aus den Navier-Stokes-Gleichungen erfolgt ähnlich wie die Ableitung der Reynolds-Gleichungen. Allerdings wird die zeitliche Mittelung des instationären turbulenten Signals, wie in Abb. 3.29 skizziert, durch eine Filterung ersetzt. Wegen der oben bereits erwähnten Äquivalenz der zeitlichen Schwankungen mit räumlichen Schwankungen können wir die zeitliche Mittelung durch die in der Literatur üblichen räumlichen Mittelung über ein Intervall $\Delta x$ ersetzen.

Die räumliche Filterung einer Zustandsvariablen $u(x)$ erfolgt durch Multiplikation einer Filterfunktion $G(x')$ und Integration über das Intervall $\Delta x$ um die Stelle $x$ herum:

$$\langle u(x,t)\rangle = \frac{1}{\Delta x} \int\limits_{-\Delta x/2}^{\Delta x/2} u\left(x - x', t\right) \cdot G(x', \sigma)dx'. \tag{3.113}$$

Der gefilterte oder Grobstruktur-Wert von u ist immer noch orts- und zeitabhängig. Als Filterfunktion kann z. B. die Gauß-Funktion verwendet werden, welche eine charakteristische Breite (oder Filterweite) $\sigma$ besitzt. Anschließend kann jede Zustandsvariable in einen gefilterten Wert und eine Abweichung, den Schwankungswert, aufgeteilt werden:

$$u_m\left(\vec{x},t\right) = \langle u_m\left(\vec{x},t\right)\rangle + u'_m\left(\vec{x},t\right). \tag{3.114}$$

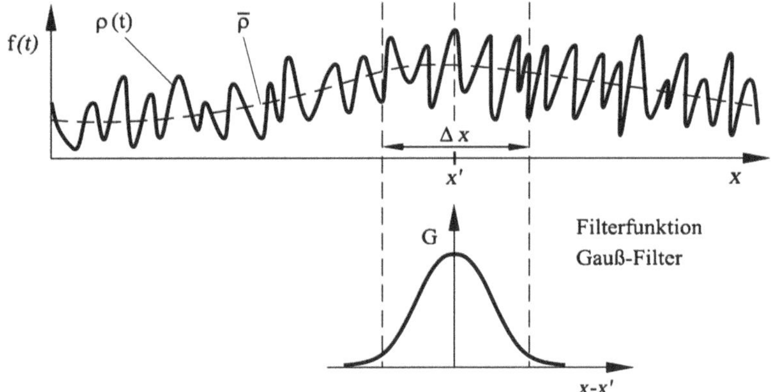


**Abb. 3.29** Filterung des Zeitsignals bei der Grobstruktursimulation

Im Unterschied zur Reynolds-Mittelung verschwindet die gefilterte Schwankung nicht

$$\langle u'_m \rangle \neq 0. \tag{3.115}$$

Nach Einsetzen von (3.100) folgen mit anschließender Mittelung und Umordnung die gefilterten Navier-Stokes-Gleichungen als Grundlage der Grobstruktursimulation, im Einzelnen die gefilterte Kontinuitätsgleichung

$$\frac{\partial \langle u_i \rangle}{\partial x_i} = 0 \tag{3.116}$$

die gefilterten Impulsgleichungen

$$\rho \left[ \frac{\partial \langle u_i \rangle}{\partial t} + \frac{\partial}{\partial x_j} \left( \langle u_i \rangle \langle u_j \rangle \right) \right] = -\frac{\partial p}{\partial x_i}$$
$$+ \frac{\partial}{\partial x_j} \left[ \mu \left( \frac{\partial \langle u_i \rangle}{\partial x_j} + \frac{\partial \langle u_j \rangle}{\partial x_i} \right) - \rho \left( \langle u'_i u'_j \rangle + \langle \langle u_i \rangle u'_j \rangle + \langle u'_i \langle u_j \rangle \rangle \right) \right] \tag{3.117}$$

und die gefilterte Energiegleichung

$$\rho c \left[ \frac{\partial \langle T \rangle}{\partial t} + \frac{\partial \langle u_j \rangle \langle T \rangle}{\partial x_j} \right] = \frac{\partial}{\partial x_j} \left[ \lambda \frac{\partial \langle T \rangle}{\partial x_j} - \rho \left( \langle u'_j T' \rangle + \langle \langle u_j \rangle T' \rangle + \langle u'_j \langle T \rangle \rangle \right) \right]. \tag{3.118}$$

Diese Gleichungen enthalten als zu bestimmende Variablen die Grobstruktur-Größen. Als zusätzliche, durch die Filterung verursachte Terme sind in den Impulsgleichungen und in der Energiegleichung Terme hinzugekommen. Da diese Terme durch das numerische Gitter nicht aufgelöst werden, bezeichnen wir sie als Subgittergrößen (Index: sgs für subgrid-scale). Es sind die Feinstruktur-Spannungen und die Feinstruktur-Wärmeströme

$$\tau_{ij}^{sgs} = \rho \langle u'_i u'_j \rangle \quad \text{und} \quad q_i^{sgs} = \rho c_p \langle u'_i T' \rangle, \tag{3.119}$$

welche die Wirkung der Feinstruktur auf die Grobstruktur repräsentieren und die Cross-Terme

$$\left( \langle u_i \rangle\, u'_j \right) + \left( u'_i\, \langle u_j \rangle \right) \quad \text{und} \quad \left( \langle u_j \rangle\, T' \right) + \left( u'_j\, \langle T \rangle \right), \tag{3.120}$$

welche sowohl Feinstruktur- als auch Grobstruktur-Größen enthalten. Die Cross-Terme werden meist vernachlässigt. Die verbleibenden Gleichungen sind somit formell den Reynolds-Gleichungen identisch, enthalten aber immer die Zeitableitung, während diese in den Reynolds-Gleichungen nur zur Erleichterung der numerischen Integration mitgeführt wurde.

Als Feinstruktur-Turbulenzmodell werden ausschließlich Wirbelviskositätsmodelle verwendet. Wir beschränken uns hier auf die Impulsgleichungen und das Smagorinski-Modell

$$\tau_{ij}^{sgs} = \mu_{SGS} \left( \frac{\partial \langle u_i \rangle}{\partial x_j} + \frac{\partial \langle u_j \rangle}{\partial x_i} \right) = \rho\, v_{SGS} \cdot 2 S_{ij} \tag{3.121}$$

mit

$$v_{SGS} = (C_S\, h)^2 \sqrt{S_{ij}\, S_{ij}}, \quad C_S = 0{,}17, \quad h = \sqrt[3]{\Delta x\, \Delta y\, \Delta z}. \tag{3.122}$$

In diesem Modell wird die Wirbelviskosität von der lokalen Gitterweite abhängig gemacht. Dies ist sinnvoll, da genau diese Skalen nicht mehr aufgelöst sondern durch die Modellierung erfasst werden müssen.

## 3.4　Zweiphasenströmungen

Die Numerische Strömungssimulation komplexer Strömungen erhält ihre Komplexität nicht nur dadurch, dass das Strömungsfeld kompliziert geformte Berandungen aufweist. Die Leistungsfähigkeit der Methode wird auch dadurch gefordert, dass sich aufgrund der Struktur des strömenden Mediums im Strömungsfeld komplizierte physikalische Vorgänge abspielen, welche modelliert werden müssen. Ein Beispiel dafür sind Zweiphasenströmungen, in denen zwei nicht miteinander mischbare Fluide vorkommen.

### 3.4.1　Klassifikation von Zweiphasenströmungen

Strömungen mit zwei oder mehr Phasen kommen in verschiedenen Bereichen der Natur und der Technik vor. Eine erste Systematik erhält man durch Kombination der drei Aggregatzustände miteinander. Beispiele für technische Zweiphasenströmungen mit Flüssigkeit und Gas sind Siedevorgänge, Blasensäulen in chemischen Apparaturen und Anlagen, Kavitation in hydraulischen Strömungsmaschinen, Nassdampf oder Gerinneströmungen. Als Oberbegriff für ein strömendes Medium spricht man von einem Fluid (Gas oder Flüssigkeit). Aber auch eine Ansammlung von Festpartikeln kann als ein Fluid angesehen werden, z. B. Rauch, Sedimentation oder die Wirbelschichtfeuerung in einem Kohlekraftwerk.

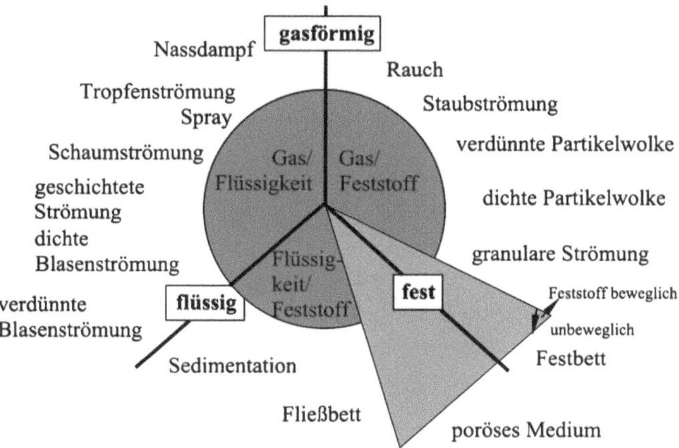


**Abb. 3.30**  Strömungsformen der Zweiphasenströmungen

Abb. 3.30 zeigt drei Richtungen mit den drei unterschiedlichen Aggregatzuständen. Sie dient zur Einordnung gängiger Begriffe für häufig vorkommende Strömungsformen. Das Diagramm ist so gemeint, dass in den einzelnen Sektoren unterschiedliche Mengen der jeweiligen Phasen vorhanden sind, je nach Abstand von der Richtungsgeraden eines Aggregatzustands.

Im Sektor gasförmig-flüssig besteht bei einer verdünnten Blasenströmung nur eine geringe Wechselwirkung zwischen den nur vereinzelt vorkommenden Blasen. Mit steigendem Gasgehalt kommen sich benachbarte Blasen oft näher und kollidieren miteinander, es findet Koaleszenz und Fragmentation zwischen Blasen statt. Bei weiter steigendem Gasgehalt kann nicht mehr zwischen verschiedenen Blasen unterschieden werden, man spricht von einer Schaumströmung. Überwiegt der Gasgehalt über den Flüssigkeitsgehalt, so sind Tropfen zu beobachten. Man spricht dann von einem Spray oder im Fall sehr kleiner Tropfen von Nassdampf.

Der Sektor gasförmig-fest wird vom gasförmigen Zustand her erläutert. Kleine Festpartikel bilden Rauch, eine Staubströmung oder eine Partikelwolke. Wenn eine Wechselwirkung zwischen den Partikeln auftritt, spricht man von einer dichten Partikelwolke oder einem Fließbett. Mit steigendem Gehalt an Festkörpern spielt das dazwischen strömende Gas immer weniger eine Rolle. Bei dominierender Festkörper-Wechselwirkung liegt die granulare Strömung vor. Bei weiter steigender Packungsdichte der Partikel nimmt deren Beweglichkeit ab. Jenseits der Beweglichkeitsgrenze liegt ein poröses Medium (Festbett) vor. Diese Strömungsformen gibt es analog auch im Bereich flüssig-fest.

Um Zweiphasenströmungen genauer klassifizieren zu können, ist die Definition einiger Begriffe erforderlich:

- Ein Fluid ist ein strömendes Medium (Gas, Flüssigkeit, bewegliche Festpartikel), welches kontinuumsmechanisch beschrieben werden kann.

- Als Phase bezeichnen wir voneinander getrennte Bereiche nicht mischbarer Fluide, z. B. verschiedene Aggregatzustande (gasförmig, flüssig, fest). Aber auch nicht mischbare Flüssigkeiten, zwischen denen sich eine Oberflächenspannung aufbaut, stellen verschiedene Phasen dar.
- Als Komponente bezeichnen wir unterschiedliche chemische Stoffe, aus denen die Phasen bestehen.

Es gibt also Einkomponenten-Zweiphasenströmungen, bei der die beteiligten Phasen unterschiedliche Aggregatzustände desselben Stoffes darstellen, z. B. Wasser-Wasserdampf. Zweikomponenten-Zweiphasenströmungen sind Systeme mit Wasser-Luft, Öl-Wasser, Luft-Festpartikel, Wasser-Sand. Einphasenströmungen dagegen sind Gemische von Sauerstoff-Stickstoff, Luft-Wasserdampf und Wasser-Alkohol, da diese Komponenten mischbar sind. Wenn mehrere Komponenten vollständig durchmischt sind, können wir sie in der Strömungsmechanik meist wie eine Komponente behandeln, z. B. Luft. Zwei beliebige Gase sind immer mischbar, während bei Flüssigkeiten Mischbarkeitsregeln bestehen.

Wir wollen im Folgenden der Einfachheit halber nur noch Zweiphasenströmungen betrachten, die eine kontinuierliche Phase und eine diskontinuierliche (disperse) Phase besitzen, z. B. Blasenströmungen, Tropfenströmungen oder Strömungen mit Festpartikeln. Diese Klasse von Zweiphasenströmungen bezeichnet man als Dispersionen. Bei Blasenströmungen ist die gasförmige Phase dispers und die flüssige Phase kontinuierlich, bei Tropfenströmungen ist es umgekehrt. Schaumströmungen sind keine Dispersionen, da in ihnen weder Tropfen noch Blasen identifizierbar sind.

## 3.4.2  Euler-Lagrange-Methode

Die hier beschriebene Methode zur Simulation von Zweiphasenströmungen eignet sich besonders für disperse Strömungen, bei denen die Partikel inhomogen verteilt sind und eine Relativgeschwindigkeit zwischen den beiden Phasen zu beachten ist. Sie wird daher häufig für Strömungen mit Festpartikeln verwendet, ist jedoch auch für Tropfen- oder Blasenströmungen geeignet.

Die Strömungsmechanik kennt zwei grundsätzlich verschiedene Beschreibungsmethoden. Bei der Euler'schen Beschreibungsweise, welche wir bisher ausschließlich angewendet haben, wird die Strömung zu jedem Zeitpunkt $t$ durch strömungsmechanische Zustandsgrößen $u$, $v$, $w$ und $p$ gegebenenfalls thermodynamische Zustandsgrößen $T$ und $\rho$ jeweils an einem festen Ort beschrieben. Die Grundgleichungen werden mit Hilfe eines durchströmten, ortsfesten Kontrollvolumens abgeleitet. Im Gegensatz dazu beruht die Lagrange'sche Beschreibungsweise auf einem Kontrollvolumen, welches an Fluid-„Elemente" gebunden ist, sich mit diesen bewegt und daher nicht durchströmt wird. Für die Zweiphasenströmungen mit Partikeln ist es naheliegend, die disperse Phase nach der

**Abb. 3.31** Ortsvektor und Trajektorie eines Partikels bei der Lagrange'schen Beschreibung

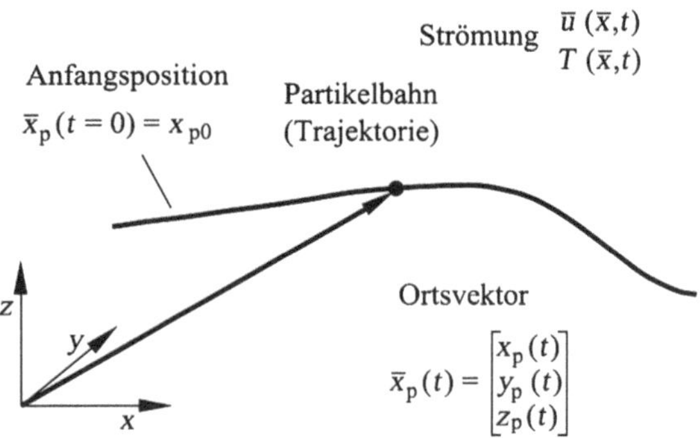


Lagrange'schen Methode und die kontinuierliche Phase wie bisher nach der Euler'schen Methode zu beschreiben.

Jedes Partikel (Index $p$), siehe Abb. 3.31, wird durch seinen Ort $\vec{x}_p$, seine Geschwindigkeit $\vec{u}_p$ und weitere mechanische Größen wie die Masse $m_p$ und gegebenenfalls thermodynamische Größen wie die Temperatur $T_p$ charakterisiert:

$$\vec{x}_p(t) = \begin{bmatrix} x_p(t) \\ y_p(t) \\ z_p(t) \end{bmatrix}, \quad \vec{u}_p(t) = \frac{d\vec{x}_p}{dt} = \begin{bmatrix} u_p(t) \\ v_p(t) \\ w_p(t) \end{bmatrix}, \quad m_p(t), \quad T_p(t). \tag{3.123}$$

Diese Größen sind im Allgemeinen Funktionen der Zeit. Jedem Partikeln wird zusätzlich eine Anfangsposition $\vec{x}_p(t = 0) = \vec{x}_{p0}$, eine Anfangsgeschwindigkeit $\vec{u}_p(t = 0) = \vec{u}_{p0}$ und Anfangswerte der restlichen Beschreibungsgrößen zugeordnet. Wir wollen im Folgenden annehmen, dass die Masse konstant ist und die Strömung isotherm verläuft. Ausgehend vom Anfangszustand lassen sich die Trajektorien $\vec{x}_p(t)$ aller Partikel durch Integration ihrer Geschwindigkeit berechnen:

$$\vec{x}_p = \vec{x}_{p0} + \int_0^t \vec{u}_p(\vec{x}_p, \vartheta)d\vartheta. \tag{3.124}$$

Die Integration kann numerisch durchgeführt werden, wenn die Partikelgeschwindigkeit bekannt ist. In einer Zweiphasenströmung hängt diese von der Beeinflussung der Partikelbewegung durch die kontinuierliche Phase ab, welche unterschiedlich ausgeprägt sein kann. Bezüglich dieser Dynamik wird zwischen unterschiedlichen Fällen unterschieden. Als Unterscheidungsparameter dient die dimensionslose Stokes-Zahl

$$St = \frac{\tau_{\text{dyn}}}{\tau_{\text{str}}}. \tag{3.125}$$

Die Stokes-Zahl stellt das Verhältnis zwischen der charakteristischen dynamischen Zeitskala $\tau_{\text{dyn}}$ der Partikel und ihrer charakteristischen Verweilzeit $\tau_{\text{str}}$ im Strömungsfeld dar. Diese beiden Größen können wie folgt abgeschätzt werden:

Nimmt man an, dass ein kugelförmiges Partikel mit der Geschwindigkeit $v$ sich in einer Umgebung der Geschwindigkeit $u$ bewegt, so lautet die Impulsbilanz mit der Widerstandskraft auf der rechten Seite

$$m_p \frac{dv}{dt} = c_D \cdot \frac{\pi}{4} d^2 \cdot \frac{\rho_c}{2} (u - v)^2, \tag{3.126}$$

mit dem Widerstandsbeiwert $c_D$ des Partikels, dem Partikeldurchmesser d und der Dichte der kontinuierlichen Phase $\rho_c$. Die Gleichung beschreibt, wie sich die Partikelgeschwindigkeit $v$ nach einer Änderung der Umgebungsgeschwindigkeit $u$ zeitlich ändert. Da die Partikel im Allgemeinen klein sind, kann mit der Zähigkeit der kontinuierlichen Phase $\mu$ der Bereich der „schleichenden" Bewegung vorausgesetzt werden, d. h.

$$c_D = \frac{24}{Re} \quad \text{mit} \quad Re = \frac{\rho_c \cdot (u - v)d}{\mu} \tag{3.127}$$

und (3.112) wird mit $\rho_p = 6m/\pi d^3$ (Dichte eines Partikels)

$$\frac{dv}{dt} = \frac{24\mu}{\rho_c(u - v)d} \cdot \frac{\pi d^2}{4} \cdot \frac{\rho_c(u - v)^2}{2} = \frac{18\mu}{d^2 \cdot \rho_p} (u - v). \tag{3.128}$$

Der inverse Vorfaktor vor dem Geschwindigkeitsterm ist die oben bereits eingeführte dynamische Antwortzeit $\tau_{\text{dyn}}$:

$$\frac{dv}{dt} = \frac{1}{\tau_{\text{dyn}}} (u - v) \quad \text{mit} \quad \tau_{\text{dyn}} = \frac{d^2 \cdot \rho_p}{18\mu}, \tag{3.129}$$

denn sie charakterisiert die Annäherung der Partikelgeschwindigkeit $v$ an eine sich ändernde Umgebungsgeschwindigkeit $u$, z. B. nach einem Sprung von $u$ von einem Anfangswert 0 auf einen Wert $u_1$. Diese Sprungantwort lautet

$$v = u \left[ 1 - \exp\left( -\frac{t}{\tau_{\text{dyn}}} \right) \right], \tag{3.130}$$

wie durch Einsetzen in (3.115) verifiziert werden kann. Die dynamische Antwortzeit ist somit ein dimensionsbehaftetes Maß für das Folgeverhalten von Partikeln, die sich in einer kontinuierlichen Phase bewegen.

Die Verweilzeit in (3.116) können wir mit Hilfe der charakteristischen Strömungsgeschwindigkeit $U$ und der charakteristischen Länge des Strömungsfeldes $D$ abschätzen:

$$\tau_{\text{str}} = \frac{D}{U}. \tag{3.131}$$

Als Quotient dieser beiden Zeitskalen stellt die Stokes-Zahl somit ein dimensionsloses Maß für das Folgeverhalten der Partikel dar. Nur dieses ist für die Auswahl unseres Modells für die Bestimmung der Partikelgeschwindigkeit in (3.110) maßgeblich.

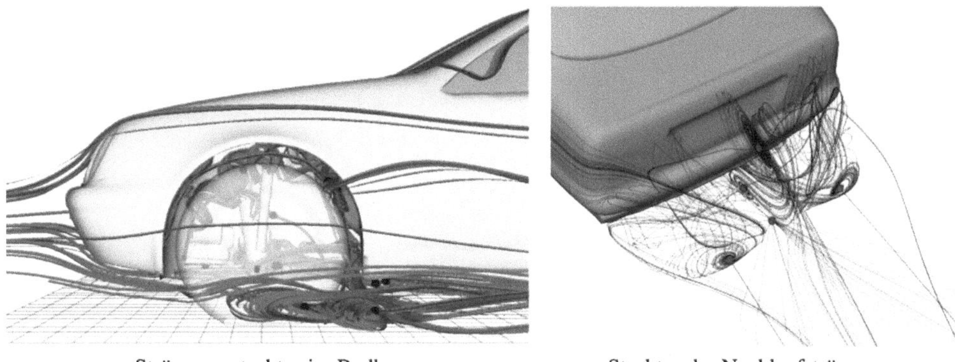

<table>
<tr><td align="center">Strömungsstruktur im Radhaus</td><td align="center">Struktur der Nachlaufströmung</td></tr>
</table>

**Abb. 3.32** Partikelbahnen von Markerpartikeln

Bezüglich der Stokes-Zahl unterscheidet man drei Bereiche

- $St \ll 1$: Die Eigendynamik der Partikel ist vernachlässigbar, sie bewegen sich wegen ihrer geringen dynamischen Antwortzeit im Verhältnis zu ihrer Verweilzeit im Strömungsfeld passiv mit der kontinuierlichen Phase mit,
- $St \approx 1$: Es besteht eine starke gegenseitige Wechselwirkung zwischen der dispersen und der kontinuierlichen Phase,
- $St \gg 1$: Wegen der relativ geringen Verweilzeit der Partikel im Strömungsfeld wird die disperse Phase von der kontinuierlichen kaum beeinflusst. Dieser Bereich muss nicht weiter betrachtet werden.

Im Fall kleiner Stokes-Zahl spricht man auch von Markerpartikeln. Ihre Geschwindigkeit ergibt sich aus der Geschwindigkeit der kontinuierlichen Phase $\vec{u}_c$ am Ort eines Partikels. Gleichung (3.110) wird somit

$$\vec{u}_p(t) = \vec{u}_c(\vec{x}_p, t) \Rightarrow \vec{x}_p = \vec{x}_{p0} + \int_0^t \vec{u}_c(\vec{x}_p, \vartheta) d\vartheta. \qquad (3.132)$$

Beispiele für Markerpartikel sind in Abb. 3.32 als Bahnlinien von Schmutzpartikeln der Kraftfahrzeugumströmung gezeigt. Da die Partikel der Strömung folgen, geben die dargestellten Bahnlinien ein Bild der Strömungsstruktur. Für stationäre Strömung sind Partikelbahnen auch die Stromlinien des Strömungsfeldes. Bei instationärer Strömung muss zwischen Partikelbahnen und Streichlinien unterschieden werden. Bei Streichlinien handelt es sich um die Verbindungslinien aller Partikelpositionen zum festen Zeitpunkt, deren Bahn eine gemeinsame Quellposition überstreichen.

Im Falle der starken Wechselwirkung kann die Partikelgeschwindigkeit aus dem Impulssatz für die Partikel ermittelt werden

$$m_p \cdot \frac{d\vec{u}_p}{dt} = \sum_i \vec{F}_{ip}, \qquad (3.133)$$

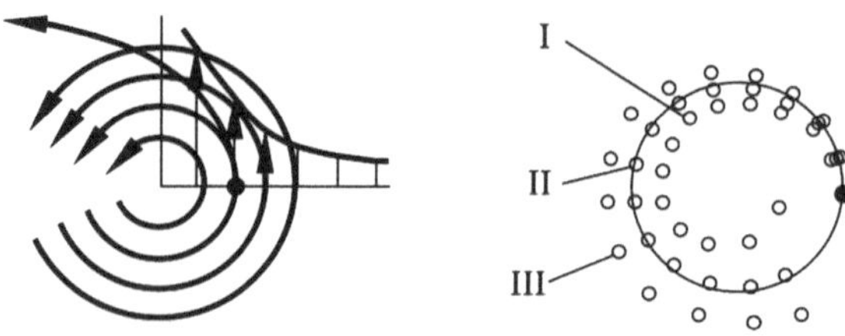

**Abb. 3.33** Potenzialwirbel und Trajektorien mitbewegter Partikel mit *I* geringerer, *II* gleicher oder *III* größerer Dichte als die kontinuierliche Phase

mit der Summe der am Partikel angreifenden Kräfte $\vec{F}_{ip}$ auf der rechten Seite, ohne die sich die Partikel nicht bewegen würden. Die Wirkung unterschiedlicher Kräfte sei am Beispiel des Potenzialwirbels, in dem sich ein Partikel befindet, erläutert. Das Geschwindigkeitsfeld des Potenzialwirbels ist in Abb. 3.33 skizziert. Die Geschwindigkeit nimmt zum Wirbelzentrum hin zu, der Druck nimmt ab. Zunächst soll nur die Wirkung dieser Strömung auf die Partikel betrachtet und eine ggf. vorhandene Beeinflussung der Strömung durch die Partikel vernachlässigt werden, d. h. die Koppelung vollzieht sich nur auf dem Weg von der Strömung auf die Partikel.

Ursache für den Mitriss der Partikel unter der Bedingung $10^{-3} < St < 10^{3}$ ist die Widerstandskraft (Index D für drag) im partikelfesten Bezugssystem, Abb. 3.34, nach der in der Strömungsmechanik üblichen Beziehung

$$F_D = C_D \cdot \frac{\pi}{4} d^2 \cdot \frac{\rho_c}{2} \left( \vec{u}_p - \vec{u}_c(\vec{x}_p) \right)^2 , \qquad (3.134)$$

mit dem Widerstandsbeiwert $C_D$, dem Partikeldurchmesser $d$ und der Dichte der kontinuierlichen Phase $\rho_c$. Für Festpartikel wird der Widerstandsbeiwert häufig nach der Schiller-Naumann-Formel approximiert:

$$C_D = \frac{24}{Re}(1 + 0{,}15 \cdot Re^{0{,}687}) \quad \text{mit} \quad Re = \frac{\left| \vec{u}_p - \vec{u}_c(\vec{x}_p) \right| \cdot d}{\nu}, \qquad (3.135)$$

welche von der schleichenden Strömung ausgehend auch für die Bereiche höherer Reynolds-Zahlen (etwa bis $10^5$) angewendet werden kann. Für sehr kleine Partikel im Strömungsbereich der schleichenden Bewegung, d. h. wenn $Re$ klein ist, gilt

$$F_D = 3\pi\mu d \left| \vec{u}_c - \vec{u}_p \right| . \qquad (3.136)$$

Die Bewegung von Partikeln mit größerer Dichte als diejenige der kontinuierlichen Phase kann damit, wie in Abb. 3.33 rechts skizziert, simuliert werden, wobei die Zentrifugalkraft durch die linke Seite der Vektorgleichung (3.133) repräsentiert wird.

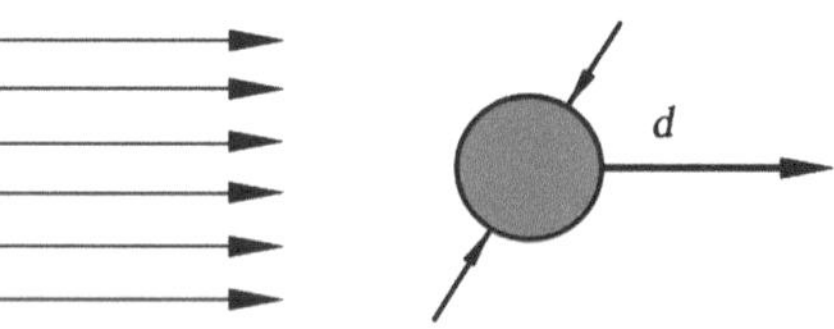

**Abb. 3.34** Anströmung eines Partikels im partikelfesten Bezugssystem

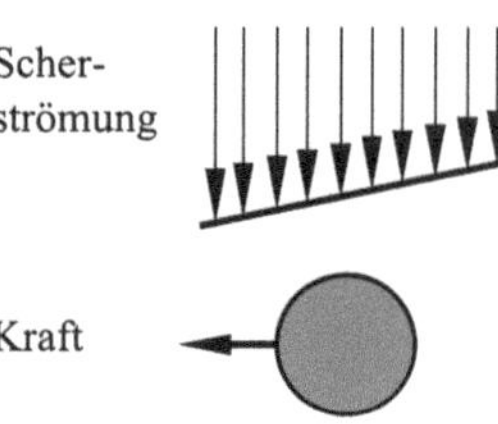


**Abb. 3.35** Partikel in einer Scherströmung im partikelfesten Bezugssystem

Außer der Widerstandskraft wirken aber noch andere Kräfte (non-drag) auf ein Partikel. Dazu zählt z. B. die Druckkraft. Sie ist gemäß

$$\vec{F}_p = -\frac{\pi}{6}d_p^3 \cdot \nabla p, \quad \nabla p = -\left(\vec{u}_c \nabla\right)\vec{u}_c + \mu \nabla^2 \vec{u}_c \tag{3.137}$$

bei leichten Partikeln wie Blasen zu berücksichtigen, wobei der lokale Druckgradient $\nabla p$ am Ort des Partikels aus der Berechnung der kontinuierlichen Phase folgt. Damit kann auch die Berechnung von Trajektorien für Partikel mit geringerer Dichte als diejenige der kontinuierlichen Phase gemäß Abb. 3.33 simuliert werden.

Befinden sich kugelförmige Partikel, z. B. kleine Blasen, in einer Scherströmung, wie in Abb. 3.35 im partikelfesten Bezugssystem gezeigt, so wirkt eine Querkraft auf die Partikel wie eingezeichnet. Die Entstehung dieser Kraft wird plausibel, wenn man den auf den beiden Seiten der Blase vorhandenen Unterdruck aufgrund reibungsloser Umströmung analysiert. Der Unterdruck ist umso ausgeprägter, je größer die Strömungsgeschwindigkeit der Anströmung auf der jeweiligen Seite ist. Links herrscht daher ein größerer Unterdruck (kleinerer Druck) als rechts und es kommt zu der eingezeichneten Kraft auf das Partikel. Man bezeichnet diese Kraft auch als dynamische Auftriebskraft (Index $L$ für lift), oder Saffman-Kraft, und berechnet diese mit Hilfe eines dynamischen Auftriebsbeiwertes $C_L$ nach

$$\vec{F}_L = C_L \cdot \frac{\pi d_p^3}{6}\rho_c \left(\vec{u}_p - \vec{u}_c\right) \times \nabla \vec{u}_c. \tag{3.138}$$

Für kugelförmige Blasen werden $C_L$-Werte zwischen 0,1 bis 0,5 angenommen. Größere Blasen (in Wasser etwa oberhalb $d = 0{,}5\,\text{mm}$) sind jedoch verformbar und daher nicht mehr kugelförmig. Hier werden je nach Anwendungsfall parametrische Modelle benötigt.

Als eine weitere Kraft ist noch die virtuelle Massenkraft zu erwähnen. Diese wirkt, wenn Partikel einer Beschleunigung unterworfen sind, die von derjenigen der kontinuierlichen Phase abweicht. Ist ein Partikel relativ zu seiner Umgebung in Bewegung, so verdrängt es fortwährend die kontinuierliche Phase auf seiner Vorderseite und gibt Raum auf seiner Rückseite frei, in den die kontinuierliche Phase einströmt. So kommt es zu der Bewegung eines Wirbels, siehe Abb. 3.36, welcher sich mit dem Partikel mit bewegt.

**Abb. 3.36** Zur Entstehung der virtuellen Massenkraft

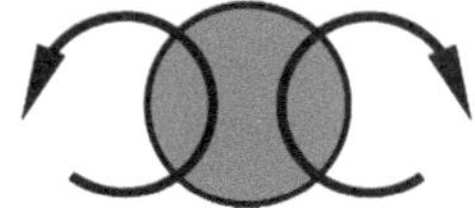

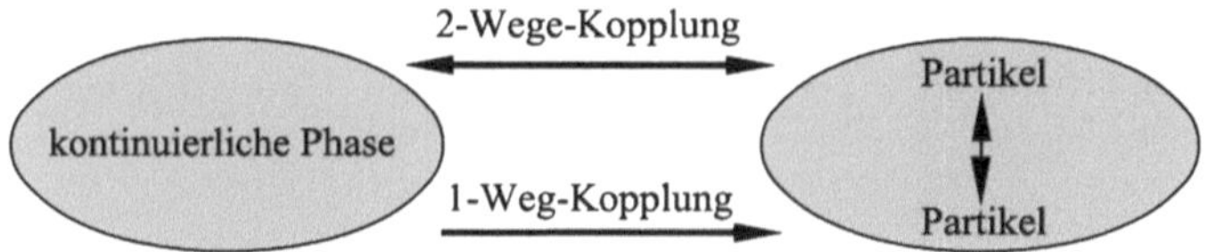


**Abb. 3.37** Kopplungsstrategien bei der Euler-Lagrange-Methode

Diese Wirbelbewegung muss bei der Beschleunigung eines Partikels ebenfalls erst in Gang gesetzt werden, was einen zusätzlichen Trägheitseffekt zu Folge hat. Die Trägheit und damit die Masse eines Partikels ist scheinbar größer als sich aus der partikeleigenen Masse ergibt. Dies wird mit Hilfe der virtuellen Massenkraft nach

$$\vec{F}_{VM} = C_{VM} \cdot \frac{\pi d_p^3}{6} \rho_c \left( \vec{u}_p \nabla \vec{u}_p - \vec{u}_c \nabla \vec{u}_c \right) \tag{3.139}$$

modelliert, mit dem Koeffizienten der virtuellen Masse $C_{VM}$. Für kugelförmige Partikel, welche genügend weit von ihren Nachbarn entfernt sind, gilt $C_{VM} = 0{,}5$. Wegen der geringen Dichte eines Gases gegenüber der umgebenden Flüssigkeit spielt diese Kraft nur bei Blasen eine Rolle und ist für schwere Partikel z. B. in einem Gas vernachlässigbar.

Als weitere Kräfte wirken die hydrostatische Auftriebskraft

$$\vec{F}_B = \frac{\pi}{6} d_p^3 \left( \rho_p - \rho_c \right) g, \tag{3.140}$$

die Magnus-Kraft bei rotierenden Partikeln (Ursache: Magnus-Effekt) und die Basset- oder History-Kraft, welche der Tatsache Rechnung trägt, dass eine beschleunigte Blase das Fluid innerhalb einer sich ausbildenden Umgebungsgrenzschicht mitreißt.

Wir haben bisher nur den Fall diskutiert, dass die kontinuierliche Phase Kräfte auf die Partikelphase ausübt und die Trajektorien der Partikel beeinflusst werden (Ein-Weg-Koppelung). Bei einer genügenden Anzahl von Partikeln muss jedoch auch die umgekehrte Wirkung, nämlich die der Partikel auf die kontinuierliche Phase berücksichtigt werden (Zwei-Wege-Koppelung). Die Koppelungsstrategien sind in Abb. 3.37 skizziert. Berücksichtigt man noch mögliche Kollisionen von Partikeln, also die Wechselwirkung zwischen Partikeln untereinander, so spricht man von der Vier-Wege-Koppelung. Diese Algorithmen sind jedoch sehr aufwändig, da die Trajektorien räumlich und zeitlich miteinander verglichen werden müssen. Daher werden Zweiphasenströmungen mit einem volumetrischen Phasengehalt, bei denen Kollisionen mit nennenswerter Häufigkeit stattfinden, so genannte dichte Suspensionen (mit einem volumetrischen Phasengehalt von über 5 %), nur selten nach der Euler-Lagrange-Methode durchgeführt.

Ein Beispiel ist die Benzin-Direkteinspritzung im Otto-Motor. Abb. 3.38 zeigt die Prinzipskizze der Sprayströmung einer Einspritzdüse und die vom Spray induzierte Luftströmung. Die Berechnung zeigt, dass die Umgebungsluft von den austretenden Tropfen beschleunigt und der Kraftstoffdampf in das Strahlinnere transportiert wird. Hohe Einspritzdrücke und die damit verbundene verbesserte Zerstäubung verstärken die induzierte

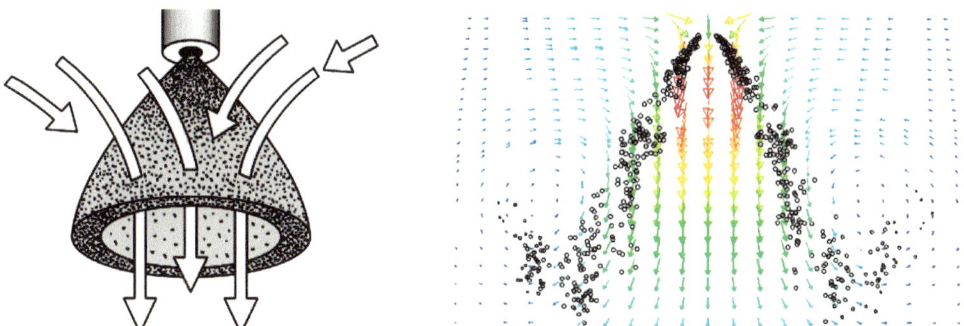

**Abb. 3.38** Sprayströmung einer Einspritzdüse

Gasströmung. Die Positionen der Tropfen werden in der Abbildung in einem Momentanbild gezeigt.

### 3.4.3 Homogenes Modell

Bei dieser Beschreibungsweise von Zweiphasenströmungen wird das Gemisch der beiden Phasen als ein einziges homogenes Fluid (Kontinuum) behandelt. Dies bedeutet, dass die Form, Beschaffenheit sowie die Details der Austausch-Vorgänge des Impulses an der Phasengrenzfläche nicht im Detail sondern „makroskopisch" modelliert werden. Dies geschieht durch das Ersetzen des Zweiphasengemisches durch ein Modell- oder Ersatz-Fluid, welches durch seine Eigenschaften (Dichte, Zähigkeit, Wärmekapazität, usw.) die Zweiphasenströmung repräsentiert. Die Grundvoraussetzung dafür ist, dass es keine Relativgeschwindigkeit (sog. Schlupf) zwischen den Phasen gibt.

Für Strömungen ohne Schlupf gibt es zahlreiche Beispiele, z. B. die im vorangegangenen Kapitel erläuterten Markerpartikel. Diese sind nicht notwendigerweise homogen in der Strömung verteilt. Annähernd homogen verteilt sind die Phasen aber in technisch interessanten Zweiphasenströmungen, bei denen sich das volumetrische oder massenbezogene Mischungsverhältnis nur geringfügig räumlich ändert, z. B. Nassdampf in Strömungsmaschinen (Tröpfchen bzw. Nässe und Dampf), Staubströmungen und Staublawinen (Gas und Festpartikel), Emulsionen in der Verfahrenstechnik (Flüssigkeit und Festpartikel), Kavitation in hydraulischen Strömungsmaschinen oder in Hydrauliksystemen (Flüssigkeit und Gasblasen). In diesen Strömungen ist die Voraussetzung des homogenen Modells (kein Schlupf) häufig aber nicht immer erfüllt. Das homogene Modell setzt nicht voraus, dass überhaupt eine Partikelphase identifizierbar ist.

Als Beispiel für eine Zweiphasenströmung, für die das homogene Modell anwendbar ist, wählen wir die Strömung im Kanal zwischen den Schaufeln einer Dampfturbine, Abb. 3.39. Im Eintritt der Turbine liegt eine Wasserdampf-Strömung vor. Tritt dieses Fluid in den Strömungskanal zwischen den Schaufeln ein, so unterliegt es einer Beschleunigung

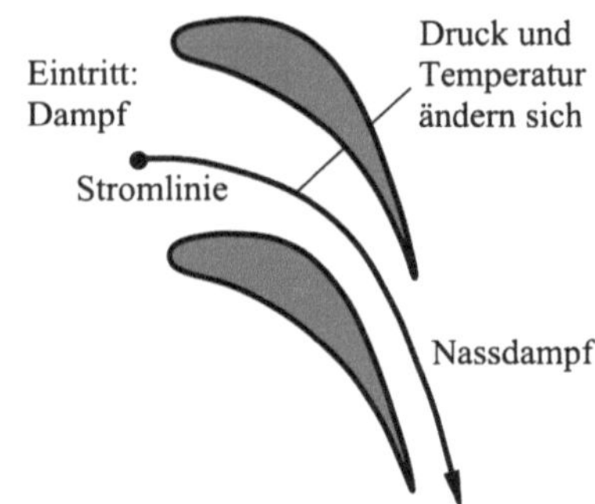



**Abb. 3.39** Homogene Zweiphasenströmung im Strömungskanal zwischen den Schaufeln einer Dampfturbine

mit gleichzeitiger Expansion. Die Strömung ist kompressibel, daher sinken sowohl der Druck als auch die Temperatur entlang der eingezeichneten Stromlinie. Das Modell des Ersatz-Fluids ist in Abb. 3.40 skizziert. Das infinitesimal kleine Kontrollvolumen kann sowohl Dampf als auch Flüssigkeit (hier: Tropfen) enthalten.

Die Stoffeigenschaften dieses Ersatz-Fluids müssen nun bestimmt werden. Zunächst wird ein Phasengehalt der flüssigen Phase definiert. Dies kann auf zwei Arten geschehen, nämlich massebasiert (Feuchte $y$) oder volumenbasiert:

$$y = \frac{M_L}{M}, \quad \alpha_L = \frac{V_L}{V}. \tag{3.141}$$

Dabei sind $M_L$ und $V_L$ die Masse- bzw. das Volumen der flüssigen Phase (Index $L$: liquid) innerhalb des Kontrollvolumens der Masse $M$ und des Volumens $V$. Beide Größen sind dimensionslos und besitzen Werte im Bereich zwischen 0 und 1, wobei lokale Werte $y = 0$ und $\alpha_L = 0$ einen Dampf-(Gas)-Zustand bedeuten. Die theoretischen Werte einer reinen Flüssigkeitsströmung sind $y = 1$ und $\alpha_L = 1$.

Wir werden im Folgenden den volumetrischen Flüssigkeitsgehalt verwenden. Mit dieser Definition ergibt sich die Dichte des Ersatz-Fluids zu

$$\rho(\alpha_L) = \rho_L \cdot \alpha_L + \rho_G \cdot (1 - \alpha_L), \tag{3.142}$$

**Abb. 3.40**  Zur Annahme eines Ersatz-Fluids beim homogenen Modell

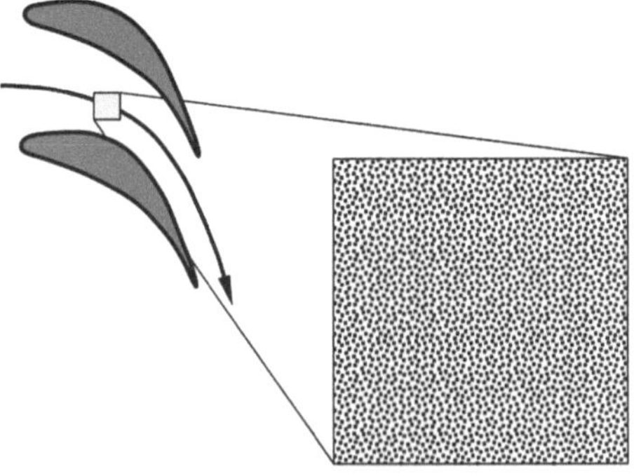

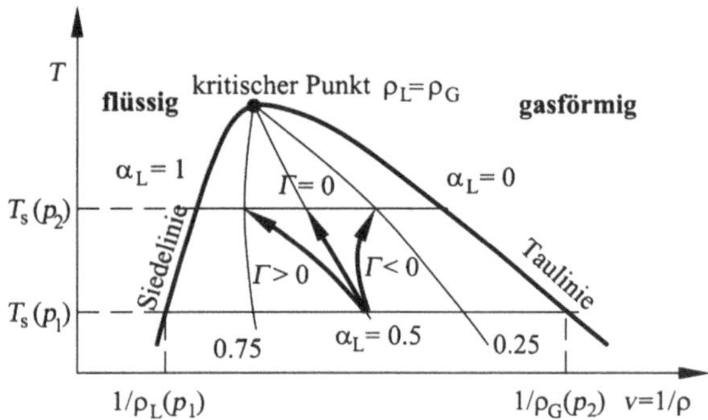


**Abb. 3.41** Thermisches Verhalten des Ersatz-Fluids für eine Einkomponenten-Zweiphasenströmung flüssig-gasförmig

worin $\rho_L$ die Dichte der Flüssigkeit und $\rho_G$ die Dichte des Gases bei den vorliegenden Sättigungsbedingungen ist. Weitere Stoffeigenschaften ergeben sich allgemein aus Mischungsformeln für Dispersionen mit einem volumetrischen Anteil $\alpha_d$ der dispersen Phase, z. B. die Taylor-Formel für die Viskosität $\mu$ des Ersatz-Fluids

$$\frac{\mu}{\mu_c} = 1 + 2{,}5 \cdot \alpha_d \frac{\mu_d + 0{,}4\mu_c}{\mu_d + \mu_c}, \tag{3.143}$$

mit den Viskositäten der dispersen Phase $\mu_d$ und der kontinuierlichen Phase $\mu_c$.

Bezüglich des thermischen Verhaltens des Ersatz-Fluids unterscheidet man zwischen dem homogenen Gleichgewichtsmodell, welches zunächst behandelt werden soll, und dem homogenen Nichtgleichgewichtsmodell. Beim Gleichgewichtsmodell sind die Temperaturen der beiden Phasen gleich, sonst ungleich.

Für eine Einkomponentenströmung (z. B. Wasser-Wasserdampf) kann unter diesen Bedingungen der thermische Zustand des Ersatz-Fluids im $p - 1/\rho$-Diagramm dargestellt werden, siehe Abb. 3.41. Wie schon erwähnt, wird anstelle des spezifischen Volumens hier die Dichte verwendet.

Das Zweiphasengebiet befindet sich unterhalb der Glockenkurve, welche über die Siedelinie $\alpha_L = 1$ in das Gebiet der reinen Flüssigkeit und über die Taulinie $\alpha_L = 0$ in das Gebiet des reinen Dampfes übergeht. Am kritischen Punkt sind die Dichten von Flüssigkeit und Dampf gleich, darunter ist die Flüssigkeitsdichte größer als die Dampfdichte. Da im Zweiphasengebiet der Sättigungszustand herrscht, sind hier der Druck $p_{\text{sat}}$ und die Temperatur $T_{\text{sat}}$ direkt einander zugeordnet.

Durch Einsetzen von (3.142) in die Kontinuitätsgleichung erhält man die Kontinuitätsgleichung für das Ersatz-Fluid, welches in zwei Anteile aufgespalten werden kann

$$\frac{\partial \alpha_L \rho_L}{\partial t} + \frac{\partial \alpha_L \rho_L u}{\partial x} + \frac{\partial \alpha_L \rho_L v}{\partial y} + \frac{\partial \alpha_L \rho_L w}{\partial z} = \Gamma, \tag{3.144}$$

$$\frac{\partial (1-\alpha_L) \rho_G}{\partial t} + \frac{\partial (1-\alpha_L) \rho_G u}{\partial x} + \frac{\partial (1-\alpha_L) \rho_G v}{\partial y} + \frac{\partial (1-\alpha_L) \rho_G w}{\partial z} = -\Gamma. \tag{3.145}$$

Diese Gleichungen besitzen die Form von Transportgleichungen für $\alpha_L \rho_L$ bzw. $(1 - \alpha_L) \cdot \rho_G$. Sie sind über den Massen-Austauschterm $\Gamma$ miteinander gekoppelt. Dieser Term kann positiv oder negativ sein. Er stellt in jeder der beiden Gleichungen einen Quell- oder Senkenterm dar.

Größe und Vorzeichen des Quellterms bestimmen sich aus der Art der Zustandsänderung sowie der Strömung. Eine Änderung von $\alpha_L \rho_L$ an einem festen Ort kann dadurch herbeigeführt werden, dass ein Phasentransport erfolgt wie er durch die linke Seite von (3.144) und (3.145) beschrieben wird, oder durch $\Gamma$, wie in Abb. 3.41 skizziert. Ein positives $\Gamma$ entspricht einer Kondensation und ein negatives $\Gamma$ einer Verdampfung. Die dabei frei werdende oder verbrauchte Wärme muss entsprechend in der Energiegleichung berücksichtigt werden.

Wir wollen Gleichgewichtsmodelle hier jedoch nicht weiter betrachten, da in der Realität meist Nichtgleichgewichtsmodelle erforderlich sind. Die Voraussetzungen waren, dass die für die Einstellung des Gleichgewichtszustands benötigte Zeit in einer Strömung auch vorhanden ist, was in der Realität meist nicht der Fall ist. Somit stellt das homogene Gleichgewichtsmodell, zumindest für thermische Prozesse, nur einen Grenzfall dar.

Sind die Temperaturen der beiden Phasen nicht gleich, so spricht man von einem thermischen Nichtgleichgewicht. Dies ist z. B. der Fall, wenn das Phasengemisch einer sehr schnellen Zustandsänderung unterworfen ist. Im obigen Beispiel der Expansion nimmt das Gas den neuen Zustand sofort ein, die im Gas enthaltenen Tropfen folgen der Zustandsänderung langsamer, da bei der Kondensation frei werdende Wärme über ihre Oberfläche abgeführt werden muss. Man bezeichnet die Tropfen als überhitzt, da sie eine höhere Temperatur besitzen als das umgebende Gas.

Entsprechend kann es in Blasenströmungen im thermischen Nichtgleichgewicht, z. B. beim unterkühlten Sieden, unterkühlte Blasen geben, die eine niedrigere Temperatur besitzen als die umgebende Flüssigkeit. Die Modellierung von Zweiphasenströmungen im thermischen Nichtgleichgewicht wird in Abschn. 3.4.5 erläutert.

### 3.4.4  Zwei-Fluid-Formulierung für Zweiphasenströmungen

Eine allgemeine Modellierung von Zweiphasenströmungen kann mit Hilfe des Zwei-Fluid-Modells erfolgen. Hierbei handelt es sich wie im vorangegangenen Kapitel um eine homogene und nicht auf Partikeln basierte Beschreibungsweise, wobei jetzt eine Relativbewegung der Phasen untereinander (Schlupf) zugelassen ist. Jede Phase, auch die disperse, wird als je ein kontinuierliches Fluid angesehen. Die beiden Fluide durchdringen einander derart, dass zu jedem Zeitpunkt an jedem Ort im Strömungsgebiet zwei Sätze von Zustandsgrößen (Geschwindigkeitsvektor, Temperatur, etc.) definiert sind, also jeweils ein Satz pro Phase. Wie wir zeigen werden, können diese als Mittelwerte von allgemeingültigen Zustandsgrößen abgeleitet werden. Für jede Phase gilt außerdem ein Satz von Erhaltungsgleichungen (Masse, Impuls und Energie). Die Gleichungssysteme der einzelnen Phasen sind über die Phasenwechselwirkungsterme miteinander gekoppelt. Ein Beispiel für die Simulation einer Zweiphasenströmung nach dem Zwei-Fluid-Modell wurde bereits in Abschn. 1.2.2 diskutiert.

Alle Strömungen, auch Zweiphasenströmungen, werden im Prinzip durch die Navier-Stokes-Gleichungen beschrieben. Wegen der großen Anzahl mikroskopisch kleiner Strukturen in Zweiphasenströmungen, z. B. blasenartige oder tropfenartige Filamente, ist es jedoch nicht möglich die diese Details für praxisrelevante Fälle numerisch aufzulösen. Die folgende Vorgehensweise der Herleitung vereinfachter Grundgleichungen ist ähnlich der Herleitung der Reynolds-Gleichungen für turbulente Strömungen und natürlich sind Zweiphasenströmungen im Allgemeinen auch turbulent. Ähnlich wie wir in Abschn. 3.3.2. die Reynolds-Gleichungen aus den Navier-Stokes-Gleichungen durch zeitliche Mittelung abgeleitet haben, werden wir nun die Grundgleichungen für Zweiphasenströmungen aus den Navier-Stokes-Gleichungen ableiten. Das dabei benötigte Werkzeug ist die Phasenmittelung.

Ohne Beschränkung der Allgemeingültigkeit nehmen wir an, dass es sich um eine Zweiphasenströmung flüssig (Index $L$) und gasförmig (Index $G$) handelt. Um die Phasenmittelung zu definieren, benötigen wir zunächst die Phasenfunktionen. Eine Phasenfunktion für die Phase $k$ (dieser Index kann die Werte $L$ und $G$ annehmen) ist in Raum und Zeit folgendermaßen definiert:

$$\varepsilon_k = 1 \qquad \text{innerhalb der Phase } k, \qquad (3.146)$$

$$\varepsilon_k = 0 \qquad \text{außerhalb der Phase } k. \qquad (3.147)$$

Es gibt also zwei Phasenfunktionen $\varepsilon_L$ und $\varepsilon_G$, die jeweils nur die Werte 1 oder 0 annehmen können und mikroskopisch an der Phasengrenzfläche jeweils springen. Außerdem gilt $\varepsilon_L + \varepsilon_G = 1$.

Trägt man nun das Zeitsignal, welches eine ortsfeste Messsonde in einer instationären Zweiphasenströmung aufzeichnet, z. B. in einem Feld aufsteigender Blasen, so erhält man den in Abb. 3.42 schematisch gezeigten Verlauf. Aufgenommen wird irgendeine Eigenschaft $\Phi$ der Phasen, z. B. die Dichte $\rho_k$ der Phase $k$ oder die Phasenfunktion. Ist $\Phi$ die Phasenfunktion, so muss die Sonde nur angeben, in welcher Phase sie sich zum Zeitpunkt t befindet und man erhält ein Rechtecksignal, welches Sprünge immer dann aufweist, wenn sich die Phasengrenzfläche über die Messposition hinweg bewegt. Ist $\Phi$ eine andere Eigenschaft, so springt das Signal zwischen den Eigenschafts-Bereichen der unterschiedlichen Phasen und kann auch dazwischen noch variieren.

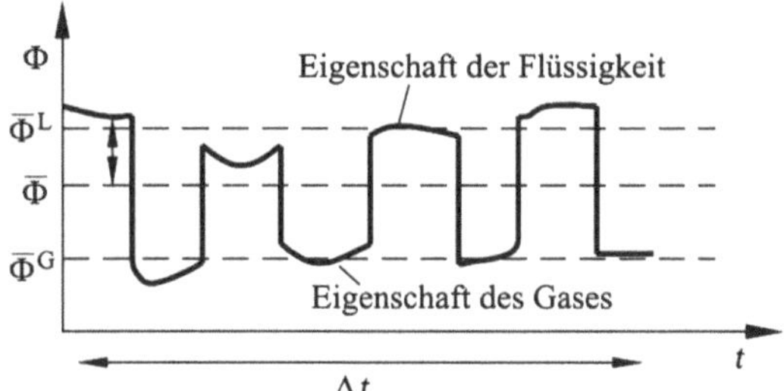


**Abb. 3.42** Zeitsignal einer Eigenschaft $\Phi$, welches eine ortsfeste Messsonde in einer instationären Zweiphasenströmung aufzeichnet

Wie bei der Ableitung der Grundgleichungen für turbulente Strömungen, nehmen wir nun eine zeitliche Mittelung über das Intervall $\Delta t$ vor, im Falle der Phasenfunktionen

$$\overline{\varepsilon}_k = \frac{1}{\Delta t} \int\limits_{t}^{t+\Delta t} \varepsilon_k\,(x,y,z,\vartheta)\;d\vartheta. \tag{3.148}$$

Auch andere Mittelungsmethoden als die zeitliche Mittelung sind möglich, z. B. die räumliche Mittelung über eine Umgebung $V$ um den Ort $x$, $y$, $z$, an dem die Mittelung durchgeführt wird:

$$\langle \varepsilon_k \rangle = \frac{1}{V} \int\limits_{V} \varepsilon_k\,\left(x',y',z',t\right)\;dx'dy'dz'. \tag{3.149}$$

Für beide Mittelungsmethoden gilt, dass die Mittelwerte unabhängig von der Wahl des jeweiligen Mittelungsintervalls $\Delta t$ oder $V$ sein müssen. Wir nehmen an, dass diese Bedingung erfüllt ist. Dann gilt

$$\overline{\varepsilon}_k = \langle \varepsilon_k \rangle = \frac{V_k}{V} = \alpha_k. \tag{3.150}$$

Diese Größen bezeichnen wir als den lokalen volumetrischen Phasengehalt und speziell für Gas-Flüssigkeits-Strömungen $\alpha_L$ als den volumetrischen Flüssigkeitsgehalt und $\alpha_G$ als den volumetrischen Gasgehalt. Diese verwenden wir wie beim homogenen Modell als neue Zustandsgrößen für die Beschreibung der Zweiphasenströmung. Sie können im Unterschied zur Phasenfunktion jeden Wert im Bereich zwischen 0 und 1 annehmen. Es gilt:

$$\alpha_L + \alpha_G = 1. \tag{3.151}$$

Um auch die weiteren Zustandsgrößen (oder Eigenschaften $\Phi$) der beiden sich gegenseitig durchdringenden Fluide zu definieren, verwenden wir wieder die Phasenfunktion. Für die Geschwindigkeitskomponenten gelte die folgende Definition eines Phasen-Mittelwertes:

$$\overline{\vec{u}}^{\,k} = \frac{1}{\overline{\varepsilon}_k \cdot \Delta t} \int\limits_{t}^{t+\Delta t} \varepsilon_k\,(\vartheta) \cdot \vec{u}\,(\vartheta)\;d\vartheta; \qquad k = L, G \tag{3.152}$$

und für die Temperatur der beiden Fluide

$$\overline{T}^{\,k} = \frac{1}{\overline{\varepsilon}_k \cdot \Delta t} \int\limits_{t}^{t+\Delta t} \varepsilon_k\,(\vartheta) \cdot T\,(\vartheta)\;d\vartheta; \qquad k = L, G. \tag{3.153}$$

Der obere „Index" $k$ in der hier verwendeten Notation ist fest mit dem Mittelungsoperator (Querbalken) verbunden und zeigt an, bezüglich welcher Phase die Mittelung vorgenommen wurde. Beim Phasenmittelwert handelt es sich um einen mit der Phasenfunktion gewichteten Mittelwert. Die Phasenmittelwerte sind auch in Abb. 3.42 dargestellt. Das Messsignal unserer ortsfesten Sonde wird mit 1 multipliziert, wenn sie sich in der zu beschreibenden Phase k befindet, sonst mit null. Es werden daher nur diejenigen Zeitintervalle für die Mittelung herangezogen, innerhalb derer sich die Sonde in der Phase $k$ befindet. Entsprechend können für beide $k$ Schwankungswerte definiert werden

$$\vec{u} = \overline{\vec{u}}^k + \vec{u}'^k \quad \text{und} \quad T = \overline{T}^k + T'^k. \tag{3.154}$$

Die Phasen-Schwankungswerte $\vec{u}'^k$ und $T'^k$ geben die momentane Abweichung vom jeweiligen Phasen-Mittelwert an. Es gilt

$$\overline{\vec{u}'^k}^k = \vec{0} \quad \text{und} \quad \overline{T'^k}^k = 0. \tag{3.155}$$

Mit der Definition der Phasenmittelwerte haben wir die Voraussetzung geschaffen, die Grundgleichungen des Zwei-Fluid-Modells aus den Navier-Stokes-Gleichungen abzuleiten. Um die Schreibweise weiter übersichtlich zu halten, bezeichnen wir die Navier-Stokes-Gleichungen mit $\vec{N} = \vec{0}$ oder ausführlich

$$\vec{N} = \frac{\partial \vec{U}}{\partial t} + \sum_{m=1}^{3} \frac{\partial \vec{F}_m}{\partial x_m} - \sum_{m=1}^{3} \frac{\partial \vec{G}_m}{\partial x_m} = \vec{0}. \tag{3.156}$$

Die Reynolds-Gleichungen für turbulente Einphasenströmung (zum Vergleich) hatten wir in Abschn. 3.3.2 durch die Reynolds-Mittelung von $\vec{N}$ erhalten:

$$\overline{\vec{N}} = \frac{1}{\Delta t} \int\limits_{t}^{t+\Delta t} \vec{N} d\vartheta = \vec{0}. \tag{3.157}$$

Mit der Anwendung der neu eingeführten Phasenmittelung folgen zunächst formell zwei Gleichungen, die jeweils die jeweiligen Phasen beschreiben. Für die flüssige Phase

$$\overline{\vec{N}}^L = \frac{1}{\overline{\varepsilon}_L \cdot \Delta t} \int\limits_{t}^{t+\Delta t} \varepsilon_L \cdot \vec{N} \cdot d\vartheta = \vec{0} \tag{3.158}$$

und für die Gasphase

$$\overline{\vec{N}}^G = \frac{1}{\overline{\varepsilon}_G \cdot \Delta t} \int\limits_{t}^{t+\Delta t} \varepsilon_G \cdot \vec{N} \cdot d\vartheta = \vec{0}. \tag{3.159}$$

Der Ansatz (3.154) muss nun noch in die Zweiphasen-Gleichungen eingesetzt werden. Die Gleichungen werden so umgeformt, dass nur noch die gewünschten Phasenmittelwerte als Zustandsgrößen erscheinen. Diese werden in den Zustandsgrößenvektoren der beiden Phasen zusammengefasst:

$$
\vec{\overline{U}}^{L} =
\begin{bmatrix}
\alpha_L\,\overline{\rho}^{L} \\
\alpha_L\,\overline{u}_1^{L} \\
\alpha_L\,\overline{u}_2^{L} \\
\alpha_L\,\overline{u}_3^{L} \\
\alpha_L\,e_{\text{tot}}^{2\varphi,L}
\end{bmatrix}
\quad \text{und} \quad
\vec{\overline{U}}^{G} =
\begin{bmatrix}
\alpha_G\,\overline{\rho}^{G} \\
\alpha_G\,\overline{u}_1^{G} \\
\alpha_G\,\overline{u}_2^{G} \\
\alpha_G\,\overline{u}_3^{G} \\
\alpha_G\,e_{\text{tot}}^{2\varphi,G}
\end{bmatrix} .
\tag{3.160}
$$

Die Umformung wird am Beispiel der 1. Komponente von $\vec{\overline{N}}$, der Kontinuitätsgleichung erläutert. Sie lautet allgemein:

$$
\frac{\partial \rho}{\partial t} + \nabla(\rho\,\vec{u}) = 0
\tag{3.161}
$$

und phasengemittelt

$$
\overline{\varepsilon_k\left(\frac{\partial \rho}{\partial t} + \nabla(\rho\,\vec{u})\right)} = 0.
\tag{3.162}
$$

Durch Umformen erhält man

$$
\overline{\varepsilon_k\frac{\partial \rho}{\partial t}} + \overline{\varepsilon_k\nabla(\rho\,\vec{u})} = \frac{\overline{\partial(\varepsilon_k\cdot\rho)}}{\partial t} - \overline{\rho\frac{\partial \varepsilon_k}{\partial t}} + \overline{\nabla(\varepsilon_k\rho\,\vec{u})} - \overline{\rho\,\vec{u}\nabla\varepsilon_k} = 0
\tag{3.163}
$$

und weiter

$$
\frac{\overline{\partial(\varepsilon_k\cdot\rho)}}{\partial t} + \overline{\nabla(\varepsilon_k\rho\,\vec{u})} = \Gamma_k \quad \text{mit} \quad \Gamma_k = \overline{\rho\frac{\partial \varepsilon_k}{\partial t} + \rho\,\vec{u}\nabla\varepsilon_k}.
\tag{3.164}
$$

Die rechte Seite wird als Massenquelle oder -Senke $\Gamma_k$ aufgefasst, wobei gilt $\Gamma_L = -\Gamma_G$. Dieser Term beschreibt den Massenaustausch zwischen den Phasen, wie er z. B. bei Verdampfung oder Kondensation auftritt. Er hängt von den Momentanwerten $\varepsilon_k$, $\rho$ und $\vec{u}$ somit von den Details der Strömung ab. Da diese unbekannt sind, muss $\Gamma_k$ modelliert werden.

Im Folgenden beschränken wir uns auf inkompressible Strömungen, bei denen die Dichte $\rho$ für die beiden Phasen die jeweils gegebenen Werte $\rho_L$ und $\rho_G$ besitzen. Die Phasen-Kontinuitätsgleichungen lauten

$$
\rho_k\left\{\frac{\partial \alpha_k}{\partial t} + \nabla\left(\alpha_k\,\vec{\overline{u}}^{k}\right)\right\} = \Gamma_k, \qquad k = \text{L}, \text{G}
\tag{3.165}
$$

und die Phasen-Impulsgleichungen in Koordinatenrichtung $m = 1, 2, 3$:

$$
\rho_k\left\{\frac{\partial\left(\alpha_k\overline{u}_m^{k}\right)}{\partial t} + \nabla\left(\alpha_k\,\vec{\overline{u}}^{k}\,\overline{u}_m^{k}\right)\right\} = -\alpha_k\frac{\partial p}{\partial x_m} + \nabla\left[\alpha_k\left(\underline{\underline{\overline{\tau}}}^{k} + \underline{\underline{\tau}}^{Re,k}\right)\right]_m
$$
$$
+ \overline{u}_m^{k}\,\Gamma_k + f_{k,m} + M_{k,m}.
\tag{3.166}
$$

Darin sind $M_{k,m}$ die Komponenten eines Impuls-Austauschvektors $\vec{M}_k$. Dieser hängt wieder von den unbekannten Details der Strömung ab (hier nicht gezeigt) und muss modelliert werden. Der Term $\overline{u}_m^k \Gamma_k$ stellt den Impulsübertrag der zwischen den Phasen ausgetauschten Masse dar. Der Term

$$f_{k,3} = \alpha_k g(\rho_k(1 - \beta_k(\overline{T}^k - T_0)) - \rho_0), \quad f_{k,1} = f_{k,2} = 0 \qquad (3.167)$$

ist ein Auftriebsterm.

Weiterhin erscheinen die Reynolds-Spannungen $\underline{\underline{\tau}}^{Re,k}$ der einzelnen Phasen, welche ebenfalls modelliert werden müssen. Ebenso wie in Einphasenströmungen muss die Wirkung der turbulenten Schwankungsbewegungen auf jede Phase modelliert werden. Dies kann durch zwei voneinander unabhängige Turbulenzmodelle erfolgen, da in (3.166) für die Phase $k$ nur die Reynolds-Spannungen derselben Phase enthalten sind. Häufig werden in praktischen Anwendungen Turbulenzmodelle nur für die kontinuierliche Phase verwendet. Dies ist insbesondere dann gerechtfertigt, wenn es sich um Strömungen mit geringem volumetrischen Gehalt der dispersen Phase handelt, da man annehmen kann, dass die Wechselwirkung zwischen den Partikeln untereinander gering ist und somit auch kein turbulenter Transport innerhalb der Partikelphase möglich ist. Eine andere Möglichkeit ist die Vernachlässigung des Schlupfes für die Wirkung der Turbulenz und die Verwendung eines einzigen Turbulenzmodells für beide Phasen gemeinsam, ähnlich wie beim homogenen Modell.

Wir diskutieren zunächst isotherme Zweiphasenströmungen, für deren Simulation die Energiegleichung nicht benötigt wird. Wenn es sich um eine Einkomponenten-Strömung handelt (z. B. Wasser/Wasserdampf) kann sich diese Strömung nur auf Sättigungstemperatur befinden, bei einer Zweikomponentenströmung (z. B. Wasser/Luft) ist die Temperatur innerhalb der Grenzen für die Aggregatzustände wählbar. Die Strömung wird durch das System von neun (3.151), (3.165) und (3.166) beschrieben. Dieses System enthält nach Gleichsetzen der beiden Drücke (mechanisches Gleichgewicht) die neun Unbekannten

$$\alpha_L, \quad \alpha_G, \quad \overline{u_1}^L, \quad \overline{u_2}^L, \quad \overline{u_3}^L, \quad \overline{u_1}^G, \quad \overline{u_2}^G, \quad \overline{u_3}^G, \quad p.$$

Der Druckgradient ist in (3.166) entsprechend des volumetrischen Phasengehalts bereits auf die beiden Phasen aufgeteilt worden.

Bei nichtisothermen Zweiphasenströmungen mit Wärmetransport müssen zusätzlich die Energiegleichungen berücksichtigt werden:

$$\rho_k\, c_{vk} \left\{ \frac{\partial \left( \alpha_k \overline{T}^k \right)}{\partial t} + \nabla \left( \alpha_k \, \overline{\vec{u}}^k \, \overline{T}^k \right) \right\} = \nabla \left[ \alpha_k \left( \overline{q}^k + \overline{q}^{Re,k} \right) \right] + \overline{e}_{\text{tot}}^k \, \Gamma_k + E_k. \qquad (3.168)$$

Darin wurde die kinetische Energie vernachlässigt und kalorisch ideale Fluide mit jeweils konstanter Wärmekapazität $c_{vk}$ angenommen. Der Term

$$\overline{e}_{\text{tot}}^k \, \Gamma_k \quad \text{mit} \quad \overline{e}_{\text{tot}}^k = c_{vk} \overline{T}^k + 1/2 (\overline{\vec{u}}^k)^2 \qquad (3.169)$$

bedeutet den Energieübertrag der ausgetauschten Masse und $E_k$ ist ein Phasenwechselwirkungsterm, welcher modelliert werden muss. Er enthält auch die bei Verdampfung oder Kondensation jeweils verbrauchte oder frei werdende Wärmemenge.

Für die Schließung des Gleichungssystems werden somit Zweiphasen-Turbulenzmodelle sowie ein Phasenwechselwirkungsmodell, welches die Wechselwirkungsterme bezüglich Masse, Impuls und Energie modelliert, benötigt. Diese Modelle hängen vom jeweils vorherrschenden physikalischen Charakter der zu modellierenden Zweiphasenströmung ab.

Die Zwei-Fluid Formulierung der Grundgleichungen für Zweiphasenströmungen wird immer dann verwendet, wenn die Relativgeschwindigkeit (Schlupf) zwischen den Phasen eine Rolle spielt. Ein Beispiel ist die in Abschn. 1.2.2 besprochene Blasenfahne, bei der die Gasgeschwindigkeit die Geschwindigkeit der aufsteigenden Blasen bedeutet.

### 3.4.5 Modelle für Blasenströmungen

Obwohl das Zwei-Fluid-Modell im Prinzip alle Zweiphasenströmungen beschreibt, sind Modelle derzeit nur für Strömungen mit Blasen weit entwickelt. Modelle für andere Strömungsformen, z. B. Tropfenströmungen, Schichtenströmung mit Oberflächenwellen oder Festpartikelströmungen, befinden sich in der Entwicklung. Wir beschränken uns im Weiteren daher auf Zweiphasenströmungen mit Blasen, wie sie bei Blasensäulen in der Verfahrenstechnik und bei Siede- und Kavitationsvorgängen in der Energietechnik von Bedeutung sind.

Da es sich beim Zwei-Fluid-Modell in Bezug auf die Blasen um eine makroskopische Betrachtung handelt, werden ihre Eigenschaften stets insgesamt für eine Anzahl von Blasen betrachtet. Wir definieren die Anzahldichte

$$n = \lim_{V \to V'} \frac{N}{V} \tag{3.170}$$

als den Grenzwert der Blasenanzahl N in einem Kontrollvolumen $V$, wenn $V$ gegen das kleinstmöglich sinnvolle Kontrollvolumen $V'$ (in dem sich noch eine nennenswerte Anzahl von Blasen befindet) geht. Die Anzahldichte besitzt somit die Dimension $1/L^3$. Sie dient zur Umrechnung der Eigenschaften von Einzelblasen in die makroskopische Beschreibungsweise unter der Annahme, dass alle in einem Kontrollvolumen befindlichen Blasen die gleichen Eigenschaften besitzen. Diese Eigenschaften können aber durchaus räumlich und zeitlich variieren.

Der Zusammenhang zwischen dem volumetrischen Gasgehalt $\alpha_G$, der Anzahldichte $n$ und dem Blasendurchmesser $d_B$ als kugelförmig angenommener Blasen ist

$$\alpha_G = n \cdot \frac{\pi}{6} d_B^3 \Leftrightarrow n = \alpha_G \frac{6}{\pi d_B^3} \Leftrightarrow d_B = \sqrt[3]{\frac{6\alpha_G}{\pi n}}. \tag{3.171}$$

Wenn entweder der Blasendurchmesser oder die Anzahldichte vorgegeben werden, so kann aus dieser Gleichung der jeweils andere Parameter berechnet werden, denn $\alpha_G$ ist in unserem Gleichungssystem ohnehin enthalten. Welche Version (mit $d_B =$ const. oder mit $n =$ const.) zutreffend ist, hängt von den physikalischen Gegebenheiten ab. Beide Versionen stellen nur eine Näherung dar. In der Realität ist keine der beiden Größen konstant. Oft kann aber die Annahme eines mittleren Blasendurchmessers sinnvoll sein, z. B. bei Siedevorgängen, bei denen sich Blasen erst aufgrund ihres eigenen Auftriebs von der Wand ablösen, wenn sie einen Mindestdurchmesser erreicht haben. Die Version mit konstanter Anzahldichte ist eher sinnvoll, wenn Blasen ausgehend von Keimstellen im Strömungsfeld anwachsen, wie dies z. B. bei Kavitationsvorgängen oder beim Volumensieden der Fall ist.

Das Phasenwechselwirkungsmodell kann nun formuliert werden. Wir beginnen mit dem Impulsaustauschterm, welches wie in Abschn. 3.4.2 mit den an Blasen angreifenden Kräften formuliert wird:

$$\vec{M}_G = -\vec{M}_L = n \cdot \sum \vec{F}_i. \tag{3.172}$$

Darin sind $\vec{F}_i$ die an einer Einzelblase angreifenden Kräfte. Durch Multiplikation mit der Anzahldichte wird diese Größe auf eine Kraft pro Volumen umgerechnet, wie es für die makroskopische Formulierung des Zwei-Fluid-Modells erforderlich ist.

Für die Widerstandskraft folgt in Vektorschreibweise

$$\vec{F}_D = c_D \frac{\rho_L}{2} \left| \overline{\vec{u}}^G - \overline{\vec{u}}^L \right| \left( \overline{\vec{u}}^G - \overline{\vec{u}}^L \right) \cdot \frac{\pi}{4} d_B^2 \tag{3.173}$$

mit dem Widerstandsbeiwert $c_D$ einer Einzelblase, der Dichte der Flüssigkeit $\rho_L$ und der Relativgeschwindigkeit $\overline{\vec{u}}^G - \overline{\vec{u}}^L$ zwischen den beiden Phasen. Mit Hilfe von (3.171) lässt sich in dem Ausdruck für den Impulsaustausch (2.253) entweder die Anzahldichte eliminieren

$$\vec{M}_G = c_D \frac{3\alpha_G \rho_L}{4 d_B} \left| \overline{\vec{u}}^L - \overline{\vec{u}}^G \right| \left( \overline{\vec{u}}^L - \overline{\vec{u}}^G \right) \tag{3.174}$$

oder der Blasendurchmesser

$$\vec{M}_G = n \cdot c_D \frac{\rho_L}{2} \left| \overline{\vec{u}}^L - \overline{\vec{u}}^G \right| \left( \overline{\vec{u}}^L - \overline{\vec{u}}^G \right) \cdot \frac{\pi}{4} \left( \frac{6\alpha_G}{\pi n} \right)^{\frac{2}{3}}, \tag{3.175}$$

so dass nur noch die jeweils andere Größe als vorzugebender Parameter erscheint. Weitere Kräfte können analog zu den Erläuterungen in Abschn. 3.4.2 vorgegeben werden. Die Koeffizienten, wie z. B. der Widerstandskoeffizient, der dynamische Auftriebskoeffizient oder der Koeffizient der virtuellen Masse können wie beim Euler-Lagrange-Modell nun leicht als Funktionen unserer ohnehin verwendeten Modellierungsparameter, z. B. $d_B$, abhängig gemacht werden. Ein Vorteil der Zwei-Fluid-Formulierung besteht darin, dass für die Modellierung von dichten Blasenströmungen (bei denen eine Wechselwirkung zwischen benachbarten Blasen besteht) auch der volumetrische Gasgehalt zu Verfügung steht. Dies ist beim Euler-Lagrange Modell nicht der Fall.

Beispielsweise ist eine Approximation des Koeffizienten der virtuellen Masse $c_{vm}$ für dichte Blasenströmungen durch

$$c_{vm} = 0{,}5 + 1{,}63 \cdot \alpha_G + 3{,}85 \cdot \alpha_G^2 \quad \text{für} \quad \alpha_G < 0{,}4 \tag{3.176}$$

gegeben. Diese Näherung wurde durch Direkte Numerische Simulation unter Auflösung der Phasengrenzfläche und Berücksichtigung gegenseitiger Wechselwirkung ermittelt.

Als nächstes wollen wir ein einfaches Modell für den kombinierten Massen und Energieaustausch (Wärme) zwischen den Phasen betrachten. Es handelt sich um die Re-Kondensation von Dampfblasen in einer Einkomponentenströmung, wie sie beim unterkühlten Sieden oder bei der Direktkontakt-Kondensation einer Blasensäule in einem Behälter auftritt. Die Temperatur der Flüssigkeit liege unterhalb der Sättigungstemperatur (diejenige Temperatur, bei der beide Aggregatzustände möglich sind). An der Oberfläche aufsteigender Blasen findet Kondensation statt, die dabei frei werdende Wärme wird an die Flüssigkeit abgegeben und erwärmt diese.

Die Oberflächen aller Blasen befinden sich definitionsgemäß auf Sättigungstemperatur, welche lokal variieren kann, da sie vom Druck abhängt. Die Sättigungstemperatur für Wasser kann durch die Antoine-Gleichung angenähert werden:

$$T_{\text{sat}} = \frac{B}{A - \log \frac{\bar{p}}{1000}} - C. \tag{3.177}$$

Sie liefert mit $\bar{p}$ in hPa und $A = 8{,}196$, $B = 1730{,}63\,\text{K}$, $C = 233{,}426\,\text{K}$ die Temperatur $T_{\text{sat}}$ in °C. Der in den Blasen befindliche Dampf kann sich auf einer höheren Temperatur befinden als die Phasengrenzfläche, dann wird Wärme vom Blaseninnern zur Grenzfläche transportiert. Mit der oben getroffenen Annahme über die Temperatur der umgebenden Flüssigkeit wird außerdem Wärme von der Phasengrenzfläche nach außen transportiert. Je nachdem, ob Wärme zur Grenzfläche hin oder von ihr weg transportiert wird, erfolgt Verdampfung oder Kondensation. Da der Wärmetransport mit Wärmewiderständen verbunden ist, welche z. B. die um die Blasen herum befindliche Temperaturgrenzschicht bildet, spricht man in allgemeinen Fall von einem Modell mit zwei Wärmewiderständen (Kehrwerte der Wärmeübergangskoeffizienten).

Wir wollen vereinfachend eine Situation annehmen, die für die meisten Simulationsrechnungen ausreicht. Das in den Blasen befindliche Gas befindet sich ebenso wie die Phasengrenzfläche auf Sättigungstemperatur. Wenn das Volumen und die Wärmekapazität von Blasen gering sind, ist diese Annahme zutreffend. Dieses entspricht dem Fall, dass der Wärmewiderstand nach innen null ist. Der Wärmeübergang $\alpha_{HT}$ nach außen wird durch die Ranz-Marshall-Formel beschrieben:

$$\alpha_{HT} = \frac{\lambda_L}{d_B} \left( 2 + 0{,}6 Re^{0{,}5} \cdot Pr_L^{0{,}33} \right) \quad \text{mit} \quad Re = \frac{d_B \cdot |\vec{u}^L - \vec{u}^G|}{v_L}. \tag{3.178}$$

Diese Beziehung wurde ursprünglich für kugelförmige Tropfen entwickelt, kann aber auch für Blasen angewendet werden. Ihr liegt die Vorstellung zugrunde, dass die Blase mit der Relativgeschwindigkeit zwischen den Phasen angeströmt wird und dass sich um die Blase eine Temperaturgrenzschicht bildet. Mit Kenntnis des Wärmeübergangskoeffizienten kann nun der Quell-/Senkenterm für die Phasen-Energiegleichungen bestimmt werden:

$$E_L = n \cdot \alpha_{HT} \pi \, d_B^2 \cdot \left( \overline{T}^L - T_{\text{sat}} \right), \qquad E_G = 0, \tag{3.179}$$

wobei wieder die Anzahldichte $n$ für die Umrechnung der Verhältnisse an einer Blase auf die volumenbezogene Formulierung verwendet wird. Die Größen $n$ oder $d_B$ können je nach verwendeter Modellvariante (Blasendurchmesser oder Anzahldichte konstant) wieder mit Hilfe von (3.171) eliminiert werden.

$E_L$ ist positiv, wenn die Flüssigkeit eine höhere Temperatur als die Sättigungstemperatur besitzt, sonst negativ. Damit können sowohl Verdampfung als auch Kondensation unter Nichtgleichgewichtsbedingungen modelliert werden. Der Massenübergang wird

$$\Gamma_L = \frac{E_L}{\rho_L \cdot \Delta h_{LG}} = -\Gamma_G, \tag{3.180}$$

mit der spezifischen Verdampfungsenthalpie $\Delta h_{LG}$. Im Prinzip kann das vorgestellte Modell auch auf Tropfenströmungen übertragen werden.

Wie bereits im vorangegangenen Kapitel diskutiert, können die Blasen einen bedeutenden Einfluss auf die Turbulenz ausüben. Allein aufgrund ihrer Verdrängungswirkung verursachen sich bewegende Blasen selbst in sonst laminaren Strömungen eine Fluktuation, die so genannte Pseudo-Turbulenz. Große Blasen besitzen einen turbulenten Nachlauf und bewegen sich wegen der instationären Einflüsse dieses Nachlaufs sowie aufgrund ihrer Verformbarkeit auf komplizierten oft ineinander verschlungenen Trajektorien. Diese Einflüsse können nicht exakt berechnet werden und sind daher mit Hilfe empirischer Zweiphasen-Turbulenzmodelle zu modellieren.

Ein einfacher Ansatz für Wirbelviskositätsmodelle besteht in der Überlagerung der scherspannungs-induzierten Wirbelviskosität $\mu_{T,Si}$, die aus einem Einphasen-Turbulenzmodell für die Flüssigkeit mit einer blaseninduzierten Wirbelviskosität $\mu_{T,Bi}$ zu

$$\mu_T = \mu_{T,Si} + \mu_{T,Bi} \tag{3.181}$$

wird. Der zusätzliche Anteil ist für Rohrströmungen nach dem Modell von Sato

$$\mu_{T,BI} = 0{,}6 \cdot d_B \cdot \left| \vec{u}^L - \vec{u}^G \right| \cdot \alpha_G, \tag{3.182}$$

welches die Blasengröße, die Relativgeschwindigkeit und den Gasgehalt verwendet.

Ein anderer Ansatz besteht darin, die Transportgleichungen für die Zweiphasen-Reynoldsspannungen

$$\tau_{ij}^{Re,L} = -\alpha_L \rho_L \overline{u_i'^L u_j'^L}^L \tag{3.183}$$

abzuleiten und zu modellieren. Diese lauten formell für die flüssige Phase:

$$\alpha_L \left( \frac{\partial \tau_{ij}^{Re,L}}{\partial t} + \overline{u}_k \frac{\partial \tau_{ij}^{Re,L}}{\partial x_k} \right) = \alpha_L \underbrace{\left( P_{ij} - \varepsilon_{ij} - \Pi_{ij} + D_{ij} \right)}_{\text{flüssige Phase}}$$

$$\underbrace{+ \left( D_{ij,2Ph} - D_{ij} \right) \cdot \nabla \alpha_L}_{\text{Diffusion}} + \underbrace{P_{ij,2Ph}}_{\text{Produktion}}$$
$$\text{aufgrund der zweiten Phase}$$

wobei auf der linken Seite der Term mit der Bezeichnung Konvektion steht. (3.184)

Darin entsprechen die linke Seite sowie die erste Klammer auf der rechten Seite den Transportgleichungen für Einphasenströmung. Die weiteren Terme ergeben sich durch die Anwesenheit einer zweiten Phase. Die Wirkung der zweiten Phase besteht in einer zusätzlichen turbulenten Diffusion sowie einer zusätzlichen Produktion (Index *2Ph*). Entsprechend kann auch je eine Gleichung für die Dissipation sowie für die turbulente kinetische Energie abgeleitet werden, welche wiederum Zusatzterme enthalten. Diese Zusatzterme zu modellieren ist Aufgabe der Zweiphasen-Turbulenzmodellierung.

In dem Zweiphasen k-$\varepsilon$ Modell von Lopez de Bertodano wird eine zusätzliche Produktion von $K$ aus der Leistung der Widerstandskraft der aufsteigenden Blasen berechnet:

$$P_{k,2Ph} = -0{,}04 \cdot C_D \frac{\pi d_B^2}{4} \frac{\rho_L}{2} \left( \overline{u}^G - \overline{u}^L \right)^3 , \tag{3.185}$$

wobei *0,04* ein empirischer Faktor ist.

## Literatur

### Bücher zur Turbulenzmodellierung

1. Piquet, J.: Turbulent flows-model and physics. Springer, Berlin Heidelberg New York (1999)
2. Rodi, W.: Turbulence models and their application in hydraulics. Balkema Publishers, Rotterdam (1993)
3. Sagaut, P.: Large Eddy simulation for incompressible flows. Springer, Berlin Heidelberg New York (1998)
4. Sreenivasan, K.R., Oertel jr., H.: Instabilitäten und Turbulente Strömungen. In: Oertel jr., H. (Hrsg.) Prandtl – Führer durch die Strömungslehre. Springer, Wiesbaden (2013)
5. Sreenivasan, K.R., Oertel jr., H.: Instabilities and turbulent flows. In: Oertel jr., H. (Hrsg.) Prandtl – essentials of fluid mechanics. Springer, New York (2010)
6. Wilcox, D.C.: Turbulence modeling for CFD, 2. Aufl. DCW Industries, La Canada (2004)

### Bücher zur Modellierung von Zweiphasenströmungen

7. Crowe, C., Sommerfeld, M., Tsuji, Y.: Multiphase flows with droplets and particles. CRC Press, New York London (1998)
8. Drew, D.A., Passman, S.L.: Theory of multicomponent fluids. Applied mathematical Sciences 135. Springer, New York (1999)

9. Ishii, M., Hibiki, T.: Thermo-fluid dynamics of two-phase flow. Springer, New York (2006)
10. Michaelides, E.E.: Particles, bubbles & drops. World Scientific, New Jersey, London (2006)
11. Prosperetti, A., Tryggvason, G.: Computational methods for multiphase flow. Cambridge University Press, Cambridge (2007)

Die relativ junge Disziplin der Numerischen Strömungsmechanik hat sich in den letzten Jahren schnell weiterentwickelt. Dabei wurden leistungsfähige aber auch komplexe Lösungsmethoden bereitgestellt, welche die Forderungen der Anwender nach hoher Effizient, guten Stabilitäts- und Konvergenzeigenschaften sowie der Eignung für Hochleistungs-Parallelrechner erfüllen. Gleichzeitig sind physikalische Modelle für immer komplexer werdende technische Vorgänge wie z. B. die im vorangegangenen Kapitel diskutierten Zweiphasenströmungen entwickelt. Dies hat, verbunden mit den heute möglichen komplexen Geometrien, zu einer außerordentlichen Komplexität der Rechenprogramme geführt, verbunden mit vielerlei möglichen Fehlerquellen. Die Kontrolle von Fehlern, Abweichungen, und Unsicherheiten, wie sie bei jeder Lösungsmethode in Ingenieurwesen auftreten, hat auch in der Numerischen Strömungssimulation zu der Entwicklung von Prozeduren geführt, mit denen die Qualität und die Genauigkeit von Simulationsrechnungen gesichert oder beurteilt werden können. Diese sind für verschiedene Anwendungsdisziplinen in Handlungsanweisungen oder -richtlinien (Best-Practice Guidelines) formuliert worden.

## 4.1 Anforderungen

Um die Notwendigkeit einer Qualitäts- und Fehlerkontrolle zu verstehen, wollen wir zunächst Anforderungen diskutieren, welche sich aus ingenieurtechnischen Aufgabenstellungen ergeben. Insbesondere müssen mögliche Fehlerquellen identifiziert und die Größe der Fehler eingegrenzt werden, ebenso wie dies bei experimentellen Methoden selbstverständlich ist.

© Springer Fachmedien Wiesbaden GmbH, ein Teil von Springer Nature 2018
E. Laurien, H. Oertel jr., *Numerische Strömungsmechanik*,
https://doi.org/10.1007/978-3-658-21060-1_4

### 4.1.1 Fehler und Genauigkeit

Wir wollen den Begriff „Fehler" als eine Abweichung des Simulationsergebnisses von einem bekannten oder erwarteten Ergebnis verstehen. Eine Numerische Simulation ist nur dann hilfreich für einen Entwurf, wenn die Größenordnung des Fehlers angegeben werden kann. Sie ist nie exakt, sondern bedeutet immer eine Näherung.

Ein Dokument, welches nützliche Hinweise für die Fehlerkontrolle und auch die im Folgenden dargestellte Systematik enthält, sind die Best-Practice Guidelines, welche die Organisation ERCOFTAC (European Research Community of Flow, Turbulence and Combustion) im Jahre 2000 herausgegeben hat.

Wie in Abschn. 1.1.2 erläutert, kann die Vorgehensweise der Numerischen Strömungsmechanik in zwei Schritte unterteilt werden. Mit diesen Schritten sind jeweils unterschiedliche Fehlerarten verbunden:

- Bei der Modellierung wird die reale Strömung durch ein mathematisch-physikalisches Modell in Form eines Anfangs-Randwertproblems näherungsweise abgebildet. Der damit verbundene Fehler ist der Modellfehler (Modellunsicherheit). Der Modellfehler ist definiert als die Differenz zwischen der realen Strömung und der exakten Lösung der Modellgleichungen.
- Bei der numerischen Integration wird eine numerische Näherungslösung des Anfangs-Randwertproblems berechnet. Der damit verbundene Fehler ist der numerische Fehler. Der numerische Fehler ist definiert als die Differenz zwischen der exakten Lösung der Modellgleichungen und einer numerischen Näherungslösung.

Der Modellfehler und der numerische Fehler lassen sich klar voneinander trennen! Es ist das Ziel, beide Fehler einzugrenzen. Dabei müssen unterschiedliche Disziplinen zu Rate gezogen werden. Modelle werden meist von Spezialisten der jeweiligen Fachgebiete, welche oft auch Experimente durchführen, entwickelt. Für eine fundierte Modellentwicklung und Modellbewertung, z. B. auf dem Gebiet der Zweiphasenströmung, müssen die physikalischen Vorgänge, z. B. das Verhalten von Blasen und Blasenschwärmen, verstanden sein. Für eine fundierte Entwicklung und Bewertung numerischer Methoden müssen die mathematischen Eigenschaften von Methoden und Algorithmen verstanden werden.

Diese Aufgaben sind sehr unterschiedlich und verlangen deshalb unterschiedliche Methoden der Fehlerkontrolle. Man unterscheidet folgende Methoden:

- Bei der Validierung handelt es sich um eine Prozedur, welche sicherstellt, dass das verwendete mathematisch-physikalische Modell (Turbulenzmodell, Zweiphasenmodell) die Realität richtig beschreibt, d. h. die richtigen Gleichungen verwendet werden. Durch die Validierung wird der Modellfehler durch Vergleich mit Experimenten kontrolliert.

- Bei der Verifikation handelt es sich um eine Prozedur, welche sicherstellt, dass die zugrunde liegenden Gleichungen des verwendeten mathematisch-physikalischen Modells richtig gelöst werden. Durch die Verifikation wird der numerische Fehler kontrolliert.
- Bei der Kalibrierung werden die „freien" Parameter eines CFD-Codes, z. B. Zeit- oder Raumschrittweiten oder die Parameter eines Turbulenzmodells, so eingestellt, dass interessierende integrale Parameter für spezielle Strömungsprobleme und Geometrien richtig vorhergesagt werden, z. B. für Optimierungsrechnungen. Oder die Koeffizienten eines Modells werden so bestimmt, dass bestmögliche Übereinstimmung mit Experimenten erzielt wird. Diese Methode ist allerdings nicht zu empfehlen, da sie weder auf physikalischem noch mathematischem Verständnis beruht. Sie sollte nur behelfsweise angewendet werden, wenn es mangels Wissen über die physikalischen oder mathematischen Details keine andere Möglichkeit gibt.

Die numerische Strömungssimulation wird sowohl in der grundlegenden Erforschung von Strömungsvorgängen (Strömungsphysik) als auch im Entwurf oder der Nachrechnung im Ingenieurwesen angewendet. Im Folgenden wollen wir zunächst die Anforderungen formulieren, welche diese beiden Anwendungsdisziplinen an die Numerische Strömungsmechanik stellen.

## 4.1.2 Anforderungen der Strömungsphysik

Ein Ziel der strömungsphysikalischen Forschung ist es, die strömungsmechanischen und thermischen Vorgänge turbulenter Strömungen und Mechanismen im Detail zu beschreiben und zu verstehen. In Bezug auf die Turbulenz sind heute viele Fragestellungen noch weitgehend ungeklärt, z. B. wie genau die Struktur der Turbulenz beschrieben werden kann, wie sich die Turbulenz in unterschiedlichen Strömungen (Scherschichten, Freistrahlen, Turbulenz in Wandnähe) unterscheidet und wie sie durch ein „universelles" Turbulenzmodell modelliert werden kann.

Weitere Fragen betreffen die gezielte Beeinflussung der Turbulenz oder die Mechanismen ihrer Entstehung (Transition). Der aktuelle Stand der Forschungsergebnisse wird in H. Oertel jr, 2013: *Prandtl – Führer durch die Strömungslehre* beschrieben.

Um diese Fragen zu klären, wird neben Experimenten heute zunehmend die Direkte Numerische Simulation, siehe Abschn. 3.3.1, eingesetzt. In diesem Zusammenhang sind die Navier-Stokes-Gleichungen, auf denen ein DNS beruht, nicht als Modell angesehen. Wir können voraussetzen, dass diese turbulente Strömungen exakt beschreiben. Dagegen können die Eigenschaften der Turbulenz nicht durch Untersuchungen mit Turbulenzmodellen (RANS oder LES) erforscht werden, allenfalls die Eigenschaften dieser Modelle.

Um einen Beitrag der Strömungsphysik zum Verständnis und zur Weiterentwicklung von Turbulenzmodellen zu verdeutlichen, betrachten wir die ausgebildete turbulente Rohrströmung und ihre DNS. Da alle Fluktuationen nun als Funktion von Raum und Zeit bekannt sind, können die Terme der Transportgleichungen für die Turbulenz, z. B. die

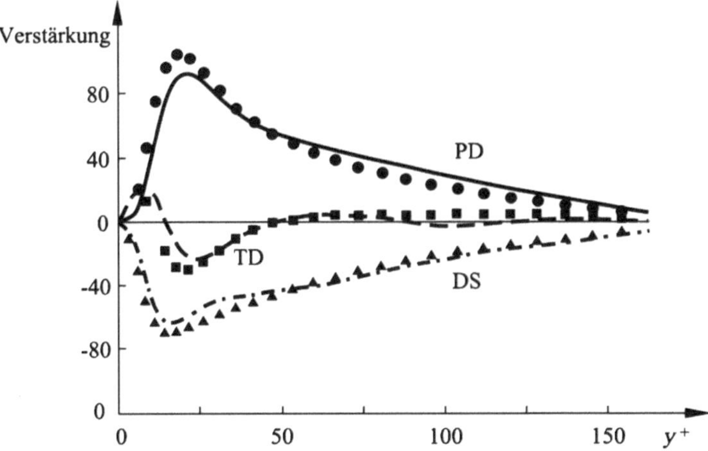



**Abb. 4.1** Auswertung der einzelnen Terme der (4.1) aus einer DNS für die ausgebildete Rohrströmung als Funktion des Wandabstands in Wandeinheiten. PD: Produktion, TD: Turbulente Diffusion, DS: Dissipation

$K$-Gleichung mit ihren einzelnen Anteilen

$$\rho\frac{\partial K}{\partial t} + \rho\overline{u}_j\frac{\partial K}{\partial x_j} = \underbrace{-\rho\overline{u'_i u'_j}\frac{\partial \overline{u}_i}{\partial x_j}}_{} + \underbrace{\frac{\partial}{\partial x_j}\left[\mu\frac{\partial K}{\partial x_j} - \frac{1}{2}\rho\overline{u'_i u'_i u'_j} - \overline{p'u'_j}\right]}_{} - \underbrace{\mu\overline{\frac{\partial u'_i}{\partial x_j}\frac{\partial u'_i}{\partial x_j}}}_{}.$$

$$\qquad\underbrace{\phantom{\rho\frac{\partial K}{\partial t} + \rho\overline{u}_j\frac{\partial K}{\partial x_j}}}_{\text{Konvektion}}\qquad\underbrace{\phantom{-\rho\overline{u'_i u'_j}\frac{\partial \overline{u}_i}{\partial x_j}}}_{\text{Produktion}}\qquad\qquad\underbrace{\phantom{xxxxxxxxxxx}}_{\text{Diffusion}}\qquad\qquad\underbrace{\phantom{xxxx}}_{\text{Dissipation}}$$

Konvektion    Produktion                Diffusion              Dissipation

$$\tag{4.1}$$

ausgewertet werden, siehe dazu Abb. 4.1.

Das Ergebnis gibt z. B. Aufschluss darüber, wie groß die Transportterme der Konvektion und der Diffusion im Vergleich zu den übrigen Termen sind. Die Auswertung ergibt, dass die Konvektion vernachlässigbar klein ist, jedoch eine Diffusion auftritt, welche in Richtung des Maximums der turbulenten kinetischen Energie, markiert durch die gestrichelte Linie, wirkt. Produktion und Dissipation sind zwar nicht genau aber näherungsweise entgegengesetzt gleich groß. Das Ergebnis bestätigt unsere Vermutung, dass ein algebraisches Modell (Prandtl'sche Mischungswegmodell), welches einen Transport von Turbulenz nicht berücksichtigt, zumindest näherungsweise für die Modellierung herangezogen werden kann.

Umfangreiche Vorarbeiten waren notwendig, damit ein derartiges Ergebnis verlässlich angegeben werden kann.

- Zunächst muss ein Rechenprogramm erstellt werden, welches in der Lage ist, die Navier-Stokes-Gleichungen mit der erforderlichen hohen numerischen Auflösung zu integrieren. Da hohe Anforderungen an Genauigkeit und Effizienz gestellt werden, werden hierfür heute meist Spezialcodes (Forschungscodes) verwendet, welche speziell auf eine DNS zugeschnitten sind.

- Das Rechenprogramm ist zu verifizieren. Dies geschieht bei der DNS meist durch Vergleich mit den Lösungen anderer DNS Programme (Benchmark-Lösungen).
- Da die neuen Untersuchungen meist über die bisher erzielten hinaus gehen, muss auch ein Vergleich mit Experimenten durchgeführt werden (Validierung), soweit mittlere Geschwindigkeiten Geschwindigkeitsfluktuationen oder Reynolds-Spannungen messbar sind.
- Mit dem jetzt vertrauenswürdigen Programm können Größen berechnet werden, die nicht messbar sind, z. B. die Druckdiffusion oder die Dissipation. Alle dafür relevanten numerischen Mechanismen müssen aufgelöst werden, gegebenenfalls die auf den kleinsten Skalen ablaufende Dissipation. Der dafür notwendige numerische Aufwand ist zweitrangig, da diese Simulation nur ein einziges Mal durchzuführen ist.
- Nun können, wie oben bereits erläutert, Schlussfolgerungen über die Turbulenzmodellierung getroffen werden.

### 4.1.3 Anforderungen des Ingenieurwesens

Die Genauigkeit einer Numerischen Strömungssimulation ist nie perfekt. Jedoch ist auch ein ungenaues, d. h. fehlerbehaftetes Ergebnis, von Nutzen, wenn die Fehlerschranken angegeben werden können und diese unterhalb tolerierbarer Grenzen liegen. Dies gilt sowohl für experimentelle als auch für numerische Untersuchungsmethoden. Wieder wird zwischen dem Modellfehler und dem numerischen Fehler unterschieden.

Wie bereits diskutiert, basiert jede Modellierung auf einem physikalischen Verständnis der Strömungsvorgänge. Die auf dieser Grundlage entwickelten Modelle gelten daher auch nur für diese Strömungen. Beispielsweise setzt ein Wirbelviskositätsmodell für die Turbulenz die Isotropie (statistische Richtungsunabhängigkeit) der turbulenten Schwankungsbewegungen voraus. Strömungen, für die diese Annahme mit hoher Genauigkeit zutrifft, sind allerdings sehr selten. Dagegen sind zahlreiche Strömungen näherungsweise isotrop. Die Annahme ist somit eine Näherung. Wie wir erläutert haben, hat sich diese Näherung in der Praxis gut bewährt.

Wie in diesem Beispiel besteht die Vorgehensweise der Modellierung für das Ingenieurwesen oft darin, Modelle für spezielle Strömungen zu entwickeln, sie dann aber auch auf allgemeine Fälle anzuwenden. Daher stellt sich häufig die Frage, wie groß die daraus resultierenden Modellfehler sind. Diese Vorgehensweise ergibt sich aus der Notwendigkeit, Strömungen auch dann zu simulieren, wenn deren physikalische Mechanismen noch nicht vollständig verstanden sind.

Wir wollen für die weitere Diskussion dieses Unterkapitels annehmen, dass ein kommerzieller Code verwendet wird, wie es für die überwiegende Zahl der Leser dieses Buches zutrifft.

Um Numerische Strömungssimulationen, z. B. in einer Berechnungsabteilung eines Industrieunternehmens, durchführen zu können, sind umfangreiche Vorbereitungen notwendig:

- Zunächst müssen Ingenieure vorhanden sein, welche das notwendige Grundwissen in Strömungsmechanik und Numerischer Strömungsmechanik besitzen.
- Ein geeignetes Rechenprogramm und ein Netzgenerator müssen ausgewählt, lizensiert und installiert werden. Neben Arbeitsplatzrechnern ist ein Mehrprozessorrechner (Cluster) erforderlich.
- Es folgt die Einarbeitung und Schulung von Mitarbeitern. Obwohl die meisten Rechenprogramme heute anwenderfreundliche Benutzeroberflächen anbieten, ist ein CFD-Code keine „black-box", die automatisch richtige Ergebnisse liefert. Fachwissen und umfangreiche Testrechnungen sind unbedingt erforderlich und Entscheidungen über Modellvarianten, Randbedingungen und die Einstellung numerischer Parameter sind notwendig.
- Das Programm kann dann auf ein möglichst einfaches Modellproblem aus dem eigenen Bereich angewendet werden. Hierbei kommt es zunächst darauf an, Erfahrungen bei der Problemdefinition, Netzgenerierung, Modellauswahl und den numerischen Parametern zu sammeln. Insbesondere ist der Einfluss numerischer Fehler zu minimieren (Verifikation). Die Methoden zur Verifikation werden in Abschn. 4.2 genauer geschrieben. Wichtig ist, dass die numerischen Fehler eingegrenzt werden, **bevor** im nächsten Schritt unterschiedliche mathematisch/physikalische Modelle miteinander verglichen werden.
- Danach erfolgt eine Validierung für die eigene Anwendung. Die Validierung wird in Abschn. 4.3 genauer beschrieben. Die zu verwendenden Modelle stehen nun fest.
- Jetzt erst wird der Nutzen von CFD sichtbar und die Methode kann als Entwurfs- oder Optimierungswerkzeug eingesetzt werden.

Wie in anderen Unterdisziplinen des Ingenieurwesens sind in der Numerischen Strömungsmechanik heute Qualitätskontrollen erforderlich. Die unterschiedlichen Fehlerarten einer Numerischen Strömungssimulation sind bereits in Abschn. 4.1.1 diskutiert worden. Andere Fehlerarten, die wir hier nicht gesondert betrachtet haben, kommen hinzu. Diese sind der Benutzerfehler, welcher aus einer fehlerhaften Bedienung eines Computercodes resultiert, Anwendungsunsicherheiten aufgrund fehlender Detailinformation der Aufgabenstellung und der Programmierfehler, welcher auf eine fehlerhafte Implementierung des Algorithmus zurückzuführen ist.

In folgenden Dokumenten ist der Versuch unternommen worden, Grundregeln für eine Qualitätskontrolle aufzustellen:

- AIAA-guide for the verification and validation of computational fluid dynamics simulations, AIAA G-077-1998
- International Atomic Energy Association (IAEA) Technical Report no. 282
- ERCOFTAC: Best-Practice Guidelines

Jedoch sind diese Regeln bisher nicht bindend anerkannt.

Der Benutzerfehler ist auf Nachlässigkeit, Unaufmerksamkeit, Gleichgültigkeit oder ein Versehen zurückzuführen. Er resultiert oft auch aus einer zu optimistischen oder unkritischen Anwendung eines CFD-Codes. Grafische Benutzeroberflächen verleiten gelegentlich zu unachtsamer Dateneingabe. Wenn fehlende Eingaben durch Defaultwerte ersetzt werden, können wichtige Eingabe-Optionen übersehen werden. Die farbige Ergebnisdarstellung wirkt gelegentlich überzeugend, selbst wenn der Informationsgehalt nur gering ist. Eine Abhilfe besteht darin, eine detaillierte Dokumentation über die Eingaben anzufertigen, mit anderen Fachleuten zu diskutieren oder mittels Checklisten zu überprüfen.

Anwendungsunsicherheiten sind auf fehlende oder unklare Informationen in der Aufgabenstellung zurückzuführen. Beispielsweise muss entschieden werden, ob die Strömung in einer Zuleitung laminar oder turbulent ist. Ist die Strömung im Zulauf voll ausgebildet? Wie groß sind im Zulauf die Turbulenzgrößen, $K$ und $\varepsilon$? Sind Kanten im Strömungsfeld scharf oder abgerundet? Gibt es Verformungen, Einbautoleranzen oder Einbaufehler? Sind die Wände glatt oder rau (Korrosion)? Welche unvorhergesehenen Effekte sind möglich (z. B. Akustikeinfluss, Kavitation)?

Aus den Ausführungen wird deutlich, dass die Numerische Strömungsmechanik keine „automatische" Berechnungsmethode ist, sondern zur Sicherung ihrer Qualität heute wie auch in Zukunft Fachwissen von Ingenieuren erfordert.

## 4.2   Numerische Fehler und Verifikation

Der numerische Fehler ist definiert als die Differenz zwischen der exakten Lösung der mathematisch/physikalischen Aufgabenstellung und einer Näherungslösung. Da die exakte Lösung in den meisten Fällen nicht bekannt ist, kann der numerische Fehler nicht genau bestimmt sondern nur abgeschätzt werden. Wir betrachten in diesem Unterkapitel Methoden zur Verifikation (Kontrolle des numerischen Fehlers), welche notwendig sind, um die geforderte Qualität einer Numerischen Strömungssimulation zu garantieren.

### 4.2.1   Rundungsfehler

Digitalrechner verwenden intern eine Zahlendarstellung mit begrenzter Genauigkeit. Eine Betrachtung im Binärsystem (Zweiersystem) ist hilfreich, wenn auch intern andere Zahlensysteme, z. B. das Hexadezimalsystem (16er-System) verwendet werden. Die kleinste Speichereinheit ist ein bit; der Speicher kann die Werte 0 oder 1 besitzen. Weiterhin gilt

$$1\,\text{Byte} = 8\,\text{bit} = 2^8 = 256\,\text{Möglichkeiten},$$
$$1\,\text{Wort} = 4\,\text{Byte} = 2^{32}$$

Möglichkeiten. Für ganze Zahlen $n$ (INTEGER) wird meist ein Wort verwendet, so dass sich nach Abzug des Vorzeichens (1 bit) ein maximal darstellbarer Zahlenbereich zwi-

**Tab. 4.1** Darstellbarer Zahlenbereich nach dem IEEE Format

| Genauigkeit | Mantisse | Exponent | Darstellbarer Zahlenbereich |
|---|---|---|---|
| einfach | 23 bit $\hat{=}$ $10^{-7}$ | 8 bit | $1{,}175 \cdot 10^{-38}$ bis $3{,}403 \cdot 10^{38}$ |
| doppelt | 52 bit $\hat{=}$ $10^{-15}$ | 11 bit | $2{,}225 \cdot 10^{-308}$ bis $1{,}798 \cdot 10^{308}$ |

schen

$$2^{-31} < n < 2^{31} \tag{4.2}$$

ergibt. Dieser wird je nach Fabrikat des Rechners nicht ganz ausgenutzt (Kontrollbit). Für Fließkommazahlen $z$ wird bei einfacher Genauigkeit (REAL) ein Wort und bei doppelter Genauigkeit (REAL*8 oder DOUBLE PRECISION) zwei Worte verwendet. Die Zahlendarstellung ist unterteilt in das Vorzeichen (1 bit), die Mantisse $z_M$ und den Exponent $e$ (mit Vorzeichen)

$$z = \pm z_M \cdot 2^e. \tag{4.3}$$

Die verfügbaren Speicherstellen werden bei den meisten Rechnern nach dem IEEE Format nach Tab. 4.1 auf Mantisse und Exponent aufgeteilt, wodurch sich der angegebene darstellbare Zahlenbereich ergibt.

Es ist zu beachten, dass die Differenz zweier Zahlen niemals kleiner als der in der Tabelle angegebene Wert für die Mantisse sein kann, im Dezimalsystem also $10^{-7}$ bei einfacher und $10^{-15}$ bei doppelter Genauigkeit. Im Normalfall wird dies bei einer Numerischen Strömungssimulation auch nicht der Fall sein. Natürlich kann ein Residuum nicht unter diesen Wert sinken.

Wenn aber eine Rechenoperation, z. B. eine Addition, Subtraktion oder Multiplikation, mit zwei Fließkommazahlen ausgeführt wird, so können weitere Stellen hinzukommen, die aufgrund der begrenzten Zahlendarstellung auf- oder abgerundet werden müssen. So kommt es zum Rundungsfehler. Sind die Ausgangswerte nicht fehlerbehaftet, so liegt der Rundungsfehler in der Größenordnung der Genauigkeit der Mantisse.

Oft stammen aber die Ausgangswerte bereits aus vorangegangenen Berechnungen. Diese Rundungsfehler-behafteten Werte werden bei einer Rekursion für weitere Berechnungen verwendet. Explizite numerische Lösungsmethoden sind immer Rekursionen, ebenso iterative oder direkte Methoden zur Lösung von Gleichungssystemen. Wir wollen hier den Fall betrachten, bei dem kleine Abweichungen, z. B. Rundungsfehler, nicht angefacht werden, also numerisch stabile Methoden.

Auch bei stabilen Methoden vergrößert sich der Rundungsfehler mit der Anzahl n der Iterationen (Durchläufe der Rekursion). Durch die Verkettung der Operationen findet eine Akkumulation statt. Dies kann mit einem einfachen Computerprogramm, siehe das Flussdiagramm in Abb. 4.2, leicht überprüft werden.

Die Zahl A mit dem Anfangswert $0{,}0$ wird in jedem Durchlauf um $B = 1{,}0$ erhöht. Die Anzahl der Durchläufe wird außerdem mittels der Integerzahl $n$ exakt, also ohne Rundungsfehler, gezählt (genügend großen Zahlenbereich für $n$ sicher stellen!). Die Differenz zwischen dem jeweiligen (gerundeten) Wert von A und dem jeweiligen (exakten) Wert von

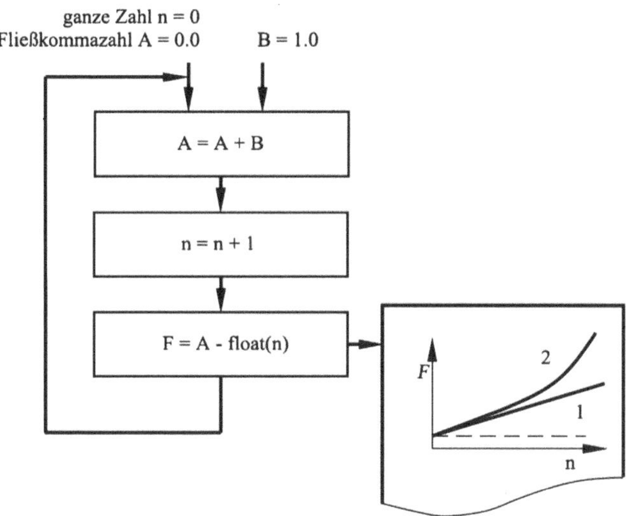


**Abb. 4.2** Flussdiagramm eines Computerprogramms zur Ermittlung des Rundungsfehlers einer Summation, *Kurve 1*: bei Akkumulation, *Kurve 2*: bei einer numerischen Instabilität (schematisch)

$n$, welcher noch mittels der float-Funktion in eine Fließkommazahl umgewandelt wird, ergibt den Rundungsfehler $F$. Dieser ist in Abb. 4.3 über der Anzahl der verketteten Operationen $n$ aufgetragen.

Der Rundungsfehler beginnt mit der jeweiligen Genauigkeit der Mantisse, je nachdem ob einfache oder doppelte Genauigkeit verwendet wird, und steigt dann an. In einer Rechnung wird er erst dann sichtbar, wenn er in den Bereich der interessierenden Zahlen, also bei etwa $10^{-4}$ gelangt. Solange er darunter liegt, bleibt er, z. B. in einer grafischen Darstellung von Strömungsgrößen, unbemerkt. Darüber führt er zu Oszillationen eines Kurvenverlaufs bis hin zu unbrauchbaren Ergebnissen. Wir erkennen aus Abb. 4.3, dass unsere Schranke bei einfacher Genauigkeit bereits nach ca. 2 000 Durchläufen erreicht wird, während dies bei doppelter Genauigkeit selbst nach $10^5$ Durchläufen nicht der Fall ist.

**Abb. 4.3** Rundungsfehler $F$ über der Anzahl der verketteten Operationen $n$ für eine Summation

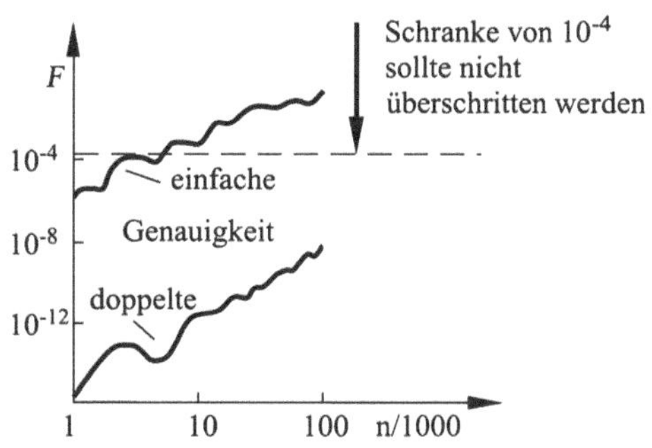

Wenn man annimmt, dass ein Programm zur Integration der Navier-Stokes-Gleichungen ca. 10 Verkettungen besitzt, so wird der Rundungsfehler bei einfacher Genauigkeit bereits nach ca. 200 Zeitschritten sichtbar! Dies entspricht der praktischen Erfahrung und ist nicht akzeptabel! Daher sollte stets mit doppelter Genauigkeit gerechnet werden. Dann wird der Rundungsfehler keine Rolle mehr spielen.

Das Umschalten auf doppelte Genauigkeit ist meist eine Compileroption oder ein Programmparameter. Die benötigte Rechenzeit kann natürlich gegenüber der weniger aufwendigen einfachen Genauigkeit ansteigen.

### 4.2.2 Diskretisierungsfehler

Die Überführung der kontinuierlichen Problembeschreibung mit einem mathematisch-physikalischen Modell in eine diskontinuierliche (diskrete) Beschreibung, welche mit Digitalrechnern behandelbar ist, bezeichnet man als Diskretisierung. Die Abweichung zwischen der exakten, analytischen Lösung der Differentialgleichungen einer numerischen Näherungslösung heißt Diskretisierungsfehler. Dadurch wird aus der Differentialgleichung z. B. eine Differenzengleichung.

Natürlich sollte der Diskretisierungsfehler umso kleiner werden, je kleiner die räumlichen oder zeitlichen Schrittweiten $\Delta x$, $\Delta y$, $\Delta z$ und $\Delta t$ gewählt werden. Man bezeichnet diese Eigenschaft eines Verfahrens als Konvergenz, manchmal auch als „Gitterkonvergenz". (Der hier verwendete Begriff der Konvergenz sollte nicht verwechselt werden mit der Konvergenz eines Iterationsverfahrens.)

Konvergenz lässt sich messen. Ein Kriterium für Konvergenz ist die Fehlerordnung. Diese kann z. B. für die Approximation der ersten Ableitung einer Funktion $u$ einer zentralen Differenz für die erste Ableitung folgendermaßen abgeschätzt werden: die Ableitungsformel (2.86) approximiert die Ableitung an der Stelle $x_i$ bis auf einen Fehler $\varepsilon$. Somit ist

$$\left.\frac{du}{dx}\right|_i = \frac{u_{i+1} - u_{i-1}}{2 \cdot \Delta x} - \varepsilon. \tag{4.4}$$

Die in der numerischen Ableitungsformel auf der rechten Seite auftretenden Nachbarwerte können mit Hilfe der Taylorreihenentwicklung, welche nach dem Glied vierter Ordnung abgebrochen wird, abgeschätzt werden:

$$\left.\frac{du}{dx}\right|_i = \frac{1}{2\Delta x}\left(u_i + \left.\frac{du}{dx}\right|_i \Delta x + \frac{1}{2}\left.\frac{d^2 u}{dx^2}\right|_i (\Delta x)^2 + \frac{1}{6}\left.\frac{d^3 u}{dx^3}\right|_i (\Delta x)^3\right.$$
$$+ \frac{1}{24}\left.\frac{d^4 u}{dx^4}\right|_i (\Delta x)^4 \ldots - u_i + \left.\frac{du}{dx}\right|_i \Delta x - \frac{1}{2}\left.\frac{d^2 u}{dx^2}\right|_i (\Delta x)^2 + \frac{1}{6}\left.\frac{d^3 u}{dx^3}\right|_i (\Delta x)^3$$
$$\left.- \frac{1}{24}\left.\frac{d^4 u}{dx^4}\right|_i (\Delta x)^4 \ldots\right) - \varepsilon. \tag{4.5}$$

Der Ausdruck kann vereinfacht und nach Potenzen von $\Delta x$ umgeordnet werden:

$$\left.\frac{du}{dx}\right|_i = \left.\frac{du}{dx}\right|_i + \frac{1}{6}\frac{d^3u}{dx^3}\,(\Delta x)^2 + 0(\Delta x^4) - \varepsilon, \tag{4.6}$$

wobei $O(\Delta x^4)$ bedeuten soll, dass es noch Terme mit mindestens der 4. Potenz von $\Delta x$ gibt. Daraus ergibt sich für den Fehler

$$\varepsilon = \frac{1}{6}\frac{d^3u}{dx^3}\,(\Delta x)^2 + 0\left(\Delta x^4\right). \tag{4.7}$$

Für unsere Abschätzung müssen nur die Terme der niedrigsten Potenz von $\Delta x$ berücksichtigt werden, da $\Delta x$ klein ist. Da der Fehler proportional $(\Delta x)^p$ ist, hiermit $p = 2$, bezeichnet man (4.4) als eine Approximation von 2. Ordnung (allgemein p-ter Ordnung). Verkleinert man $\Delta x$, z. B. auf die Hälfte, verkleinert sich der Fehler um $(\Delta x)^2$, für dieses Beispiel also auf ein Viertel.

Dagegen sind die einseitigen Differenzen, z. B. die Rückwärtsdifferenz

$$\left.\frac{du}{dx}\right|_i = \frac{u_i - u_{i-1}}{\Delta x} - \varepsilon \tag{4.8}$$

nur von erster Ordnung, wie folgende Abschätzung zeigt:

$$\left.\frac{du}{dx}\right|_i = \frac{1}{\Delta x}\left(u_i - u_i + \left.\frac{du}{dx}\right|_i \Delta x - \frac{1}{2}\left.\frac{d^2u}{dx^2}\right|_i (\Delta x)^2 + \frac{1}{6}\left.\frac{d^3u}{dx^3}\right|_i (\Delta x)^3 \right.$$
$$\left. - \frac{1}{24}\left.\frac{d^4u}{dx^4}\right|_i (\Delta x)^4\right) - \varepsilon = \left.\frac{du}{dx}\right|_i - \frac{1}{2}\frac{d^2u}{dx^2}\,(\Delta x) + 0\left(\Delta x^3\right) - \varepsilon. \tag{4.9}$$

Für die zentrale Differenz zur Approximation der zweiten Ableitung

$$\left.\frac{d^2u}{dx^2}\right|_i = \frac{u_{i+1} - 2\cdot u_i + u_{i-1}}{(\Delta x)^2} - \varepsilon \tag{4.10}$$

erhält man mit der Taylorentwicklung

$$\left.\frac{d^2u}{dx^2}\right|_i = \frac{1}{(\Delta x)^2}\left(u_i + \left.\frac{du}{dx}\right|_i \Delta x + \frac{1}{2}\left.\frac{d^2u}{dx^2}\right|_i (\Delta x)^2 + \frac{1}{6}\left.\frac{d^3u}{dx^3}\right|_i (\Delta x)^3 \right.$$
$$+ \frac{1}{24}\left.\frac{d^4u}{dx^4}\right|_i (\Delta x)^4 \ldots - 2u_i + u_i - \left.\frac{du}{dx}\right|_i \Delta x + \frac{1}{2}\left.\frac{d^2u}{dx^2}\right|_i (\Delta x)^2$$
$$\left. - \frac{1}{6}\left.\frac{d^3u}{dx^3}\right|_i (\Delta x)^3 + \frac{1}{24}\left.\frac{d^4u}{dx^4}\right|_i (\Delta x)^4 \ldots\right) - \varepsilon \tag{4.11}$$

einen Fehler 2. Ordnung

$$\left.\frac{d^2u}{dx^2}\right|_i = \left.\frac{d^2u}{dx^2}\right|_i + \frac{1}{12}\frac{d^4u}{dx^4}\,(\Delta x)^2 + 0\left(\Delta x^4\right) - \varepsilon. \tag{4.12}$$

Da die Werte der höheren Ableitungen von $u$ nicht bekannt sind, kann über die tatsächliche Größe des Fehlers keine genaue Aussage gemacht werden. Es handelt sich nur um eine Abschätzung. Da dies nur für äquidistante Gitter gilt, wird der Fehler in der Praxis größer sein und die Ordnung abnehmen (kann in der Praxis auch eine gebrochene Zahl sein). Daher wird die hier diskutierte Fehlerordnung als „formelle" Fehlerordnung bezeichnet. Sie stellt eine gute Basis für die Beurteilung numerischer Methoden dar.

In der Praxis hat sich herausgestellt, dass mit Verfahren 1. Ordnung meist keine Ergebnisse mit ausreichender Genauigkeit erzielt werden können. Insbesondere kann dies nur mit Verfahren 2. Ordnung erreicht werden. Diese aus der Praxis stammende Forderung werden wir im folgenden Unterkapitel noch ausführlich diskutieren.

Die Abschätzung kann auch auf Zeitschrittverfahren angewendet werden. Dann spricht man von der zeitlichen Fehlerordnung eines Verfahrens. Wenn das Verfahren von 2. Ordnung ist, spricht man von einem zeitgenauen Verfahren, weil es für die Simulation transienter Vorgänge eingesetzt werden kann. Wenn nur ein stationärer Endzustand gesucht wird, ist bezüglich der Zeit ein Verfahren 1. Ordnung durchaus ausreichend.

### 4.2.3 Numerische Diffusion

Numerische Fehler können Auswirkungen besitzen, welche mit tatsächlichen physikalischen Effekten verwechselt werden können. Bei der numerischen (unphysikalischen) Diffusion werden Gradienten der Strömungsgrößen wie bei der physikalischen Diffusion abgeschwächt (verschmiert). Dadurch werden z. B. Scherschichten oder Grenzschichten dicker als sie tatsächlich sind. In Regionen des Strömungsfeldes, in dem nur schwache Gradienten der Strömungsgrößen vorhanden sind, z. B. fernab eines umströmten Körpers, wirkt sich dieser Fehler allerdings kaum aus.

In Abschn. 2.3.4 haben wir bereits die verfahrenseigene numerische Diffusion kennen gelernt. Sie ist notwendig, um ein Verfahren zu stabilisieren. Je nach Kombination zeitlicher und räumlicher Diskretisierungs-Methoden ist diese numerische Diffusion unterschiedlich ausgeprägt. Bei Verfahren mit sehr geringer verfahrenseigener numerischer Diffusion, wie z. B. das Runge-Kutta-Verfahren, ist ggf. eine zusätzliche numerische Diffusion erforderlich, um kurzwellige Oszillationen der Lösung zu vermeiden. Wenn andererseits Verfahren niedriger Ordnung verwendet werden, so kann auch der Diskretisierungsfehler bei Verwendung grober Netze Ursache von numerischer Diffusion sein.

Dies soll am Beispiel der Konvektions-Diffusions-Gleichung oder *Burgers-Gleichung*

$$\frac{\partial u}{\partial t} + a\frac{\partial u}{\partial x} - D\frac{\partial^2 u}{\partial x^2} = c \qquad (4.13)$$

demonstriert werden. Der Konvektionsterm werde nach dem Aufwind-Verfahren 1. Ordnung, also mit Hilfe der Rückwärtsdifferenz, und der Diffusionsterm mit Hilfe der zentralen Differenz 2. Ordnung diskretisiert. Es ergibt sich das folgende Verfahren

$$\frac{\partial u}{\partial t} + a \frac{u_i - u_{i-1}}{\Delta x} - D \left( \frac{u_{i+1} - 2u_i + u_{i-1}}{\Delta x^2} \right) = c. \tag{4.14}$$

Die Taylorentwicklung ergibt

$$\frac{\partial u}{\partial t} + a \left( \frac{\partial u}{\partial x} - \frac{\Delta x}{2} \frac{\partial^2 u}{\partial x^2} + O\left(\Delta x^2\right) \right) - D \left( \frac{\partial^2 u}{\partial x^2} + O\left(\Delta x^2\right) \right) = c. \tag{4.15}$$

Unter Vernachlässigung der Terme 2. Ordnung ist dies eine Approximation der Gleichung:

$$\frac{\partial u}{\partial t} + a \frac{\partial u}{\partial x} - D \frac{\partial^2 u}{\partial x^2} - \frac{a \cdot \Delta x}{2} \frac{\partial^2 u}{\partial x^2} = c, \tag{4.16}$$

welche sich von der Ausgangsgleichung (4.13) durch den letzten Term auf der rechten Seite, einen numerischen Diffusionsterm, unterscheidet. Wie man leicht sieht, liegt die Ursache dieses Terms in der ungenauen Approximation des Konvektionsterms.

### 4.2.4 Netzverfeinerungsstudie: seitlich beheizter Behälter

Anhand des in Abschn. 1.2.1 eingeführten Beispiels wollen wir den Diskretisierungsfehler mit Hilfe einer Netzverfeinerungsstudie eingrenzen. Dazu wählen wir einen Fall, bei dem dünne thermische Grenzschichten auf beiden Seiten des Behälters aufzulösen sind, die Rayleigh-Zahl beträgt

$$Ra = \frac{g \cdot H^3}{a \cdot v} \beta \left( T_l - T_r \right) = 10^6, \tag{4.17}$$

und die Prandtl-Zahl $Pr = 0{,}72$ (Luft). Gesucht ist die Nusselt-Zahl bzw. der Wärmedurchgangs-Koeffizient. Die Strömung ist zweidimensional und laminar.

Wir wählen ein kartesisches Netz mit äquidistanter Unterteilung der beiden Behälterseiten. Die Frage ist, wie stark sich die Nusselt-Zahl ausgehend von einem groben Netz ($N_x \cdot N_z = 40 \cdot 40$ Punkte) bei Verfeinerung des Netzes in beiden Raumrichtungen ändert. Das Ergebnis von vier Rechnungen ist in Abb. 4.4 gezeigt, wobei $Nu$ über dem Quadrat der Zellengröße (Kehrwert des Quadrates der Punktanzahl) aufgetragen ist

$$(\Delta x)^2 \sim (\Delta z)^2 \sim \frac{1}{(N_x)^2} \sim \frac{1}{(N_z)^2} \sim \frac{1}{N_x \cdot N_z}. \tag{4.18}$$

Die Rechnung wird mit einer Finite-Volumen-Methode durchgeführt.

Die Temperaturverteilungen sind mit dem Auge kaum voneinander zu unterscheiden, jedoch zeigen sich quantitative Unterschiede im Ergebnis der Rechnung. Die Nusselt-Zahl

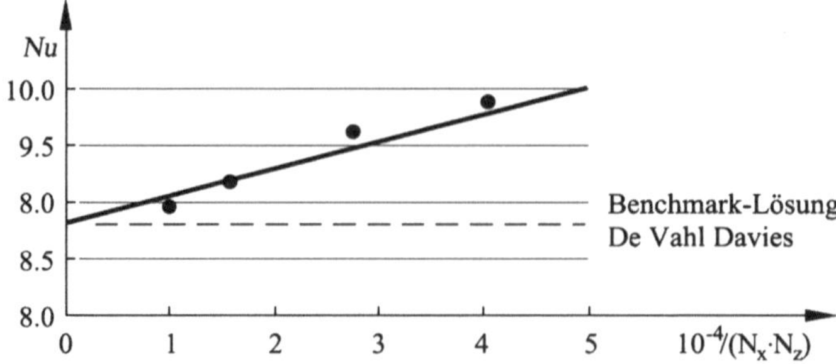


**Abb. 4.4** Nusselt-Zahl in Abhängigkeit von der Punktanzahl

ändert sich bei Verfeinerung des Netzes (von rechts nach links) noch deutlich. Dieses ist auf die Verringerung des Diskretisierungsfehler zurückzuführen. Wie wir in Abschn. 4.2.3 diskutiert haben, verursacht der Diskretisierungsfehler eine zusätzliche numerische Diffusion, welche in dem vorliegenden Beispiel eine Erhöhung des Wärmetransports bewirkt. Bei Erhöhung der Punktanzahl verringert sich daher der Wärmedurchgang durch den Behälter.

Wir haben den Wärmeübergang in Abb. 4.4 anstatt über der Gitterweite, sondern über dem Quadrat der Gitterweite aufgetragen. Da es sich bei dem Finite-Volumen-Verfahren um ein Verfahren 2. Ordnung handelt, wird sich der Diskretisierungsfehler und somit die Abweichung der Nusselt-Zahl von ihrem exakten Wert in dieser Auftragung für kleine Gitterweiten linear verhalten, wie dies auch näherungsweise erkennbar ist. Die Auftragung ist auch dann nützlich, wenn der exakte Wert nicht bekannt ist. Durch Einzeichnen einer Geraden und Extrapolation bis zum Nullpunkt der horizontalen Achse kann sogar auf dasjenige Ergebnis geschlossen werden, welches sich im Grenzfall unendlicher Punktanzahl ergeben würde (Richardson-Extrapolation), obwohl eine solche Rechnung niemals durchgeführt werden kann. Dieses stimmt im vorliegenden Beispiel wie erwartet mit einer sehr genauen Benchmark-Lösung aus der Literatur überein.

In der Praxis kann eine Netzverfeinerungsstudie nicht genauso wie im vorliegenden Beispiel durchgeführt werden. Immerhin liegt die Anzahl der Punkte für das gröbste und das feinste Netz in jeder Richtung um 2,5, insgesamt also um einen Faktor 6,25 auseinander. Bei dreidimensionalen Aufgabenstellungen wird ein Faktor von nur 2 in jeder Koordinatenrichtung bereits eine Erhöhung der Gesamtpunktanzahl von 8 bedeuten. Trotz des hohen numerischen Aufwandes ist es aber ratsam, diese Studien zumindest für einige charakteristische Fälle durchzuführen um die Größe des numerischen Fehlers abzuschätzen.

## 4.3  Modellfehler und Validierung

Der Modellfehler ist definiert als die Differenz zwischen der realen Strömung und der exakten Lösung der mathematisch/physikalischen Aufgabenstellung. Da in den meisten Fällen weder die reale Strömung genau vermessen ist noch eine exakte (analytische) Lösung bekannt ist, kann der Modellfehler nicht genau bestimmt sondern nur abgeschätzt werden. Wir betrachten in diesem Unterkapitel Methoden zur Validierung (Kontrolle des Modellfehlers), welche notwendig sind, um die geforderte Qualität einer Numerischen Strömungssimulation zu garantieren.

### 4.3.1  Vergleich integraler Parameter

Für die in Abschn. 1.1.1 besprochene Strömung durch einen Rohrkrümmer stellt sich die Frage, welches Turbulenzmodell verwendet werden sollte. Die Reynolds-Zahl, gebildet mit der mittleren Geschwindigkeit und dem Rohrdurchmesser, beträgt $Re = 225\,000$. Das Ziel ist es, den kleinsten im Rohrkrümmer auftretenden Druck zu berechnen, um zu überprüfen, ob bei gegebener Temperatur der strömenden Flüssigkeit der Sättigungsdruck unterschritten wird (Kavitation).

Als Randbedingung im Einströmquerschnitt wird die mittlere Geschwindigkeit von 12 m/s und im Ausströmquerschnitt ein konstanter Druck von 16 MPa vorgegeben. Wir verwenden das Standard-$K$-$\varepsilon$-Turbulenzmodell sowie das Reynolds-Spannungsmodell mit Wandfunktionen. Die erforderliche Rechenzeit ist mit dem Reynolds-Spannungsmodell um den Faktor 2,5 höher und beträgt bei der verwendeten Diskretisierung mit 10 000 Zellen ca. 2 Stunden. Die Ergebnisse für den Druck im Einströmquerschnitt $p_{\mathrm{ein}}$, den minimalen $p_{\mathrm{min}}$ und maximalen Druck $p_{\mathrm{max}}$ sowie den Verlustbeiwert $\zeta$ sind in Tab. 4.2 gezeigt.

Eine erste Methode, um zu entscheiden, welches Turbulenzmodell genauer ist, besteht darin, mit Korrelationen für integrale Größen zu vergleichen. In diesem Fall liegen experimentelle Daten für den Verlustbeiwert in Abhängigkeit der Krümmergeometrie (Krümmungsradius R/Rohrdurchmesser D) in Abb. 4.5 vor. Der so ermittelte Verlustbeiwert beträgt 0,23. Ein Vergleich mit Korrelationen aus Experimenten kann nur sehr grobe Anhaltspunkte für die Auswahl eines Modells geben, denn es ist zu bedenken, dass auch die Korrelation nur eine begrenzte Genauigkeit besitzt. Insgesamt betragen die Abweichungen

**Tab. 4.2** Ergebnisse für den Rohrkrümmer mit unterschiedlichen Turbulenzmodellen

|  | $p_{\mathrm{ein}}$ | $p_{\mathrm{min}}$ | $p_{\mathrm{max}}$ | $\zeta$ |
|---|---|---|---|---|
|  | $10^5$ Pa | $10^5$ Pa | $10^5$ Pa |  |
| Korrelation |  |  |  | 0,23 |
| $k$-$\varepsilon$, glatt | 160,14 | 158,29 | 160,49 | 0,19 |
| RSM | 160,19 | 158,34 | 160,51 | 0,27 |

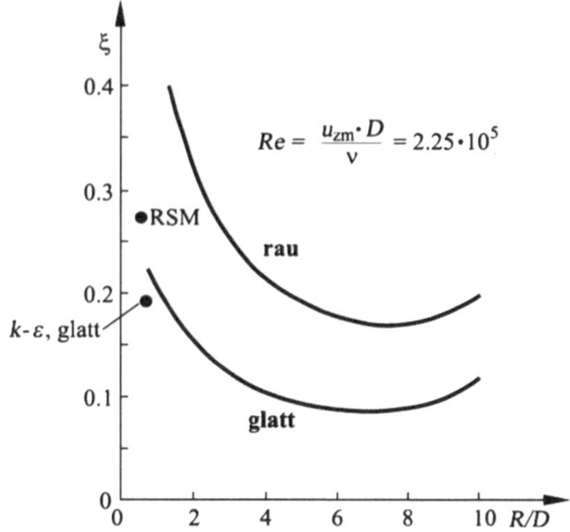


**Abb. 4.5** Vergleich des mittels Simulation ermittelten Verlustbeiwertes für unterschiedliche Turbulenzmodelle mit Korrelationen

zwischen den Modellen untereinander und der Korrelation ca. 30 %. Dieses ist auch die Genauigkeit, welche für die Berechnung des minimalen Druckes zugrunde gelegt werden kann.

## 4.3.2  Detaillierter Vergleich mit Modellexperimenten

Eine genauere Methode der Validierung besteht im Vergleich mit Modell- oder Validierungsexperimenten. Diese werden durchgeführt, um eine Datenbasis für detaillierte Vergleiche mit numerischen Simulationsrechungen bereitzustellen. Wichtig ist, dass geometrische und Strömungs-Randbedingungen, z. B. Ein- und Ausström-Randbedingungen, klar definiert sind, damit Einflüsse der hierüber getroffenen Annahmen soweit wie möglich ausgeschlossen werden können. Neben der Ermittlung integraler Parameter werden Oberflächen- oder Feldmessungen einzelner Strömungsgrößen durchgeführt, um auch die Details der Strömung zum Vergleich heranziehen zu können.

**Rohrkrümmer**

Zunächst betrachten wir das Beispiel des Rohrkrümmers, ähnlich wie in Abschn. 1.2.1 vorgestellt. Die Strömung wird auf Basis der Reynolds-Gleichungen mit Hilfe des $K$-$\varepsilon$-Turbulenzmodells berechnet. Der Betrag der zeitlich gemittelten Geschwindigkeit sowie der Turbulenzgrad (turbulente kinetische Energie $K$ nach (3.73) bezogen auf das Quadrat der mittleren Geschwindigkeit) sind in Abb. 4.6 in einem Querschnitt stromab des Rohrkrümmers in Graustufen dargestellt. Zusätzlich sind in der rechten Bildhälfte die Messergebnisse eines Modellexperiments eingetragen. Anhand der Konturlinien kann festgestellt werden, in welchen Bereichen lokale, physikalische Details der Strömung

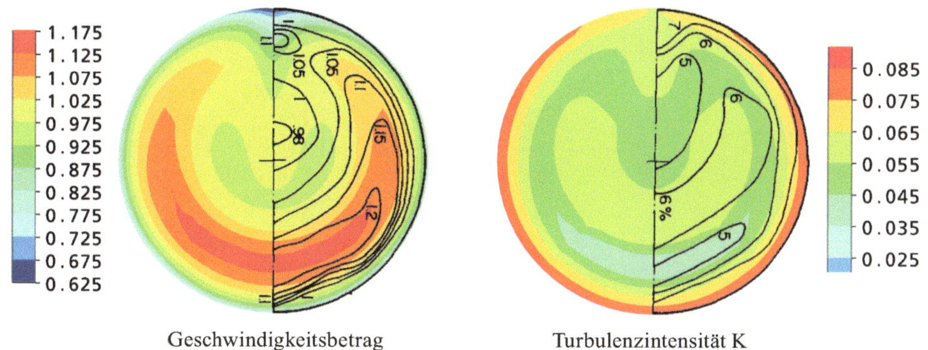

Geschwindigkeitsbetrag        Turbulenzintensität K

**Abb. 4.6** Detaillierter Vergleich lokaler Strömungsgrößen zwischen Experiment (*Isolinien*) und Simulation (*Graustufendarstellung*)

übereinstimmen, wobei wir die Form der Konturen sowie lokale Minima oder Maxima vergleichen.

Es hat sich gezeigt, dass bereits mithilfe des $K$-$\varepsilon$-Turbulenzmodells und durch die Verwendung von Wandfunktionen (Standard-$K$-$\varepsilon$-Modell) die mittlere Strömung in Stromabrichtung relativ genau berechnet werden kann, wenn keine Ablösung im Innenbereich des Krümmers auftritt, was auch durch die gute Übereinstimmung des Verlustbeiwertes mit experimentellen Korrelationen zu erkennen ist, siehe Abschn. 4.3.1. Wenn jedoch Strömungsablösung auftritt, können Wandfunktionen nicht mehr verwendet werden, da sie für ausgebildete Strömungen entwickelt wurden.

Das Abklingen der Sekundärströmung stromab des Krümmers wird mit Wirbelviskositätsmodellen wie dem $K$-$\varepsilon$-Modell erfahrungsgemäß zu stark vorhergesagt. Die Wirbel klingen zu stark ab, dies entspricht einer zusätzlichen numerischen Diffusion, welche in diesem Fall durch die zu große Wirbelviskosität verursacht wird. Diese Modelle gelten daher als diffusiv. Wenn die Sekundärströmung quantitativ genau vorhergesagt werden soll, müssen daher die aufwändigeren Reynolds-Spannungsmodelle verwendet werden.

**Blasenfahne**

Das in Abschn. 1.2.2. vorgestellte Beispiel der Blasenfahne in einem Behälter dient zur Validierung des Zwei-Fluid-Modells für Blasenströmungen. Die Luft wird mit Hilfe eines Röhrchenfeldes so eingeleitet, dass die Blasengröße im gesamten Strömungsfeld 3 mm beträgt. So können numerische Modelle mit vorgegebener Blasengröße gezielt validiert werden. Modelle mit Berücksichtigung der Blasenkoaleszenz oder -fragmentation werden erst in einem späteren Schritt validiert.

Unter anderem wird mit den Messungen des Gasgehalts (void) verglichen, welche mittels optischer Methoden in verschiedenen Höhen als Funktion der Radialkoordinate $r$ durchgeführt worden sind. Dieser Vergleich ist in Abb. 4.7 gezeigt. Man erkennt eine gute Übereinstimmung.

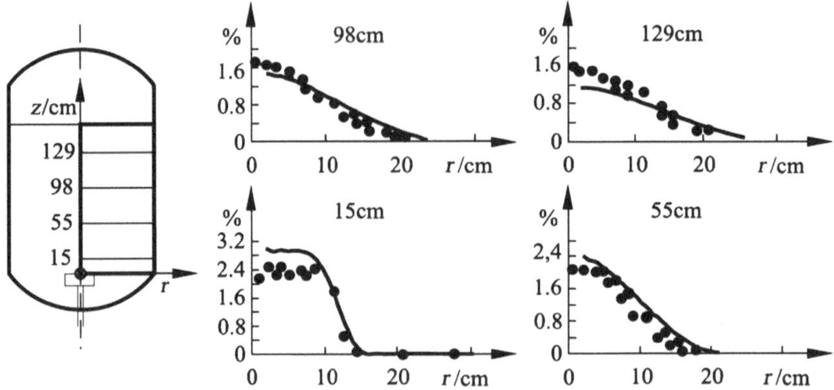


**Abb. 4.7** Vergleich zwischen Experiment (*Symbole*) und Simulation (*Linien*)

Bei dieser Strömung werden hauptsächlich die Widerstandskraft und die Modellierung der turbulenten Diffusion der Blasenphase validiert. Der Diffusionseffekt kann, wie in Abschn. 3.4.5 beschrieben, durch eine blaseninduzierte Wirbelviskosität modelliert werden, aber auch durch eine Diffiusionskraft oder einen zusätzlichen Diffusionsterm in den Phasen-Kontinuitätsgleichungen (3.165).

Für Strömungen mit einem höheren volumetrischen Gasgehalt oder auch Strömungen mit variabler Blasengröße und -form muss nicht nur das Widerstandsgesetz (3.173) modifiziert werden, sondern es ist auch der Tatsache Rechnung zu tragen, dass am festen Ort zu unterschiedlichen Zeitpunkten unterschiedliche Blasengrößen und -formen vorhanden sein können. Dies wird als das Blasengrößenspektrum bezeichnet, welches z. B. mit dem MUSIG-Modell (Multiple Size Group) behandelt werden kann. Dieses Modell diskretisiert das Blasengrößenspektrum mittels einer Anzahl von Größenklassen, für die jeweils getrennte Kontinuitäts- und Impulsgleichungen verwendet werden. So können auch Fragmentations- und Koaleszenzprozesse durch entsprechende Quell- und Senken-Terme in den Kontinuitätsgleichungen der Größenklassen modelliert werden.

**Rückwärts geneigte Stufe**

Das Wiederanlegen von abgelösten turbulenten Strömungen bei negativen Druckgradi-enten spielt bei vielen strömungsmechanischen Vorgängen mit Strömungsablösung eine wichtige Rolle und ist ein kritischer Testfall für die Gültigkeit der Turbulenzmodelle, sie-he Abb. 4.8. Die rückwärts geneigte Stufe ist eine der einfachsten Geometrien, die die Untersuchung des Wiederanlegens der turbulenten Strömung zulässt. Die mit der Stufen-höhe $H$ gebildete Reynolds-Zahl beträgt $Re = 3{,}7 \cdot 10^4$.

Bei dieser Strömung hat sich gezeigt, dass Wandfunktionen zwar geeignet sind, das klar definierte Ablösen am Ort der Stufe zu beschreiben, jedoch wird die Lauflänge der Strömung, nach der sie wieder anlegt (Anlegelinie), mit Wandfunktionen nicht richtig wiedergegeben. Ein Problem von Wandfuktionen besteht darin, dass an der Anlegelinie

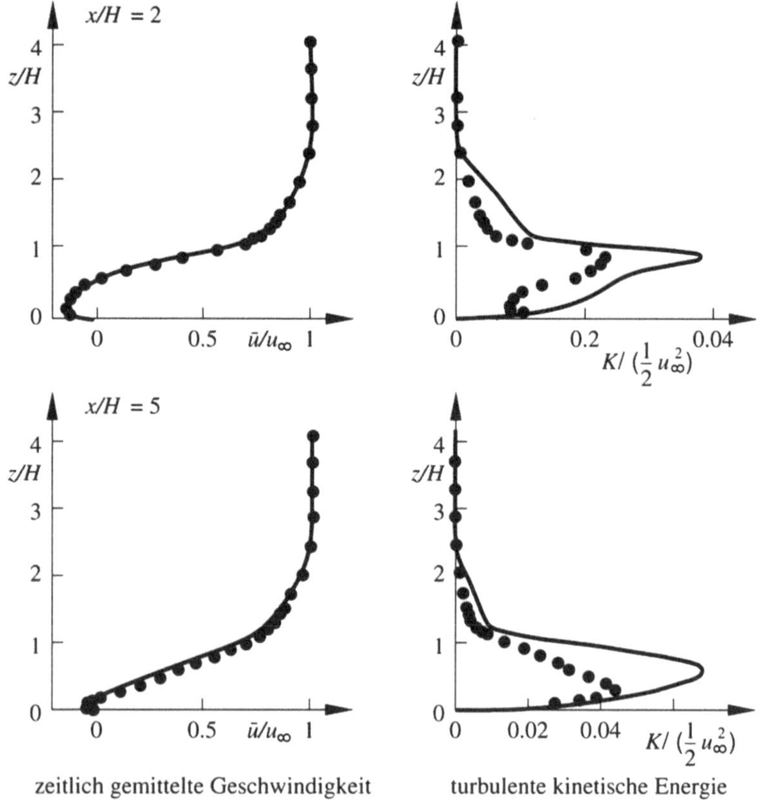



**Abb. 4.8**  Strömungsablösung hinter einer rückwärts geneigten Stufe

die Wandschubspannung verschwindet und damit die Wandeinheiten nach (3.71) nicht mehr definiert sind. Dieser Mangel kann durch Definition modifizierter Wandeinheiten behoben werden.

Insgesamt ist auch bei dieser Strömung das Reynolds-Spannungsmodell trotz des höheren Aufwands den linearen Wirbelviskositätsmodellen vorzuziehen, da weniger einschränkende Annahmen (z. B. Isotropie) über die Turbulenz getroffen werden.

**Kugelumströmung**

Die Validierung der Turbulenzmodelle für die instationäre Umströmung dreidimensionaler Körper erfolgt am Beispiel der Kugelumströmung. Bei der gewählten Reynolds-Zahl von $Re = 5{,}25{\cdot}10^5$ löst die Grenzschicht auf der Kugel transitionell ab und geht über einen Transitionsprozess in den turbulenten Nachlauf über, welcher großräumige instationäre Turbulenzstrukturen enthält. Daher bietet es sich an, die Grenzschichtströmung entlang des vorderen Bereichs der Kugeloberfläche bis zur Ablöseline mit den Navier-Stokes-Gleichungen und der Finite-Volumen-Methode zu berechnen und im turbulenten Nachlauf die in Abschn. 3.3.8 beschriebene Grobstruktursimulation der periodisch ablösenden turbulenten Ringwirbel, die stromab in zwei Wirbelzöpfe übergehen, anzuschließen.

Eine andere Möglichkeit der Berechnung bietet die zeitgenaue Integration der Reynolds-Gleichungen und die Anpassung eines geeigneten Turbulenzmodells. Diese Methode wird als URANS-Methode (*U*nsteady *R*eynolds-*A*veraged *N*avier-Stokes *E*quations) oder VLES (*V*ery *L*arge *E*ddy *S*imulation) bezeichnet. Sie kann behelfsmäßig angewendet werden, wenn eine vollwertige LES wegen des damit verbundenen hohen Aufwands nicht praktikabel ist. Für die Berechnung der Kugelumströmung werden ein nichtlineares $K$-$\varepsilon$-Modell mit Auflösung der Grenzschicht ((3.97) der Niedrig-Reynolds-Zahl Variante 1. in Abschn. 3.3.5) oder das $K$-$\omega$-Modell, welches mit $\omega = 1/\varepsilon$ ebenfalls zu den Zweigleichungsmodellen zu rechnen ist, ausgewählt. Im laminaren Bereich der Grenzschichtströmung wird kein Turbulenzmodell verwendet, d. h. die Reynolds-Gleichungen gehen hier in die instationären Navier-Stokes-Gleichungen über. Am Ort der Transition müssen Werte von $K$ und $\varepsilon$ (bzw. $\omega$) vorgegeben werden. Diese lassen sich anhand der Theorie der isotropen Turbulenz aus dem im Windkanalexperiment bestimmten Turbulenzgrad (hier 1 %) und der charakteristischen Turbulenzlänge (hier 0,1 m) berechnen.

Abb. 4.9 zeigt die berechnete zeitlich gemittelte Druckverteilung in azimutaler Richtung auf der Kugel in Übereinstimmung mit den experimentellen Werten sowie die berechneten Isotachen (Flächen gleicher Geschwindigkeit). Im Windkanalexperiment wird die Kugel mit einem Stab im Nachlauf gehalten. Die Simulationsergebnisse zeigen, dass im zeitlichen Mittel die Strömungsablösung auf der Kugel vom quadratischen $K$-$\varepsilon$-Modell zu weit stromab und vom $K$-$\omega$-Turbulenzmodell zu weit stromauf vorhergesagt werden. Dies führt zu Abweichungen der Druckverteilung auf der Rückseite der Kugel.

Ist man lediglich an den zeitlich gemittelten integralen Beiwerten der instationären Kugelumströmung interessiert, besteht auch die Möglichkeit, ohne zeitgenaue Auflösung direkt die quasistationäre Lösung zu ermitteln, falls eine solche Rechnung stationär wird (dies ist bei instationären turbulenten Strömungen nicht immer der Fall). Die Ergebnisse sind im Bild dargestellt. Ergänzend sind die aus der quasistationären Lösung ausgewerteten Schallquellen gezeigt. Insofern können je nach Aufgabenstellung für die Berechnung der Umströmung dreidimensionaler Körper die beschriebenen drei unterschiedlichen numerischen Modelle angewandt werden.

Das Schallfeld umströmter Körper kann sowohl aus der quasistationären als auch aus der instationären Lösung der Reynolds-Gleichungen ausgewertet werden. Die Auswertung der Schallquellen basiert auf akustischen Modellgleichungen, die in diesem Lehrbuch nicht behandelt werden. Die Ausbreitung von Schallstörungen ist in unseren Gleichungen für kompressible Strömungen zwar enthalten, wie wir in Abschn. 2.2.7 für den eindimensionalen Fall gesehen haben, sie können wegen des damit verbundenen hohen Aufwands dreidimensional jedoch nicht zeitlich aufgelöst werden. Bei der Berechnung akustischer Schallquellen wird daher eine Formulierung gewählt, die zwischen Störungsausbreitung und den akustischen Schallquellen unterscheidet. Die Quellterme der akustischen Modellgleichungen bestehen aus Anteilen der zeitlich gemittelten Strömung, Fluktuationsantei-

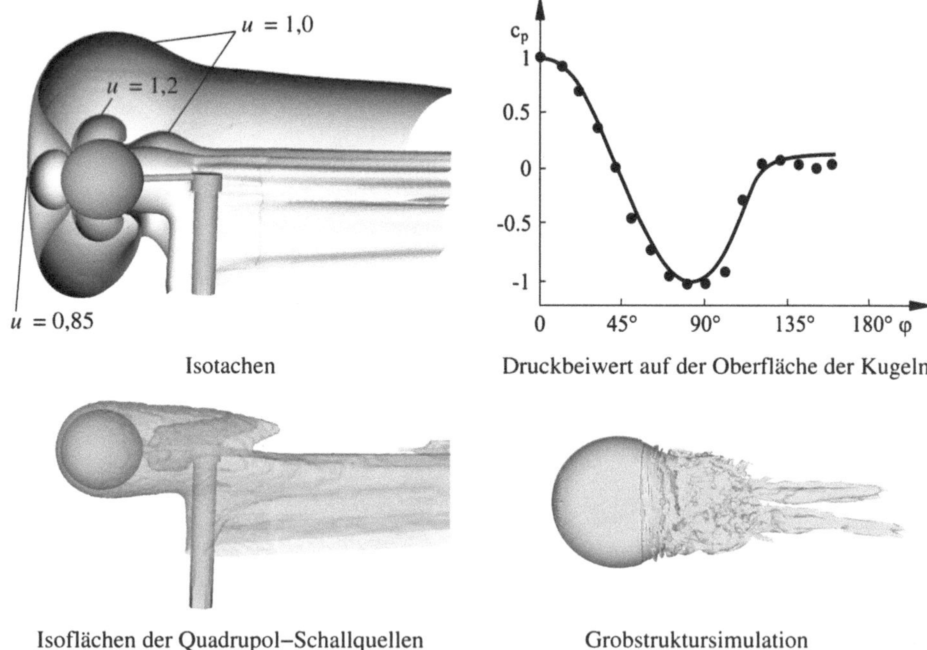

Isotachen

Druckbeiwert auf der Oberfläche der Kugeln

Isoflächen der Quadrupol–Schallquellen

Grobstruktursimulation

**Abb. 4.9**  Kugelumströmung

len der Turbulenz sowie Mischtermen der beiden Anteile. Dabei lassen sich Schallquellen auf Monopole, Dipole und die im Bild gezeigten Quadrupole zurückführen.

Um jedoch die Wirkung der Monopol- bzw. Dipolquellen sowie die Schallausbreitung zu berücksichtigen, ist eine direkte Simulation der Schwankungsgrößen durch Integration der Navier-Stokes-Gleichungen erforderlich. Eine DNS würde zwar den gesamten Längen- bzw. Energiebereich der turbulente Kugelumströmung umfassen, ist allerdings wegen des damit verbundenen großen Rechen- und Diskretisierungsaufwands heute und in der überschaubaren Zukunft nicht möglich.

Da das akustische Feld jedoch ohnehin durch die großen Skalen der Wirbelablösung der Kugelumströmung bestimmt wird, kommt die so genannte Detached Eddy Simulation (DES) zum Einsatz. Dieses Hybridverfahren verwendet die Grobstruktursimulation von Abschn. 3.3.8, in der eine direkte Berechnung der großen Turbulenzskalen im Nachlauf stattfindet, während in Körpernähe die kleinen Turbulenzskalen der Grenzschicht mit Hilfe der Reynolds-Gleichungen modelliert werden.

**Transsonischer Tragflügel**

Für die dreidimensionale stationäre und kompressible Strömung um einen transsonischen Tragflügel wird der Flügel ONERA M6 ausgewählt. Der Tragflügel weist einen Doppelstoß auf der Saugseite auf, der sich zur Flügelspitze hin zu einem Stoß vereint. Im Vali-

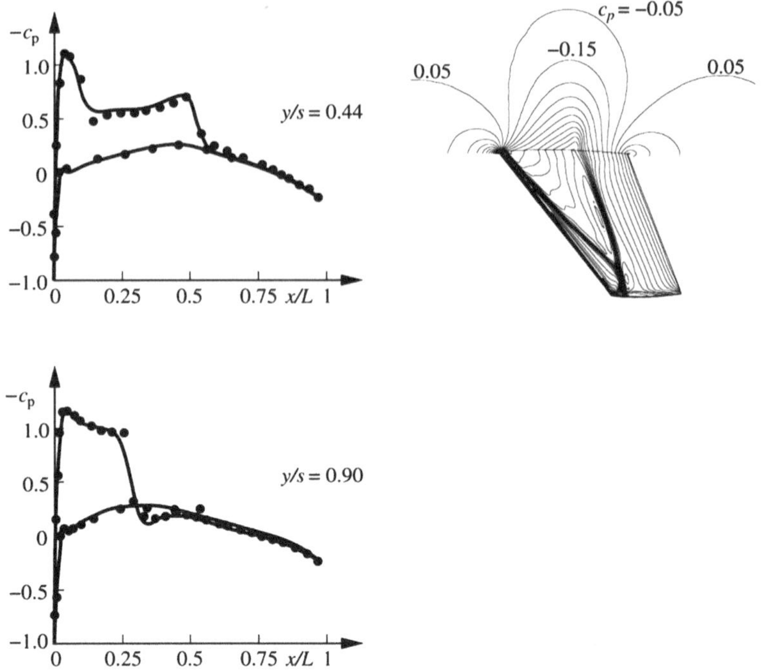



**Abb. 4.10** Druckverteilungen und Isobaren des transsonischen Tragflügels ONERA M6, $Re = 1{,}17 \cdot 10^7$, $M = 0{,}84$

dierungsfall werden für die Anströmung $M = 0{,}84$, Temperatur $T_\infty = 293$ K, Reynolds-Zahl $Re = 11{,}7 \cdot 10^6$ und der Anstellwinkel $\alpha = 3{,}06°$ gewählt. Im Experiment beträgt der Turbulenzgrad der Anströmung 0,3 %. Die numerische Rechnung wird mit dem Baldwin-Lomax-Turbulenzmodell nach Abschn. 3.3.4 durchgeführt. Zur Bewertung der Lösung werden die Ergebnisse mit experimentellen Messungen des Druckes auf der Oberfläche des Tragflügels in verschiedenen Schnitten in Spannweitenrichtung $y/s$ verglichen.

In beiden Schnitten ist die Verschmierung der Verdichtungsstöße durch das verwendete Rechennetz deutlich zu erkennen, Abb. 4.10. Aufgrund des zu groben Finite-Volumengitters wird die Stoßvereinigung zu früh auf dem Flügel erreicht. Im Bereich der Flügelspitze $y/s = 0{,}9$ wird im Vergleich mit dem Experiment bis auf eine geringfügige Stoßverschmierung die Druckverteilung gut wiedergegeben.

**SAE-Kraftfahrzeugkörper**

Die Validierung für eine inkompressible Kraftfahrzeugumströmung erfolgt mit dem SAE-Modellkörper (Society of Automotive Engineering), auf den sich die Kraftfahrzeugindustrie geeinigt hat. Dabei kann der Einfluss des Rechennetzes und der unterschiedlichen Turbulenzmodelle auf den Auftriebs- und Widerstandsbeiwert systematisch untersucht werden. Die mit der Lauflänge gebildete Reynolds-Zahl beträgt $10^7$, was einer

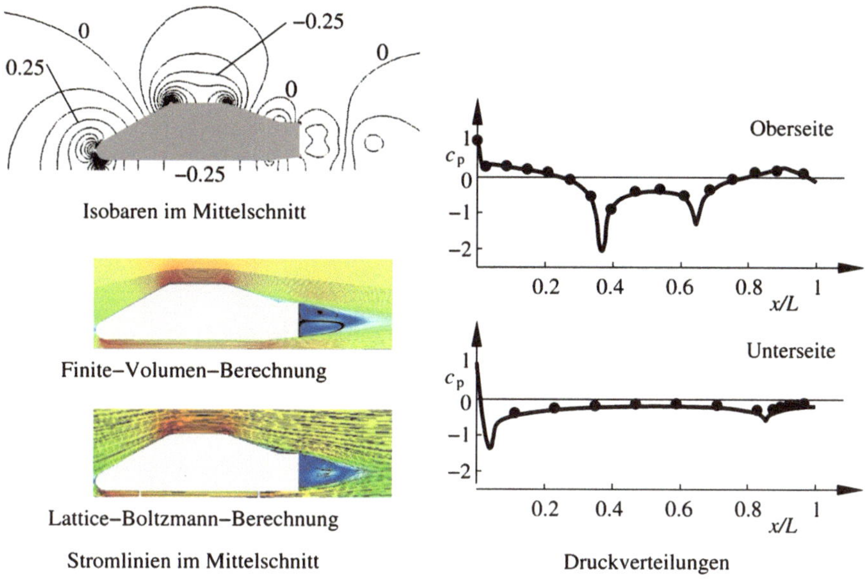



**Abb. 4.11** Stromlinien und Druckverteilung eines Kraftfahrzeugkörpers

Anströmgeschwindigkeit von 36 m/s entspricht. Die Turbulenzgrößen des verwendeten $K$-$\varepsilon$-Turbulenzmodells werden entsprechend dem Windkanalexperiment mit 1 % vorgegeben. Das logarithmische Wandgesetz wird verwendet, so dass die Berechnung der integralen Beiwerte auch ohne Auflösung der viskosen Unterschicht möglich wird.

Abb. 4.11 zeigt die berechneten Isobaren und Druckverteilungen des Modellkörpers auf der Ober- und Unterseite jeweils im Mittelschnitt. Die Berechnungen mit unterschiedlichen Rechennetzen zeigen, dass sich die geforderte Unabhängigkeit vom Finite-Volumen-Rechengitter bei etwa 4,8 Mio. Zellen einstellt und die berechneten Druckverteilungen mit den experimentellen Werten übereinstimmen, sofern die Windkanalgeometrie in der Rechnung berücksichtigt wird. Die berechneten Auftriebs- und Widerstandsbeiwerte stimmen jedoch mit den experimentell ermittelten Werten nicht exakt überein. Der berechnete Widerstandsbeiwert beträgt $c_w = 0{,}169$ im Vergleich zu dem experimentellen Wert 0,165. Beim Auftriebsbeiwert sind die Unterschiede größer. Dem berechneten Wert für den vorderen Achsauftrieb $c_a = -0{,}116$ stehen gemessene $c_a = -0{,}136$ gegenüber. Für den Hinterachsenauftrieb werden $c_a = -0{,}036$ berechnet und $c_a = -0{,}051$ gemessen. Dabei wurden bei den experimentellen Ergebnissen die üblichen Windkanalkorrekturen durchgeführt, ohne jedoch Grenzschichtabsaugung und laufendes Band des fahrenden Kraftfahrzeugs im Windkanal zu berücksichtigen.

Die Bewertung des Validierungsergebnisses ergibt, dass die numerischen Lösungen der SAE-Körperumströmung konsistent sind, aber die Berechnung der Auftriebsbeiwerte eine Reynolds-Spannung-Turbulenzmodellierung erfordern.

Abb. 4.11 zeigt ergänzend die Lattice-Boltzmann-Näherungslösung für den Modellkörper im Vergleich mit der Finite-Volumen-Lösung. Für die in Abschn. 3.1.2 beschriebenen Berechnungen werden $3 \cdot 10^7$ Gitterzellen mit einer Feinauflösung in den Grenzschichten und im Nachlauf des Modellkörpers benutzt. Die Druckverteilung auf der Ober- und Unterseite wird bis auf den Nachlauf auch von der Lattice-Boltzmann-Berechnung richtig wiedergegeben. Abweichungen der Strömungsstruktur im Nachlauf ergeben sich aufgrund der isotropen Turbulenzmodellierung mit dem $K$-$\varepsilon$-Turbulenzmodell.

**Prallstrahl mit Wärmeübergang**

Ein Beispiel einer Luftströmung mit Wärmeübergang ist der auf eine horizontale beheizte Platte auftreffende runde Freistrahl. Der turbulente Freistrahl tritt mit einer Temperatur von 293 K aus einem Rohr der Länge $L/D = 10$ in einem Abstand von $2 \cdot D$ der horizontalen Platte mit einer Reynolds-Zahl von $Re = 2{,}3 \cdot 10^4$ aus. Die horizontale Platte wird mit einem konstanten Wärmestrom beheizt.

Dieses Validierungsbeispiel ist ein Testfall für die Auswahl der Turbulenzmodelle bei Strömungen mit Wärmeübergang. So berechnet man mit dem Standard-$K$-$\varepsilon$-Turbulenzmodell einen zu geringen Wärmestrom. Im Vergleich mit den experimentellen dimensionslosen Wärmeströmen von Abb. 4.12 ist die Berechnung des Wärmestroms mit einem quadratischen Niedrig-Reynolds-Zahl-$K$-$\varepsilon$-Turbulenzmodell erfolgt, wobei eine sorgfältige Netzanpassung in den betrachteten zwei Schichten der Grenzschicht insbesondere in der Umgebung des Staupunktes erforderlich ist.

Der Vergleich mit den experimentellen Ergebnissen zeigt, dass für große Abstände $R$ die gemessenen und berechneten lokalen Wärmeströme sehr gut übereinstimmen. Lediglich in der Umgebung des Staupunktes sind Abweichungen zu erkennen, die zum einen von der Unzulänglichkeit des Turbulenzmodells herrühren.

Bei der Modellierung von Prall- und Staupunktströmungen muss grundsätzlich berücksichtigt werden, dass Wirbelviskositätsmodelle in diesem Bereich eine zu große Wirbelviskosität und damit auch zu große turbulente Wärmeströme vorhersagen, da eine turbulente Wärmeleitfähigkeit zur Modellierung von (3.52) üblicherweise proportional

**Abb. 4.12** Dimensionsloser Wärmestrom der horizontalen Platte mit Wärmeübergang

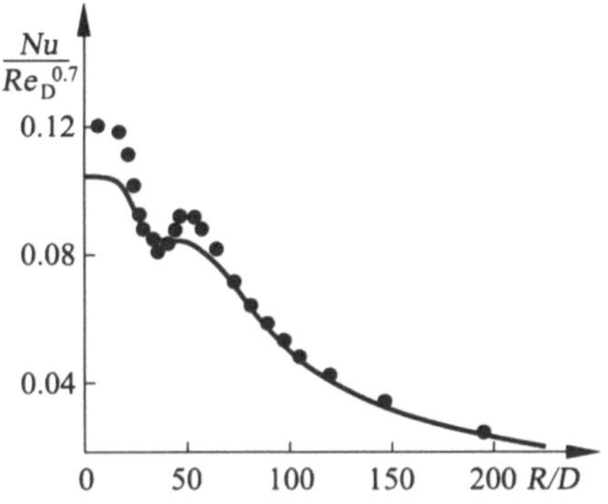

zur Wirbelviskosität angenommen wird. Die Ursache liegt darin, dass nach (3.85) nicht nur die Scherung, die unterschiedlichen Indices im Klammerausdruck (3.85) aufweist, sondern auch die in diesem Bereich sehr ausgeprägte Verzögerung mit gleichen Indices im Klammerausdruck (3.85) zur Wirbelviskosität beiträgt. Dies führt zu unphysikalisch großen Quelltermen in der $K$-Transportgleichung (3.94), was wiederum zu einer unphysikalischen Erhöhung von $K$ führt.

Eine weitere Fehlerquelle liegt in der Transition. Im Staupunkt beginnt die Grenzschicht oft laminar, sie geht dann erst weiter außen infolge der Verzögerung in eine turbulente Strömung über. Den Transitionsprozess können Turbulenzmodelle nur selten richtig beschreiben.

Welche Ursache genau für die Abweichungen im Staupunkt verantwortlich sind, lässt sich nur mit weiteren Detailkenntnissen über die Strömung beurteilen. Insgesamt kann aber festgestellt werden, dass die Übereinstimmung des dimensionslosen Wärmeübergangs gut ist und die ausgewählten Modelle geeignet sind, die Strömung der im Rahmen von ingenieurtechnischen Untersuchungen geforderten Genauigkeit zu beschreiben. Sollen allerdings detaillierte Schlussfolgerungen über die strömungsphysikalischen Vorgänge getroffen werden, so erweist sich die hier vorgestellte Modellierung dazu als nicht geeignet.

**Kavitation**

Die Berechnung von kavitierenden Strömungen stellt aufgrund des hohen Dichtegradienten zwischen den auftretenden Phasen eine besondere Herausforderung an die numerische Strömungsberechnung. Ein verbreitetes Modell stammt von *A.K. Singhal et al. 2002*, welches anhand der Umströmung eines Tragflügels in Wasser validiert worden ist. Bei den Untersuchungen spielt neben der Reynoldszahl $Re$ die Kavitationszahl $\sigma$ eine wichtige Rolle. Die Kavitationszahl ist das Verhältnis der Differenz von Umgebungsdruck $p_\infty$ und Sättigungsdruck $p_{sat}$ zum dynamischen Druck der ungestörten Anströmung mit der Dichte der Flüssigkeit $\rho_L$ und der Anströmgeschwindigkeit $u_\infty$, also $\sigma = (p_\infty - p_{sat})/(0{,}5 \cdot \rho_L \cdot u_\infty^2)$.

Bei dem Validierungsbeispiel der Umströmung eines Profils in Wasser werden die Effekte der Kavitation in der Profilmitte untersucht. Dafür stehen Experimente an einem NACA 66 Flügelprofil im Wasserkanal zum Vergleich zur Verfügung.

Zur Validierung des Kavitationsmodells werden zweidimensionale Profilrechnungen mit einem Anteil von nicht kondensierbarem Gas von 1 ppm durchgeführt. Bei der Untersuchung der Kavitation an der Anströmkante werden die Reynolds-Zahl von $Re = 3 \cdot 10^6$ und der Anstellwinkel von $4°$ gewählt. Durch Variation des Umgebungsdruckes am Ausgang werden verschiedene Kavitationszahlen realisiert. Als Turbulenzmodell dient das Standard-$K$-$\varepsilon$-Modell. Die Ergebnisse sind in Abb. 4.13 gezeigt. Der Druckbeiwert kann den für Sättigungsdruck geltenden Wert nicht unterschreiten, so dass sich im Bereich der Kavitation ein Plateau ausbildet. Man sieht, dass die Berechnungen sehr gut mit den experimentellen Daten übereinstimmen. Das Kavitationsmodell ist damit für die Profilumströmung in Wasser validiert.

**Abb. 4.13**  Druckbeiwert $c_\mathrm{p}$
auf der Saugseite eines Profils
in Wasser

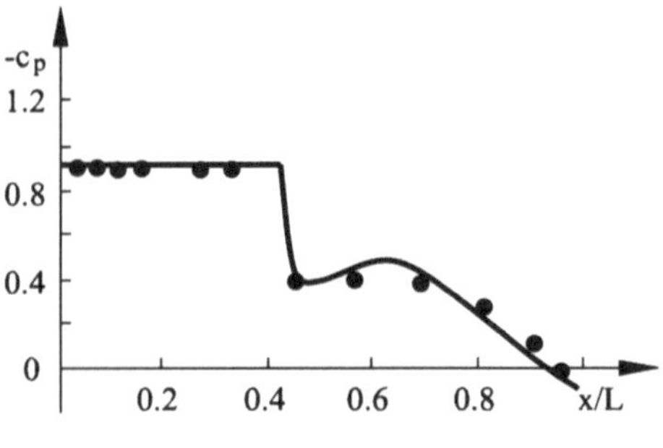


## MHD-Strömung

Magnetohydrodynamische (MHD) Strömungen, die durch die Wechselwirkung elektrisch leitender Fluide wie z. B. flüssige Metalle mit einem Magnetfeld gekennzeichnet sind, spielen bei vielen metallurgischen Prozessen eine wichtige Rolle. Die Kenntnis von magnetohydrodynamischen Strömungen ist auch für die Entwicklung eines Fusionsreaktors von entscheidender Bedeutung, wo das Reaktorplasma von einem starken Magnetfeld gehalten und flüssiges Natrium für die Kühlung der Behälterwände verwendet wird.

Ein Validierungsbeispiel ist die ausgebildete MHD-Strömung im Rechteckkanal der dimensionslosen Tiefe 2 und der Höhe 0,5. Die dimensionslose Kennzahl ist die Hartmann-Zahl $Ha = L \cdot B \cdot \sqrt{\sigma/(\rho \cdot v)}$, mit der Behälterlänge $L$, dem Magnetfeld B und der elektrischen Leitfähigkeit der Fluids $v$. Sie beschreibt den Einfluss des Magnetfeldes auf die Kanalströmung. Für große Hartmann-Zahlen bildet sich eine elektromagnetische Grenzschicht an den Wänden eines Kanals aus, deren Ausdehnung in Abb. 4.14 skizziert ist. Es gilt wie bei der Reibungsgrenzschicht, dass das Rechennetz in der Hartmann-Grenzschicht entsprechend zu verfeinern ist.

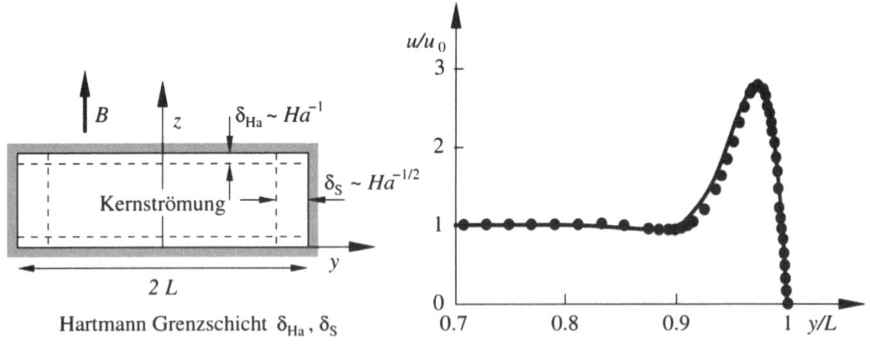


**Abb. 4.14**  MHD-Strömung in einem Rechteckkanal

Das berechnete Geschwindigkeitsprofil zeigt im Vergleich mit dem Experiment, dass sich an der Seitenwand aufgrund der Hartmann-Grenzschicht ein Maximum der Geschwindigkeit einstellt. In der Kernströmung bildet sich eine reibungsfreie Strömung aus, in der sich die elektromagnetischen Kräfte und die Druckkraft im Gleichgewicht befinden. Die Rechnung zeigt, dass die Geschwindigkeit $u_0$ im Kernbereich konstant ist und sich nicht entlang der Magnetfeldlinien ändert. Mit 25–30 Gitterpunkten in den Hartmann-Grenzschichten erhält man eine sehr gute Übereinstimmung.

**Bioströmungsmechanik**

Im Gegensatz zu den vorangegangenen Validierungsbeispielen befasst sich die Bioströmungsmechanik mit Strömungen, die von flexiblen biologischen Oberflächen erzeugt werden. Man unterscheidet die Umströmung von Lebewesen, wie den Vogelflug oder das Schwimmen der Fische und Innenströmungen, wie den geschlossenen Blutkreislauf der Lebewesen. Die Wechselwirkung der Bewegung der biologischen Struktur mit der Strömung erfordert die mathematische Formulierung der Strömung-Struktur Kopplung.

Die Bewegungsgleichungen der Strukturmechanik lassen sich analog zu den Grundgleichungen der Strömungsmechanik ableiten (siehe H. Oertel jr., S. Ruck. Bioströmungsmechanik 2012). Der Deformationsgeschwindigkeit $v_i$

$$v_i = \begin{bmatrix} v_1 \\ v_2 \\ v_3 \end{bmatrix} \Longleftrightarrow v = \begin{bmatrix} u \\ v \\ w \end{bmatrix} \qquad (4.19)$$

entspricht der Strömungsvektor $v$ (3.31). Dem Spannungstensor der Struktur $\sigma_{ij}$

$$\sigma_{ij} \Longleftrightarrow \tau_{ij} \qquad (4.20)$$

entspricht der Schubspannungstensor (2.67) der Strömung $\tau_{ij}$. Damit schreibt sich die Bewegungsgleichung der Strukturmechanik

$$\rho \frac{\partial v_i}{dt} = \rho \left( \frac{v_i}{\partial t} + v_j \frac{\partial v_i}{\partial x_j} \right) = \frac{\partial \sigma_{ij}}{\partial x_j} + f_i \qquad (4.21)$$

und die Navier-Stokes-Gleichung der Strömungsmechanik:

$$\rho \frac{d v_i}{dt} = \rho \left( \frac{\partial v_i}{dt} + v_j \frac{\partial v_i}{\partial x_j} \right) = \frac{\partial \tau_{ij}}{\partial x_j} + f_i. \qquad (4.22)$$

$f_i$ ist die äußere Kraft, die der Strömung von der bewegten biologischen Oberfläche aufgeprägt wird. Die Masseerhaltung der Strukturmechanik und die der Strömungsmechanik (3.26) sind für inkompressible Medien identisch:

$$\frac{\partial v_i}{\partial x_i} = 0. \qquad (4.23)$$

Führt man (4.21) und (4.22) zu einer Gleichung zusammen, erhält man die Lagrange-Euler-Formulierung der Impulserhaltung sowohl für die Strukturmechanik als auch für die Strömungsmechanik in vektoranalytischer Schreibweise:

$$\rho \left( \frac{\partial v}{\partial t} \Big| G + ((v - v_G) \cdot \nabla)\, v \right) = \nabla \sigma + f. \tag{4.24}$$

$v_G$ ist dabei die Referenzgeschwindigkeit der bewegten Oberfläche und $G$ bezeichnet die dazugehörige Referenzfläche mit der wir uns bei der Lagrange-Formulierung mitbewegen. Relativ dazu sind die Grundgleichungen der Strukturmechanik und Strömungsmechanik in Euler-Formulierung dargestellt. Diese sogenannte ALE (**A**rbitrary **L**agrange-**E**uler) gemischte Lagrange-Euler-Formulierung bietet bezüglich der Kopplung der struktur- und strömungsmechanischen Grundgleichungen über die Lagrange-Darstellung der bewegten Oberfläche den Vorteil, dass die unterschiedlichen Rechennetze der jeweiligen Bereiche an der Grenzfläche G gekoppelt werden können. Für die Relativgeschwindigkeit $v - v_G$ gilt ebenfalls die Kontinuitätsgleichung:

$$\nabla \cdot (v - v_G) = 0. \tag{4.25}$$

In der ALE-Grundgleichung (4.24) bedeutet $\rho$ die jeweilige Dichte der Struktur und des strömenden Mediums. Der Tensor $\sigma$ steht für $\sigma_{ij}$ der Struktur, mit den jeweiligen Spannungs-Dehnungsgesetzen der biologischen Struktur und $\sigma_{ij}$ der Strömung, mit dem Stokesschen Reibungsansatz (2.67) für inkompressible Strömungen

$$\tau_{ij} = -p \cdot \delta_{ij} + \mu \left( \frac{\partial v_i}{\partial x_j} + \frac{\partial v_j}{\partial x_i} \right). \tag{4.26}$$

Die Kopplung erfolgt über die Randbedingungen an der Grenzfläche G. Die kinematische Kopplungsbedingung besagt, dass die Deformationsgeschwindigkeit $v_i$ gleich der Strömungsgeschwindigkeit $v$ an der Grenzfläche sein muss:

$$v_i \mid G = v \mid G. \tag{4.27}$$

Die dynamische Kopplungsbedingung verknüpft den Spannungstensor $\sigma$ mit dem Schubspannungsvektor $\tau$ an der Grenzfläche mit dem Normalenvektor $n$:

$$\sigma \cdot n = \tau \cdot n \tag{4.28}$$

Der Austausch der Spannungen mit dem hydrostatischen Druck und den Schubspannungskomponenten der Reibung erfolgt über implizite Kopplungsmodelle, die Gegenstand der Validierung mit Modellexperimenten sind.

Für die Strömungsberechnung sind entsprechend Abb. 4.15 drei Bereiche zu unterscheiden. Im ersten Bereich führt die Bewegung der Kopplungsgrenzfläche zu einer substantiellen Lagrange-Beschreibung der Strömungsgrößen. Der zweite Übergangsbereich

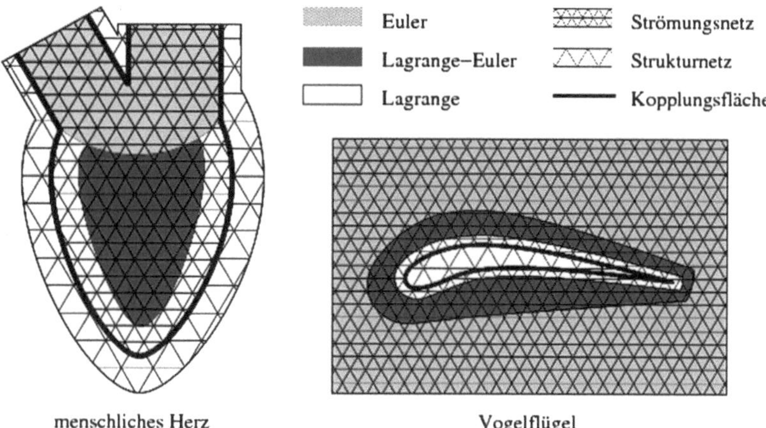



**Abb. 4.15** Bereichseinteilung der ALE Lagrange-Euler-Formulierung der Strömung-Struktur-Kopplung

erfordert eine gemischte Lagrange-Euler-Betrachtung und in hinreichend großem Abstand von der Grenzfläche wird im dritten Bereich die Euler-Formulierung genutzt. Abb. 4.15 zeigt die Bereichseinteilung mit einem charakteristischen Rechennetz für die Strömungsberechnung des menschlichen Herzens und des Vogelflügels.

Die Validierung der mathematischen Kopplungsmodelle erfolgt mit Modellexperimenten an Referenzgeometrien des Flügelschlages eines Vogels sowie des linken Ventrikels des menschlichen Herzens. In beiden Fällen werden die Geschwindigkeitsverteilungen in ausgewählten Laserschnitten mit der Particle Image Velocimetry PIV gemessen und mit den Strömung-Struktur gekoppelten Simulationsrechnungen quantitativ verglichen und bezüglich der mathematischen und physikalischen Modelle bewertet.

**Vogelflugmodell**

Der Flügelschlag des Vogels erzeugt während einer Schlagperiode den für den Flug erforderlichen Auf- und Vortrieb. Abb. 4.16 zeigt den Flügelschlag einer Möwe. Bei der Abschlagbewegung wird der voll ausgestreckte Flügel von oben nach unten bewegt. Während der Abschlagphase kommt es hierbei zu einer kontinuierlichen Änderung des Anstellwinkels durch Rotation um die Flügelachse, wobei die Flügeloberseite in Flugrichtung gedreht wird. Der Abschlag erzeugt den erforderlichen Vortrieb, während der innere Bereich des Flügels den Auftrieb sicherstellt. Bei der Umkehrbewegung wird die Spannfläche in Richtung des Vogelkörpers verkleinert. Die Flügelspitzen zeigen entgegen der Flugrichtung. Der Widerstand wird dabei reduziert und der Vogel führt nahezu einen aerodynamisch passiven Aufschlag durch. Durch die Spreizbewegung der Primärfedern kann der Widerstand während des Aufschlages zusätzlich verringert werden. Mit dem Beginn des Abschlags wird der Flügel zunehmend umströmt und es entwickelt sich im Nachlauf ein Startwirbel, ein entgegengesetzt drehender gebundener Wirbel um den Flügel sowie Randwirbel

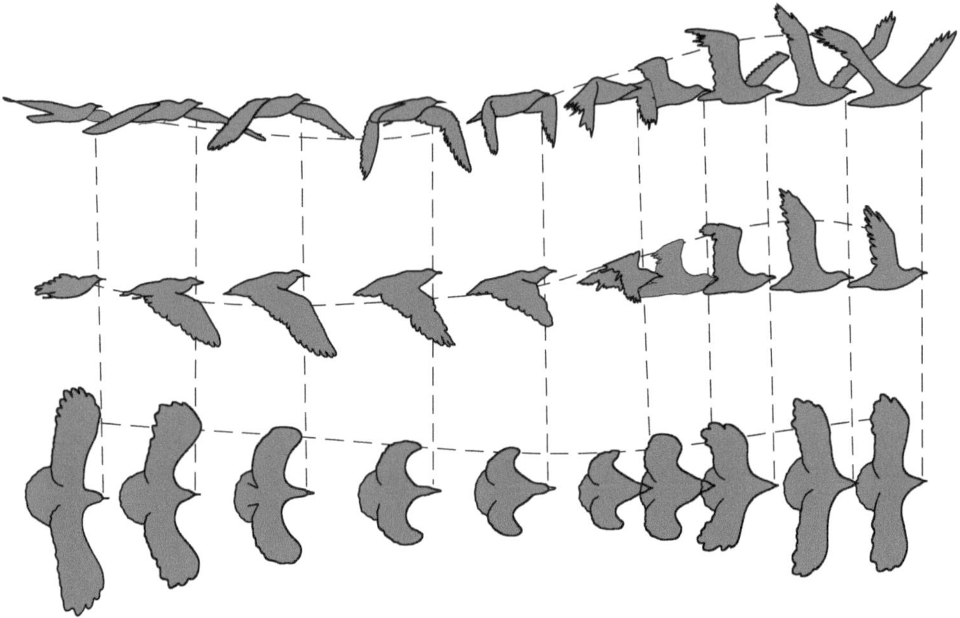

**Abb. 4.16**  Flügelschlag der Möwe

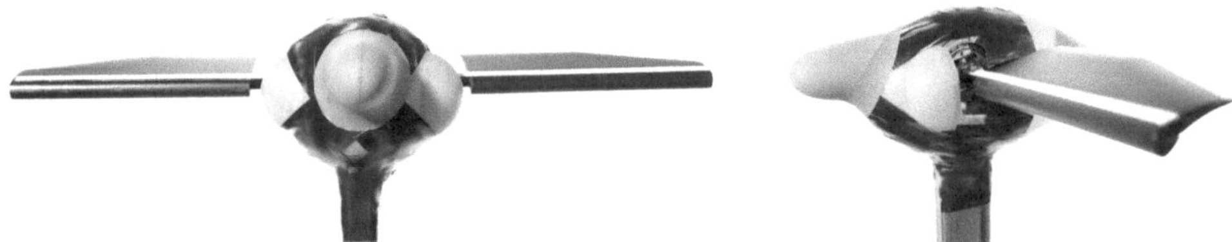

**Abb. 4.17**  Flügelschlagmodell

im Bereich der Flügelspitzen. Die Zirkulation des gebundenen Wirbels nimmt in Richtung des Vogelkörpers ab. Aufgrund der Umkehrbewegung der Flügelspitzen während des Aufschlages wirken nur noch geringe aerodynamische Kräfte am Flügel, so dass die Zirkulation nahezu verschwindet.

Diese komplexe Kinematik des Vogelfluges wird in einem geometrisch vereinfachten Validierungsmodell abgebildet. Das Modell des Abb. 4.17 besteht aus einem steifen Modellkörper und einem elastischen Flügelpaar. Die Flügelschlagbewegung des Modells basiert auf der vereinfachten Grundkinematik des Vogelfluges, wobei ein maximaler Schlagwinkel von 30° und ein maximaler Anstellwinkel von 20° bei einer Schlagfrequenz bis zu 12 Hz realisiert werden können.

In Abb. 4.18 ist der Vergleich der gemessenen und Strömung-Struktur gekoppelt berechneten Strömungsstruktur in einer Ebene im Nachlauf bei zwei aufeinanderfolgenden Zeitpunkten dargestellt. Für die Finite-Volumen Strömungsberechnung wird die kommer-

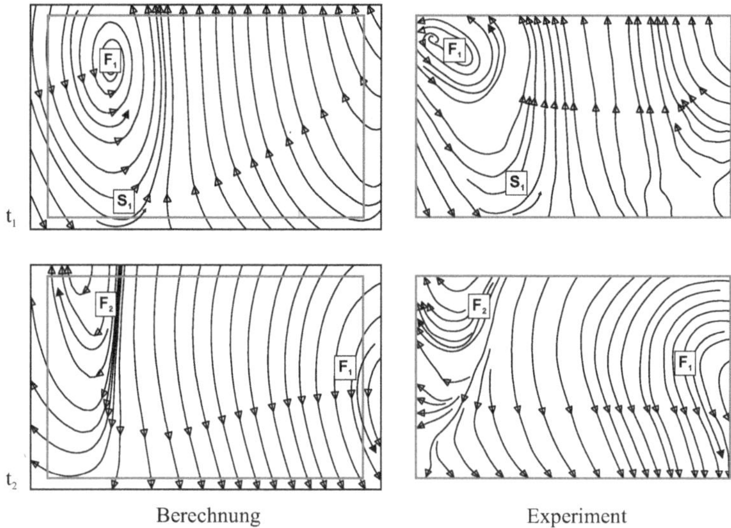

Berechnung        Experiment

**Abb. 4.18**  Stromlinienbilder im Nachlauf des Flügelschlagmodells

zielle Software FLUENT mit dem SST-K-$\omega$-Turbulenzmodell (siehe Abschn. 3.3.7) und für die Finite-Elemente Strukturberechnung die Software ABAQUS verwendet. Die Flug-Reynolds-Zahl beträgt $Re = 1{,}64 \cdot 10^4$ und die Schlagfrequenz der Modellflügel 8 Hz. Für die Generierung der Stromlinienbilder aus den experimentellen Daten werden intervallgemittelte Geschwindigkeitsfelder der Geschwindigkeitskomponente u abzüglich der jeweiligen räumlichen Mittelwerte gebildet. Der Flügelaufschlag erzeugt zum Zeitpunkt $t_1$ einen entgegen dem Uhrzeigersinn drehenden Wirbel $F_1$. Er bewegt sich aufgrund der Anströmgeschwindigkeit von links nach rechts durch den Messbereich und wird zum Zeitpunkt $t_2$ anhand der nach unten gerichteten Stromlinien am rechten Teil des Messbereiches angedeutet. Ein weiterer Wirbel mit entgegengesetzter Drehrichtung ist am linken Rand des Messbereiches zu erkennen. Die Wirbel $F_1$ und $F_2$ repräsentieren den Start- und Stoppwirbel, die aufgrund der Flügelschlagbewegung periodisch in den Nachlauf abschwimmen und in Längs- und Querrichtung miteinander verbunden sind.

Die quantitative Validierung des numerischen Modells erfolgt anhand des Vergleichs der experimentell und numerisch ermittelten Geschwindigkeitsverläufe an zwei Messpunkten im Nachlauf. In Abb. 4.19 ist die zeitliche Änderung des intervallgemittelten Geschwindigkeitsbetrages für einen Schlagzyklus an den zwei Messpunkten dargestellt sowie die korrespondierenden Amplitudenspektren abzüglich ihres Gleichanteils. Die gemittelten Messwerte sind durch das 5 %-Fehlerintervall für jeden Zeitschritt sowie durch den 10 %-Fehlerbereich der numerischen Ergebnisse ergänzt. Die zeitliche Entwicklung des Geschwindigkeitsbetrages zeigt eine gute Übereinstimmung zwischen dem Experiment und der Strömung-Struktur gekoppelten Berechnung. Die Abweichung der Werte entlang der Zeitachse liegt im Rahmen der Mess- und Berechnungsfehler. Auftretende lokale Schwankungen des experimentellen Geschwindigkeitsbetrages sind auf das konti-

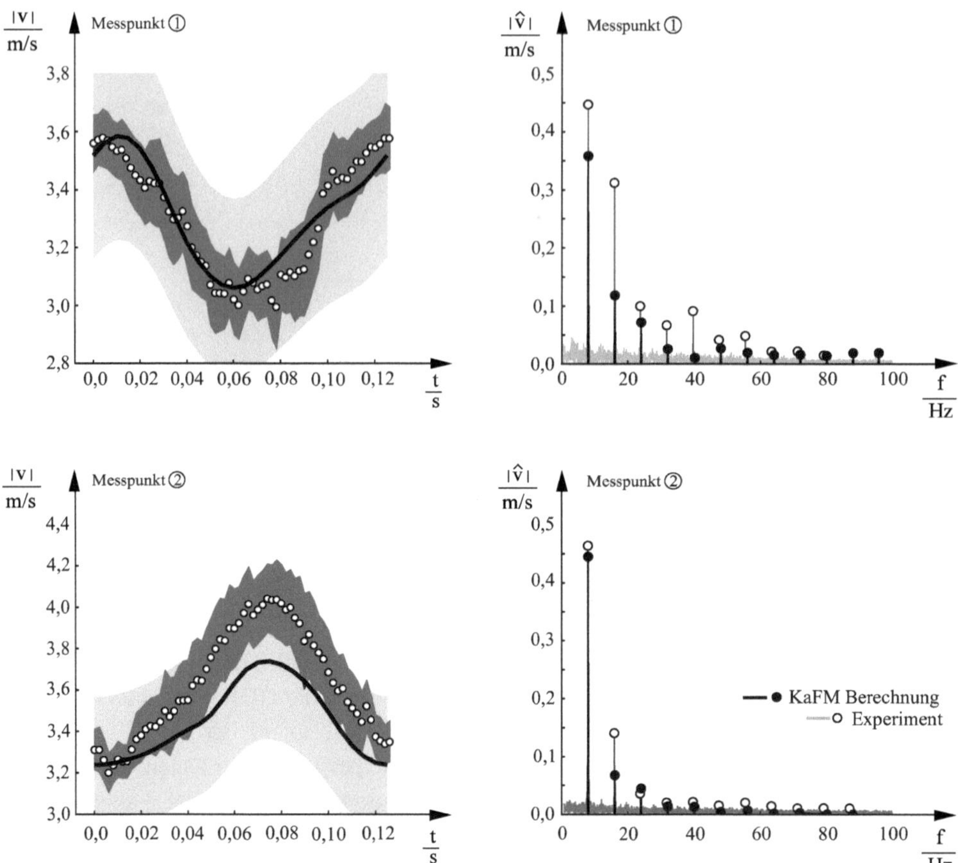

**Abb. 4.19**  Geschwindigkeitsverläufe im Nachlauf des Flügelschlagmodells

nuierliche Entstehen kleinskaliger Wirbelstrukturen in den Scherschichten der Wirbel zurückzuführen, die von der numerischen Strömungsberechnung nicht aufgelöst werden. Die Grundfrequenz der Amplitudenspektren entspricht der Flügelschlagfrequenz des Modells. Diese entsteht aufgrund der Flügelbewegung durch das Auftreten der entgegengesetzt drehenden Wirbelstrukturen im Nachlauf. Die weiteren gekennzeichneten Amplituden sind die Harmonischen der Grundschwingung. Deren Werte fallen mit steigender Frequenz, wobei eine vergleichbare relative Abnahme zu erkennen ist.

Trotz der hohen Komplexität der Experimente und der numerischen Berechnung zeigen die ermittelten Geschwindigkeitsverläufe und Strömungsstrukturen über weite Bereiche eine sehr gute Übereinstimmung. Die von der Flügelschlagbewegung induzierten Wirbelstrukturen stimmen hinsichtlich ihrer zeitlichen und räumlichen Entwicklung überein. Bis auf die lediglich geringen Schwankungen der Geschwindigkeitsverläufe bezüglich der Maximal- und Minimalwerte sowie dem Auftreten höherfrequenter und kleinskaliger Wirbel ist damit das mathematische Modell der Strömung-Struktur Kopplung validiert und kann für die Berechnung des realen Vogelfluges im folgenden Kapitel eingesetzt werden.

**Herzmodell**

Der Blutkreislauf des menschlichen Körpers wird vom periodisch pulsierenden Herzen angetrieben. Das Herz pumpt im Ruhezustand mit lediglich 1 W Leistung in jeder Minute etwa 5 l Blut in den Kreislauf. Der Blutkreislauf besteht aus zwei getrennten, über das Herz untereinander verbundenen, Teilkreisläufen. Man bezeichnet den einen als Körperkreislauf und den anderen als Lungenkreislauf. Der Gesamtkreislauf sichert den Gasaustausch zwischen dem Stoffwechsel im menschlichen Körper und der Luft der Atmosphäre.

Das Herz besteht aus zwei getrennten Pumpkammern, dem linken und rechten Ventrikel und den Vorhöfen, die entsprechend Abb. 4.20 vom Herzmuskel gebildet werden. Der rechte Vorhof erhält sauerstoffarmes Blut aus dem Körperkreislauf. Der rechte Ventrikel füllt sich ausschließlich mit dem Blut aus dem rechten Vorhof, um sich bei seiner Kontraktion in den Lungenkreislauf zu entleeren. Das dort reoxigenierte Blut erreicht den linken Vorhof und wird vom linken Ventrikel in den Körperkreislauf gefördert. Die Vorhöfe und Ventrikel sind durch die druckgesteuerten Atrioventrikularklappen getrennt, die die Füllung des Herzens regulieren. Die rechte Klappe weist drei Segel auf, weshalb sie Trikuspidalklappe genannt wird. Die linke Bikuspidalklappe verfügt über zwei Segel und wird Mitralklappe genannt. Die Segelklappen bewirken, dass sich die Vorhöfe zwischen den Herzschlägen mit Blut füllen können und verhindern die Blutrückströmung während der Ventrikelkontraktion. Während der Ventrikelrelaxation verhindert die Aortenklappe den Blutrückstrom aus der Aorta in den linken Ventrikel und die Pulmonalklappe den Rückstrom aus der Pulmonalarterie in den rechten Ventrikel. Die Ventrikel durchlaufen während der Herzzyklen eine periodische Kontraktion (Systole) und Relaxation (Diastole).

Beim Öffnen der Mitral- und Trikuspidalklappe stellen sich im linken und rechten Ventrikel während des Füllvorgangs zunächst Einströmjets ein, die nach einem Viertel des Herzzyklus jeweils von einem Ringwirbel begleitet werden. Abb. 4.20 zeigt die in den Längsachsenschnitt der Ventrikel projizierten Stromlinien. Die Ringwirbel entstehen als Ausgleichsbewegung für die im ruhenden Fluid abgebremsten Einströmjets. Im weiteren Verlauf der Diastole nehmen aufgrund der Bewegung des Herzmyokards die Ringwirbel an Größe zu. Dabei erfolgt die Ausdehnung der Wirbel in axialer Richtung gleichmäßig, in radialer Richtung wird jedoch im linken Ventrikel die linke Seite verstärkt. Beim Eindringen in die Ventrikel verringern sich die Geschwindigkeiten der Wirbel. Die Wirbelspitzen werden zu diesem Zeitpunkt nicht durchströmt. Im weiteren Verlauf des Einströmvorganges kommt es im linken Ventrikel aufgrund der starken Deformation zu einer Neigung des Ringwirbels in Richtung der Ventrikelspitze. Dabei verringert sich die Geschwindigkeit der dreidimensionalen Strömung, bis schließlich der Einströmvorgang abgeschlossen ist und die Mitralklappe schließt. Die weitere Deformation der Wirbelstruktur wird durch die Trägheit der Strömung bestimmt. Parallel induziert der obere Teil des Ringwirbels einen Sekundärwirbel im Aortenkanal.

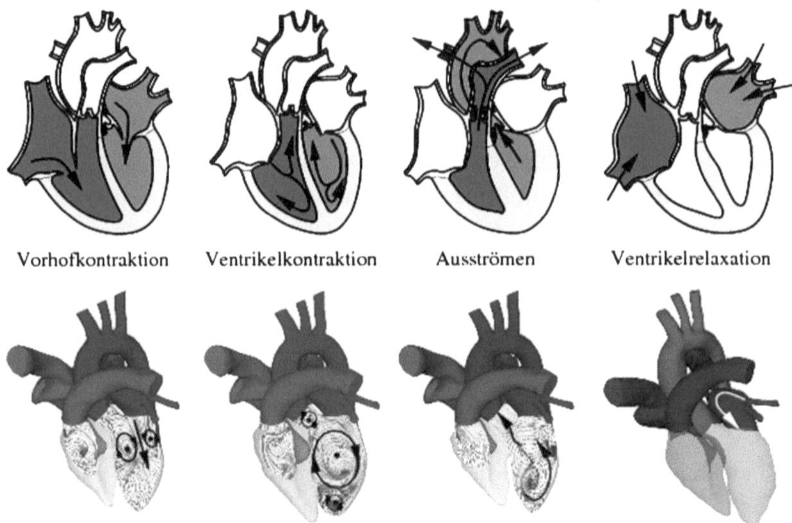



**Abb. 4.20**   Strömung im Herzen während der vier Phasen des Herzzyklus

Mit dem Öffnen der Aortenklappe beginnt der Auströmvorgang in die Aorta und den Körperkreislauf. Dabei wird die Bewegungsrichtung der Wirbel fortgesetzt. Es wird zunächst der Wirbel im Aortenkanal und dann in zeitlicher Abfolge der Ringwirbel ausgespült. Das Geschwindigkeitsmaximum des Ausströmvorganges wird im zentralen Bereich der Aortenklappe erreicht und nach 2/3 des Herzzyklus ist der Strömungspuls in der Aorta ausgebildet. Am Ende der Systole hat sich die Wirbelstruktur im linken und rechten Ventrikel vollständig aufgelöst. Dabei werden vom gesunden menschlichen Herzen etwa 62 % des linken Ventrikelvolumens ausgestoßen.

Das dynamische Herzmodell wird von Bilddaten der für die medizinische Diagnostik verfügbaren MRT-Magnetspin-Resonanz-Tomografen und CT-Röntgen-Tomografen gesunder Probanden abgeleitet. Es besteht aus dem linken und rechten Ventrikel, den beiden Vorhöfen, den Herzklappen, der Aorta und Vena Cava sowie einem Kreislaufmodell. Die um die Ventrikel spiralförmig angeordneten Muskelschichten des Myokards werden mit einem Muskelfaser-Strukturmodell modelliert, das mit einem Modellexperiment des menschlichen Herzens validiert wird. Die Simulationsrechnungen erfolgen Strömung-Struktur gekoppelt entsprechend den im vorangegangenen Abschnitt beschriebenen mathematischen Modellen und numerischen Methoden.

Die Validierung erfolgt entsprechend Abb. 4.21 in einer Druckkammer mit dem linken Herzventrikel und Vorhof sowie künstlichen Mitral- und Aorten-Herzklappen, die dem menschlichen Herzen nachgebildet wurden. Die Pumpe der Druckkammer erzeugt ein periodisches Druckfeld, das den Pulsschlag des Herzens simuliert. Dabei wird der Druckwiderstand des menschlichen Kreislaufs mit zwei Drosseln berücksichtigt. Modellventrikel und Vorhof bestehen aus einem elastischen und durchsichtigen Material, welches

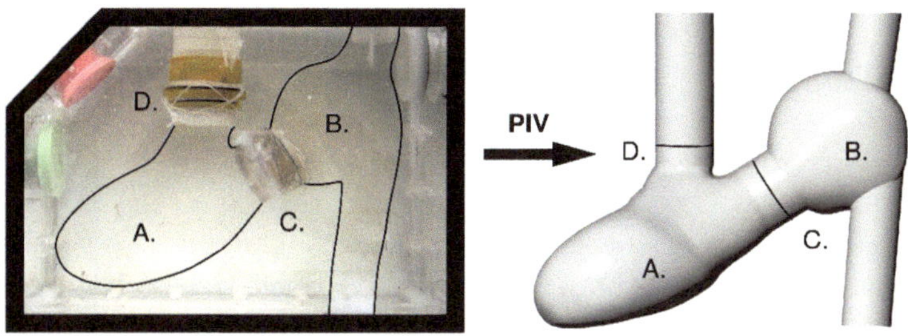


**Abb. 4.21** Modellventrikels mit Vorhof, A: Ventrikel, B: Vorhof, C. Mitralklappe, D. Aortenklappe

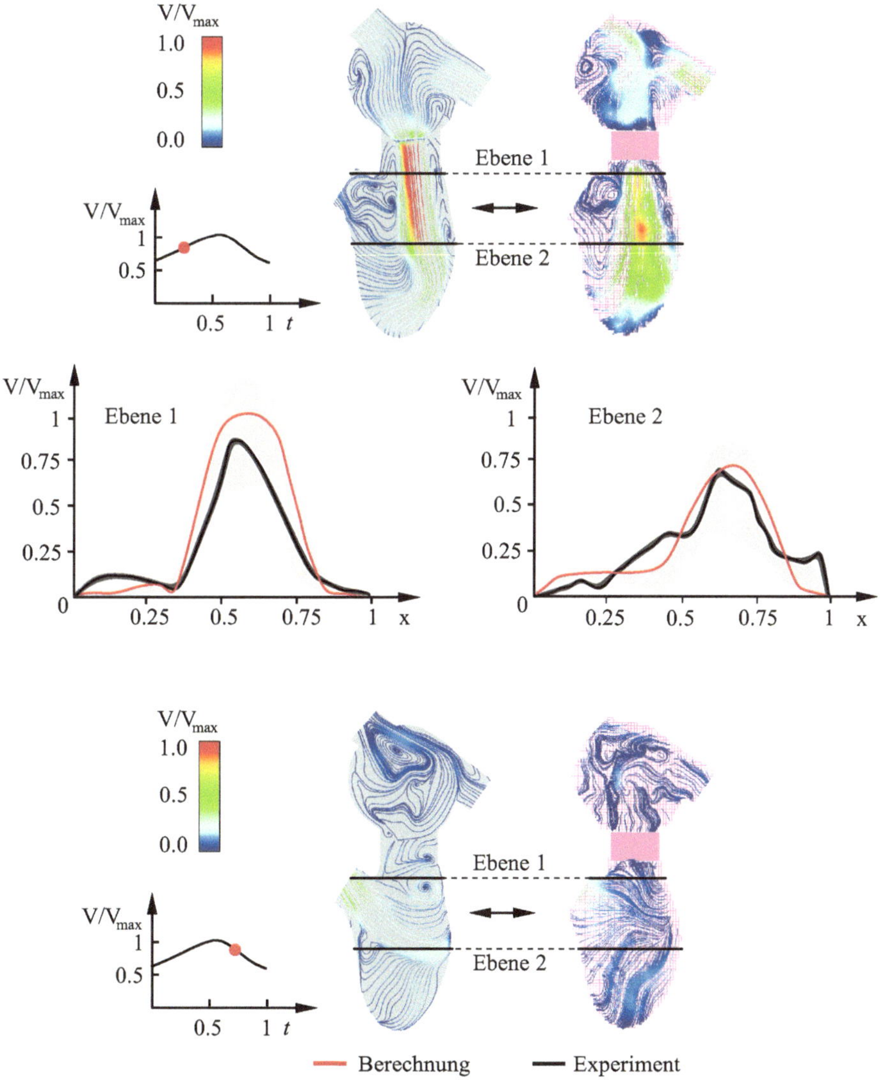

**Abb. 4.22** Stromlinien und Geschwindigkeitsverteilungen im Modellventrikel und Vorhof

das Spannungs-Dehnungsverhalten der Muskelfasern des Myokards abbildet. Der Brechungsindex des Silikonmaterials entspricht dem der Flüssigkeit in der Druckkammer und dem Ventrikel, so dass die optische Messung der Geschwindigkeitsverteilungen möglich wird. Die nicht-Newtonschen Eigenschaften des Blutes werden dabei mit einer speziellen transparenten Flüssigkeit berücksichtigt.

Die Strömung-Struktur gekoppelte Berechnung erfolgt mit den vorgegebenen experimentellen Randbedingungen. Abb. 4.22 zeigt den Vergleich der berechneten und gemessenen Stromlinien und Geschwindigkeitsverteilungen im Längsachsenschnitt des Ventrikels und des Vorhofs sowie in zwei horizontalen Ebenen. Sowohl die Geschwindigkeitsverteilungen als auch die Strömungsstruktur stimmen im Vergleich mit Abb. 4.20 während des Einströmvorganges der Diastole und des Ausströmvorganges der Systole im Rahmen der Mess- und Berechnungsfehler überein. Die Diastole zeigt das tiefe Eindringen des Einströmjets in den Ventrikel. Der rechte Teil des asymmetrischen Ringwirbels bewegt sich in Richtung der Ventrikelspitze während der linke Teil im Aortenkanal fixiert wird. Die tangentiale Orientierung der Stromlinien im unteren Bereich des Ventrikels wird durch die einhergehende Vergrößerung des Ventrikelvolumens verursacht. Auch im Vorhof des linken Ventrikels stimmen die Stromlinienbilder des Einströmvorganges gut überein. Es bildet sich im weiteren Verlauf der Diastole ein im Uhrzeigersinn drehender Wirbel aus, der das Einströmen durch die Mitralklappe in den Ventrikel bestimmt. Beim Ausströmen aus dem Ventrikel durch den Aortenkanal wird bei geöffneter Aortenklappe entsprechend der unteren Bildreihe von Abb. 4.22 zunächst der obere Bereich des Wirbels ausgespült bis schließlich im weiteren Verlauf der Systole in wohl geordneter Zeitfolge auch der Bereich der Ventrikelspitze erfasst wird.

## Literatur

1. Casey, M., Wintergerste, T. (Hrsg.): Best practice guidelines, European research community on flow, turbulence and combustion (2000)

# Anwendungsbeispiele

Um die Möglichkeiten der Numerischen Strömungsmechanik zu verdeutlichen, zeigen wir in diesem Kapitel Berechnungsbeispiele aus unterschiedlichen Anwendungsbereichen des Maschinenbaus, der Verfahrenstechnik, der Energietechnik, der Aerodynamik und der Bioströmungsmechanik. Der hier gewählte, sehr kompakte Überblick kann nur ein erster Einstieg in die jeweiligen Modellierungsansätze und Lösungsmethoden sein. Die Beispiele sollen den Leser auch zu eigenen Anwendungen der Numerischen Strömungssimulation anregen und Motivationen liefern, sich eingehend mit dem Stoff zu befassen.

Wir haben bei der Beschreibung der Beispiele auf die jeweils relevanten Kapitel oder Gleichungen des Buches Bezug genommen, um den Zusammenhang mit dem dargebotenen Lehrstoff herzustellen. Für die Darstellung der Ergebnisse wird eine Graustufendarstellung gewählt. Dies kann jedoch nur einen ersten Eindruck der Berechnungsaufgabe und der erzielten numerischen Ergebnisse vermitteln. Details oder quantitative Aussagen können daraus nicht abgeleitet werden. Auf die angegebenen Originalarbeiten, in denen jeweils sowohl Literatur zu den Grundlagen als auch weiterführende Literatur angegeben ist, wird im Literaturverzeichnis verwiesen.

Experimentelle Ergebnisse und numerische Simulationen stehen in den jeweiligen Untersuchungen als gleichberechtigte Methoden nebeneinander und dienen gleichermaßen dem Verständnis und der Vorhersage der in den jeweiligen Unterkapiteln gezeigten Strömungen. Entsprechend der Thematik dieses Buches sind im Folgenden hauptsächlich die numerischen Ergebnisse dargestellt.

## 5.1 Strömungen mit Wärmetransport

Strömungs- und Wärmetransportvorgänge sind eng miteinander verknüpft und es liegt auf der Hand, die in diesem Buch beschriebenen Berechnungsmethoden auf Strömungen mit Wärmetransport anzuwenden, wie dies gelegentlich bereits bei der Einführung einiger Methoden und Modelle geschehen ist. Im ersten Unterkapitel dieses Anwendungs-

© Springer Fachmedien Wiesbaden GmbH, ein Teil von Springer Nature 2018 269
E. Laurien, H. Oertel jr., *Numerische Strömungsmechanik*,
https://doi.org/10.1007/978-3-658-21060-1_5

teils stellen wir daher Simulationsrechnungen vor und behandeln Vorgänge, bei denen der Transport von Wärme und die Verteilung der Temperatur und damit auch der Stoffeigenschaften eine besondere Rolle spielen.

### 5.1.1  Konvektionsströmung in einem Behälter

Ein rechteckiger Behälter [1] wird von unten beheizt und von oben gekühlt, indem seine untere und obere Berandung jeweils auf einer konstanten Temperatur gehalten werden. Die Seitenwände sind thermisch isoliert, also adiabat. Zur Berechnung verwenden wird die Navier-Stokes-Gleichungen mit Auftriebsterm. Als Fluid wird Luft verwendet, die Prandtl-Zahl beträgt daher $Pr = 0{,}71$. Die thermische Instabilität führt, wie in Abschn. 2.3.6 beschrieben, zur Ausbildung von Konvektionsrollen, deren Anzahl und Orientierung vom Seitenverhältnis des Behälters abhängt. Im Behälter $10 : 4 : 1$ stellen sich bei einer kritischen Rayleigh-Zahl 1815 unabhängig von der Prandtl-Zahl zehn Konvektionsrollen ein. Die Rollenzahl nimmt mit steigender Rayleigh-Zahl abhängig von der Prandtl-Zahl ab. In Luft ergeben sich bei der Rayleigh-Zahl 4000 im Experiment wie bei der DuFort-Frankel-FDM und Galerkin-Berechnung neun Rollen (H. Oertel jr. 1979), die sich nunmehr mit der FVM, Abb. 5.1, bestätigen. Das Bild zeigt auch den dreidimensionalen Charakter der Strömung, da die Haftbedingung an Vorder- und Rückwand einer rein zweidimensionalen Ausbildung der Konvektionsrollen entgegenstehen.

Die Auswahl des Verfahrens und die Generierung des Netzes müssen sehr sorgfältig erfolgen, da die verfahrenseigene numerische Diffusion die Instabilität der Strömung nicht unterdrücken darf. Wie wir in Abschn. 2.3.6 gesehen haben, ist das DuFort-Frankel-Verfahren grundsätzlich geeignet, besitzt aber den Nachteil, dass die Zeitschrittweite sehr klein gewählt werden muss. Die FVM in STAR-CD ist ebenfalls in der Lage, die Strömung zu berechnen, wobei die Zeitschrittbeschränkung nicht auftritt, da das Verfahren vollim-

**Abb. 5.1** Stromlinien der Konvektionsrollen in einem von unten beheizten rechteckigen Behälter, perspektivische Ansicht von oben

plizit ist. Man kann davon ausgehen, dass Strömungen mit einer unterschiedlichen Anzahl von Konvektionsrollen richtige Lösungen der Navier-Stokes-Gleichungen sind („Verzweigungslösungen"), da ihre Anzahl nicht durch die Randbedingungen eindeutig bestimmt ist. Im Experiment bestimmt sich unter den mehreren möglichen Strömungen die tatsächlich auftretende durch zufällig auftretende kleine Störungen, z. B. Vibrationen oder Unregelmäßigkeiten in den Randbedingungen. In der Numerischen Strömungsmechanik bestimmt sich die tatsächlich auftretende Strömung durch kleine Unregelmäßigkeiten des Netzes, Asymmetrien im Lösungsalgorithmus (z. B. die Abarbeitungsreihenfolge) oder das verwendete Verfahren.

Bei höheren Rayleigh-Zahlen setzt eine Oszillation der Konvektionsrollen ein, die zunächst periodisch und bei weiterer Erhöhung der Rayleigh-Zahl aperiodisch (chaotisch, turbulent) verläuft. Daher wird es umso schwieriger, die Strömung „direkt", mit Hilfe der Navier-Stokes-Gleichungen zu berechnen, je höher die Rayleigh-Zahl ist. Für $Ra > 10^5$ sind die Reynolds-Gleichungen zusammen mit einem Turbulenzmodell zu verwenden.

## 5.1.2 Wärmeübergang eines Heizstabs in einem Kanal

Zur Erwärmung wird Wasser durch einen rechteckigen Kanal [2] mit einem innenliegenden Heizstab mit Kreisquerschnitt geleitet. Der Stab wird elektrisch durch Ohm'sche Wärme im Stabmantel geheizt und gibt seine Wärme an das Wasser ab. Der Stab wird durch einen dünnen Draht aus elektrisch isolierendem Material umwickelt, um ihn auf Abstand zu den Kanalwänden zu halten.

Der Wärmeübergang turbulenter Rohr- oder Kanalströmungen mit geheizten oder gekühlten Wänden, wie sie in vielen Anwendungen in der Wärme- und Kältetechnik vorkommen, ist durch die Reynolds-Zahl und die Prandtl-Zahl, hier $Pr = 2$, bestimmt. Die Reynolds-Zahl beträgt $Re = 4 \cdot 10^5$, daher ist die Strömung turbulent. Das System steht unter einem hohem Druck, $p_{\mathrm{ein}} = 250\,\mathrm{bar} = 25\,\mathrm{MPa}$, welcher größer als der kritische Druck von Wasser $p_{\mathrm{krit}} = 21{,}1\,\mathrm{MPa}$ ist, daher sind die Stoffeigenschaften stark von der Temperatur abhängig. Wandfunktionen können nicht verwendet werden, sondern die Grenzschicht muss entlang der beheizten Staboberfläche fein aufgelöst werden. Bei variablen Stoffeigenschaften ist für den wandnächsten Gitterpunkt $y_1^+ < 0{,}1$ zu empfehlen, wobei $y_1^+$ der dimensionslose Wandabstand nach (3.71) ist. Dies stellt besondere Anforderungen an die Netzgenerierung. Abb. 5.2 zeigt einen Schnitt durch das strukturierte Netz, dessen kreisförmiger Innenbereich in Stromabrichtung gedreht (extrudiert) wird, um auch die Windungen der Drahtwendel zu berücksichtigen. Auch ein unstrukturiertes Netz ist möglich, jedoch in Wandnähe deutlich von schlechterer Netzqualität, da wegen der notwendigen Verfeinerung in Wandnormalenrichtung stark verzerrte Zellen auftreten. Da Sekundärströmungen, wie in Abschn. 3.3.6 vorgestellt, in dieser Strömung zwar existieren, aber sehr schwach sind, kann als Turbulenzmodell ein Wirbelviskositätsmodell, z. B. das $K$-$\varepsilon$-Modell aus Abschn. 3.3.5 verwendet werden (hier: Niedrig-Reynolds-Zahl-Variante oder $K$-$\omega$-Modell).

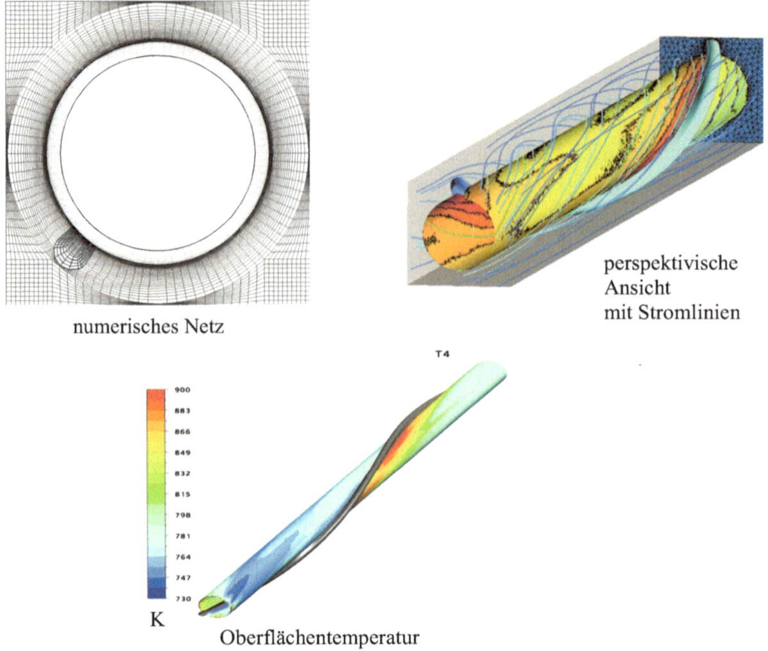



**Abb. 5.2** Beheizter Stab in einem Rechteckkanal

Die Strömung erhält wegen der Windungen des Drahtes einen Drall, welcher wegen der damit verbundenen Vermischung den Wärmeübergang erhöht. Jedoch wird bei konstantem Wandwärmestrom die Temperaturverteilung auf der Oberfläche des Heizstabs ungleich verteilt. Stromab des Drahtes befindet sich ein Gebiet mit reduzierter Geschwindigkeit und reduziertem Turbulenzgrad. Hier ist der Wärmeübergang lokal reduziert und es treten entlang der Oberfläche heiße Strähnen auf, welche das Material des Heizstabes thermisch hoch belasten können. Im Experiment werden diese Gebiete nicht beobachtet.

Führt man jedoch eine gekoppelte Rechnung durch, in der die Wärmeleitung innerhalb des Heizstabes, welcher eine Rohrgeometrie wie in Abb. 5.2 besitzt, berücksichtigt wird, so stellt sich heraus, dass die heißen Strähnen stark abgeschwächt werden. Insgesamt hat der Draht einen positiven Effekt auf den Wärmeübergang. Er kann verwendet werden, wenn es gelingt Funkenüberschlag zwischen dem stromdurchflossenen Draht und dem Kanalgehäuse zu vermeiden. Bei der thermischen Auslegung zahlreicher Wärmeübergangsprobleme muss wie im vorliegenden Beispiel die Wechselwirkung von Strömung und Struktur berücksichtigt werden.

Die variablen Stoffeigenschaften können zu unerwarteten Phänomenen der Wärmeübertragung führen, wie z. B. das starke Ansteigen der Wandtemperatur, wenn sich nahe der Wand eine dünne Schicht mit geringerer Dichte bildet. Um dies genau vorhersagen zu können, ist eine sorgfältige Validierung der Turbulenzmodelle erforderlich, insbesondere im Hinblick auf ihre Fähigkeiten, den Wärmetransport innerhalb einer laminaren, „wärmeleitenden Unterschicht" vorherzusagen. Diese Schicht liegt in Wandnähe, analog zu der in Abschn. 3.3.3 eingeführten viskosen Unterschicht.

### 5.1.3  Beheizte Rohrströmung mit superkritischem Kohlendioxid

Superkritische Fluide werden in Kreisprozessen als Wärmeträger eingesetzt, wenn ihr Vorteil der hohen Wärmekapazität für eine effiziente Energiewandlung genutzt werden soll. Oberhalb des thermodynamisch kritischen Druckes, welcher bei Kohlendioxid bei 73,8 bar liegt, sind die Stoffeigenschaften Dichte, Viskosität, Wärmeleitfähigkeit und Wärmekapazität stark von der Temperatur abhängig. Bei einem beheizten Rohr oder Kanal mit turbulenter Strömung, welche die Elemente eines kompakten Wärmeübertragers darstellen, führt diese Variation zu einer sehr komplexen, nichtlinearen Abhängigkeit des Wärmeübergangs von den Parametern Massentrom, Durchmesser, Wandwärmestrom und Orientierung gegenüber der Schwerkraft. Das Verhalten der Turbulenz kann bei einer Reynolds-Zahl von 5600 durch eine Direkte Numerische Simulation (DNS) untersucht werden [3], deren Ergebnisse in Abb. 5.3 gezeigt sind.

Die Anzahl der Wirbelstrukturen, welche mit dem $\lambda_2$-Kriterium sichtbar gemacht werden können, ist ein Maß für die Intensität der Turbulenz. Bei der Aufwärtsströmung des beheizten Rohres steigt die Temperatur in Strömungsrichtung an und die Dichte sinkt ab.

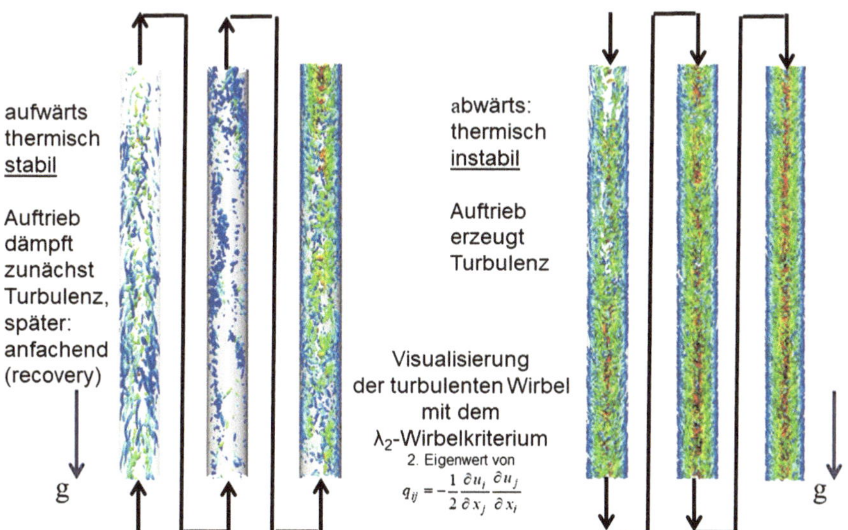


**Abb. 5.3** Ergebnisse der Direkten Numerischen Simulation (DNS) einer beheizten aufwärts (*links*) oder abwärtsgerichteten (*rechts*) Rohrströmung mit superkritischem Kohlendioxid bei einem Druck von 80 bar. Gezeigt sind Isoflächen des $\lambda_2$-Wirbelkriteriums

Somit befindet sich leichtes Fluid über schwererem Fluid und die vertikale Schichtung ist stabil. Bei Abwärtsströmung ist es umgekehrt und die Schichtung ist thermisch instabil. Die stabile Schichtung der Aufwärtsströmung führt zunächst zu einer Verringerung der Turbulenzintensität (Relaminarisierung) und somit zu einer Verschlechterung des Wärmeübergangs infolge der Beheizung. Weiter stromab erfolgt ein Erholungsprozess. Die thermische Instabilität der Abwärtsströmung führt zu einer hohen Turbulenzintensität, verbunden mit einem guten Wärmeübergang.

Der hohe Rechenzeit- und Speicherplatzbedarf kann nur bewältigt werden, wenn die Simulationen auf Parallelrechnern durchgeführt werden, die mehr als 1500 Rechenkerne besitzen. Für industrielle Untersuchungen, welche Parametervariationen und schnelle Antwortzeiten erfordenr, ist die DNS nicht geeignet. Die DNS der superkritischen Rohrströmung trägt aber zum Verständnis der strömungsphysikalischen Vorgänge bei variablen Stoffeigenschaften bei und liefert eine Datenbasis für Vergleiche bei der Entwicklung von Turbulenzmodellen für RANS-Simulationen.

## 5.2  Mehrphasenströmungen

Strömungen mit zwei oder mehr Phasen kommen in der Energietechnik als Siede- oder Kavitationsvorgänge, in der Verfahrenstechnik und im Anlagenbau vor. Ihre Behandlung mithilfe numerischer Methoden ergänzt die bisher gebräuchlichen experimentellen Untersuchungen sowie einfache eindimensionale Vorhersagen. Dies trägt wesentlich zum Verständnis bei. Ein wichtiger Aspekt ist die Skalierbarkeit der Modelle, da Experimente aus Kostengründen häufig nur in einem verkleinerten Labormaßstab möglich sind, andererseits jedoch wegen der Vielzahl von Ähnlichkeitsparametern Modellgesetze nur sehr eingeschränkt die Übertragung auf den Originalmaßstab erlauben.

### 5.2.1  Gravitationsgetriebene zweiphasige Rohrströmung

Ein hoch gelegener oben offener Behälter in einem Kraftwerk soll über eine Rohrleitung entleert werden. Das Wasser befindet sich annähernd auf Siedetemperatur und kann daher wegen der möglichen Dampfbildung in einer Pumpe nur gravitationsgetrieben in einen tiefer gelegenen Sumpf abfließen. Die Rohrleitung muss durch einen Gebäudeteil geleitet werden. Sie besitzt vertikale und horizontale Abschnitte, die durch 90°-Rohrbögen miteinander verbunden sind. Die Experimente zeigen, dass aufgrund thermischer Kavitation (Dampfbildung) und der damit verbundenen Versperrung der Massenstrom gegenüber einer kalten Flüssigkeitsströmung um ca. 30 % reduziert ist.

Für die Simulation [4] mit CFX-4, siehe Abb. 5.4, wird das Zwei-Fluid-Modell aus Abschn. 3.4.4 gewählt, wobei entsprechend (3.178) die Sättigungstemperatur vom Druck abhängt. Sinkt dieser im Innenbereich der Rohrbögen ab, so entsteht Dampf, welcher mit

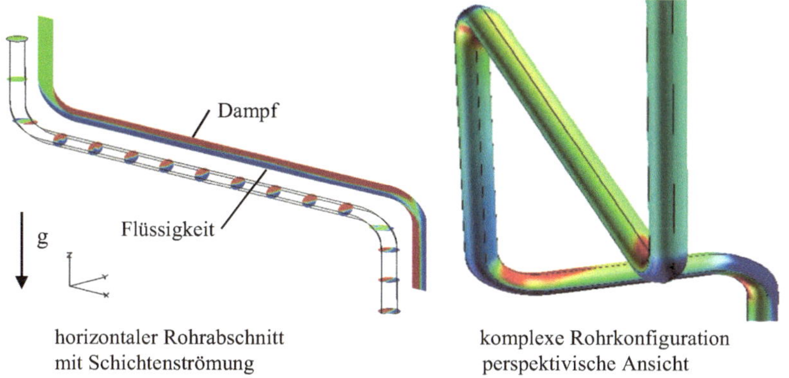


**Abb. 5.4** Gravitationsgetriebene Zweiphasenströmungen in Rohrleitungen mit thermischer Kavitation und Schichtenströmung, die Grautöne zeigen den Phasengehalt an

der Zweiphasenströmung stromab transportiert wird und der in senkrechten Rohrabschnitten rekondensiert.

Aufgrund der Schwerkraft bildet sich in den horizontalen Abschnitten eine geschichtete Strömung mit unten fließender Flüssigkeit und darüber strömendem Dampf aus. Der Wärmeübergangskoeffizient aus (3.178) wurde modifiziert, um den Strömungsformen Rechnung zu tragen. Für den Bereich mit überwiegend Flüssigkeit wird eine Blasenströmung, für den Bereich mit überwiegend Gas eine Tropfenströmung angenommen.

Die numerischen Ergebnisse zeigen, wie im Experiment, einen deutlich reduzierten Massenstrom, auf den die gewählte Eintrittstemperatur einen Einfluss besitzt. Je näher die Eintrittstemperatur an der Sättigungstemperatur bei Atmosphärendruck liegt, desto eher tritt Kavitation auf und desto größer ist die Reduzierung des Massenstroms. Hintereinander liegende Krümmer beeinflussen einander aufgrund der Sekundärströmung und, falls Zweiphasenströmung vorliegt, der Dampfverteilung, mit der der stromabwärtige Rohrbogen angeströmt wird.

## 5.2.2 Kondensation oberhalb eines Kühlturms

Der Kühlturm eines thermischen Kraftwerks verursacht je nach Atmosphärenbedingungen unterschiedliche Dampfschwaden, welche sich in Windrichtung abhängig von der Temparatur- und Feuchteverteilung in seiner Umgebung unterschiedlich entwickeln. Die Kondensation kann mit dem Zwei-Fluid Modell simuliert werden [5], wobei die Gasphase als ein Gemisch von Luft und Wasserdampf modelliert wird. Die Tautemperatur, bei welcher Kondensation einsetzt, ist somit vom volumetrischen Wasserdampfgehalt abhängig. Auch ein Wiederverdampfen der Kondensattropfen ist im Modell enthalten. In Abb. 5.5 ist für zwei Simulationen der Bereich, in dem Flüssigkeitstropfen vorhanden sind, in weißer

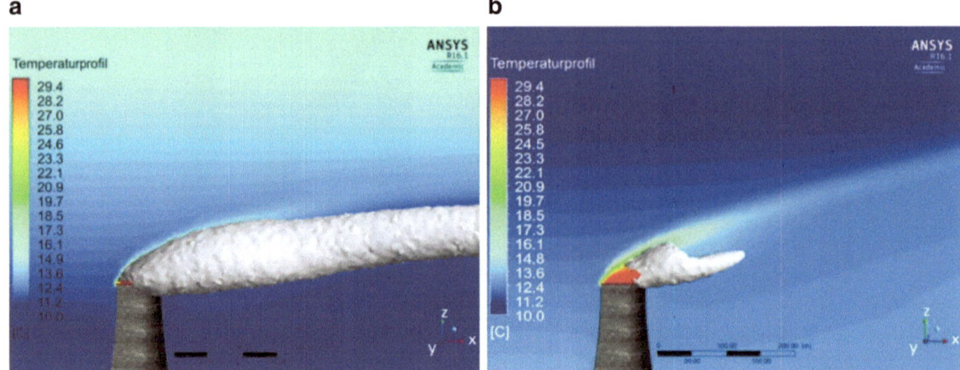

**Abb. 5.5** Kondensation oberhalb eines Kühlturms mit Wind von links bei unterschiedlicher atmosphärischer Temperaturschichtung: **a** Inversionswetterlage, **b** Temperaturabnahme mit der Höhe

Farbe dargestellt. Zusätzlich ist die Temparaturverteilung farb-skaliert in der Mittelebene gezeigt.

## 5.3 Vermischungsvorgänge

Energietechnische Anlagen, z. B. thermische Kraftwerke oder deren Gebäude, besitzen oft große Abmessungen und sie werden über lange Zeiträume betrieben. Daher gewinnt trotz ihren hohen Aufwandes die Numerische Strömungsmechanik zunehmend an Bedeutung, da durch sie Strömungsvorgänge verstanden und erkannte Defizite ggf. durch Modifikationen der Bauten oder der Betriebsbedingungen verbessert werden können. Wegen der hohen Kosten muss ein Stillstand der Anlagen vermieden werden, so dass unsere Methode oft auch vorsorglich eingesetzt wird, um die Ausfallsicherheit energietechnischer Anlagen zu verbessern.

### 5.3.1 Auflösung einer Dichteschichtung

In großen Gebäuden, in denen Kraftwerkskomponenten untergebracht sind, können sich brennbare Gase ansammeln, welche zusammen mit der im Gebäude enthaltenen Luft ein zündfähiges Gemisch bilden können. Im Falle von Wasserstoff sammelt sich dieser im oberen Bereich an. Die Gaswolke kann durch Luftzirkulation, z. B. durch einen vertikalen Freistrahl eines Ventilators aufgelöst, d. h. mit der Umgebung vermischt werden. Dadurch wird die für eine Zündung notwendige Konzentration des Wasserstoffs wieder unterschritten.

Der turbulente Luft-Freistrahl trifft von unten auf die Leichtgaswolke, welche im Experiment aus Sicherheitsgründen durch ein Helium-Luft Gemisch realisiert wird. Es han-

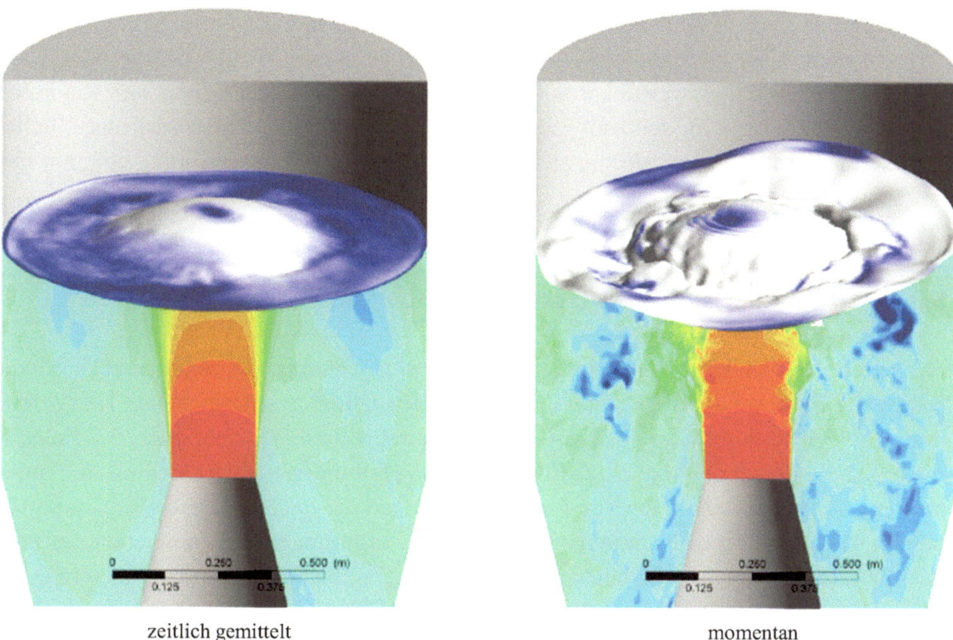


**Abb. 5.6** Grobstruktursimulation der Auflösung einer oben liegenden Heliumschicht durch einen turbulenten Freistrahl: Helium-Konzentration und 50 %-Fläche

delt sich um eine stabile Schichtung mit oben liegendem Leichtgas und unten liegendem schwereren Gas. Bei großen Abmessungen ist eine solche Schichtung sehr beständig. Die Turbulenz des von unten auftreffenden Freistrahl wird stark gedämpft. Insbesondere gilt dies wegen der stabilen Schichtung für die vertikale Komponente. Damit wird die Turbulenz stark anisotrop und die Modellierung mit der Modellklasse der Wirbelviskositätsmodelle, die auch auf Vermischung übertragen werden können, versagt. Zur Untersuchung der Vermischungsvorgänge führen wir mit CFX-12 eine Grobstruktursimulation der Strömung in der Vermischungszone durch [6], siehe Abb. 5.6. Als Anfangsverteilung wird mittels Zufallszahlen ein Strömungsfeld erzeugt, das zu einer instationären Weiterentwicklung führt. Nach Durchlaufen einer Anfangs-Transienten wird die Strömung statistisch stationär, d. h. die Mittelwerte, gezeigt links im Bild, sind nicht mehr von der Größe des zeitlichen Mittelungsintervalls abhängig. Die Grobstruktursimulation ist aufwändig und kann nur auf Hochleistungs-Parallelrechnern durchgeführt werden.

Um einen stationären Testfall zu erhalten, wird oben die gleiche Menge Helium zugeführt wie durch den Auslass unten strömt. Das Bild der momentanen Strömung gibt einen Eindruck darüber, wie stark die Fluktuationen der Turbulenz-Grobstruktur sind und welche Mechanismen für die Vermischung verantwortlich sind. Durch die Umlenkung an der stabilen Schichtung bildet sich ein Dom in der Helium-Konzentrationsfläche, welche seitliche Austauschvorgänge ermöglicht. Diese horizontalen Fluktuationen, die größer als die vertikalen sind, bestimmen die Effizienz der Vermischung. Es ist auch möglich, diese Strömung auf Basis der Reynolds-Gleichungen zu modellieren, wobei der Rechenaufwand wieder in für die Praxis vertretbaren Grenzen liegt. Dabei kommt neben dem Reynolds-Spannungsmodell ein Modell zum Einsatz, welches die turbulente Massenströme, ähnlich wie die turbulenten Wärmeströme aus (3.52) für jede Koordinatenrichtung getrennt modelliert.

### 5.3.2  Durchmischung von Gasen unterschiedlicher Temperaturen

Der untere Bereich eines nuklearen, gasgekühlten Hochtemperaturreaktors HTR-Modul besitzt die Form eines Ringkanals, in den über den Umfang verteilt radiale Kanäle einmünden, welche durch Lamellen voneinander getrennt sind [7], siehe Abb. 5.7 links. In diese Kanäle münden von oben Zuführungen von Helium mit unterschiedlichen Temperaturen, die für die beiden inneren Reihen 750 °C und die beiden äußeren Reihen 850 °C beträgt. Der Ausströmquerschnitt ist markiert. Die Zuführungen mit Helium höherer Temperatur befinden sich jeweils innen zwischen den Lamellen, diejenigen mit kälterem Gas außen. Innerhalb des Ringkanals sollen sich diese Ströme vermischen, damit die nachfolgenden Komponenten (Turbine oder Wärmeübertrager) keine heißen „Strähnen" ertragen müssen. Dazu dient ein durch die Anordnung der Einlässe erzeugter Wirbel, welcher mit seinem Zentrum längs des Ringkanals verläuft. Die Strömung wird durch ein Gebläse mit vorgegebener Druckdifferenz zwischen den Ein- und Ausströmquerschnitten getrieben.

Integrale Werte eines Mischungsgrades wurde in verkleinertem Maßstab, mit Luft und mit einer geringeren Temperaturdifferenz experimentell untersucht. Die Experimente dienen unter anderem zur Validierung von Simulationen. Die Strömung des Experiments sowie der realen Anlage wird mit CFX-11 innerhalb der Halbgeometrie numerisch simuliert. In Abb. 5.7 rechts sind Stromlinien gezeigt, welche mit der Temperatur entsprechend einer Graustufenskala dargestellt sind. Der schlanke Wirbel kann nur unter Verwendung

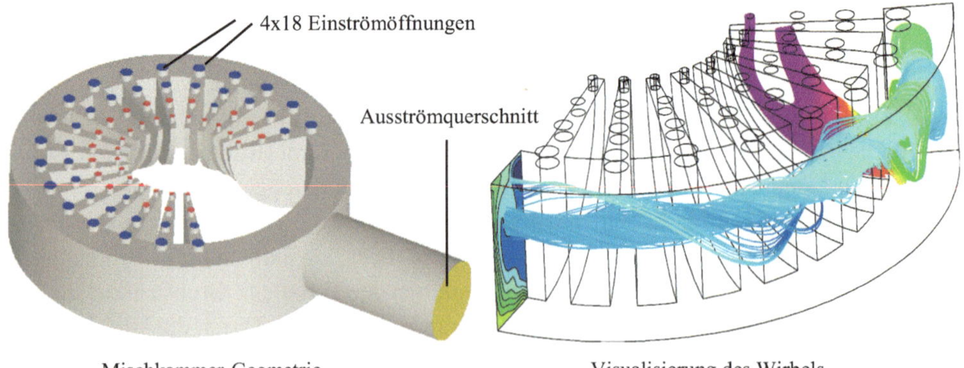


**Abb. 5.7**  Vermischung in der Mischkammer eines Hochtemperaturreaktors

des Reynolds-Spannungsmodell, siehe Abschn. 3.3.6, quantitativ richtig simuliert werden, da in seinem Innern die Turbulenz stark anisotrop ist.

Die numerischen Untersuchungen zeigen, dass der erreichbare Mischungsgrad von der mit der mittleren Geschwindigkeit und dem Durchmesser gebildeten Reynolds-Zahl abnimmt. Durch Optimierung der Geometrie können bei gleicher Druckdifferenz störende Nebenwirbel vermieden und damit die Wirksamkeit der Vermischung optimiert werden.

### 5.3.3 Ausbreitung von Wasserdampf im Kernkraftwerks-Sicherheitsbehälter

Der Sicherheitsbehälter von Kernkraftwerken enthält u. a. den Kühlkreislauf mit dem Reaktordruckbehälter und den Dampferzeugern sowie das Brennelement-Lagebecken. Im Falle eines Lecks im Primärkreislauf kann Wasserdampf und Wasserstoff-Gas in dieses kugelförmige Gebäude (Duchemsser ca. 60 m) eingeleitet werden. Diese Gase vermischen sich mit der darin enthaltenen Luft.

Die numerische Simulation [8] dieser Strömung setzt zunächst die Generierung eines numerischen Netzes voraus. Wegen der komplexen Anordnung der Behälter und Räume ist nur ein unstrukturiertes Netz möglich, welches jedoch in Wandnähe blockstrukturiert ist. Die festen Strukturen des Gebäudes müssen mit diskretisiert werden, damit ihre instationäre Aufheizung durch den Wasserdampf hoher Temperatur berücksichtigt werden kann. Da die Strömung turbulent ist, werden die RANS-Gleichungen mit dem SST-Modell, welches dem $K$-$\varepsilon$-Modell ähnlich ist, verwendet. Ein Ergebnis ist in Abb. 5.8 gezeigt. Die turbulenten Geschwindigkeits- und Temperaturprofile entlang der festen Wände werden mittels Wandfunktionen approximiert. Die Kondensation des Wasserdampfes an den zunächst kalten Wänden wird durch eine Massensenke für den Wasserdampf und eine Energiequelle, welche die damit verbundene Kondensationswärme repräsentiert, an der Wand berücksichtigt. Der sich bildende Flüssigkeitsfilm wird nicht mitsimuliert.

Strömungen in sehr großen Gebäuden stellen hohe Anforderungen an die Numerische Strömungssimulation. Die turbulente Strömung wird von Auftriebseffekten aufgrund der unterschiedlichen Gaskonzentration und Temperatur in den verschiedenen Bereichen des Strömungsgebiets dominiert. Die Einleitung an der angenommenen Leckstelle durch einen Freistrahl kann nicht im Detail, also mit hoher Auflösung, mitsimuliert werden, da sich die Zeitschrittweite und die räumliche Diskretisierung eher an dem Verhalten der großskaligen Strukturen in der Gesamtgeometrie orientieren muss. Daher müssen Annahmen über die Details der Strömung an der Leckstelle getroffen werden.

Die Kondensation des Wasserdampfs an den kalten Wänden ermöglicht eine Anreicherung von Wasserstoff in einem Gebiet oberhalb der Dampferzeuger bis zu 2 %. Dies reicht im berechneten Beispiel für Zündfähigkeit des verbleibenden Wasserstoff-Luft Gemisches nicht aus. Der Wasserstoff wird mit Hilfe katalytischer Rekombinatoren, welche hier nicht mitsimuliert wurden, mit dem in der Luft vorhandenen Sauerstoff zu Wasser verbunden um der Bildung eines zündfähigen Gemisches vorzubeugen.

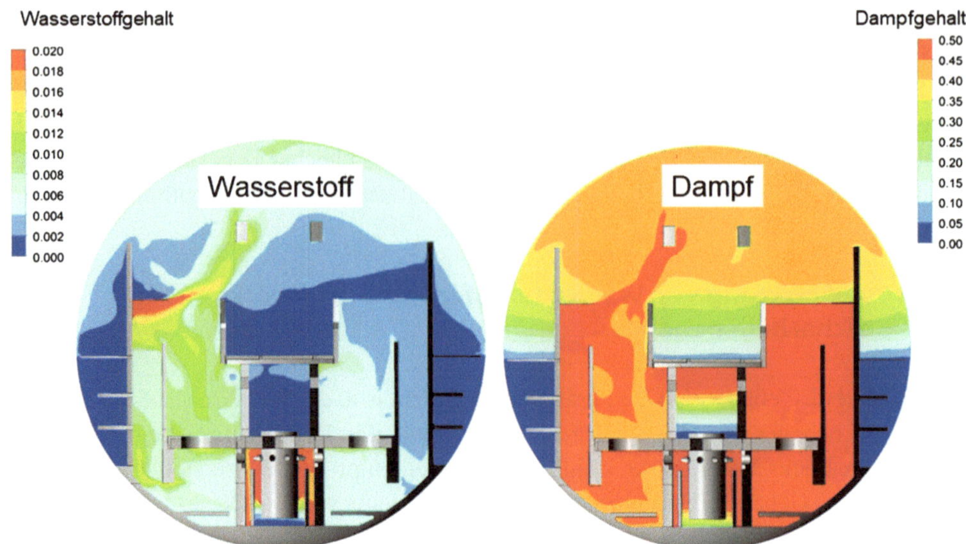



**Abb. 5.8** Schnitt durch den Sicherheitsbehälter mit der Wasserstoff- (*links*) und Wasserdampf (*rechts*)-Verteilung ca. 2500 s nach dem Beginn der Ausströmung durch ein angenommenes Leck im Primärkreislauf

Die Volumenkondensation des Wasserdampfes kann durch Verwendung des Zwei-Fluid-Modells ebenfalls berücksichtigt werden. Die flüssige Phase repräsentiert die Nebeltröpfchen. Die Gasphase besteht aus einem Gemisch von Luft, Wasserdampf und Wasserstoff. An der Oberfläche der Tropfen wird thermodynamisches Gleichgewicht angenommen, welches nun anstatt für reine Stoffe wie in Kap. 3 für Stoffgemische formuliert werden muss. Die Sättigungstemperatur wird nun Taupunkt genannt. Die kleinen Nebeltropfen mit einem Durchmesser von ca. 0,08 mm fallen mit einer Geschwindigkeit von nur wenigen Zentimetern pro Sekunde, was jedoch für den zu betrachtenden Zeitraum von einigen tausend Sekunden nicht zu vernachlässigen ist. Auf diese Weise erfolgt der Transport des Kondensats in den Gebäudesumpf.

## 5.4 Aerodynamik

Die klassische Disziplin der Numerischen Strömungsmechanik ist heute weit entwickelt und als effiziente und zuverlässige Berechnungsmethode hoch optimiert. Die Außenaerodynamik stellt hohe Anforderungen an die Simulationsalgorithmen und die numerischen Netze, da die Geometrien und die Strömungen komplex sind. Oft sind die angreifenden Kräfte nur klein oder resultieren aus der Differenz zweier entgegengesetzter Kräfte, z. B. Vortrieb und Widerstand, so dass der Genauigkeit der Vorhersagen besondere Bedeutung zukommt. Die Aerodynamik beschränkt sich heute nicht auf die Vorhersage von aerodynamischen Kräften und Momenten, sondern liefert unverzichtbare Informationen für

Nachbardisziplinen wie die Aeroakustik, die Struktur-Wechselwirkung einschließlich Aeroelastik sowie die Aerothermodynamik.

### 5.4.1 Kraftfahrzeugumströmung

Abb. 5.9 zeigt die mit der STAR-CD Software berechnete Basislösung einer Kraftfahrzeugumströmung. Die Simulationsrechnung wurde für die Reynolds-Zahl $8 \cdot 10^6$ ($u_\infty = 130\,\mathrm{km/h}$) mit dem Niedrig-Reynolds-Zahl-$K$-$\varepsilon$-Turbulenzmodell des Abschn. 3.3.5 durchgeführt. Die Druckverteilungen auf Ober- und Unterseite des realen Kraftfahrzeugs entsprechen denen, die am Modellkörper in Abb. 5.9 gezeigt sind. Bei der Berechnung einer Kraftfahrzeugumströmung muss zusätzlich die Fahrbahn berücksichtigt werden. Die Berechnung wird dann nach einem Wechsel des Bezugssystems vom bewegten Fahrzeug in ruhender Luft zum stehenden Fahrzeug in einer Anströmung durchgeführt. Daher muss die Fahrbahn ebenfalls diskretisiert werden, um Grenzschichteffekte zwischen Fahrzeugunterboden und der Fahrbahn in die Rechnung mit aufzunehmen. Als Randbedingung für die Fahrbahn ist dann die Geschwindigkeit der Anströmung vorzugeben, während am Fahrzeugunterboden $\vec{u} = \vec{0}$ zu fordern ist. Die Bedingung der bewegten Fahrbahn ist im Windkanal schwer zu realisieren, weshalb häufig auf ein vereinfachtes Prinzipexperiment im Windkanal mit ruhender Fahrbahn und ruhendem Kraftfahrzeug in einer Anströmung zurückgegriffen wird. Daher werden die Berechnungen im gezeigten Fall ebenfalls mit ruhender Fahrbahn und ruhendem Kraftfahrzeug durchgeführt. Verfügt man über die Basislösung des Kraftfahrzeugs, lassen sich die Auswirkungen von Anbauten, wie z. B. Spiegel, analysieren. Die Spiegel sind von Interesse, wenn es um die Aeroakustik des Kraftfahrzeuges geht. Aufgrund der Spiegelumströmung entstehen Geräuschanteile,

Finite-Volumen-Netz, 3,8 $10^6$ Gitterpunkte

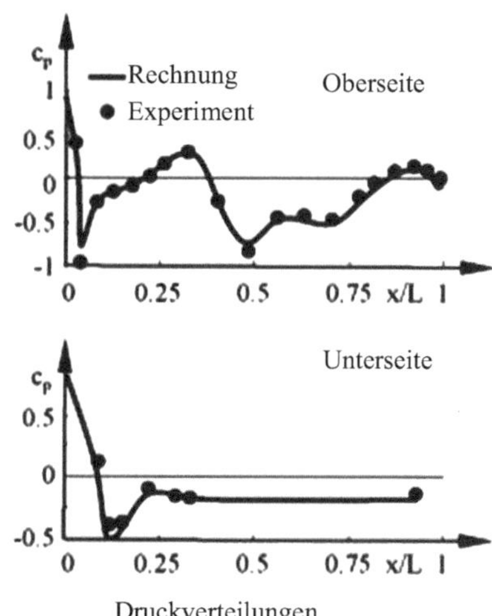


Druckverteilungen

**Abb. 5.9** Rechennetz und Druckverteilungen eines Kraftfahrzeuges

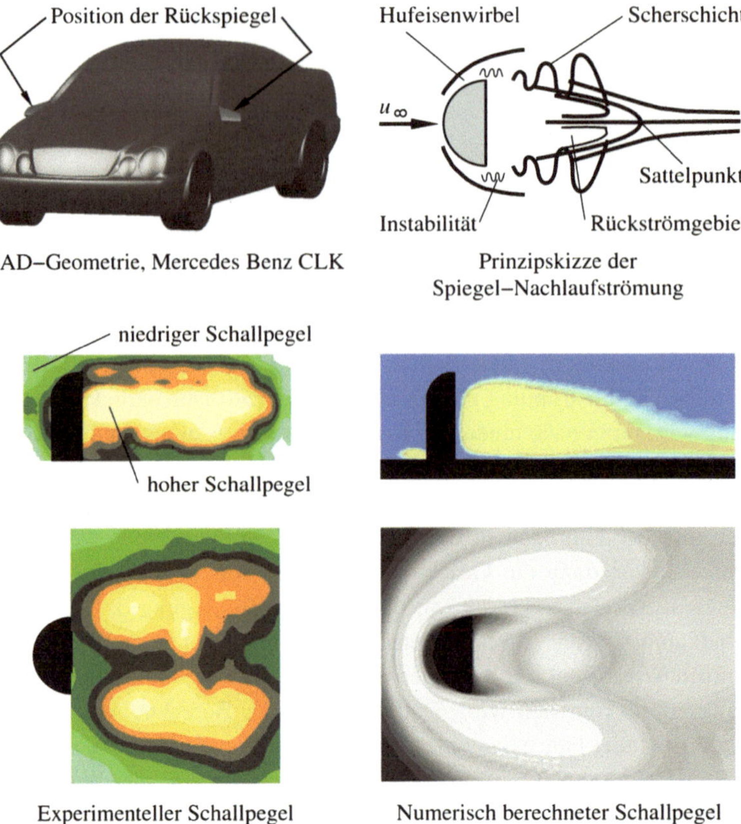



**Abb. 5.10**  Aeroakustik des Kraftfahrzeug-Spiegels

die sich an der Seitenscheibe konzentrieren. Sie werden zum einen in das Fernfeld und zum anderen über die Seitenscheibe und die Türdichtung in den Fahrgastraum des Fahrzeugs übertragen. Abb. 5.10 zeigt die CAD-Geometrie des Kraftfahrzeugs sowie die Prinzipskizze der Spiegel-Nachlaufströmung. In der Nähe der Kraftfahrzeug-Oberfläche bildet sich aufgrund der Haftbedingung an der Wand ein Hufeisenwirbel aus. Oberhalb des Hufeisenwirbels erhält man an der Abrisskante des Spiegels Scherschichten, die in die Rückströmung hinter dem Spiegel und in die Nachlaufströmung stromab des Sattelpunktes übergehen. In den Scherschichten des Hufeisenwirbels und der Nachlaufströmung entsteht ein hoher Schallpegel, dessen Übertragung in den Fahrgastraum störend wirkt.

Die numerische Berechnung der Spiegelumströmung erfolgt mit $3,2 \cdot 10^6$ Gitterpunkten, der Anströmgeschwindigkeit von 140 km/h und der Reynolds-Zahl $Re = 5 \cdot 10^5$. Von der Zylinderumströmung weiß man, dass bei der Reynolds-Zahl $5 \cdot 10^5$ keine dominante Ablösefrequenz der Kármán'schen Wirbelstraße auftritt. Die numerische Rechnung und die Experimente bestätigen diesen Sachverhalt für den Spiegel-Halbzylinder. In Abb. 5.10 sind die aus der numerischen Rechnung ausgewerteten lokalen Schallpegel in zwei Ebenen senkrecht und horizontal zum Spiegel im Vergleich mit experimentellen Ergebnissen dargestellt. Die Messung der lokalen Schallquellen erfolgt dabei mit der aeroakustischen Holographie. Man erkennt deutlich, dass die hohen Schallpegel in den bereits diskutierten Scherschichten und als Quellanteile der Gestaltänderung der mittleren Strömung auftreten, die insbesondere im Sattelpunktbereich der Nachlaufströmung zu erkennen sind.

Verfügt man über die numerische Lösung der Kraftfahrzeugumströmung für die Außen- und Innenströmung, können aus den Detaillösungen z. B. im Radkasten, an Spoilern bzw. im Fahrgastraum lokale Schallquellen ausgewertet werden, die den akustischen und klimatischen Komfort mitbestimmen. Die Kenntnis der Strömungsstruktur im Nachlauf des Kraftfahrzeugs ermöglicht die Vorhersage der Verschmutzung des Kraftfahrzeugs, Abb. 5.11.

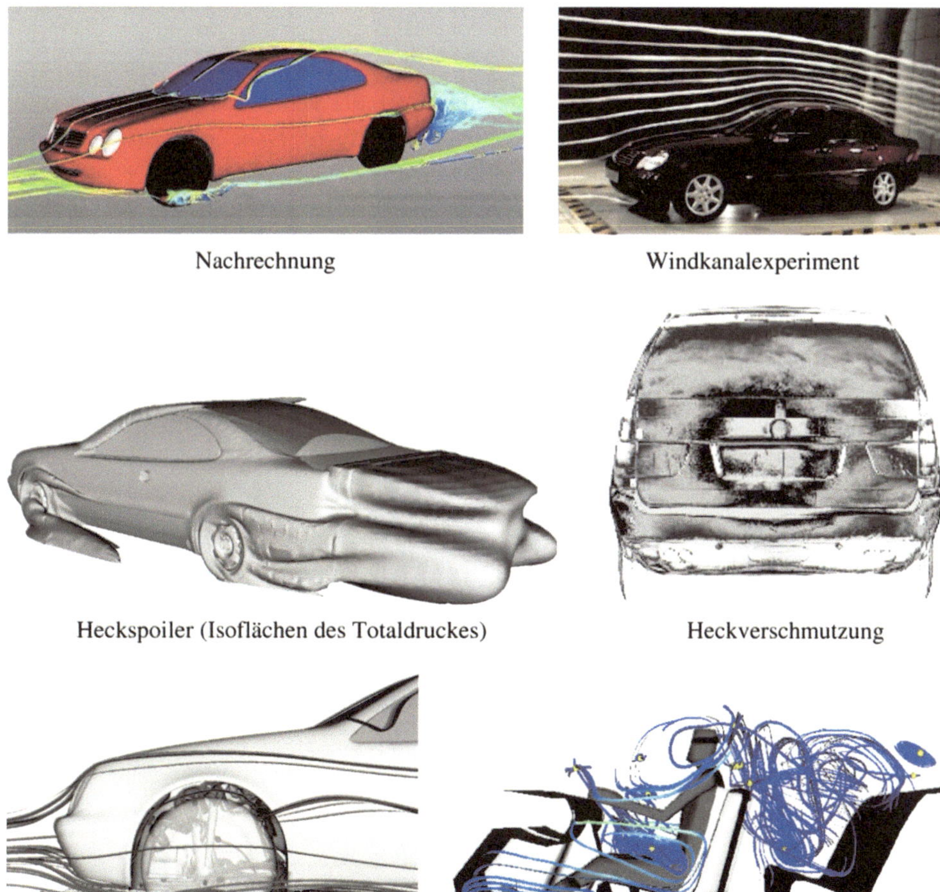


**Abb. 5.11**  Detaillösungen der Kraftfahrzeugströmung

### 5.4.2  Umströmung eines Rennwagens

Die Weiterentwicklung der Aerodynamik von Formel-I Rennwagen erfolgt sowohl in Fahrversuchen, im Windkanal als auch mit Hilfe der Numerischen Strömungssimulation [9]. Die Geometrie enthält mit dem Rumpf, den Rädern, den Front- und Heckflügeln sowie im Unterbodenbereich alle wesentlichen Bauteile, welche die Druckverteilung beeinflussen. Die Bewegung der Räder wird durch eine Randbedingung der bewegten Wand berücksichtigt, ebenso die Bewegung der Fahrbahn gegenüber dem Fahrzeug.

Wir verwenden die RANS-Gleichungen mit dem SST-Turbulenzmodell. Es ist erforderlich, die Strömung in Wandnähe durch ein Netz mit $y^+ < 1$ aufzulösen, da andernfalls Ablösepunkte nicht realitätsgetreu durch die Simulation abgebildet werden. Die Verteilung des Druckbeiwerts $c_p$ auf den Oberseite ist in Abb. 5.12 und auf der Unterseite in Abb. 5.13 gezeigt. Dabei werden insbesondere die Gebiete mit Über- und Unterdruck auf den Druckseite (oben) und der Saugseite (unten) entlang der Front- und Heckflügel deutlich.

Eine einfache Möglichkeit den Widerstandsbeiwert der Simulation für das Gesamtfahrzeug mit Experimenten zu vergleichen, sind Ausrollversuche. Dabei wird der Weg gemessen, welchen das Fahrzeug zurücklegt, bis es von einer eingestellten Anfangsgeschgwindigkeit zum Stillstand kommt. Da die Strömung zu jedem Zeitpunkt als quasistationär betrachtet werden kann, müssen nur stationäre Simulationsrechnungen durchgeführt werden. Dies hat im vorliegenden Fall zu einer guten Übereinstimmung zwischen Simulation und Ausrollversuchen geführt. Damit ist gezeigt worden, dass die Summe aus Druck- und Reibungswiderstand genau berechnet werden kann.

Diese RANS-Simulation erfordert ein Netz mit ca. 12 Mio. Zellen, welche auf einem Arbeitsplatzrechner mit 64 bit Prozessor i5-4570 3,2 GHz (CPU Passmark 7018) 16 Gbyte

**Abb. 5.12** Druckbeiwert $c_p$ auf der Oberseite eines Rennwagens

**Abb. 5.13** Druckbeiwert $c_\mathrm{p}$ auf der Unterseite eines Rennwagens

RAM mit 4 Rechenkernen einen Zeitraum von ca. 24 h (sog. Wanduhrzeit) erfordert. Danach liegen alle Reynoldsgemittelten Strömungsgrößen überall im Strömungsgebiet vor und können, wie auf der Oberfläche gezeigt, visualiert werden.

### 5.4.3   Transsonischer Tragflügel

Bei der Auslegung transsonischer Tragflügel für Verkehrsflugzeuge geht es vorrangig um die Reduzierung des Widerstandsbeiwertes des Flügels bei einem der Passagierzahl entsprechend vorgegeben Auftriebsbeiwerts. Zunächst kann man daran denken, die laminare Lauflänge der Grenzschicht auf dem Flügel zu vergrößern. Dies führt zu transsonischen Laminarflügeln. Die Stabilitätsanalyse dreidimensionaler, kompressibler Grenzschichtströmungen zeigt jedoch, dass bei realistischen Pfeilwinkeln der Verkehrsflugzeuge von $\varphi = 30°$ der Laminarisierungseffekt aufgrund des Auftretens so genannter Querströmungsinstabilitäten in den dreidimensionalen Grenzschichten verloren geht. Insofern ist man gezwungen, nach anderen Maßnahmen der Widerstandsreduzierung zu suchen. Eine Möglichkeit ist der so genannte adaptive Flügel, der sich dem jeweiligen Flugzustand optimal anpasst.

Noch eine andere Möglichkeit ist die „Bump", eine Konturveränderung der Flügeloberfläche im Stoßbereich, die die Stoß-Grenzschicht-Wechselwirkung auf dem Flügel derart beeinflusst, dass eine Widerstandsreduzierung bis zu 9 % möglich wird.

Abb. 5.14 zeigt die Wirkungsweise einer solchen Korrekturveränderung auf dem Flügel. Zunächst ist das Rechennetz um einen Airbus A 320 Modellflügel mit $1{,}2 \cdot 10^6$

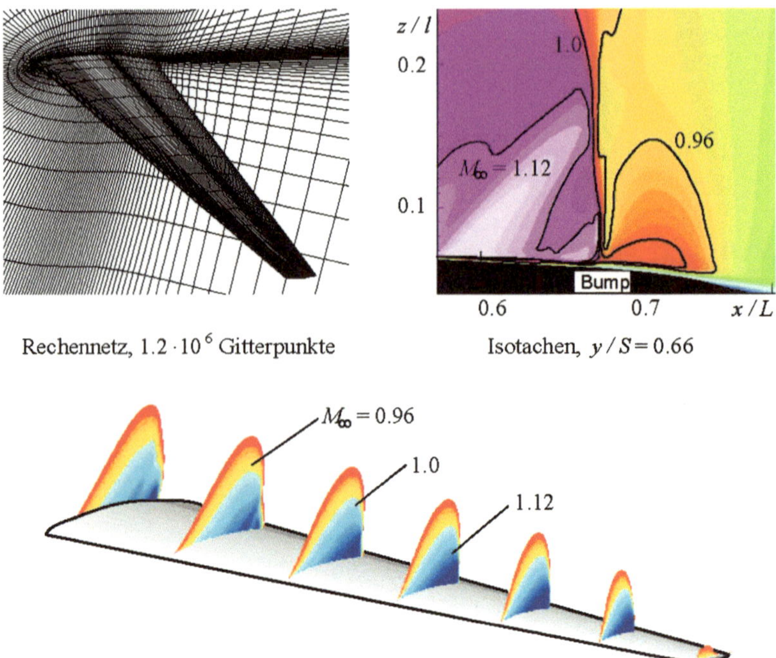



Rechennetz, $1.2 \cdot 10^6$ Gitterpunkte          Isotachen, $y / S = 0.66$

**Abb. 5.14**  Transsonischer Tragflügel mit Konturänderung

Netzpunkten gezeigt. Die Anström-Machzahl beträgt $M_\infty = 0{,}78$, die Reynolds-Zahl $Re = 26{,}6 \cdot 10^6$, der Anstellwinkel $\alpha = 2°$ und der Pfeilwinkel $\varphi = 20°$. Die Simulationsrechnung wird mit einem Hochschulprogramm und dem Baldwin-Lomax-Turbulenzmodell durchgeführt. Mit Konturveränderung zeigt der Ausschnitt der Lösung im Stoß-Grenzschicht-Wechselwirkungsbereich, dass der Stoß auffächert und sich das grau schattierte Nachexpansionsgebiet einstellt. Dabei wird die Kontur im Bereich des Verdichtungsstoßes derart verändert, dass die Aufwölbung der Stromlinien der Beeinflussung mit einer Druck-Ausgleichskammer vor und hinter dem Stoß entsprechen. Durch die Konturveränderung im Stoßbereich wird aufgrund der Nachexpansion die Ablösetendenz verringert. Die Grenzschichtdicke wird reduziert und aufgrund der Auffächerung des Stoßes gleichzeitig der Wellenwiderstand verringert. Insgesamt erhält man die gewünschte Widerstandsreduzierung.

## 5.5  Bioströmungsmechanik

Die Bioströmungsmechanik ist ein relativ junges Teilgebiet der Strömungsmechanik und Bionik. Sie befasst sich vorrangig damit, wie man die Evolution der Natur für neue technische Innovationen nutzen kann. Die technische Umsetzung der von der natürlichen

Evolution über Jahrmillionen entwickelten Methoden der Strömungskontrolle und Widerstandsverringerung für die Aerodynamik und Hydromechanik von Kraftfahrzeugen, Verkehrsflugzeugen und Schiffen ist ein wesentliches Ziel der Bioströmungsmechanik. Die Erkenntnisse des pulsierenden menschlichen Kreislaufs geben wichtige Hinweise für die Auslegung technischer Kreislaufsysteme in der Medizintechnik einschließlich künstlicher Herzen [10–13] .

## 5.5.1  Vogelflug

Wir knüpfen an die Validierungsergebnisse der Strömung-Struktur gekoppelten Simulation des Flügelschlages des Abschn. 4.3.2 an und ergänzen das Strukturmodell der Vogelflügel für die Berechnung des realen Vogelfluges (4.24). Die Vogelflügel bestehen aus den Primärfedern, die den Außenflügel bilden und den Sekundärfedern des inneren Flügels. Dem überlagert sind unterschiedliche Arten von Deckfedern. Die Primärfedern können vom Vogel einzeln gesteuert und während des Schlagzyklus zur Widerstandsreduzierung gespreizt werden. Die Sekundärfedern des inneren Teils des Flügels sind parallel angeordnet und können in einzelnen Gruppen durch eine elastische Membran vom Vogel kontrolliert werden. Die Deckfedern schließen die Spalte zwischen den Hauptfedern und dem Übergang zum Vogelrumpf. Die Evolution hat mit dem flexiblen Vogelflügel den idealen adaptiven Flügel entwickelt, der sich jeder Fluglage und jedem Flugmanöver anpasst.

Den komplexen Aufbau der Vogelflügel gilt es mit einem vereinfachten Geometrie- und Strukturmodell in der Weise abzuleiten, dass alle charakteristischen aerodynamischen Merkmale eines Flügelschlags mit einem abstrahierten elastischen Strukturmodell abgebildet werden. Dafür wird in Vogelflugversuchen im Windkanal die Oberflächengeometrie des fliegenden Vogels stereographisch gefilmt und ein dynamisches Geometriemodell abgeleitet, das in Abb. 5.15 zu sechs unterschiedlichen Zeitpunkten dargestellt ist. Das vereinfachte Strukturmodell modelliert die Flügeloberfläche als zonale anisotrope elastische Membran. Dafür werden die unterschiedlichen Federgruppen des Vogelflügels gesondert betrachtet und anhand ihrer mechanischen und kinematischen Funktionalitäten zu einzelnen Bereichen zusammengefasst. Der Federkiel wird mit einem rechteckigen Kastenprofil abgebildet, das sich in Richtung der Hinterkante verjüngt und einen elliptischen Querschnitt annimmt. Dabei ändert sich der Elastizitätsmodul entlang des Federkiels bis zur Federspitze kontinuierlich. Die Sekundär- und Deckfedern werden jeweils mit elastischen Membranen und einem mittleren Elastizitätsmodul modelliert. Das für den Flügelschlag charakteristische Spreizen der Primärfedern wird vereinfacht durch die schraffierten Flächen in Abb. 5.15 abgebildet. Beim Flügelabschlag sind die Flächen luftundurchlässig und beim Flügelaufschlag teilweise geöffnet. Die geometrische Form und Dicke der Modellmembranen sind dem realen Vogelflügel angepasst. Aufgrund der hohen Biegesteifigkeit des Flügelknochens wird dieser im Strukturmodell als Festkörper angenommen.

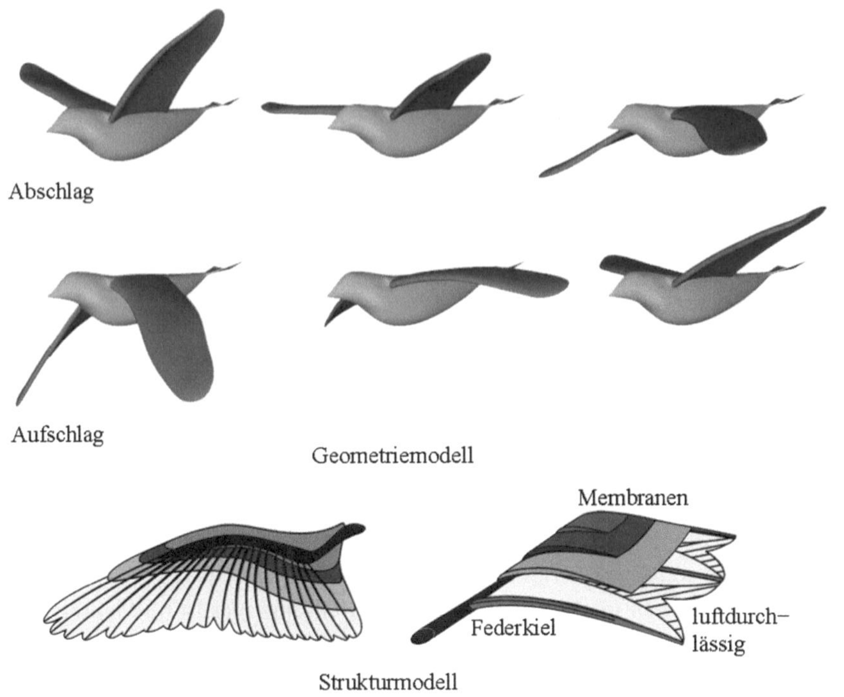



**Abb. 5.15**  Geometrie- und Strukturmodell eines Vogelflügels

In Abb. 5.16 sind die mit dem dynamischen Geometrie- und Strukturmodell berechneten Iso-flächen der Wirbelstrukturen im Nachlauf des Trauerschnäppers bei der Flug-Reynolds-Zahl $Re = 1{,}8 \cdot 10^4$ dargestellt. Sie zeigen die Strömungsstruktur der von den Flügelspitzen ausgehenden Randwirbel, die dem Stromlinienbild des Flügelschlagmodells von Abb. 4.17 entsprechen. Beim schnellen Vorwärtsflug des kleinen Vogels im

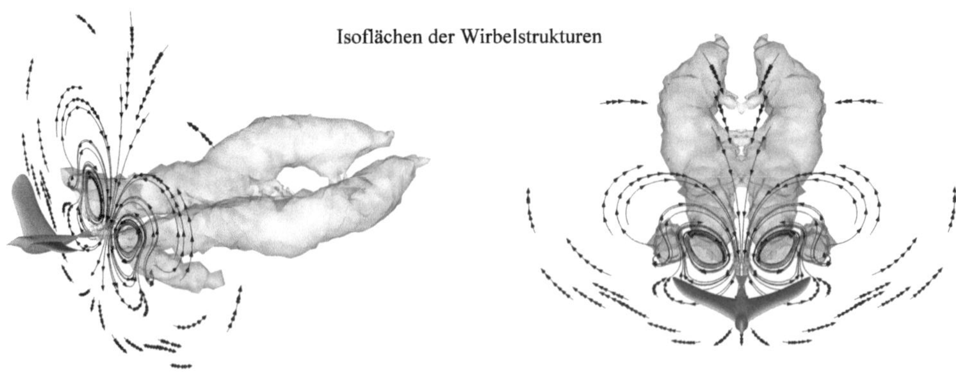



**Abb. 5.16**  Berechnete Wirbelstrukturen des Trauerschnäppers

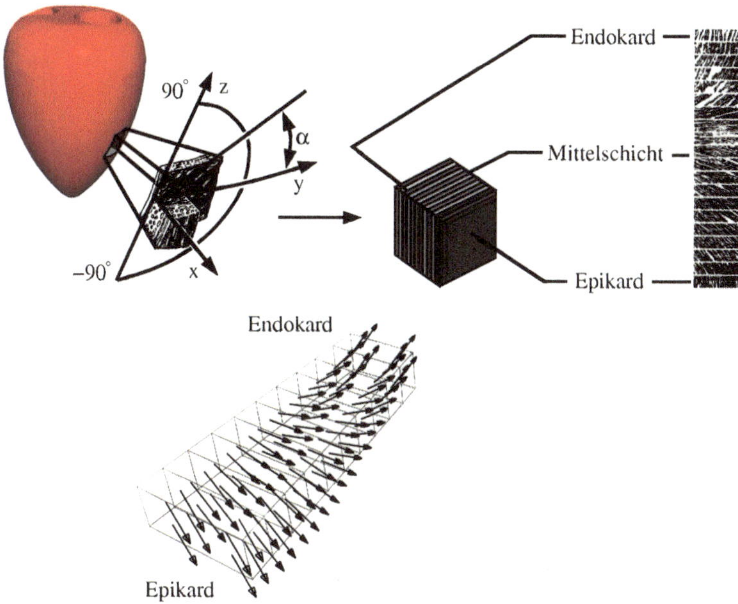


**Abb. 5.17** Orientierung der Muskelfasern im Myokard des linken Herzventrikels

Windkanal bleibt die Zirkulationsrichtung des gebundenen Wirbels am Flügel während des Aufschlags erhalten, womit ein periodisches Ablösen von Querwirbelstrukturen in den Umkehrpunkten unterdrückt wird. Demzufolge dominieren die an den Flügelspitzen entstehenden Randwirbel, die zu einer kontinuierlichen periodischen Wirbelstruktur mit unterschiedlichen alternierenden Zirkulationsrichtungen im Nachlauf des Vogels führt.

## 5.5.2 Strömung im Herzen

Entsprechend dem Strukturmodell des Vogelflügels gilt es für das Myokard des menschlichen Herzens ein vereinfachtes Strukturmodell abzuleiten, das die Änderung der Richtungen der Muskelfaserschichten im Myokard der Herzventrikel abbildet. Die kontinuierliche Richtungsänderung der Muskelfasern vom Epikard zum Endokard des linken Herzventrikels ist in Abb. 5.17 und folgende dargestellt. Es wird angenommen, dass im spannungsfreien Anfangszustand des Ventrikels die Richtung von −45° bis 35° variiert und sich während des Herzzyklus verändert.

Abb. 5.18 zeigt die berechnete Formänderung und Spannungsverteilung des gesunden menschlichen Herzventrikels. Zu Beginn der Strukturberechnung wird der spannungsfreie Ausgangszustand vorgegeben, der sich während der Diastole und Systole verändert. Es sind jeweils die Längsachsenschnitte und ein mittlerer Horizontalschnitt des Ventrikels dargestellt. Während der Relaxationsphase der Diastole vergrößert sich das Ventrikelvolu-

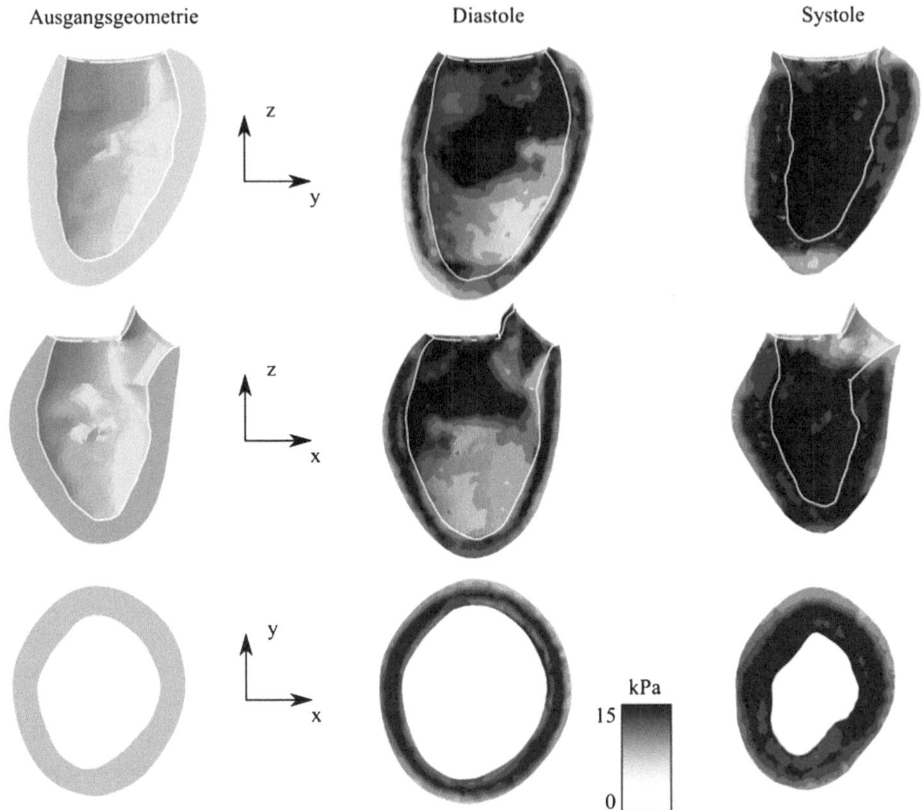



**Abb. 5.18**  Formänderung und Spannungsverteilung des linken Herzventrikels

men. Die Wandstärke des Herzmuskels nimmt ab und der Ventrikel dehnt sich in Umfangs-
und Längsachsenrichtung aus. Aufgrund der helikalen Faseranordnung kommt es zu einer
Drehung der Herzkammer. In der Austreibungsphase der Systole kontrahiert der Herzmuskel und das Ventrikelvolumen nimmt ab. Es kommt zu einer Verkürzung der Längsachsen-
und Umfangsrichtung. Gleichzeitig vergrößert sich die Wandstärke, was durch die Umordnung der Muskelfaserschichten begünstigt wird. Analog zur Diastole kommt es zu einer
Ventrikeldrehung. Die Drehrichtung ergibt sich aus dem Drehmoment der kontrahieren-
den Fasern und dem Abstand zwischen der Lage der Fasern und der Ventrikelmittelachse.
Dabei hat die Verteilung der Faserrichtungen im Myokard einen wesentlichen Einfluss auf
die Bewegung des Ventrikels.

Mit der Vergrößerung des Ventrikelvolumens während der Diastole wird der Herzmuskel durch den Kreislaufdruck gedehnt. Die höchsten Spannungen (schwarz) treten zum
einen in der Mitte der Herzwand auf. An dieser Stelle verlaufen die Faserrichtungen nahezu in Umfangsrichtung. Zum anderen sind große Spannungen auf dem Endokard in
der oberen Hälfte des Ventrikels zu erkennen. Bei Erreichen des endsystolischen Volu-

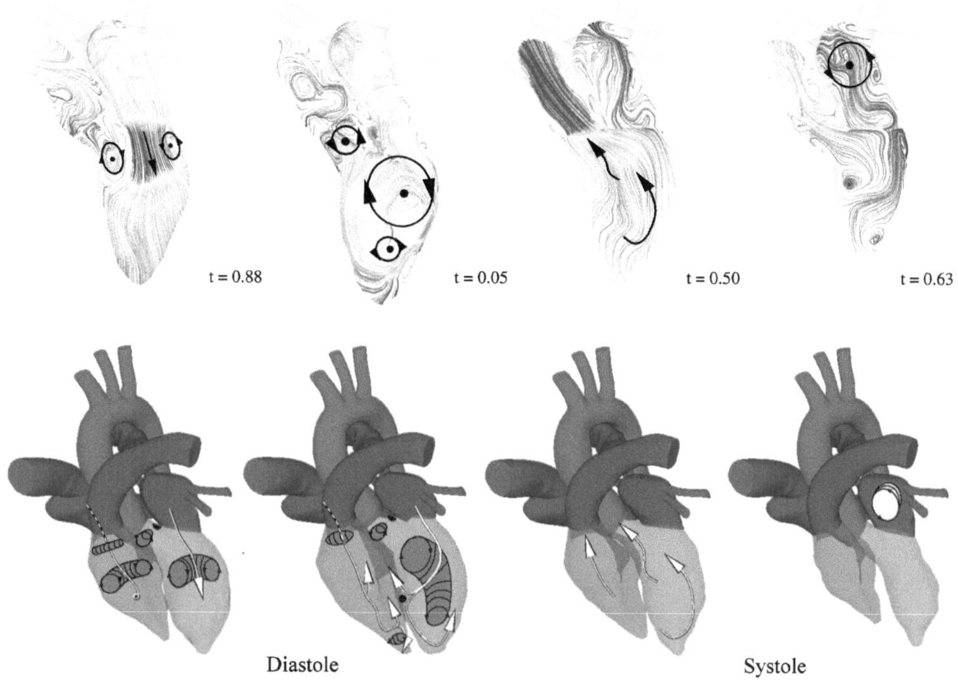


**Abb. 5.19** Strömung im gesunden menschlichen Herzen

mens entwickelt der Muskel seine größten Spannungen in der Mitte der Herzwand und auf dem Endokard. Das hohe Spannungsniveau auf dem Endokard lässt sich einerseits mit den großen Ventrikeldrücken zu diesem Zeitpunkt und andererseits mit der großen Verformung des Endokards erklären.

Das Ergebnis der Strömung-Struktur gekoppelten Strömungsberechnung des linken menschlichen Ventrikels im Längsachsenschnitt sowie die dreidimensionale Wirbelstruktur im Herzen ist in Abb. 5.19 zu 4 Zeitpunkten des Herzzyklus dargestellt. Die Stromlinien zeigen den Einströmjet in den Ventrikel mit dem Ringwirbel der Ausgleichsströmung, die Neigung des Ringwirbels während der Diastole in die Ventrikelspitze und die damit vorbereitete geordnete zeitliche Abfolge des Ausströmvorgangs der Systole.

Diese zeitliche Abfolge der dreidimensionalen Wirbelstrukturen während eines Herzzyklus ist bei Herzpatienten beträchtlich gestört. Nach einem Herzinfarkt nehmen vernarbte Bereiche des Myokards an der Pumparbeit des Myokards nicht mehr teil. Um die Pumparbeit des Ventrikels für die Versorgung des Blutkreislaufs dennoch aufrecht zu erhalten, reagiert das Herz mit einer Vergrößerung des Pumpvolumens. Im Laufe der Zeit vergrößert sich das Pumpvolumen derart, dass eine Operation zwangsläufig erforderlich wird. Eine der gängigen Operationsmethoden ist die Ventrikelrekonstruktion. Ein Bewertungskriterium ist dabei, dass sich nach einer Ventrikelverkleinerung näherungsweise die Strömung des gesunden Herzens einstellt.

Abb. 5.20 zeigt auf der Basis von tomografischen MRT-Bilddaten die berechneten Stromlinienbilder im Längsschnitt der Ventrikel für das gesunde Referenzherz und zwei Herzpatienten zu vier Zeitpunkten der Diastole und Systole vor und nach einer Ventrikelrekonstruktion. Das Strömungsbild des gesunden Referenzherzens entspricht Abb. 5.19. Beide Patienten litten nach einem Herzinfarkt an den gleichen pathologischen Sympto-

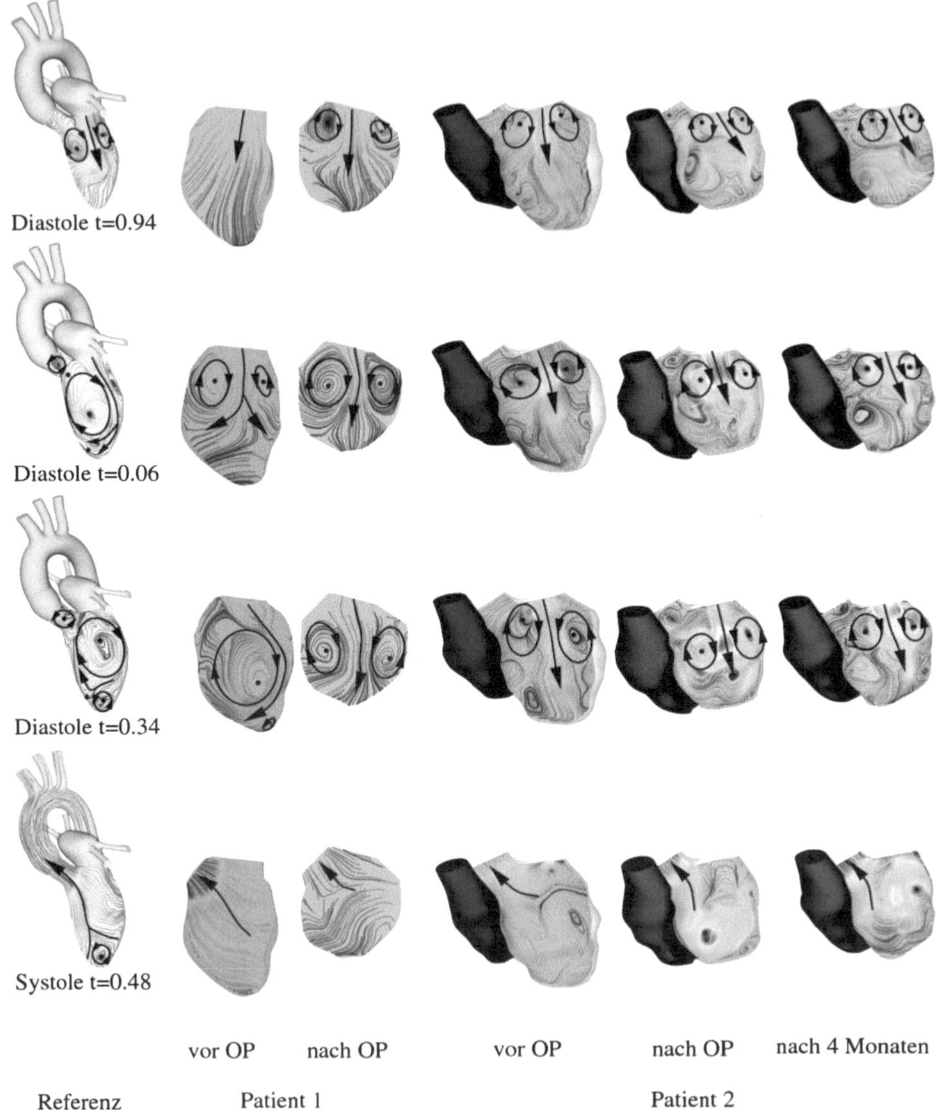


**Abb. 5.20** Strömung im gesunden Referenzherz und von zwei Patienten vor und nach einer Herzoperation

men und wurden einer operativen Ventrikelrekonstruktion und einer Bypass-Operation zur besseren Versorgung der Herzkranzgefäße unterzogen. Die Strömungsberechnung zeigt bei beiden Patienten, dass sich zwar zu Beginn der Diastole der Einströmjet stromab der Mitralklappe mit dem charakteristischen Ringwirbel einstellt, dass sich aber im weiteren Verlauf der Diastole aufgrund des vergrößerten und nicht mehr konischen Ventrikelvolumens ein stark asymmetrischer Ringwirbel ausbildet und dessen Eindrehen in die Ventrikelspitze ausbleibt. Dadurch ist während der Systole die zeitliche Abfolge des Ausstoßens des Ringwirbels nicht mehr gewährleistet und es verbleibt bei jedem Herzzyklus eine größere Menge Blut im Ventrikel. Mit einer Ventrikelrekonstruktion wurde das Ventrikelvolumen der Patienten um ein Viertel bis ein Drittel verkleinert. Beim Patienten 1 wurde die Ventrikelspitze entfernt und eine kugelsymmetrische Ventrikelgeometrie gewählt, während beim Patienten 2 zwar eine längliche Ventrikelgeometrie aber ohne ausgebildete konische Ventrikelspitze realisiert wurde. Die Stromlinienbilder nach der Operation zeigen, dass die kugelsymmetrische Ventrikelgeometrie eine Staupunktströmung an der unteren Ventrikelberandung mit den größten Strömungsverlusten aufweist. Die längliche aber nicht konisch rekonstruierte Ventrikelgeometrie des Patienten 2 verbessert zwar während der Systole den Auswurf in den Blutkreislauf, dennoch machen die Stromlinien auch nach vier Monaten Regeneration deutlich, dass sich wie beim ersten Patienten eine Staupunktströmung jedoch bei verringerter Geschwindigkeit einstellt und das charakteristisch Eindrehen des Ringwirbels in die Ventrikelspitze entsprechend dem gesunden Herzen nicht stattfindet. Daraus muss man die Schlussfolgerung ziehen, dass eine Ventrikelrekonstruktion mit einer nahezu konischen Geometrie die besten postoperativen strömungsmechanischen Werte liefert. Dabei kann das Strömung-Struktur gekoppelte Herzmodell bei der Operationsplanung und anschließenden Bewertung des Operationserfolges einen wesentlichen Beitrag leisten.

### 5.5.3  Wellenpumpe

Ist eine operative Ventrikelrekonstruktion nicht mehr möglich, verbleibt zum Überleben die Herztransplantation. Da nicht genügend Spenderherzen verfügbar sind, kann zur Überbrückung ein künstliches Herzunterstützungssystem eingesetzt werden, das in einem Bypass die verbliebene Pumpleistung des pathologischen Herzventrikels unterstützt. Dies sind derzeit Kreiselpumpen, dessen Rotordrehzahl bis zu 14000 Umdrehungen pro Minute beträgt, um die erforderliche Druckdifferenz für den Blutkreislauf zu erzeugen. Der große technische Nachteil ist die hohe Beanspruchung der Keramiklager des Rotors, der schlechte strömungsmechanische Wirkungsgrad der Axialpumpe und die Blutschädigung durch die entstehenden hohen Scherraten sowie die Thrombenbildung in Rückströmbereichen.

Ein neuer Ansatz für ein Herzunterstützungssystem ist eine neu entwickelte Schlauchwellenpumpe, die wie die Natur ohne rotierende Teile auskommt und mit einer periodisch schwingen den Membran den Volumenstrom des Blutes erzeugt, die einen besseren Wirkungsgrad als Radial- beziehungsweise Axialpumpen und ein besseres Verhalten bezüglich der Blutschädigung durch Hämolyse oder Thrombenbildung aufweist.

In Abb. 5.21 sind die Funktionsweise der Schlauchwellenpumpe sowie deren Bypassintegration in das Herzmodell dargestellt. Durch das elektromagnetische Aufbringen einer

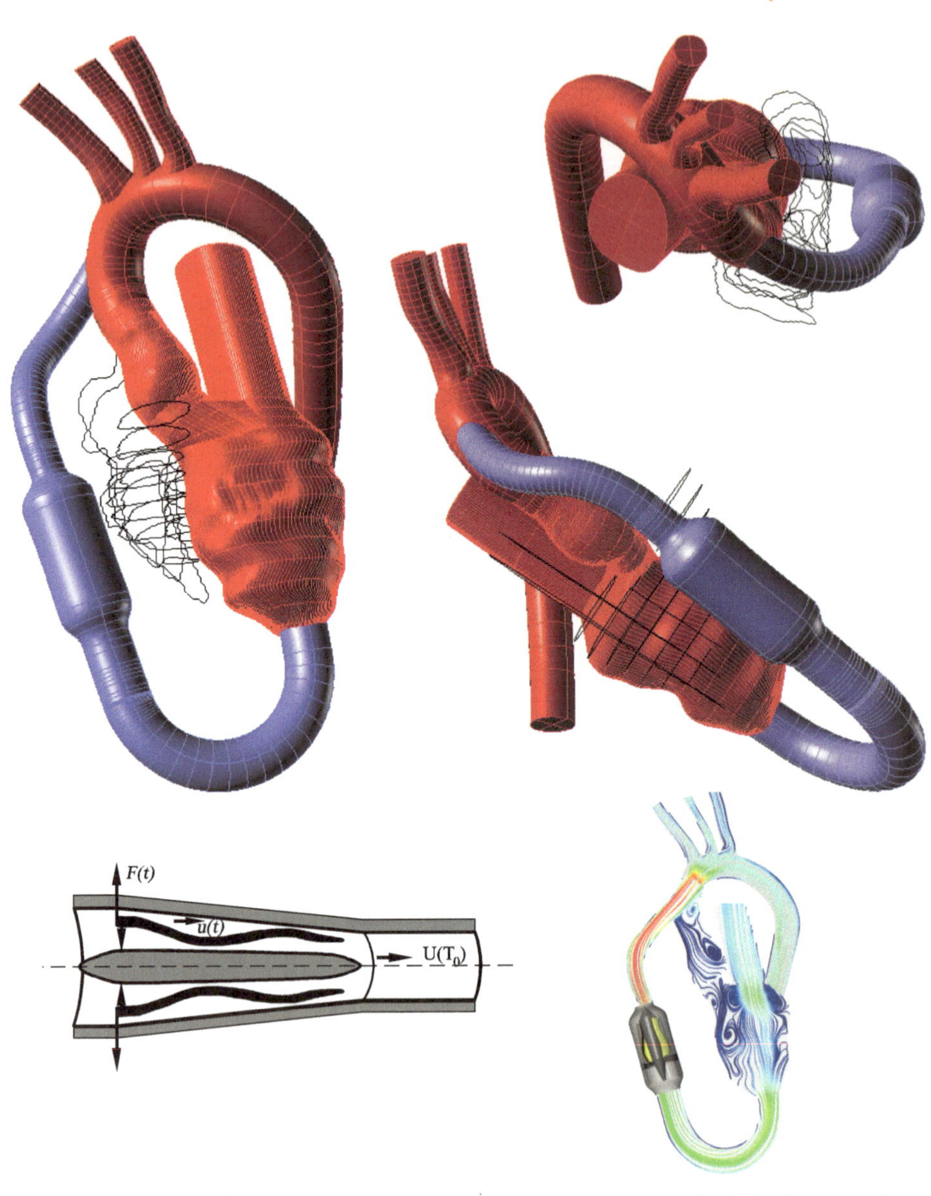



**Abb. 5.21** Wellenpumpe und deren Integration in das Herzmodell

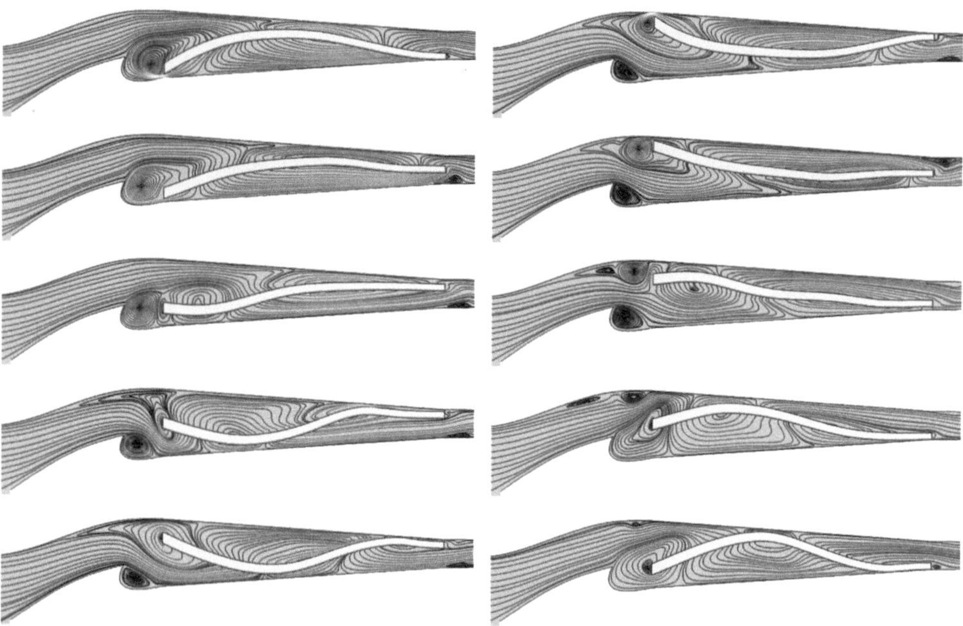

**Abb. 5.22**   Stromlinien im Mittelschnitt der Wellenpumpe für eine Schwingungsperiode

periodischen und axialsymmetrischen Kraft $F(t)$ am äußeren Membranrand entsteht eine periodische Auslenkung der Membran. Die Auslenkung pflanzt sich als longitudinale Welle entlang der Membran fort und beschleunigt das Blut auf die Geschwindigkeit $u(t)$. Dabei wird bei einer Membranfrequenz von 120 Hz und einer Membranauslenkung von nur 2 mm ein Druck von 0,2 bar aufgebaut, der den für den Kreislauf erforderlichen Volumenstrom garantiert.

Für die Auslegung und Optimierung der Wellenpumpe wird wie bei der Strömungsberechnung des menschlichen Herzens die Strömung-Struktur gekoppelten Gleichungen in ALE-Formulierung (4.24) mit der in Abschn. 4.3.2 beschriebenen Software numerisch gelöst. Dabei müssen das Membranmaterial und die Gehäusewand im Hinblick auf die Hämolyse und Thrombenbildung bestimmte physiologische Eigenschaften erfüllen, was mit einer speziellen Beschichtung erreicht wird.

Abb. 5.22 zeigt die berechneten Stromlinien im Mittelschnitt des Strömungskanals der Schlauchwellenpumpe für eine Schwingungsperiode. Am Einlass in den Strömungskanal entsteht aufgrund der Verdrängungswirkung der Membran ein Rückströmgebiet an der Gehäuseinnenseite. Die Einströmlippe ist so gestaltet, dass die Wirbelstärke der Rückströmung möglichst gering gehalten wird, um die Thrombenbildung und in den Scherschichten die Hämolyse der roten Blutkörperchen zu verhindern. Auch am Austrittsende der Membran entsteht ein Rückströmgebiet, das durch eine geeignete Kanalgeometrie und Steifigkeit der Membran mit einer kontinuierlichen fortlaufenden Welle ohne Reflexion an der Membranhinterkante vermieden werden kann.

Um die Funktionsfähigkeit der Wellenpumpe als Herzergänzungssystem nachzuweisen, wird für den MRT-Geometriesatz des zweiten Patienten von Abb. 5.20 die Pumpe in das Herzmodell integriert. In Abb. 5.21 sind drei Ansichten der üblicherweise von Herzchirurgen benutzten Bypassintegration des Herzergänzungssystems dargestellt. Der Wellenpumpen-Bypass wird an der defekten Ventrikelspitze angeschlossen und über eine gekrümmte flexible Anschlussleitung der Aorta zugeführt. Dabei ist die Krümmung der Anschlussleitung so zu wählen, dass die Sekundärströmung in den Krümmungen möglichst gering gehalten wird, um eine näherungsweise homogene Ausströmung der Pumpe und ablösefreies Einströmen in die Aorta zu gewährleisten. Die Wellenpumpe arbeitet entsprechend des Herzschlags pulsierend. Sie fördert während der Diastole des Patientenventrikels, um mit ihrer Saugwirkung die eingeschränkte Elastizität des defekten Ventrikel-Myokards zu unterstützen. Der Effekt der Herzunterstützung stellt sich auch durch eine homogene Durchströmung des Ventrikels während der Diastole ein. Abb. 5.23 zeigt die berechneten projezierten Stromlinien im Mittelschnitt des Herzens und im Wellenpumpen-Bypass. Die Durchströmung des Ventrikels mit dem begleitenden Ringwirbel sowie die Bypasswirkung der Pumpe mit dem ablösefreien Einströmen in die Aorta sind deutlich zu erkennen. Während der Systole fördert die Pumpe nicht und der Kreislauf des Patienten wird von der verbleibenden Pumpleistung des defekten Ventrikels versorgt. Dabei wird die linke Seite des verbleibenden Ringwirbels aus dem Ventrikel gespült. Mit der Wellenpumpenunterstützung wird zwar nicht das Strömungsmuster des gesunden menschlichen Herzens von Abb. 5.23 erzielt, aber mit dem temporären Volumenstrom der Wellenpumpe wird der Blutkreislauf wie beim gesunden Herzen aufrechterhalten.

Mit der Strömung-Struktur gekoppelten Entwicklung der Schlauchwellenpumpe und deren erfolgreiche Integration in das Herzmodell werden dem Herzchirurgen wesentliche neue strömungsmechanische Hinweise für die Implantation und Regelung von Herzunterstützungssystemen gegeben.

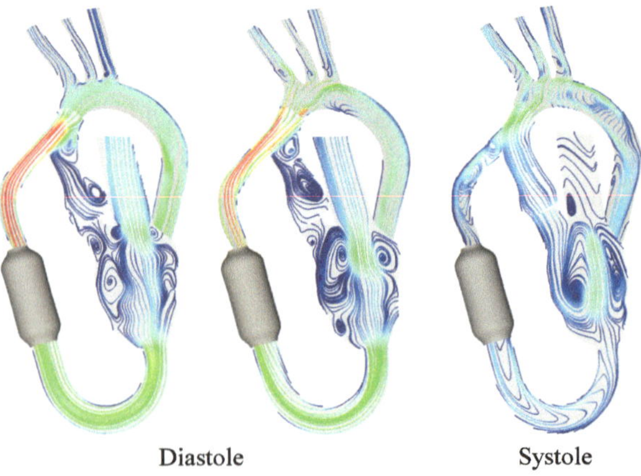

**Abb. 5.23** Strömung im Herzen mit Wellenpumpen-Bypass

# Literatur


1. Michel, F.: Transient Numerical Computation of the Temperature of the Electronic Equipment in Passenger Cars, Dissertation, University of Lille, 8/19, France, Cuvilier Verlag, Göttingen (2009)
2. Zhu, Y.: Numerical Investigation of the Flow and Heat Transfer within the Core Cooling Channel of a Supercritical Water Reactor, Dissertation, Universität Stuttgart, IKE 8–122 (2010)
3. Chu, X.: Direct Numerical Simulation of Heat Transfer to Supercritical Carbon Dioxide in Pipe Flows, , Dissertation, Universität Stuttgart, IKE 8–125 (2016)
4. Giese, T.: Numerische und Experimentelle Untersuchung von gravitationsgetriebenen Zwei-Phasenströmungen durch Rohrleitungen, Dissertation, Universität Stuttgart, IKE 8–104 (2003)
5. Jelinewski, M.: Numerische Simulation der Kondensation über Kühltürmen, Studienarbeit, Universität Stuttgart, IKE 8-D 92 (2016)
6. Zirkel, A.: Numerical Investigation of the Turbulent Mass Transport during the Mixing of a Stable Stratification with a Free Jet, Dissertation, Universität Stuttgart, IKE 8–115 (2011)
7. v. Lavante, D.: Simulation of Hot Gas Mixing in th Lower Plenum of a High-Temperature Nuclear Reactor, Dissertation, Universität Stuttgart (2009)
8. Zhang, J.: Vorhersage Dreidimensionaler Strömungs- und Kondensationsvorgänge im Sicherheitsbehälter mir CFD-Modellen, Dissertation, Universität Stuttgart, IKE 8–123 (2009)
9. Eser, S.: Untersuchungen zur Aerodynamik eines Rennfahrzeugs mittels numerischer Strömungssimulation, Studienarbeit, Universität Stuttgart, IKE 8-D 102 (2017)
10. Oertel jr., H., Ruck, S.: Bioströmungsmechanik – Grundlagen, Methoden und Phänomene. Vieweg+Teubner, Wiesbaden (2012)
11. Krittian, S., Oertel jr., H.: Modelling the human cardiac fluid mechanics, 4. Aufl. KIT Science Publishing, (2011)
12. Mühlhausen, M.P.: Strömungs-Struktur gekoppelte Modellierung und Simulation des menschlichen Herzens, Dissertation, Karlsruhe Institute of Technology (KIT) (2012)
13. Baumann, T.: Turbulenzmodellierung von Strömungen niedriger molekularer Prandtlzahl, Dissertation, Karlsruhe Institute of Technology (KIT) (2012)

## 6.1 Vorlesung „Numerische Strömungssimulation"

Studenten besitzen fundiertes Wissen über die Vorgehensweise, die mathematisch/physikalischen Grundlagen und die Anwendung der Numerischen Strömungssimulation (CFD, Computational Fluid Dynamics) einschließlich der Auswahl der Turbulenzmodelle. Sie sind in der Lage die fachgerechte Erweiterung, Verifikation und Validierung problemangepasster Simulationsrechnungen vorzunehmen.

Die Spalte „Abschn." gibt an, in welchem Unterkapitel diese Frage behandelt wird.

| Nr. | Frage | Abschn. |
|---|---|---|
| 1. | Aus welchen beiden Teilaufgaben besteht die Numerische Strömungssimulation? | s. Abschn. 1.1.2 |
| 2. | Was ist das Ergebnis des Modellierungsschrittes als Teilaufgabe der Numerischen Strömungssimulation? | s. Abschn. 1.1.2 |
| 3. | Was versteht man in der Strömungsmechanik unter einem Labormodell und was unter einem numerischen Modell? | s. Abschn. 1.1.2 |
| 4. | Warum ist die Modellierung von Strömungsvorgängen in komplexen Geometrien allein mit Hilfe mathematisch/analytischer Methoden nicht möglich? | s. Abschn. 1.1.2 |
| 5. | Worin besteht der Vorteil eines Experiments im Experimentallabor gegenüber der Originalausführung? | s. Abschn. 1.1.2 |
| 6. | Worin besteht der Vorteil eines numerischen Modells gegenüber der Originalausführung? | s. Abschn. 1.1.2 |
| 7. | Nennen Sie Vorteile eines numerischen Modells gegenüber einem Labormodell. | s. Abschn. 1.1.2 |
| 8. | Nennen Sie zwei Gründe, warum die klare Trennung der zwei Schritte (i) Modellierung und (ii) Numerische Integration für die Numerische Strömungssimulation vorteilhaft ist. | s. Abschn. 1.1.2 |

© Springer Fachmedien Wiesbaden GmbH, ein Teil von Springer Nature 2018
E. Laurien, H. Oertel jr., *Numerische Strömungsmechanik*,
https://doi.org/10.1007/978-3-658-21060-1_6

| Nr. | Frage | Abschn. |
|---|---|---|
| 9. | Wie werden Vorteile für die Entwicklung, Fehlerkontrolle und Übertragbarkeit bei der Numerischen Strömungssimulation erreicht? | s. Abschn. 1.1.2 |
| 10. | Welcher drei Fachdisziplinen bedient sich die Strömungsmechanik? | s. Abschn. 1.1.2 |
| 11. | Welche naturwissenschaftlichen Disziplinen werden für den Modellierungsschritt der Numerischen Strömungssimulationen benötigt? | s. Abschn. 1.1.2 |
| 12. | Nennen Sie die drei physikalischen Größen, für welche in der Strömungsmechanik Erhaltungs- bzw. Transportgleichungen gelten. | s. Abschn. 2.1.1 |
| 13. | Welche wissenschaftlichen Disziplinen werden für den Schritt der Numerischen Integration der Modellgleichungen benötigt? | s. Abschn. 1.1.2 |
| 14. | Nennen Sie drei strömungsmechanische Phänomene, die bei der Durchströmung eines Rohrbogens auftreten können. | s. Abschn. 1.1.3 |
| 15. | Zeichnen Sie mindestens drei Isobaren im Mittelschnitt eines durchströmten Rohrbogens. | s. Abschn. 1.1.3 |
| 16. | Welche Kräfte innerhalb einer Strömung müssen berücksichtigt werden, um Strömungsablösung in einem Rohrkrümmer simulieren zu können? | s. Abschn. 1.1.3 |
| 17. | Wie groß ist die Zentrifugalkraft pro Volumen in einem durchströmten Rohrbogen an einem Ort mit der Radialkoordinate r und der Geschwindigkeit $u$? | s. Abschn. 1.1.3 |
| 18. | Mit welcher Kraft steht in einer stationären Strömung die Druckkraft pro Volumen entlang einer gekrümmten Stromlinie im Gleichgewicht, wenn Reibung keine Rolle spielt? | s. Abschn. 1.1.3 |
| 19. | Mit welcher Kraft steht in einer stationären Strömung die Zentrifugalkraft im Gleichgewicht, wenn Reibung keine Rolle spielt? | s. Abschn. 1.1.3 |
| 20. | Welche wichtigen Strömungsphänomene in einem Rohrkrümmer können mit der eindimensionalen Theorie (Stromfadentheorie) nicht beschrieben werden? Nennen Sie drei. | s. Abschn. 1.1.3 |
| 21. | Skizzieren Sie die hinter einem Rohrkrümmer auftretende Sekundärströmung. Warum tritt sie auf? | s. Abschn. 1.1.3 |
| 22. | Warum bildet sich ein lokales Druckminimum im Innenbereich eines Rohrbogens aus? | s. Abschn. 1.1.3 |
| 23. | Zeichnen Sie die Stromlinien der stromab eines Rohrkrümmers auftretenden Sekundärströmung und geben Sie die Ursache dieser Strömung an. | s. Abschn. 1.1.3 |
| 24. | Wie sieht die Geschwindigkeits- und Druckverteilung in der Symmetrieebene eines Rohrkrümmers aus? | s. Abschn. 1.1.3 |
| 25. | Unter welchen Bedingungen kann entlang der Innenseite eines Rohrkrümmers Strömungsablösung auftreten? | s. Abschn. 1.1.3 |
| 26. | Skizzieren Sie eine Möglichkeit der Strömungsablösung bei einem Rohrkrümmer, warum tritt sie ein? | s. Abschn. 1.1.3 |
| 27. | Was versteht man unter Kavitation und was sind deren Auswirkungen bei der Strömung in einem Rohrkrümmer? | s. Abschn. 1.1.3 |
| 28. | Welche Annahme über den Druck und das Geschwindigkeitsprofil eines durchströmten Rohrkrümmers wird in der Stromfadentheorie getroffen? | s. Abschn. 2.2.2 |

| Nr. | Frage | Abschn. |
|---|---|---|
| 29. | Wie ist in der Strömungsmechanik der „Dynamische Druck" definiert (Formel angeben)? | s. Abschn. 2.1.6 |
| 30. | Wie ist der Verlustbeiwert bei einem Rohrkrümmer definiert? | s. Abschn. 2.1.6 |
| 31. | Welche in der Stromfadentheorie getroffene Annahme über die Geschwindigkeit in einem Rohrkrümmer entspricht nicht der Realität? | s. Abschn. 2.2.2 |
| 32. | Mit welcher Potenz (linear, quadratisch, invers linear, etc.) wirkt sich eine Erhöhung der mittleren Geschwindigkeit auf den Druckabfall bei der Strömung durch einen Rohrkrümmer aus (Annahme: Einfluss der Reynolds-Zahl vernachlässigbar)? | s. Abschn. 2.1.6 |
| 33. | Von welchen geometrischen Größen hängt der Verlustbeiwert eines Rohrkrümmers ab? | s. Abschn. 2.1.6 |
| 34. | Welche Fragen beantwortet die Dimensionsanalyse? | s. Abschn. 2.1.6 |
| 35. | Welche Kräfte stehen in einem Rohrabschnitt der Länge $L$ im Gleichgewicht? | s. Abschn. 2.1.6 |
| 36. | Welches sind die zwei unabhängigen dimensionslosen Parameter (Definition angeben), welche die Strömung durch einen Rohrabschnitt der Länge $L$ beschreiben? | s. Abschn. 2.1.6 |
| 37. | Nennen Sie fünf dimensionsbehaftete Parameter, welche isotherme Rohrströmungen beschreiben, einschließlich ihrer Dimensionen. | s. Abschn. 2.1.6 |
| 38. | Welche zwei dimensionslosen Kennzahlen (Definition angeben), beschreiben die isotherme, inkompressible Strömung durch einen Rohrkrümmer? | s. Abschn. 2.1.6 |
| 39. | Mit welcher theoretischen Methode kann ohne Detailkenntnisse der Strömung die Anzahl der unabhängigen dimensionslosen Parameter einer Strömung bestimmt werden? | s. Abschn. 2.1.6 |
| 40. | Wie lauten die Dimensionen (Einheiten) der fünf Problemparameter der Rohrströmung in den Basiseinheiten kg, m, s? | s. Abschn. 2.1.6 |
| 41. | Wie lauten die Dimensionen (Einheiten) der Dichte und der dynamischen Zähigkeit in den Basiseinheiten N, m, s? | s. Abschn. 2.1.6 |
| 42. | Nennen Sie die fünf dimensionsbehafteten Problemparameter einer Rohrströmung und deren Einheiten in einem System von Basiseinheiten Ihrer Wahl. | s. Abschn. 2.1.6 |
| 43. | Nennen Sie zwei Systeme von Basiseinheiten, welche für die Dimensionsanalyse reibungsbehafteter Strömungen verwendet werden können. | s. Abschn. 2.1.6 |
| 44. | Welche Randbedingung gilt für die Geschwindigkeit an einer festen Wand bei Strömungen mit Reibung? | s. Abschn. 2.2.4 |
| 45. | Welche Ähnlichkeitskennzahl (Definition angeben) beschreibt das Verhältnis von Trägheits- und Reibungskräften in einer Strömung? | s. Abschn. 2.1.6 |
| 46. | In einem Modell mit dem Maßstab 1 : 4 soll der Druckabfall in einem Rohrkrümmer bei gleichem Fluid untersucht werden. Um welchen Faktor muss die Strömungsgeschwindigkeit erhöht oder erniedrigt werden? | s. Abschn. 2.1.6 |

| Nr. | Frage | Abschn. |
|---|---|---|
| 47. | Auf welchen physikalischen Grundprinzipien basiert eine Numerische Strömungssimulation für die isotherme Strömung durch einen Rohrkrümmer? | s. Abschn. 1.1.3 |
| 48. | Nennen Sie eine technische Fragestellung bei der Geometrieoptimierung eines Rohrkrümmers, welche eine mehrdimensionale Berechnungsmethode (Numerische Strömungssimulation) erfordert. | s. Abschn. 1.1.3 |
| 49. | Nennen Sie eine technische Fragestellung bei der Betriebsoptimierung eines Rohrkrümmers, welche eine mehrdimensionale Berechnungsmethode (Numerische Strömungssimulation) erfordert. | s. Abschn. 1.1.3 |
| 50. | Nennen Sie die drei Größen, die in jedem Punkt eines Strömungsfeldes aufgrund der physikalischen Grundprinzipien stets erhalten bleiben. | s. Abschn. 2.1.1 |
| 51. | Wie viele räumliche Dimensionen muss eine Numerische Strömungssimulation mindestens umfassen? | s. Abschn. 2.1.1 |
| 52. | Was versteht man in der Strömungssimulation unter der „Entwurfsaufgabe" und was unter der „Nachrechnungsaufgabe"? | s. Abschn. 1.1.4 |
| 53. | Welche Erhaltungssätze liegen der kontinuumsmechanischen Beschreibung isotherm strömender Medien allgemein zugrunde? | s. Abschn. 1.1.2 |
| 54. | Welche Randbedingungen werden bei der Durchströmung eines Rohrkrümmers angesetzt? Unterscheiden Sie zwischen a) Wand, b) Einströmquerschnitt, c) Ausströmquerschnitt. | s. Abschn. 1.1.2 |
| 55. | Welche mathematische Form besitzen die Grundgleichungen der Kontinuumsmechanik strömender Medien? | s. Abschn. 2.2.3 |
| 56. | Nennen Sie drei mögliche strömungsmechanische Phänomene der Durchströmung eines Rohrkrümmers, die in den Erhaltungssätzen für Masse und Impuls (3D, inkompressibel) nicht enthalten sind. | s. Abschn. 1.1.3 |
| 57. | Nach welchen Kriterien werden Grundgleichungen und Randbedingungen bei einer Numerischen Strömungssimulation ausgewählt (nennen Sie eines)? | s. Abschn. 1.1.2 |
| 58. | Worin besteht der Unterschied zwischen einem Festkörper, einer Flüssigkeit und einem Gas? | s. Abschn. 2.1.2 |
| 59. | Warum sind isotherme Strömungen von Flüssigkeiten immer inkompressibel? Geben Sie die Definition des isothermen Kompressibilitätskoeffizienten an. | s. Abschn. 2.1.2 |
| 60. | Welchen Wert besitzt der thermische Ausdehnungskoeffizient eines idealen Gases bei $227\,°C$? | s. Abschn. 2.1.2 |
| 61. | Nennen Sie die drei molekular Transportvorgänge (Diffusionsvorgänge), welche in Strömungen eine Rolle spielen können. | s. Abschn. 2.1.2 |
| 62. | Worin besteht die Auswirkung der Molekularbewegung auf den Impulstransport in einer Strömung? | s. Abschn. 2.1.2 |
| 63. | Was versteht man unter einem Newton'schen Fluid? | s. Abschn. 2.1.2 |
| 64. | Was versteht man unter einem inkompressiblen Fluid? | s. Abschn. 2.1.2 |
| 65. | Welcher mikroskopische Vorgang verursacht Reibung und Zähigkeit eines Fluids? | s. Abschn. 2.1.2 |

| Nr. | Frage | Abschn. |
|---|---|---|
| 66. | Wie lautet das Newton'sche Reibungsgesetz? | s. Abschn. 2.1.2 |
| 67. | Wie wird Wärmeleitung in einer Flüssigkeit modelliert? Geben Sie die relevante Stoffeigenschaft und deren Einheit an. | s. Abschn. 2.1.2 |
| 68. | Wie wird Wärmeleitung in einem Gas modelliert? Geben Sie den Namen der relevanten Größen und Stoffeigenschaft und deren Einheit an. | s. Abschn. 2.1.2 |
| 69. | Warum sind Strömungen von Flüssigkeiten fast immer inkompressibel, wenn Temperaturänderungen vernachlässigbar sind? | s. Abschn. 2.1.2 |
| 70. | Was ist die Ursache aller Diffusionsvorgänge (z. B. Reibung, Wärmeleitung) in einem Fluid? | s. Abschn. 2.1.2 |
| 71. | Nennen Sie zwei molekulare Transportvorgänge in einem Gas. | s. Abschn. 2.1.2 |
| 72. | Eine Rohrleitung mit veränderlichem Querschnitt wird durchströmt. Welche Differentialgleichung (eindimensional angeben) beschreibt die Massenerhaltung im Rahmen der Stromfadentheorie? | s. Abschn. 2.2.2 |
| 73. | Wie lautet der Ausdruck für das infinitesimal kleine Kontrollvolumen V einer Stromröhre mit dem Querschnitt $A(x)$? | s. Abschn. 2.2.2 |
| 74. | Wie lautet der Ausdruck für den Impuls pro Volumen entlang eines Stromfadens? | s. Abschn. 2.2.2 |
| 75. | Was versteht man unter einer Stromröhre (Stromfaden)? | s. Abschn. 2.2.2 |
| 76. | Was drückt die Bernoulli-Gleichung eindimensional aus? | s. Abschn. 2.2.2 |
| 77. | Wie lautet die Bernoulli-Gleichung für inkompressible Strömungen und was drückt sie aus? | s. Abschn. 2.2.2 |
| 78. | Was wird durch die partielle Ableitung einer Strömungsgröße in einer Ebene $x$-$y$ ausgedrückt? | s. Abschn. 2.2.3 |
| 79. | Für welche Größen werden in der Kontinuumsmechanik Bilanzgleichungen aufgestellt? | s. Abschn. 2.2 |
| 80. | Wie lautet die Kontinuitätsgleichung für zweidimensionale Strömungen? | s. Abschn. 2.2.3 |
| 81. | Drücken Sie den Impuls pro Volumen in x-Richtung mit Hilfe der Geschwindigkeitskomponenten u und v und der Dichte einer zweidimensionalen Strömung an der Stelle $(x, y)$ aus. | s. Abschn. 2.2.3 |
| 82. | Wie lautet der Impuls pro Volumen in y-Richtung? | s. Abschn. 2.2.3 |
| 83. | Welche Kräfte wirken auf die Außenseite eines infinitesimal kleinen Volumenelements in einer Strömung? | s. Abschn. 2.2.3 |
| 84. | Worin besteht der Unterschied zwischen Schubspannungen und Normalspannungen? | s. Abschn. 2.2.3 |
| 85. | Wie lauten die zweidimensionalen Navier-Stokes-Gleichungen (nur Konti- und Impulsgleichungen) für inkompressible Strömungen, formuliert in $u$, $v$, $p$ unter Einbeziehung des Reibungsgesetzes? | s. Abschn. 2.2.3 |
| 86. | Wie lauten die drei zweidimensionalen Navier-Stokes-Gleichungen für inkompressible Strömungen formuliert in $u$, $w$, $p$ im Koordinatensystem $x$, $z$? | s. Abschn. 2.2.3 |
| 87. | Wie lauten die zweidimensionalen Impulsgleichungen (Koordinatenrichtungen $x$ und $z$) in konservativer Formulierung? | s. Abschn. 2.2.3 |

| Nr. | Frage | Abschn. |
|---|---|---|
| 88. | Führen Sie die konservative Form der $y$-Impulsgleichung (2-dimensional) in die nichtkonservative Form über. | s. Abschn. 2.2.3 |
| 89. | Zeigen Sie, dass die konservative Form und die nichtkonservative Form der Konvektionsterme für inkompressible Strömungen identisch sind. | s. Abschn. 2.2.3 |
| 90. | Welche Koordinaten und welche Unbekannten enthalten die 3D-Navier-Stokes-Gleichungen (inkompressibel, isotherm, instationär)? | s. Abschn. 3.2.2 |
| 91. | Nennen Sie drei mathematische Eigenschaften der Navier-Stokes-Gleichungen. | s. Abschn. 2.2.3 |
| 92. | Welche Randbedingungen können für kompressible Strömungen mit Reibung an einer festen Wand gelten? | s. Abschn. 2.2.4 |
| 93. | Welche Randbedingungen für Druck und Geschwindigkeit können bei Durchströmung eines Kanals mit einem eingebauten Hindernis an allen Rändern vorgegeben werden? | s. Abschn. 2.2.4 |
| 94. | Was versteht man mathematisch unter einem Randwertproblem? | s. Abschn. 2.2.4 |
| 95. | Welche Randbedingung für die Geschwindigkeit und den Druck sollte bei einer Körperumströmung (inkompressibel) am Abströmrand vorgegeben werden? | s. Abschn. 2.2.4 |
| 96. | Welches ist die physikalische Ursache für die Haftbedingung an einer festen Wand? | s. Abschn. 2.2.4 |
| 97. | Für welche Strömungen lässt sich das Anfangs-Randwertproblem der Navier-Stokes-Gleichungen in ein reines Randwertproblem überführen? | s. Abschn. 2.2.4 |
| 98. | Wodurch wird die Verringerung der Geschwindigkeit im Nachlauf eines umströmten Körpers verursacht? Welche Auswirkungen hat dies auf den Druck in der Abströmung? | s. Abschn. 2.2.4 |
| 99. | Nennen Sie die beiden Möglichkeiten der Vorgabe von Randbedingungen am Ein- und Ausströmrand für ein Durchströmungsproblem bei inkompressibler Strömung. | s. Abschn. 2.2.4 |
| 100. | Warum ist es nicht möglich als Ein- und Ausströmrandbedingung bei Durchströmung sowohl den Druckunterschied als auch die Durchflussmenge vorzugeben? | s. Abschn. 2.2.4 |
| 101. | Skizzieren Sie das Stromlinienbild der ebenen Staupunktströmung und markieren Sie den Staupunkt. | s. Abschn. 2.2.5 |
| 102. | Wie lautet die $x$-Impulsgleichung zur Bestimmung der Geschwindigkeitsverteilung in einer stationären Schichtenströmung? | s. Abschn. 2.2.5 |
| 103. | Geben Sie die vereinfachten Differentialgleichungen und die Randbedingungen für die Geschwindigkeit für eine Couette-Strömung an. | s. Abschn. 2.2.5 |
| 104. | Skizzieren Sie das Geschwindigkeitsprofil einer Kanalströmung mit bewegter Wand, bei der in Strömungsrichtung ein Druckabfall vorliegt. | s. Abschn. 2.2.5 |
| 105. | Wie verhält sich der Druck normal zur Wand in einer Kanalströmung? | s. Abschn. 2.2.5 |
| 106. | Skizzieren Sie das Geschwindigkeitsprofil einer Kanalströmung mit bewegter oberer Wand, bei der in Strömungsrichtung ein Druckabfall vorliegt. | s. Abschn. 2.2.5 |

| Nr. | Frage | Abschn. |
|---|---|---|
| 107. | Wozu werden analytische Lösungen der Navier-Stokes-Gleichungen in der Numerischen Strömungssimulation benötigt? | s. Abschn. 2.2.5 |
| 108. | Skizzieren Sie das Strömungsfeld einer anderen analytischen Lösung der Navier-Stokes-Gleichungen Ihrer Wahl (nicht Kanalströmung). | s. Abschn. 2.2.5 |
| 109. | Nennen Sie drei mehrdimensionale Strömungen, für die das Geschwindigkeitsfeld in geschlossener Form bekannt ist. | s. Abschn. 2.2.5 |
| 110. | Wie lautet die Poisson-Gleichung? | s. Abschn. 2.3.5 |
| 111. | Wie lautet die Differenzenformel für eine zweite Ableitung in $x$-Richtung in einem rechteckigen Integrationsgebiet? | s. Abschn. 2.3.5 |
| 112. | Wie lautet die Differenzenformel für die zweite Ableitung in $y$-Richtung auf einem äquidistanten kartesischen Netz in der $x$-$y$-Ebene? | s. Abschn. 2.3.5 |
| 113. | Wie lautet die Differenzenformel am Punkt $P(i, k)$ für die numerische Lösung der 2D-Poissongleichung auf einem kartesischen Gitter mit den Gitterweiten $\Delta x$ und $\Delta y$? | s. Abschn. 2.3.5 |
| 114. | Welcher numerische Vorteil ergibt sich, wenn zu einem stationären Randwertproblem eine Zeitableitung hinzugefügt wird? | s. Abschn. 2.3.5 |
| 115. | Geben Sie die Differenzengleichung zur Lösung der Poisson-Gleichung nach dem expliziten Verfahren an. | s. Abschn. 2.3.5 |
| 116. | Geben Sie die Differenzengleichung zur Lösung der Poisson-Gleichung nach dem impliziten Verfahren an. | s. Abschn. 2.3.5 |
| 117. | Warum ist es mathematisch erlaubt, die Zeitableitung hinzuzufügen, selbst wenn nur ein stationäres Problem gelöst werden soll? | s. Abschn. 2.3.5 |
| 118. | Welcher wesentliche Unterschied bezüglich der Auflösbarkeit nach der jeweiligen Unbekannten der Differenzengleichungen besteht zwischen dem impliziten und dem expliziten Differenzenverfahren? | s. Abschn. 2.3.5 |
| 119. | Welche Differenzenformel wird bei einem Differenzenverfahren zur Lösung der Poisson-Gleichung für die Zeitableitung verwendet (einfachste Möglichkeit)? | s. Abschn. 2.3.5 |
| 120. | Welche physikalische Bedeutung besitzt die Anfangsverteilung bei der Lösung eines stationären Problems (Randwertproblems) mit Hilfe der instationären Lösungsmethode? | s. Abschn. 2.3.5 |
| 121. | Welches sind Vorteile der expliziten Methode gegenüber der impliziten? | s. Abschn. 2.3.5 |
| 122. | Was versteht man unter dem Residuum? | s. Abschn. 2.3.5 |
| 123. | Unter welcher Bedingung wird bei der instationären Lösungsmethode (explizit) die Iteration für ein stationäres Strömungsproblem abgebrochen? | s. Abschn. 2.3.5 |
| 124. | Worin besteht der Unterschied zwischen einem strukturierten und einem unstrukturierten körperangepassten Netz? | s. Abschn. 2.4.1 |
| 125. | Skizzieren Sie ein numerisches Netz um ein aerodynamisches Profil (zweidimensional). | s. Abschn. 2.4.1 |
| 126. | Welche Indices besitzen die Nachbarpunkte des Punktes i, j, k entlang der Gitterlinien eines strukturierten Netzes? | s. Abschn. 2.4.1 |

| Nr. | Frage | Abschn. |
| --- | --- | --- |
| 127. | Durch wie viele Indices wird ein Punkt (a) eines strukturierten und (b) eines unstrukturierten räumlichen Netzes beschrieben? | s. Abschn. 2.4.1 |
| 128. | Zeichnen Sie die Blockstruktur eines Netzes um eine Turbinenschaufel (periodische Geometrie) mit maximal 12 Blöcken auf. | s. Abschn. 2.4.1 |
| 129. | Zeichnen Sie ein unstrukturiertes Dreiecksnetz mit vier Elementen, nummerieren Sie alle Elemente und alle Knoten und stellen Sie die Zuordnungsmatrix auf. | s. Abschn. 2.4.1 |
| 130. | Skizzieren Sie jeweils die Verläufe der Netzlinienscharen für die Umströmung eines Kreiszylinders (einschließlich Nachlauf) nach der H-, C-, und O-Topologie. Legen Sie Wert auf eine genaue Darstellung des Staubereichs. | s. Abschn. 2.4.1 |
| 131. | Was versteht man unter einem blockstrukturierten Netz? | s. Abschn. 2.4.1 |
| 132. | Skizzieren Sie ein H-Netz zur Berechnung der Strömung um ein aerodynamisches Profil in einem Kanal. | s. Abschn. 2.4.1 |
| 133. | Geben Sie die allgemeine Differentialgleichung erster Ordnung (Koordinaten x und z) und die zugehörige Integrale Formulierung an. | s. Abschn. 2.3.8 |
| 134. | Was bezeichnet man als den „Flussvektor" bei einer partiellen Differentialgleichung erster Ordnung? | s. Abschn. 2.3.8 |
| 135. | Wie lautet die Grundgleichung der Finite-Volumen-Methode (d. h. in der Schreibweise mit Randintegral) für die zweidimensionale Differentialgleichung 1. Ordnung? | s. Abschn. 2.3.8 |
| 136. | Mit welchem mathematischen Hilfsmittel wird bei der Finite-Volumen-Methode die Ordnung einer Differentialgleichung um eine Ordnung erniedrigt? | s. Abschn. 2.3.8 |
| 137. | An welchen Orten eines Finiten Volumens sind die Zustandsgrößen und an welchen Orten sind die Flüsse definiert? | s. Abschn. 2.3.8 |
| 138. | An welchen Orten einer dreidimensionalen Hexaederzelle sind nach der FVM die Zustandsgrößen und die Flüsse definiert? Wie viele Flüsse sind es? | s. Abschn. 2.3.8 |
| 139. | Welche Vereinfachungen werden bei der FVM bezüglich der Approximation der Zustandsgrößen und der Flüsse getroffen? | s. Abschn. 2.3.8 |
| 140. | Wie wird die Haftbedingung in einer FVM behandelt? | s. Abschn. 2.3.8 |
| 141. | Wie wird die Bedingung einer isothermen Wand in einer FVM behandelt? | s. Abschn. 2.3.8 |
| 142. | Wie wird mathematisch die Ordnung der zugrunde liegenden Gleichung bei der FVM reduziert (Antwort verbal)? | s. Abschn. 2.3.8 |
| 143. | Drücken Sie die beiden Komponenten des Flusses auf der Seite zwischen der Zelle $(i, j)$ und der Zelle $(i + 1, j)$ durch seine Werte in den jeweiligen Zellmittelpunkten aus. | s. Abschn. 2.3.8 |
| 144. | Was bezeichnet man bei einer FVM als den Oberflächenvektor? | s. Abschn. 2.3.8 |
| 145. | Worin besteht der Unterschied zwischen der Beschreibungsweise der Gaskinetik und derjenigen der Kontinuumsmechanik? | s. Abschn. 3.1.1 |
| 146. | Durch welche zwei vektoriellen Größen wird jedes Teilchen bei der gaskinetischen Simulationsmethode beschrieben? | s. Abschn. 3.1.1 |

| Nr. | Frage | Abschn. |
| --- | --- | --- |
| 147. | Wie ist die Knudsen-Zahl definiert und in welchem Bereich kann man die Kontinuumsmechanik anwenden? | s. Abschn. 3.1.1 |
| 148. | Nennen Sie drei Strömungsbereiche (einschl. Bereichsgrenzen) bezüglich der Knudsen-Zahl, wie ist diese definiert? | s. Abschn. 3.1.1 |
| 149. | Wie funktioniert die Direkte Gaskinetische Simulationsmethode? | s. Abschn. 3.1.1 |
| 150. | Nennen Sie zwei Strömungsbeispiele, welche nicht kontinuumsmechanisch beschrieben werden können. | s. Abschn. 3.1.1 |
| 151. | Welche Modellannahme hinsichtlich der Molekülbewegung liegt der Kontinuumsmechanik zugrunde? | s. Abschn. 3.1.1 |
| 152. | Die Strömung um einen Zylinder mit dem Durchmesser 10 cm soll bei sehr niedrigem Druck (Vakuumtechnik) simuliert werden. Die mittlere freie Weglänge beträgt 0,01 mm. Welche Grundgleichungen sollten verwendet werden (mit Begründung)? | s. Abschn. 3.1.1 |
| 153. | Die Strömung in einem großen Behälter (Höhe 5 m) in dem „fast" Vakuumbedingungen herrschen, soll simuliert werden. Die mittlere freie Weglänge beträgt 1 mm. Welche Beschreibungsweise muss angewendet werden? | s. Abschn. 3.1.1 |
| 154. | Die Strömung in einem Vakuumkessel soll numerisch simuliert werden. Die mittlere freie Weglänge beträgt 1/1000 des Kesseldurchmessers. Welche Beschreibungsmethode muss gewählt werden? | s. Abschn. 3.1.1 |
| 155. | Wie lautet die Kontinuitätsgleichung für kompressible Strömungen dreidimensional? | s. Abschn. 2.2.6 |
| 156. | Was bedeuten die beiden unteren Indices $x$ und $y$ der Schubspannung $\tau_{xy}$? | s. Abschn. 2.2.6 |
| 157. | Wie ist die Schubspannung $\tau_{xy}$ nach dem Stokes'schen Reibungsgesetz definiert? | s. Abschn. 2.2.6 |
| 158. | Wie ist die Schubspannung in $x$-Richtung, die in der $x$-$y$-Ebene wirkt, nach dem Stokes'schen Reibungsgesetz definiert? | s. Abschn. 2.2.6 |
| 159. | Welche dimensionslose Kenngröße entscheidet darüber, ob eine erzwungene Gasströmung als kompressibel angesehen werden muss (Definition angeben)? | s. Abschn. 2.1.3 |
| 160. | Bis zu welcher Strömungsgeschwindigkeit kann eine Heliumströmung als inkompressibel angesehen werden (Schallgeschwindigkeit in Helium ca. 1200 m/s)? | s. Abschn. 2.1.3 |
| 161. | Anhand welcher Kenngröße wird entschieden, ob die Navier-Stokes-Gleichungen für kompressible oder für inkompressible Strömungen angewendet werden müssen (Definition angeben)? | s. Abschn. 2.1.3 |
| 162. | Wie ändern sich Druck und Dichte beim Aufstau vor einem stumpfen Körper, wenn die Strömung als inkompressibel angesehen werden kann? | s. Abschn. 2.1.3 |
| 163. | Wie ändern sich Druck und Dichte beim Aufstau vor einem stumpfen Körper, wenn die Strömung als kompressibel angesehen werden muss? | s. Abschn. 2.1.3 |

| Nr. | Frage | Abschn. |
|---|---|---|
| 164. | Eine Luft-Strömung mit der Geschwindigkeit 120 km/h wird vor einem Kraftfahrzeug aufgestaut. Die Schallgeschwindigkeit in Luft beträgt 330 m/s. Kann die Luftdichte als konstant angenommen werden (mit Begründung)? | s. Abschn. 2.1.3 |
| 165. | Die Umströmung eines Flugzeugs bei einer Fluggeschwindigkeit von 880 km/h soll berechnet werden. Zeigen Sie, dass die Strömung als kompressibel angenommen werden muss (Schallgeschwindigkeit 990 km/h). | s. Abschn. 2.1.3 |
| 166. | In einer Dampfturbine wird der Dampf von 840 K (Einlass) auf 420 K (Auslass) abgekühlt. Wie ändert sich die Schallgeschwindigkeit (ideales Gas vorausgesetzt)? | s. Abschn. 2.1.3 |
| 167. | Skizzieren Sie den Verdichtungsstoß vor einem stumpfen Körper (z. B. Kugel) bei Überschallanströmung. | s. Abschn. 2.1.3 |
| 168. | Wie ist bei der Umströmung eines stumpfen Körpers die Mach-Zahl definiert und welche Eigenschaft der Strömung geht verloren, wenn diese gegen Null geht? | s. Abschn. 2.1.3 |
| 169. | Welche Bedeutung besitzt die Schallgeschwindigkeit bei inkompressibler Strömung? | s. Abschn. 2.1.3 |
| 170. | Welche stömungsmechanischen Effekte können noch beschrieben werden, wenn Reibung und Wärmeleitung aus den Navier-Stokes-Gleichungen (die für alle kontinuumsmechanischen Strömungen gelten) vernachlässigt werden? Nennen Sie ein Beispiel. | s. Abschn. 3.3.2 |
| 171. | Welche Kräfte überwiegen in einer Strömung bei hoher Reynolds-Zahl gegenüber den Reibungskräften? | s. Abschn. 2.1.5 |
| 172. | Geben Sie die Gleichungen an (Formel, 2-dimensional), die sich aus den Navier-Stokes-Gleichungen ergeben, wenn die Trägheit der Fluidbewegung vernachlässigt wird. | s. Abschn. 3.3.2 |
| 173. | Für welche Strömungen ist es sinnvoll, die Trägheitsterme der Navier-Stokes-Gleichungen zu vernachlässigen? | s. Abschn. 3.3.2 |
| 174. | Was versteht man unter „schleichender Bewegung"? | s. Abschn. 3.2.1 |
| 175. | Was versteht man unter einer Potentialströmung und warum ist es nicht sinnvoll, diese Strömungen durch Integration der Navier-Stokes-Gleichungen zu behandeln? | s. Abschn. 3.2.3 |
| 176. | Wie ändern sich die Randbedingungen für Geschwindigkeit und Temperatur, wenn Reibung und Wärmeleitung vernachlässigt werden? | s. Abschn. 3.2.2 |
| 177. | Welche Rolle spielen Reibung und Wärmeleitung in der Euler-Gleichung der Gasdynamik? | s. Abschn. 3.2.2 |
| 178. | Welche Randbedingung an einer festen Wand gilt für reibungslose Strömungen? | s. Abschn. 3.2.2 |
| 179. | Welche drei physikalischen Effekte spielen in einer reibungslosen kompressiblen Strömung eine Rolle? | s. Abschn. 3.2.2 |
| 180. | Welche der folgenden Größen werden bei der Integration der Euler-Gleichungen am Rand vorgeschrieben und welche sind Ergebnis der Rechnung: Tangentialgeschwindigkeit, Wandnormalengeschwindigkeit, Druck, Dichte, Temperatur, Wandwärmestrom? | s. Abschn. 3.2.2 |

| Nr. | Frage | Abschn. |
|---|---|---|
| 181. | Nennen Sie zwei Anwendungsgebiete der kompressiblen Euler-Gleichungen in der Technik. | s. Abschn. 3.2.2 |
| 182. | Wie lautet die Kontinuitätsgleichung für inkompressible Strömungen dreidimensional? | s. Abschn. 3.2.4 |
| 183. | Wie lautet die $x$-Impulsgleichung für inkompressible Strömungen dreidimensional? | s. Abschn. 3.2.4 |
| 184. | Wie lautet die $y$-Impulsgleichung für inkompressible Strömungen dreidimensional? | s. Abschn. 3.2.4 |
| 185. | Wie lautet die $z$-Impulsgleichung für inkompressible Strömungen dreidimensional? | s. Abschn. 3.2.4 |
| 186. | Wie lautet die Energiegleichung für inkompressible Strömungen dreidimensional ohne Dissipation? | s. Abschn. 3.2.4 |
| 187. | Wie lauten die drei Grundgleichungen für inkompressible Strömungen mit Wärmezu- oder abfuhr in Vektorschreibweise? | s. Abschn. 3.2.4 |
| 188. | Wie lauten die Grundgleichungen für inkompressible, isotherme Strömungen in Tensornotation? | s. Abschn. 3.2.4 |
| 189. | Wie lauten die Konti- und Impulsgleichung für inkompressible reibungsbehaftete Strömungen in Tensornotation? | s. Abschn. 3.2.4 |
| 190. | Wie lauten die zweidimensionalen Navier-Stokes-Gleichungen (nur Konti- und Impulsgleichungen) für inkompressible Strömungen? | s. Abschn. 2.2.3 |
| 191. | Wie lautet die Energiegleichung für inkompressible Strömungen und unter welcher Bedingung ist diese von den restlichen Gleichungen entkoppelt? | s. Abschn. 3.2.4 |
| 192. | Wie geht man zur Berechnung der Temperaturverteilung in einer inkompressiblen Strömung bei erzwungener Konvektion vor? | s. Abschn. 3.2.4 |
| 193. | Eine Rohrleitung mit dem Durchmesser 5 mm wird stationär mit unterschiedlicher Geschwindigkeit durchströmt. Bis zu welcher mittleren Geschwindigkeit ist die Strömung laminar? | s. Abschn. 2.1.5 |
| 194. | Beschreiben Sie den Unterschied zwischen laminarer und turbulenter Strömung anhand des Reynolds'schen Farbfadenversuchs. | s. Abschn. 2.1.5 |
| 195. | Wie (d. h. aufgrund welcher physikalischer Vorgänge) ist die kritische Reynolds-Zahl definiert? | s. Abschn. 2.1.5 |
| 196. | Nennen Sie drei physikalische Eigenschaften einer turbulenten Strömung. | s. Abschn. 2.1.5 |
| 197. | Warum sind Strömungen bei hohen Reynolds-Zahlen turbulent? | s. Abschn. 2.1.5 |
| 198. | Zeigen Sie anhand der Definition der Reynolds-Zahl, dass diese das Verhältnis der charakteristischen Trägheitskraft zur charakteristischen Reibungskraft darstellt. | s. Abschn. 2.1.5 |
| 199. | Was versteht man unter einer „Direkten Numerischen Simulation (DNS)" turbulenter Strömungen? | s. Abschn. 3.3.1 |
| 200. | Wie bezeichnet man die Berechnung einer turbulenten Strömung auf Grundlage der Navier-Stokes-Gleichungen? | s. Abschn. 3.3.1 |
| 201. | Was sind die Alternativen zur Direkten Numerischen Simulation, wenn diese nicht möglich ist? Nennen Sie zwei. | s. Abschn. 3.3.2 |

| Nr. | Frage | Abschn. |
|---|---|---|
| 202. | Skizzieren Sie das mittlere Geschwindigkeitsprofil der ausgebildeten turbulenten Rohrströmung und vergleichen Sie es mit dem Profil der laminaren Strömung. | s. Abschn. 3.3.1 |
| 203. | Wie hängt das mittlere Geschwindigkeitsprofil der ausgebildeten turbulenten Rohrströmung von der Reynolds-Zahl ab (Skizze)? | s. Abschn. 3.3.3 |
| 204. | Warum ist es nur möglich, eine DNS bei relativ niedrigen Reynolds-Zahlen durchzuführen? | s. Abschn. 3.3.1 |
| 205. | Bis zu welcher Reynolds-Zahl ist eine DNS der turbulenten Rohrströmung heute möglich? | s. Abschn. 3.3.1 |
| 206. | Nennen Sie drei Modellströmungen (Modellgeometrien), für die eine Direkte Numerische Simulation möglich ist. | s. Abschn. 3.3.1 |
| 207. | Wozu dient eine DNS der turbulenten Rohrströmung? | s. Abschn. 3.3.1 |
| 208. | Ist die Turbulenz einer Rohrströmung isotrop? Begründung angeben. | s. Abschn. 3.3.1 |
| 209. | Woran ist zu erkennen, dass die Turbulenz in einer Rohrströmung nichtisotropen Charakter besitzt? | s. Abschn. 3.3.1 |
| 210. | Welcher Grundgedanke liegt der Modellierung turbulenter Strömungen mit Hilfe der Reynolds-Gleichungen zugrunde? | s. Abschn. 3.3.2 |
| 211. | Erklären Sie die Aufteilung der zeitabhängigen Strömungsgrößen einer turbulenten Strömung in Mittelwert und Fluktuation. Wie ist der Mittelwert definiert? | s. Abschn. 3.3.2 |
| 212. | Was ergibt die zeitliche Mittelung einer turbulenten Schwankungsgröße? | s. Abschn. 3.3.2 |
| 213. | Was versteht man unter den Reynolds-Spannungen? | s. Abschn. 3.3.2 |
| 214. | Was ergibt die Reynolds'sche Mittelung des Produktes einer gemittelten Größe mit einer Schwankungsgröße? | s. Abschn. 3.3.2 |
| 215. | Welche zusätzlichen Unbekannten erscheinen in den Reynoldsgemittelten Impulsgleichungen? | s. Abschn. 3.3.2 |
| 216. | Führen Sie die Reynolds'sche Mittelung für die Kontinuitätsgleichung (zweidimensional) durch. | s. Abschn. 3.3.2 |
| 217. | Woraus ergeben sich die Reynolds-Spannungen bei der Mittelung? | s. Abschn. 3.3.2 |
| 218. | Wie viele voneinander verschiedene zu modellierende Komponenten des Reynolds-Spannungstensors enthalten die Reynolds-Gleichungen (Impulsgleichungen)? | s. Abschn. 3.3.2 |
| 219. | Wie lautet die Impulsgleichung in Hauptströmungsrichtung für eine ausgebildete turbulente Kanalströmung? | s. Abschn. 3.3.3 |
| 220. | Wie wird in einer Rohrströmung die Reynolds-Spannung mit Hilfe der Wirbelviskosität modelliert? | s. Abschn. 3.3.3 |
| 221. | Was versteht man unter der Wirbelviskosität? Erläutern Sie „Wirbel" und „Viskosität" in diesem Zusammenhang. | s. Abschn. 3.3.3 |
| 222. | Was versteht man unter dem Prandtl'schen Mischungsweg? | s. Abschn. 3.3.3 |
| 223. | Was versteht man unter der Wirbelviskosität? | s. Abschn. 3.3.3 |
| 224. | Welche Annahme über die Turbulenz wird bei Verwendung eines Wirbelviskositätsmodells getroffen? | s. Abschn. 3.3.3 |
| 225. | Wie hängt die Wirbelviskosität vom Prandtl'schen Mischungsweg ab? | s. Abschn. 3.3.3 |

| Nr. | Frage | Abschn. |
|---|---|---|
| 226. | Wie hängt der Prandtl'sche Mischungsweg vom Wandabstand ab? | s. Abschn. 3.3.3 |
| 227. | Skizzieren Sie die mittleren Geschwindigkeitsprofile der ausgebildeten turbulenten Rohrströmung für zwei verschiedene Reynolds-Zahlen. Zeichnen Sie zum Vergleich das Profil für laminare Strömung ein. | s. Abschn. 3.3.3 |
| 228. | Wie groß ist die Wirbelviskosität in unmittelbarer Wandnähe (mit Begründung)? | s. Abschn. 3.3.3 |
| 229. | Warum gilt der Prandtl'sche Mischungswegansatz nicht in unmittelbarer Wandnähe? | s. Abschn. 3.3.3 |
| 230. | Skizzieren Sie das dimensionslose Geschwindigkeitsprofil einer ausgebildeten turbulenten Strömung in Wandeinheiten. Geben Sie die Definition der Wandeinheiten an. | s. Abschn. 3.3.3 |
| 231. | Wie lautet das logarithmische Wandgesetz turbulenter Strömungen? | s. Abschn. 3.3.3 |
| 232. | Was ist die Aufgabe der Turbulenzmodellierung? | s. Abschn. 3.3.7 |
| 233. | Welche Detailkenntnisse über die Fluktuationen setzt die Turbulenzmodellierung voraus? | s. Abschn. 3.3.7 |
| 234. | Welche beiden Kategorien (bezüglich des Transports) von Turbulenzmodellen unterscheidet man? | s. Abschn. 3.3.7 |
| 235. | Welche beiden Gruppen (bezüglich des Ansatzes) von Turbulenzmodellen unterscheidet man? | s. Abschn. 3.3.7 |
| 236. | Nach welchen beiden Kriterien können Turbulenzmodelle in Kategorien (bezüglich des Transports) oder Gruppen (bezüglich des Ansatzes) eingeteilt werden? | s. Abschn. 3.3.7 |
| 237. | Zu welcher Gruppe und Kategorie von Turbulenzmodellen ist das Prandtl'sche Mischungswegmodell zu rechnen? | s. Abschn. 3.3.7 |
| 238. | Was versteht man unter algebraischen (Nullgleichungs-) Turbulenzmodellen? | s. Abschn. 3.3.7 |
| 239. | Wie werden bei einem Wirbelviskositätsmodell die Reynolds-Spannungen modelliert? Gleichung angeben. | s. Abschn. 3.3.7 |
| 240. | Zu welcher Gruppe (Wirbelviskositätsmodell oder Reynolds-Spannungsmodell) und Kategorie (algebraisches oder Transportgleichungsmodell) ist das Baldwin-Lomax-Turbulenzmodell zu rechnen? | s. Abschn. 3.3.7 |
| 241. | Wie wird die Turbulenz im wandnahen Bereich beim Baldwin-Lomax-Modell berechnet (Antwort verbal)? | s. Abschn. 3.3.4 |
| 242. | Welche Voraussetzung muss erfüllt sein, damit man 0-Gleichungs-Turbulenzmodelle sinnvoll anwenden kann? | s. Abschn. 3.3.4 |
| 243. | Zwischen welchen Vorgängen der Turbulenz wird bei Anwendung eines algebraischen Turbulenzmodells Gleichgewicht angenommen? | s. Abschn. 3.3.4 |
| 244. | Nennen Sie Vor- und Nachteile von 0-Gleichungsmodellen (algebraischen Modellen) für die Turbulenzmodellierung. | s. Abschn. 3.3.4 |
| 245. | Nennen Sie ein Beispiel, bei dem der Transport von Turbulenz eine wichtige Rolle spielt. | s. Abschn. 3.3.5 |
| 246. | Welches sind die beiden allgemeinen Transportvorgänge in turbulenten Strömungen? | s. Abschn. 3.3.5 |

| Nr. | Frage | Abschn. |
| --- | --- | --- |
| 247. | Zu welcher Gruppe und Kategorie ist das $K$-$\varepsilon$-Turbulenzmodell zu rechnen? | s. Abschn. 3.3.5 |
| 248. | Welche physikalische Bedeutung besitzen die Größen $K$ und $\varepsilon$ des gleichnamigen Turbulenzmodells? | s. Abschn. 3.3.5 |
| 249. | Wie ist die turbulente kinetische Energie $K$ definiert? | s. Abschn. 3.3.5 |
| 250. | Aus welchen Termen besteht die modellierte Transportgleichung für die turbulente kinetische Energie? | s. Abschn. 3.3.5 |
| 251. | Wie bezeichnet man die Aufzehrung von Turbulenz? | s. Abschn. 3.3.5 |
| 252. | Welche Dimension hat die turbulente kinetische Energie und welche die Dissipationsrate? | s. Abschn. 3.3.5 |
| 253. | Welche Ansätze zur Behandlung der wandnahen Schicht innerhalb einer Kanal- oder Grenzschichtströmung können beim $K$-$\varepsilon$-Modell verwendet werden? | s. Abschn. 3.3.5 |
| 254. | Skizzieren Sie die Sekundärströmung in einem geraden Kanal mit quadratischem Querschnitt. | s. Abschn. 3.3.6 |
| 255. | Warum kann eine Sekundärströmung in einem geraden Kanal nicht mit einem Wirbelviskositätsmodell berechnet werden? | s. Abschn. 3.3.6 |
| 256. | Welche Modelle werden benötigt, um eine Sekundärströmung in einem geraden Kanal zu berechnen? | s. Abschn. 3.3.6 |
| 257. | Was versteht man unter einem Reynolds-Spannungsmodell und welche Modellgleichungen sind zusätzlich erforderlich? | s. Abschn. 3.3.6 |
| 258. | Welche Terme enthält die Transportgleichung der Reynolds-Spannungen? | s. Abschn. 3.3.6 |
| 259. | Welcher zusätzliche Term erscheint in den Transportgleichungen der Reynolds-Spannungen, der in der $K$-Gleichung nicht auftritt? | s. Abschn. 3.3.6 |
| 260. | Was bedeutet Druckdilatation für die Reynolds-Spannungen? | s. Abschn. 3.3.6 |
| 261. | Skizzieren Sie das Energiespektrum der Turbulenz. Bezeichnen Sie die drei Bereiche. | s. Abschn. 3.3.8 |
| 262. | Wodurch wird die Grobstruktur-Turbulenz erzeugt? | s. Abschn. 3.3.8 |
| 263. | Wodurch wird die Feinstruktur-Turbulenz erzeugt? | s. Abschn. 3.3.8 |
| 264. | Warum ist ein Turbulenzmodell für die Large-Eddy-Simulation einfacher als eines für die Reynolds-Gleichungen? | s. Abschn. 3.3.8 |
| 265. | Warum ist die Feinstruktur-Turbulenz eher isotrop als die Grobstruktur-Turbulenz? | s. Abschn. 3.3.8 |
| 266. | Was versteht man unter einer Grobstruktur-Simulation? | s. Abschn. 3.3.8 |
| 267. | Welcher Ansatz für die Variablen wird anstelle der Reynolds-Mittelung bei der Large-Eddy-Simulation zur Ableitung der Grundgleichungen verwendet? | s. Abschn. 3.3.8 |
| 268. | Wie unterscheidet sich eine Large-Eddy-Simulation (LES) von einer Direkten Numerischen Simulation (DNS)? | s. Abschn. 3.3.8 |
| 269. | Welche beiden Fehlerarten enthält ein numerisches Modell? | s. Abschn. 4.1.1 |
| 270. | Definieren Sie die Begriffe „Modellfehler (Modellunsicherheit)" und „numerischen Fehler". | s. Abschn. 4.1.1 |
| 271. | Welches ist eine Ursache für den Modellfehler? | s. Abschn. 4.1.1 |

| Nr. | Frage | Abschn. |
| --- | --- | --- |
| 272. | Was sind Ursachen für den numerischen Fehler? Nennen Sie zwei. | s. Abschn. 4.1.1 |
| 273. | Nennen Sie drei Ursachen für Fehler einer Modellierung. | s. Abschn. 4.1.1 |
| 274. | Was versteht man unter Verifikation und Validierung? | s. Abschn. 4.1.1 |
| 275. | Welcher Fehler (Modellfehler oder numerischer Fehler) wird durch eine Verifikation kontrolliert? | s. Abschn. 4.1.1 |
| 276. | Welcher Fehler (Modellfehler oder numerischer Fehler) wird durch eine Validierung kontrolliert? | s. Abschn. 4.1.1 |
| 277. | Was versteht man unter Kalibrierung? | s. Abschn. 4.1.1 |
| 278. | Nennen Sie drei Methoden zur Verifikation. | s. Abschn. 4.2 |
| 279. | Nennen Sie eine Methode zur Validierung. | s. Abschn. 4.3 |
| 280. | Welche Art Fehler entsteht, wenn das $K$-$\varepsilon$-Turbulenzmodell auf turbulente Strömungen mit starker Nichtisotropie der Turbulenz angewendet wird? | s. Abschn. 4.3.2 |
| 281. | Welche Art Fehler entsteht, wenn ein zu grobes Netz verwendet wird. | s. Abschn. 4.2.2 |
| 282. | Welche Art Fehler entsteht, wenn eine Iteration bei zu großem Residuum abgebrochen wird? | s. Abschn. 4.1.1 |
| 283. | Wie kann überprüft werden, ob ein numerisches Netz eine ausreichende Anzahl von Netzpunkten besitzt, d. h. fein genug ist? | s. Abschn. 4.2.4 |
| 284. | Wie kann überprüft werden, ob bei einer Strömungssimulation ein numerischer Fehler vorhanden ist? | s. Abschn. 4.2.4 |
| 285. | Nennen Sie zwei mögliche Ursachen für einen Modellfehler bei der Anwendung des Baldwin-Lomax-Turbulenzmodells. | s. Abschn. 4.3.2 |
| 286. | Welches sind offene Fragen der Strömungsphysik bezüglich der Turbulenz? | s. Abschn. 4.1 |
| 287. | Auf Basis welcher Grundgleichungen und/oder Modelle kann die physikalische Erforschung der Turbulenz nur erfolgen? | |
| 288. | Welches sind Vor- und Nachteile der Direkten Numerischen Strömungssimulation bei der Erforschung der Turbulenz gegenüber experimentellen Methoden? | s. Abschn. 4.1.2 |
| 289. | Ist heute ein universelles Turbulenzmodell bekannt? | s. Abschn. 4.1.2 |
| 290. | Was ist der Unterschied zwischen einem Fehler und einer Unsicherheit? | s. Abschn. 4.1.3 |
| 291. | Was versteht man unter Anwendungsunsicherheit, Benutzerfehler und Programmfehler? | s. Abschn. 4.1.3 |
| 292. | Nennen Sie drei Ursachen für Benutzerfehler. | s. Abschn. 4.1.3 |
| 293. | Welcher Fehler soll durch Checklisten kontrolliert werden? | s. Abschn. 4.1.3 |
| 294. | Was kann man zur Vermeidung von Rundungsfehlern tun (Voraussetzung: Verfahren ist stabil)? | s. Abschn. 4.2.1 |
| 295. | Warum ist der gesamte Rundungsfehler bei einer Strömungssimulation größer als der Rundungsfehler einer einzigen Rechenoperation (Einzelfehler)? | s. Abschn. 4.2.1 |
| 296. | Wie kann (fast) sichergestellt werden, dass die Auswirkungen der Akkumulation von Rundungsfehlern vernachlässigbar ist? | s. Abschn. 4.2.1 |

| Nr. | Frage | Abschn. |
|---|---|---|
| 297. | Wie wirkt sich eine numerische Instabilität aus? | s. Abschn. 4.2.1 |
| 298. | Wodurch entsteht der Diskretisierungsfehler? | s. Abschn. 4.2.2 |
| 299. | Wann ist ein numerisches Verfahren von zweiter Ordnung genau? | s. Abschn. 4.2.2 |
| 300. | Geben Sie eine Finite-Differenzen-Approximation Ihrer Wahl für die erste Ableitung, den zugehörigen Diskretisierungsfehler sowie die zugehörige Genauigkeitsordnung an. | s. Abschn. 4.2.2 |
| 301. | Wie ändert sich der Diskretisierungsfehler bei Halbierung der Schrittweite $\Delta x$ für a) ein Verfahren erster Ordnung und b) ein Verfahren zweiter Ordnung? | s. Abschn. 4.2.2 |
| 302. | Von welcher Ordnung sollte ein numerisches Verfahren für die Praxis mindestens sein? | s. Abschn. 4.2.2 |
| 303. | Was versteht man unter der Konvergenz einer numerischen Methode? | s. Abschn. 4.2.2 |
| 304. | Bei einem numerischen Verfahren 2. Ordnung wird die Anzahl der Netzpunkte in einer Koordinatenrichtung verdoppelt, wie verhält sich der numerische Fehler näherungsweise? | s. Abschn. 4.2.2 |
| 305. | Bei einem numerischen Verfahren 2. Ordnung wird die Gitterweite verdoppelt. Wie verhält sich der numerische Fehler? | s. Abschn. 4.2.2 |
| 306. | Bei einem numerischen Verfahren 1. Ordnung wird die Anzahl der Netzpunkte in einer Koordinatenrichtung verdoppelt. Wie verhält sich der numerische Fehler näherungsweise? | s. Abschn. 4.2.2 |
| 307. | Bei einem Finite-Differenzen-Verfahren mit zentralen Differenzen für die erste und zweite Ableitung wird die Anzahl der Netzpunkte von 60 auf 80 erhöht Wie verhält sich der numerische Fehler näherungsweise? | s. Abschn. 4.2.2 |
| 308. | Was versteht man unter numerischer Diffusion? | s. Abschn. 4.2.3 |
| 309. | Wie verändert sich der Zusatzterm (numerische Diffusion) in der Konvektions-Diffusionsgleichung bei Verdoppelung der Anzahl der Netzpunkte? | s. Abschn. 4.2.3 |
| 310. | Welches sind die Auswirkungen von numerischer Diffusion? Geben Sie zwei Beispiele an. | s. Abschn. 4.2.3 |
| 311. | Was kann man tun, um die numerische Diffusion zu verringern? Geben Sie zwei Möglichkeiten an. | s. Abschn. 4.2.3 |
| 312. | Wie wirkt sich numerische Diffusion auf Oszillationen in einer numerischen Lösung aus? | s. Abschn. 4.2.3 |
| 313. | Von welchen Parametern hängt die Größe der numerischen Diffusion bei der Konvektions-Diffusionsgleichung ab? | s. Abschn. 4.2.3 |
| 314. | Erklären Sie die Auswirkung der numerischen Diffusion am Beispiel der Nischenströmung. | s. Abschn. 4.2.3 |
| 315. | Für welchen Wandabstand stellt die Wandfunktion nicht das richtige Modell dar? | s. Abschn. 4.3 |
| 316. | Wie wird in der Praxis der Modellfehler für Parameterstudien minimiert? | s. Abschn. 4.3.2 |
| 317. | Welche Fehlerart (Modellfehler oder numerischer Fehler) sollte zuerst minimiert werden? | s. Abschn. 4.3.2 |

## 6.2  Vorlesung „Methoden der Numerischen Strömungssimulation"

Studenten besitzen fundiertes Wissen über die mathematischen Algorithmen der Numerischen Strömungssimulation (CFD, Computational Fluid Dynamics) einschließlich deren numerischer Eigenschaften. Sie sind in der Lage, numerische Berechnungsmethoden zu beurteilen und weiter zu entwickeln.

| Nr. | Frage | Abschn. |
| --- | --- | --- |
| 318. | Nennen Sie die vier Schritte (A, B, C, D) der Vorgehensweise zur Numerischen Simulation komplexer Strömungen. | s. Abschn. 1.1.4 |
| 319. | Wie wird die Entwurfsaufgabe der Strömungsmechanik numerisch gelöst? | s. Abschn. 1.1.4 |
| 320. | Welche drei wichtigsten Arten von numerischen Methoden gibt es? | s. Abschn. 1.1.4 |
| 321. | Welche drei Software-Komponenten werden für eine Numerische Strömungssimulation benötigt? | s. Abschn. 1.1.4 |
| 322. | Wie lautet die Vorwärtsdifferenz der numerischen Ableitungsbildung für die erste Ableitung einer Funktion $f(x)$? | s. Abschn. 2.3.1 |
| 323. | Wie lauten die Rückwärtsdifferenz und die zentrale Differenz der numerischen Ableitungsbildung für die erste Ableitung einer Funktion $f(x)$? | s. Abschn. 2.3.1 |
| 324. | Wie lautet die zentrale Differenz der numerischen Ableitungsbildung für die zweite Ableitung einer Funktion $f(x)$? | s. Abschn. 2.3.1 |
| 325. | Mit welcher Art von Differentialgleichung(en) werden (a) ein Mehrkörpersystem oder (b) ein Kontinuum mathematisch beschrieben? | s. Abschn. 2.2.1 |
| 326. | Worin besteht der Unterschied zwischen einer gewöhnlichen und einer partiellen Differentialgleichung? | s. Abschn. 2.2.1 |
| 327. | Wodurch ist eine instationäre Strömung mathematisch definiert? | s. Abschn. 2.2.1 |
| 328. | Was bezeichnet man als Anfangsbedingung bei einem instationären Problem? | s. Abschn. 2.2.1 |
| 329. | Wie lautet die eindimensionale Wellengleichung? Benennen Sie die Ausbreitungsgeschwindigkeit mit $\lambda$. | s. Abschn. 2.2.1 |
| 330. | Wie lauten die Dirichlet- und wie die Neumann-Randbedingung für eine Größe $u$? | s. Abschn. 2.2.1 |
| 331. | Wie lautet die instationäre Diffusionsgleichung? | s. Abschn. 2.2.1 |
| 332. | Wie lautet die lineare Burgers-Gleichung? | s. Abschn. 2.2.1 |
| 333. | Die Poisson-Gleichung stellt ein Modell für Diffusionsvorgänge dar, wie lautet sie (zweidimensional)? | s. Abschn. 2.3.5 |
| 334. | Skizzieren Sie den Differenzen-„Stern" für die räumliche Diskretisierung der Poisson-Gleichung mit gleichen Schrittweiten in $x$ und $z$. | s. Abschn. 2.3.5 |
| 335. | Wie lautet die nach dem Differenzenverfahren diskretisierte Poisson-Gleichung am Punkt $i, k$ (stationär), wenn die Schrittweiten in $x$ und $z$ gleich gewählt werden? | s. Abschn. 2.3.5 |
| 336. | Wie lautet die nach dem expliziten Differenzenverfahren diskretisierte PoissonGleichung am Punkt $i, k$? | s. Abschn. 2.3.5 |

| Nr. | Frage | Abschn. |
|---|---|---|
| 337. | Wie lautet die nach dem impliziten Differenzenverfahren diskretisierte Poisson-Gleichung am Punkt $i$, $k$? | s. Abschn. 2.3.5 |
| 338. | Zeichnen Sie das Flussdiagramm des expliziten Differenzenverfahrens für die Poisson-Gleichung mit den Randbedingungen $u = 0$ auf allen Rändern. | s. Abschn. 2.3.5 |
| 339. | Was bezeichnet man als das Residuum? | s. Abschn. 2.3.5 |
| 340. | Wie lautet die eindimensionale Euler-Gleichung (Erhaltungsform)? Geben Sie den Zustandsgrößenvektor und den Vektor der Konvektion an. | s. Abschn. 2.2.7 |
| 341. | Skizzieren Sie die Störungsausbreitung in einem Rohr nach Platzen der Membran zwischen Hoch- und Niederdruckteil im Weg-Zeit-Diagramm. | s. Abschn. 2.2.7 |
| 342. | Skizzieren Sie den Druck in einem Rohr zu einem Zeitpunkt nach Platzen der Membran zwischen Hoch- und Niederdruckteil. | s. Abschn. 2.2.7 |
| 343. | Wie lautet die Euler-Gleichung in Matrixschreibweise (Elemente der Jakobi-Matrix nicht erforderlich). | s. Abschn. 2.2.7 |
| 344. | Wie lautet die eindimensionale Euler-Gleichung in Matrixschreibweise? Wie ist der Zustandsgrößenvektor definiert? (Elemente der Jakobi-Matrix nicht erforderlich)? | s. Abschn. 2.2.7 |
| 345. | Wie lautet die linearisierte Euler-Gleichung in charakteristischer Form und welche Eigenschaft besitzt die Koeffizientenmatrix (Jakobi-Matrix)? | s. Abschn. 2.2.7 |
| 346. | Unter welcher Bedingung ist die Wellengleichung eine Näherung für die Störungsausbreitung in einem Rohr? (mit Begründung) | s. Abschn. 2.2.7 |
| 347. | Wie lauten die drei Eigenwerte der Jakobi-Matrix der Euler-Gleichung? | s. Abschn. 2.2.7 |
| 348. | Was versteht man unter Charakteristiken im Weg-Zeit Diagramm (eindimensional)? | s. Abschn. 2.2.7 |
| 349. | Welche Bedeutung besitzen die Charakteristiken der Euler-Gleichung? | s. Abschn. 2.2.7 |
| 350. | Welche Steigung besitzen die Charakteristiken für die linearisierte Euler-Gleichung im Weg-Zeit-Diagramm? | s. Abschn. 2.2.7 |
| 351. | Wie lauten die Eigenwerte der Jakobi-Matrix für die 1D-Euler-Gleichung (erläutern Sie die verwendeten Symbole)? | s. Abschn. 2.2.7 |
| 352. | Wie lautet das explizite Einschrittverfahren mit zentraler Differenz für die Wellengleichung (Variable: $w$)? | s. Abschn. 2.3.3 |
| 353. | Wozu dient eine numerische Stabilitätsanalyse? | s. Abschn. 2.3.3 |
| 354. | Wozu dient die Neumann'sche Stabilitätsanalyse und was ist das Ergebnis für das explizite Einschrittverfahren mit zentraler Differenz für die Wellengleichung? | s. Abschn. 2.3.3 |
| 355. | Welches zeitliche Verhalten der Störung wird bei der Neumann'schen Stabilitätsanalyse vorausgesetzt und wie lautet die Stabilitätsbedingung für diesen Ansatz allgemein? | s. Abschn. 2.3.3 |
| 356. | Welches räumliche Verhalten der Störung wird bei der Neumann'schen Stabilitätsanalyse vorausgesetzt? | s. Abschn. 2.3.3 |

| Nr. | Frage | Abschn. |
| --- | --- | --- |
| 357. | Auf welche Art Differentialgleichungen (linear oder nichtlinear) kann die Neumann'sche Stabilitätsanalyse angewendet werden? | s. Abschn. 2.3.3 |
| 358. | Welche Konsequenzen hat die Verwendung eines Verfahrens, für das die Stabilitätsbedingung nicht erfüllt ist? | s. Abschn. 2.3.3 |
| 359. | Warum ist ein instabiles numerisches Verfahren unbrauchbar? | s. Abschn. 2.3.3 |
| 360. | Welche Eigenschaft macht das explizite Einschrittverfahren mit zentraler Differenz für die Wellengleichung unbrauchbar? | s. Abschn. 2.3.3 |
| 361. | Skizzieren Sie das versetzte Gitter (eindimensional) für das Lax-Wendroff-Verfahren. | s. Abschn. 2.3.4 |
| 362. | Skizzieren Sie die Zeitdiskretisierung des Lax-Wendroff-Verfahrens in der Zustands-Zeit-Ebene (Prädiktor- und Korrektorschritt). | s. Abschn. 2.3.4 |
| 363. | Wie lautet das Lax-Wendroff-Verfahren für die Wellengleichung? | s. Abschn. 2.3.4 |
| 364. | Wie lautet das Lax-Wendroff-Verfahren (Formeln für Prädiktor- und Korrektorschritt) für die 1D-Euler-Gleichung? | s. Abschn. 2.3.4 |
| 365. | Wie lautet der numerische Diffusionskoeffizient des Lax-Wendroff-Verfahrens? | s. Abschn. 2.3.4 |
| 366. | Wie lautet die Stabilitätsbedingung für das Lax-Wendroff-Verfahren? | s. Abschn. 2.3.4 |
| 367. | Welche $CFL$-Zahl besitzt das Lax-Wendroff-Verfahren? | s. Abschn. 2.3.4 |
| 368. | Wie lautet die Stabilitätsbedingung als Funktion der Strömungsgrößen für das Lax-Wendroff-Verfahren. Welchen Wert besitzt die $CFL$-Zahl? | s. Abschn. 2.3.4 |
| 369. | Wie lautet das Lax-Wendroff-Verfahren (Formeln für Prädiktor- und Korrektorschritt) für die charakteristische 1D-Euler Gleichung (Wellengleichung)? | s. Abschn. 2.3.4 |
| 370. | Was versteht man unter der verfahrenseigenen numerischen Diffusion und was bewirkt sie? | s. Abschn. 2.3.4 |
| 371. | Für welche drei Größen werden in der Numerischen Strömungsmechanik Erhaltungsgleichungen aufgestellt (kompressible Strömung)? | s. Abschn. 2.2.6 |
| 372. | Wie lautet die Differentialgleichung der Massenerhaltung (3D instationär, kompressibel)? | s. Abschn. 2.2.6 |
| 373. | Welche drei Kräfte (Spannungen) wirken auf ein Kontrollvolumen? | s. Abschn. 2.2.6 |
| 374. | Wie lautet das Stokes'sche Reibungsgesetz? | s. Abschn. 2.2.6 |
| 375. | Warum können bei der Herleitung der Navier-Stokes-Gleichungen die quadratischen Glieder der Taylorreihenentwicklung vernachlässigt werden? | s. Abschn. 2.2.6 |
| 376. | Welche mathematischen Eigenschaften besitzen die Navier-Stokes-Gleichungen? | s. Abschn. 2.2.6 |
| 377. | Zeigen Sie anhand eines Beispiels (Strömung), dass bei der Überschall-Umströmung sowohl Reibung als auch Kompression eine Rolle spielen können. | s. Abschn. 2.2.6 |
| 378. | Wie viele Randbedingungen müssen nach der Charakteristiken-Theorie an einem Unterschall-Einströmrand vorgegeben werden (eindimensional)? | s. Abschn. 3.2.2 |

| Nr. | Frage | Abschn. |
|-----|-------|---------|
| 379. | Wie viele Randbedingungen müssen nach der Charakteristiken-Theorie an einem Überschall-Einströmrand vorgegeben werden (eindimensional)? | s. Abschn. 3.2.2 |
| 380. | Wie viele Randbedingungen müssen nach der Charakteristiken-Theorie an einem Unterschall-Ausströmrand vorgegeben werden (eindimensional)? | s. Abschn. 3.2.2 |
| 381. | Wie viele Randbedingungen müssen nach der Charakteristiken-Theorie an einem Überschall-Ausströmrand vorgegeben werden (eindimensional)? | s. Abschn. 3.2.2 |
| 382. | Welche physikalische Randbedingung gilt für die Geschwindigkeit an einer festen Wand (reibungsbehaftete Strömung)? | s. Abschn. 2.2.4 |
| 383. | Wie lauten die Navier-Stokes-Gleichungen (Konti- und Impulsgleichungen) zweidimensional, inkompressibel in $u, v - x, y$ Schreibweise? | s. Abschn. 2.2.3 |
| 384. | Wie lauten die Navier-Stokes-Gleichungen (Konti- und Impulsgleichungen) zweidimensional, inkompressibel in $u, w - x, z$ Schreibweise? | s. Abschn. 2.2.3 |
| 385. | Wie lauten die Navier-Stokes-Gleichungen (Konti- und Impulsgleichungen) zweidimensional, inkompressibel in Kurzschreibweise (mit Nabla)? | s. Abschn. 2.2.3 |
| 386. | Vereinfachen Sie die Kontinuitätsgleichung von kompressibler auf inkompressible Strömung. | s. Abschn. 2.2.3 |
| 387. | Vereinfachen Sie die Erhaltungsform der Konvektionsterme in die nichtkonservative Form (2D erlaubt). | s. Abschn. 2.2.3 |
| 388. | Was bezeichnet man in der Strömungsmechanik als Dissipation? | s. Abschn. 2.1.6 |
| 389. | Wie lautet die Energiegleichung für inkompressible Strömungen ohne Dissipation? | s. Abschn. 3.2.4 |
| 390. | Welche Randbedingung gilt ggf. für die Geschwindigkeit und Druck an einer festen Wand bei inkompressiblen Strömungen mit Reibung? | s. Abschn. 2.2.4 |
| 391. | Welche Randbedingungen für $u, v$ und $p$ sind im Fernfeld (Anströmung und Abströmung) eines umströmten Körpers sinnvoll? | s. Abschn. 2.2.4 |
| 392. | Welche Ein- und Ausström-Randbedingungen für $u, v$ und $p$ sind für Durchströmung eines Körpers mit einem treibenden Druckunterschied sinnvoll? | s. Abschn. 2.2.4 |
| 393. | Welche Ein- und Ausström-Randbedingungen für $u, v$ und $p$ sind für Durchströmung eines Körpers bei Vorgabe einer Geschwindigkeitsverteilung sinnvoll? | s. Abschn. 2.2.4 |
| 394. | Wie wird der Reibungsterm der Burgers-Gleichung beim DuFort-Frankel-Differenzenverfahren diskretisiert? | s. Abschn. 2.3.6 |
| 395. | Ist das DuFort-Frankel Differenzenverfahren explizit oder implizit? | s. Abschn. 2.3.6 |
| 396. | Aus welcher Gleichung (nur den Typ angeben) wird der Druck beim DuFort-Frankel-Differenzenverfahren berechnet? | s. Abschn. 2.3.6 |
| 397. | Wie wird die Kontinuitätsgleichung beim DuFort-Frankel-Differenzenverfahren berücksichtigt? | s. Abschn. 2.3.6 |

| Nr. | Frage | Abschn. |
|---|---|---|
| 398. | Wie muss der Druck bei inkompressibler Strömung berechnet werden (d. h. welche Bedingung muss durch den Druck erfüllt werden)? | s. Abschn. 2.3.6 |
| 399. | Welche Rolle spielen die nichtlinearen Terme der Impulsgleichungen für die Druckberechnung bei inkompressibler Strömung? | s. Abschn. 2.3.6 |
| 400. | Wie viele skalare Gleichungen stellt das System der Konti-, Impuls, und Energiegleichung dar (inkompressible Strömung)? Nennen Sie die Unbekannten. | s. Abschn. 2.3.7 |
| 401. | Wie lautet die Tensorschreibweise der Impulsgleichungen? | s. Abschn. 3.2.4 |
| 402. | Wie lautet die Tensorschreibweise der Energiegleichung für inkompressible Strömung? | s. Abschn. 3.2.4 |
| 403. | Erläutern Sie die Entkoppelung von Strömungs- und Temperaturberechnung bei inkompressibler Strömung mit konstanten Stoffeigenschaften. | s. Abschn. 3.2.4 |
| 404. | Welche Bedingung muss in einer inkompressiblen Strömung im Zusammenhang mit der Druckberechnung erfüllt werden? | s. Abschn. 2.3.7 |
| 405. | Wozu dient die SIMPLE-Methode bei inkompressibler Strömung? | s. Abschn. 2.3.7 |
| 406. | Erläutern Sie die SIMPLE-Methode zur Druckberechnung bei inkompressibler Strömung anhand eines Flussdiagramms. | s. Abschn. 2.3.7 |
| 407. | Wie lautet das explizite Einschrittverfahren zur Zeitdiskretisierung? | s. Abschn. 2.3.2 |
| 408. | Wie lautet das implizite Einschrittverfahren zur Zeitdiskretisierung? | s. Abschn. 2.3.2 |
| 409. | Wie genau (d. h. von welcher Ordnung) sind die Einschrittverfahren (Euler-Verfahren)? | s. Abschn. 2.3.2 |
| 410. | Wie lautet das Crank-Nicholson-Verfahren zur Zeitdiskretisierung und wie genau (d. h. von welcher Ordnung) ist es? | s. Abschn. 2.3.2 |
| 411. | Skizzieren Sie ein Prädiktor-Korrektor-Verfahren zur Zeitdiskretisierung im u-t-Diagramm. | s. Abschn. 2.3.2 |
| 412. | Zeigen Sie anhand einer Taylorreihe, welche Genauigkeitsordnung die zentrale Differenz zur Approximation der ersten Ableitung besitzt. | s. Abschn. 2.3.2 |
| 413. | Zeigen Sie anhand einer Taylorreihe, welche Genauigkeitsordnung die Vorwärtsdifferenz zur Approximation der ersten Ableitung besitzt. | s. Abschn. 2.3.2 |
| 414. | Zeigen Sie anhand einer Taylorreihe, welche Genauigkeitsordnung die zentrale Differenz zur Approximation der zweiten Ableitung besitzt. | s. Abschn. 2.3.1 |
| 415. | Zeigen Sie anhand einer Taylorreihenentwicklung, dass die Rückwärtsdifferenz von erster Ordnung genau ist. | s. Abschn. 2.3.2 |
| 416. | Wie groß ist der Rundungsfehler bei einfacher Genauigkeit (23-bit-Mantisse)? | s. Abschn. 4.2.1 |
| 417. | Wie groß ist der Rundungsfehler bei einer Zahlendarstellung mit 52-bit-Mantisse? | s. Abschn. 4.2.1 |
| 418. | Skizzieren Sie das Verhalten des Rundungsfehlers (schematisch) bei einer Rekursion (1) bei einem numerisch stabilen und (2) bei einem numerische instabilen Verfahren über der Anzahl der Iterationen. | s. Abschn. 4.2.1 |
| 419. | Kann die Akkumulation von Rundungsfehlern vollständig vermieden werden? (mit Begründung) | s. Abschn. 4.2.1 |
| 420. | Wie lautet die analytische Lösung der Wellengleichung? (mit Beweis) | s. Abschn. 2.2.7 |

| Nr. | Frage | Abschn. |
|---|---|---|
| 421. | Nennen Sie die Indices der sechs Nachbarpunkte des Punktes i, j, k in einem strukturierten Netz. | s. Abschn. 2.4.1 |
| 422. | Worin besteht der Unterschied zwischen einem kartesischen Netz und einem körperangepassten strukturierten Netz (dreidimensional)? | s. Abschn. 2.4.1 |
| 423. | Skizzieren Sie ein blockstrukturiertes Netz (mit Kennzeichnung der Blockgrenzen) um einen Kreiszylinder in einem Kanal. | s. Abschn. 2.4.1 |
| 424. | Skizzieren Sie ein blockstrukturiertes Netz (mit Kennzeichnung der Blockgrenzen) um eine Turbinenschaufel mit periodischen Randbedingungen. | s. Abschn. 2.4.1 |
| 425. | Nach welcher Methode kann man ein strukturiertes Netz im Gebiet innerhalb einer Ellipse generieren? | s. Abschn. 2.4.2 |
| 426. | Nach welcher Formel berechnen sich die Punkte einer Gitterlinie zwischen Fernfeld und Kontur nach der Schertransformationsmethode? | s. Abschn. 2.4.2 |
| 427. | Erläutern Sie die Netzgenerierung in einem krummlinig berandeten Viereck (nur zeichnerisch, mit Zwischenergebnis). | s. Abschn. 2.4.2 |
| 428. | Erläutern Sie die Netzgenerierung in einem krummlinig berandeten Viereck nach der transfiniten Interpolation (nur rechnerisch, Formeln, mit Zwischenergebnis). | s. Abschn. 2.4.2 |
| 429. | Welche Methoden zur Generierung unstrukturierter Netze gibt es (nennen Sie zwei)? | s. Abschn. 2.4.4 |
| 430. | Erklären Sie die Delaunay-Triangularisierung zur Herstellung der Zuordnungstabelle einer gegebenen Punkteverteilung. | s. Abschn. 2.4.4 |
| 431. | Welche Eigenschaft (Delaunay-Eigenschaft) ist für die Zuordnung einer gegebenen Punkteverteilung zu Dreiecken numerisch günstig? | s. Abschn. 2.4.4 |
| 432. | Erklären Sie die Frontgenerierungsmethode zur Generierung eines unstrukturierten Netzes. | s. Abschn. 2.4.4 |
| 433. | Was versteht man unter dem physikalischen Raum und dem Rechenraum? | s. Abschn. 2.4.3 |
| 434. | Welche Eigenschaften kann das numerische Netz im physikalischen Raum besitzen? | s. Abschn. 2.4.3 |
| 435. | Welche Eigenschaften besitzt das Netz im Rechenraum? | s. Abschn. 2.4.3 |
| 436. | Warum dürfen 1D-Formeln zur Ableitungsbildung nur im Rechenraum angewendet werden? | s. Abschn. 2.3.9 |
| 437. | Wie lautet das totale Differential einer Ableitung nach $x$, wenn $x$ von $\zeta$, $\eta$ und $\sigma$ abhängt? | s. Abschn. 2.3.9 |
| 438. | Was versteht man in zwei Dimensionen unter den Metrikkoeffizienten (Formel)? | s. Abschn. 2.3.9 |
| 439. | Wie werden die Metrikkoeffizienten am Punkt $i, j$ mit Hilfe der Transformationsmatrix $T$ und ihrer Inversen numerisch bestimmt? | s. Abschn. 2.3.9 |
| 440. | Wie wird der (inverse) Metrikkoeffizient $dx/d\eta$ am Punkt $(i, k)$ bestimmt? | s. Abschn. 2.3.9 |
| 441. | Wie werden die vier Elemente der inversen Transformationsmatrix am Punkt $i, j$ bestimmt (2D-Skizze)? | s. Abschn. 2.3.9 |

| Nr. | Frage | Abschn. |
| --- | --- | --- |
| 442. | Welche Metrikkoeffizienten sind für die Seite $l = 1$ einer Zelle $i, k$ direkt bestimmbar, welche nicht? | s. Abschn. 2.3.9 |
| 443. | Welche Metrikkoeffizienten sind für die Seite $l = 3$ einer Zelle $i, k$ direkt bestimmbar, welche nicht? | s. Abschn. 2.3.9 |
| 444. | Skizzieren Sie eine Verdichtungsfunktion, mit der eine äquidistante Punkteverteilung in der Nähe einer Wand verdichtet werden kann. | s. Abschn. 2.4.1 |
| 445. | Wie wird der Metrik-Koeffizient (eindimensional) bei Verwendung einer Verdichtungsfunktion analytisch berechnet? | s. Abschn. 2.4.1 |
| 446. | Wie lautet die allgemeine DGL erster Ordnung zweidimensional instationär? | s. Abschn. 2.3.8 |
| 447. | Wie lautet die integrale Problemformulierung für eine DGL erster Ordnung als Grundlage für eine Finite-Volumen-Methode (ohne Anwendung des Gauß'schen Integralsatzes)? | s. Abschn. 2.3.8 |
| 448. | Wie lautet die integrale Problemformulierung für eine DGL erster Ordnung als Grundlage für eine Finite-Volumen-Methode nach Anwendung des Gauß'schen Integralsatzes? | s. Abschn. 2.3.8 |
| 449. | Wie lautet die Grundgleichung der Finite-Volumen-Methode für die Poisson-Gleichung (ohne Diskretisierung)? | s. Abschn. 2.3.8 |
| 450. | Welche Annahme wird bezüglich des Zustands $u$ in jeder Zelle einer FVM getroffen? | s. Abschn. 2.3.8 |
| 451. | Welche Annahme wird bezüglich der Flusskomponenten auf dem Rand jeder Zelle einer FVM gemacht? | s. Abschn. 2.3.8 |
| 452. | Welche Vereinfachung bezüglich des Ortes ihrer Definition in einem Netz wird bei einer FVM für die Zustandsgrößen und die Flüsse getroffen? | s. Abschn. 2.3.8 |
| 453. | Was versteht man unter dem Oberflächenvektor bei einer FVM? | s. Abschn. 2.3.8 |
| 454. | Wie berechnet man den Fluss an einer Seitenfläche der Hexaederzelle $i, j, k$ und ihrer Nachbarzelle $i, j\text{-}1, k$ bei der FVM? | s. Abschn. 2.3.8 |
| 455. | Wie lautet die nach der FVM räumlich diskretisierte Differentialgleichung (2D) erster Ordnung für jedes finite Volumen $i, k$? | s. Abschn. 2.3.8 |
| 456. | Wie wird die Haftbedingung bei einer FVM näherungsweise erfüllt? | s. Abschn. 2.3.8 |
| 457. | Wie wird die Bedingung einer adiabaten Wand bei einer FVM näherungsweise erfüllt? | s. Abschn. 2.3.8 |
| 458. | Wie lautet die schwache Form der Poisson-Gleichung als Grundlage für eine FVM? | s. Abschn. 2.3.8 |
| 459. | Wie lautet die schwache Form der Poisson-Gleichung nach Anwendung des Gauß'schen Satzes? | s. Abschn. 2.3.8 |
| 460. | An welchen Stellen eines Viereckvolumens werden bei der Integration der Poisson-Gleichung nach FVM die Metrikkoeffizienten benötigt? | s. Abschn. 2.3.10 |
| 461. | Warum werden bei der Integration der Poisson-Gleichung (enthält zweite Ableitungen) nach der FVM keine Metrikkoeffizienten für zweite Ableitungen benötigt? | s. Abschn. 2.3.10 |
| 462. | Was bezeichnet man bei der FVM als den Oberflächenvektor? | s. Abschn. 2.3.10 |

| Nr. | Frage | Abschn. |
| --- | --- | --- |
| 463. | Welche Zustandsgröße wird beim semi-impliziten Verfahren implizit und welche explizit behandelt? | s. Abschn. 2.3.7 |
| 464. | Von welcher räumlichen Konvergenzordnung ist eine FVM (konventionell, nicht Aufwind-Verfahren)? | s. Abschn. 2.3.7 |
| 465. | Welches ist eine Bedingung zur Vermeidung von Oszillationen in der Nähe starker Gradienten (z. B. Grenzschichten) bei einer SIMPLE-FVM? | s. Abschn. 2.3.7 |
| 466. | Was versteht man unter der Zell-Reynolds-Zahl und welche Bedingung muss eingehalten werden? | s. Abschn. 2.5.2 |
| 467. | Wie wird bei der FVM der Fluss in einem Zellenrand für das Aufwindverfahren bestimmt? | s. Abschn. 2.5.2 |
| 468. | Von welcher räumlichen Konvergenzordnung ist eine FVM nach dem Aufwindverfahren? | s. Abschn. 2.5.2 |
| 469. | Welches ist die Bedingung (falls eine solche existiert), welche bei der SIMPLE-FVM (Aufwindverfahren) zur Vermeidung von Oszillationen eingehalten werden muss? | s. Abschn. 2.5.2 |
| 470. | Schreiben Sie die Grundgleichung der FVM diskretisiert als System gewöhnlicher DGLn für den Punkt $i, j, k$ (Kurzschreibweise mit Operator $Q$). | s. Abschn. 2.5.1 |
| 471. | Diskutieren Sie die Effizienz (Zeitschrittweite bezogen auf den Rechenaufwand) beim McCormack-Verfahren und bei der Runge-Kutta-FVM, welche Methode ist effizienter? | s. Abschn. 2.5.1 |
| 472. | Das 4-Schritt-FVM-Runge-Kutta-Verfahren besitzt die $CFL$-Zahl 2,8, das Mac-Cormack-Verfahren (Prädiktor-Korrektor Verfahren) besitzt $CFL = 1$. Schätzen Sie die Effizienz ab und vergleichen Sie die beiden. | s. Abschn. 2.5.1 |
| 473. | Wie werden die kurzwelligen Oszillationen der Runge-Kutta-FVM unterdrückt (Antwort verbal)? | s. Abschn. 2.5.1 |
| 474. | Wie werden die Oszillationen der Runge-Kutta-FVM in Stoßnähe unterdrückt (Antwort verbal)? | s. Abschn. 2.5.1 |
| 475. | Nennen Sie drei Arten der numerischen Diffusion. | s. Abschn. 2.5.1 |
| 476. | Wozu dient ein Mehrgitterverfahren? | s. Abschn. 2.5.1 |
| 477. | Erklären Sie ein Mehrgitterverfahren. | s. Abschn. 2.5.1 |
| 478. | Welche Möglichkeiten der Konvergenzbeschleunigung für explizite Verfahren (z. B. RuKU-FVM) gibt es? Nennen Sie mindestens drei und erklären sie diese kurz. | s. Abschn. 2.5.1 |
| 479. | Erklären Sie die Methode der lokalen Zeitschritte zur Konvergenzbeschleunigung. | s. Abschn. 2.5.1 |
| 480. | Erklären Sie die Methode der Residuenglättung zur Konvergenzbeschleunigung. | s. Abschn. 2.5.1 |
| 481. | Erklären Sie die Mehrgittertechnik zur Konvergenzbeschleunigung? | s. Abschn. 2.5.1 |
| 482. | Erklären Sie die sukzessive Netzverfeinerung zur Konvergenzbeschleunigung. | s. Abschn. 2.5.1 |

## 6.3   Vorlesung „Modellierung von Zweiphasenströmungen"

Teilnehmer besitzen spezielle in der Energietechnik benötigte Ansätze und Methoden der mehrdimensionalen, numerischen Modellierung von Zweiphasenströmungen mit Berücksichtigung von Verdampfungs- und Kondensationsvorgängen.

| Nr. | Frage | Abschn. |
|---|---|---|
| 483. | Was versteht man unter einer granularen Strömung? | s. Abschn. 3.4.1 |
| 484. | Was versteht man unter einer dispersen Zweiphasenströmung? Nennen Sie drei Beispiele. | s. Abschn. 3.4.1 |
| 485. | Wie ist die Stokes-Zahl definiert und welche Bereiche gibt es? | s. Abschn. 3.4.2 |
| 486. | Geben Sie die Definition der Stokes-Zahl an; welche physikalische Bedeutung besitzen Zähler und Nenner? | s. Abschn. 3.4.2 |
| 487. | Welche Bedeutung besitzt die dynamische Antwortzeit für eine Zweiphasenströmung? | s. Abschn. 3.4.2 |
| 488. | Welches ist die Grundidee des Zwei-Fluid-Modells? Welche Gleichungen und Zustandsgrößen werden verwendet? | s. Abschn. 3.4.4 |
| 489. | Erläutern Sie die Modellierung einer Zweiphasenströmung nach dem Zwei-Fluid-Modell, welches sind die variablen Zustandsgrößen? | s. Abschn. 3.4.4 |
| 490. | Welches sind die Annahmen (nennen Sie drei) für die analytische Lösung der Navier-Stokes-Gleichungen für eine Blase? | s. Abschn. 2.2.5 |
| 491. | Was versteht man unter der Anzahldichte? | s. Abschn. 3.4.5 |
| 492. | Wie hängen volumetrischer Gasgehalt, Tropfenradius und Anzahldichte bei einer Tropfenströmung miteinander zusammen? | s. Abschn. 3.4.5 |
| 493. | Welche Kräfte wirken auf eine aufsteigende Blase? | s. Abschn. 3.4.5 |
| 494. | Warum sammeln sich Blasen in einer aufwärtsgerichteten Rohrströmung in der Nähe der Rohrwand an? | s. Abschn. 3.4.5 |
| 495. | Welches ist der Vorteil der Lagrange'schen Beschreibungsweise für Partikel? | s. Abschn. 3.4.2 |
| 496. | Wie unterscheiden sich Euler'sche und Lagrange'sche Beschreibungsweise voneinander? | s. Abschn. 3.4.2 |
| 497. | Welche Gleichungen beschreiben die Trajektorie eines massebehafteten Partikels? | s. Abschn. 3.4.2 |
| 498. | Wie lautet das Kräftegleichgewicht an einem massebehafteten Partikel? | s. Abschn. 3.4.2 |
| 499. | Wie muss die Zeitschrittweite bei der numerischen Integration von Partikelbahnen gewählt werden? | s. Abschn. 3.4.2 |
| 500. | Wie ist die Erhöhung der Turbulenz infolge von Blasen erklärbar? | s. Abschn. 3.4.5 |
| 501. | Was versteht man unter der virtuellen Masse? | s. Abschn. 3.4.5 |
| 502. | Erklären Sie den Effekt der virtuellen Masse physikalisch. | s. Abschn. 3.4.5 |
| 503. | Wie ist der Koeffizient der virtuellen Masse definiert und welchen Wert besitzt er für verdünnte Blasenströmungen? | s. Abschn. 3.4.5 |
| 504. | Was versteht man unter dem homogenen Gleichgewichtsmodell? | s. Abschn. 3.4.3 |
| 505. | Was versteht man unter dem homogenen Nichtgleichgewichtsmodell? | s. Abschn. 3.4.3 |

| Nr. | Frage | Abschn. |
| --- | --- | --- |
| 506. | Was versteht man unter dem Phasenmittelwert (phasic average) und welche Bedeutung besitzt er für die Modellierung? | s. Abschn. 3.4.4 |
| 507. | Definieren Sie die Reynolds'sche Mittelung und die Phasenmittelung. | s. Abschn. 3.4.4 |
| 508. | Was versteht man unter dem Schlupf und welches Modell kann für Strömungen mit Schlupf verwendet werden? | s. Abschn. 3.4.4 |

# Sachverzeichnis

2. Ordnung, 83

**A**

abgeleitete K-Gleichung, 196
abhängige Variable, 38, 55
Ableitungen, 76
Ableitungsordnung, 106, 114
Ablöseblase, 8
Adams-Bashforth Verfahren, 82
Akkumulation, 240
Aktualisierung, 85
akustische Feld, 253
algebraische Reynolds-Spannungsmodelle, 203
algebraische Turbulenzmodelle, 192
Analytische Lösungen, 68
Anfachungsrate, 88
Anfangs- und Randbedingungen definiert, 38
Anfangsbedingung, 56, 96
Anfangs-Randwertproblem, 65
Anfangsstörung, 46
anisotrop, 202
Ansatzfunktionen, 149
Antoine-Gleichung, 228
Anwendungsunsicherheiten, 239
Anzahldichte, 226
Arbeitsplatzrechner, 21
Aufstaus, 43
Aufwind-Verfahren, 146
Ausströmrand, 66

**B**

Baldwin-Lomax Modell, 192
Basisdimensionen, 50
Basisfunktionen, 149
bedingt stabil, 138
Benutzerfehler, 238

Berechnungsbeispiel, 2
Berechnungsteil, 85
Bernoulli-Gleichung, 43, 60
Beschleunigungsfaktor, 143
Best-Practice Guidelines, 233
Betriebsgrenzen, 5
Bewegung der Ränder, 135
Bewegungsschritt, 162
Bioströmungsmechanik, 259
Blasenfahne, 26
blaseninduzierte Wirbelviskosität, 229
Blasenströmung, 10
Block, 119
Blutkreislauf, 259
Boltzmann-Gleichung, 163, 166
Boussinesq-Approximation, 99
Burgers-Gleichung, 146

**C**

CFL-Bedingung, 91, 168
CFL-Zahl, 91, 138
chaotisch, 48
Charakteristiken, 75
Charakteristikentheorie, 170
charakteristische Form, 75, 86
charakteristische Variable, 75
charakteristisches Längenmaß, 195
charakteristisches Zeitmaß, 195
Courant-Friedrich-Levi-Zahl, 91
Crank-Nicholson-Verfahren, 83
Cross-Terme, 208

**D**

Dachfunktion, 151
Dampfblasen, 10
Dampfdruck, 10

© Springer Fachmedien Wiesbaden GmbH, ein Teil von Springer Nature 2018
E. Laurien, H. Oertel jr., *Numerische Strömungsmechanik*,
https://doi.org/10.1007/978-3-658-21060-1